国家科学技术学术著作出版基金资助出版

中国科学院中国动物志编辑委员会主编

中 国 动 物 志

无脊椎动物　第六十二卷

软体动物门

腹足纲

骨螺科

张素萍　著

国家自然科学基金重大项目
中国科学院知识创新工程重大项目
（国家自然科学基金委员会　中国科学院　科技部　资助）

科 学 出 版 社

北 京

内 容 简 介

　　本志论述了中国沿海分布的软体动物门腹足纲骨螺科动物共 235 种，隶属于 9 亚科 54 属。内容包括总论和各论两部分，在总论中综述了骨螺科的研究简史与分类系统、形态特征、地理分布与区系分析、生物学和经济意义等；在各论中对科、亚科、属、亚属和每一种的形态特征、生物学特性、地理分布及经济意义进行了详细的描述，对近似种和有争议的种进行了分类学讨论。列有异名录和各级分类阶元的检索表。书中附有插图共计 250 幅，其中彩色 241 幅，黑白 9 幅。

　　本志可为海洋贝类分类学、海洋生态学和生物多样性研究，以及资源保护和利用提供系统的参考资料，也可供贝类分类学研究者、高等院校和贝类爱好者阅读。

图书在版编目 (CIP) 数据

　　中国动物志. 无脊椎动物. 第六十二卷，软体动物门. 腹足纲. 骨螺科/张素萍著.—北京：科学出版社，2022.3

　　ISBN 978-7-03-071797-9

　　Ⅰ. ①中… Ⅱ. ①张… Ⅲ. ①动物志-中国②无脊椎动物门-动物志-中国③软体动物-动物志-中国④腹足纲-动物志-中国　Ⅳ. ①Q958.52

　　中国版本图书馆 CIP 数据核字 (2022) 第 039655 号

责任编辑：韩学哲　赵小林 /责任校对：严　娜
责任印制：肖　兴 /封面设计：刘新新

科 学 出 版 社 出版

北京东黄城根北街 16 号
邮政编码：100717
http://www.sciencep.com

中国科学院印刷厂 印刷

科学出版社发行　各地新华书店经销

*

2022 年 3 月第 一 版　　开本：787×1092　1/16
2022 年 3 月第一次印刷　　印张：29 1/4
字数：690 000

定价：458.00 元

(如有印装质量问题，我社负责调换)

Supported by the National Fund for Academic Publication in Science and Technology

Editorial Committee of Fauna Sinica, Chinese Academy of Sciences

FAUNA SINICA

INVERTEBRATA Vol. 62
Mollusca
Gastropoda
Muricidae

By

Zhang Suping

A Major Project of the National Natural Science Foundation of China
A Major Project of the Knowledge Innovation Program
of the Chinese Academy of Sciences
(Supported by the National Natural Science Foundation of China,
the Chinese Academy of Sciences, and the Ministry of Science and Technology of China)

Science Press
Beijing, China

前　言

　　骨螺科是海洋腹足类中一个种类很多、形态各异且经济价值较高的类群。据统计，目前，世界各大洋中有 1600 余个现生种，约占新腹足目种类的 10%，此外，还有 1200 个化石种（Merle *et al.*, 2011）。此类动物广泛分布于热带、亚热带、温带和冷水海域，栖息于潮间带、浅海至深海的岩礁、珊瑚礁、石砾、软泥、砂或泥沙质海底。许多骨螺科动物不仅具有很高的食用价值，而且其贝壳造型美观、花纹色彩漂亮，具有很高的收藏和观赏价值。

　　本志的编写，主要依据中国科学院海洋研究所历年来在中国沿海潮间带，全国海洋综合调查，中越北部湾联合调查，东海大陆架、西沙群岛和南沙群岛等海域海洋生物资源调查中收集的大量标本。此外，还观察和参考了中国科学院南海海洋研究所、台湾博物馆、中国科学院动物研究所（原北平研究院动物研究所）、静生生物调查所的部分标本。

　　本志共记述中国海骨螺科动物 235 种，隶属于 9 亚科 54 属。其中有 8 种在中国沿海为首次报道。全书分总论和各论两部分。总论部分主要论述了骨螺科的研究简史、分类系统、形态特征、地理分布与区系分析、生物学及经济意义等。各论部分则系统地对科、亚科、属、亚属和每一种的形态特征、生物学特性、地理分布及经济意义进行了较详细的描述，并列有异名录及各级分类阶元的检索表。

　　本志在编写过程中，得到了中国科学院海洋研究所各级领导与同仁的热情帮助和大力支持。同时，还得到了比利时皇家自然科学研究所（Institut Royal des Sciences Naturelles de Belgique）瓦尔（Houart）博士的友情帮助，并提供了大量有关骨螺科的文献资料。在此，要特别感谢台湾赖景阳教授、钟柏生先生、柯富钟先生和李彦铮博士，为本志提供了台湾已报道、大陆尚未采到标本的骨螺科图片和相关采集信息。此外，尉鹏、王洋、王佑宁、陈希和刘毅等贝友协助收集了部分骨螺科标本与图片，作者在此表示由衷的感谢！

　　本志是在中国科学院知识创新工程重大项目"《中国动物志》编研"（KSCX2-EW-Z-8）和国家自然科学基金重大项目"《中国动物志》编研"（31093430）的资助下顺利完成的。在编写和出版过程中，中国科学院中国动物志编辑委员会给予了大力支持，作者在此深表谢意！

　　骨螺科是新腹足目中种类众多的一个大科，形态变化多端，分类上存在着一些问题和混乱现象，其分类系统在编写过程中也一直在发生着变化，其中有的种、属分类归属变来变去，有的属从这个亚科转到另一个亚科，有的种从这个属转至另一属，十分复杂，在本志完成定稿后，有的种其归属仍在发生着变化。上述原因既为本志的编写增加了一些新的研究内容，也带来一定的难度。著者在编写过程中力求准确无误地鉴定和描述每一物种。尽管如此，书中不足仍在所难免，敬请读者批评指正。

张素萍

2020 年 8 月于青岛

目　　录

总　论

一、研究简史与分类系统

（一）研 究 简 史

　　骨螺科 Muricidae 是海洋腹足类中的一个大科，该科动物俗称为骨螺或岩螺，种类繁多，形态各异，有 1600 余个现生种，约占新腹足目种类的 10%。此外，还有 1200 个化石种（Merle *et al.*, 2011）。有关骨螺最早的研究，在林奈分类系统出现之前就存在了。Dezallier D'Argenville（1742）报道了 10 种骨螺，对这 10 种骨螺进行了简单的形态描述，并绘制了形态图。18 世纪中叶，林奈（1707-1778 年）在 *Systema Naturae* 第十版（1758）中采用双名法对骨螺属 *Murex* 进行了分类研究，共记载了骨螺 59 种。但由于林奈早期的分类方法比较简单，仅仅依靠外形和不太准确的性状为分类基础，常把一些形态近似的种类放在一起。例如，把表面具棘刺或有突起的嵌线螺属 *Cymatium*、蛙螺属 *Bursa*、角螺属 *Hemifusus* 和犬齿螺属 *Vasum* 中的一些种类也都放在了骨螺属 *Murex* 内。因此，他记录的 59 种骨螺，现在只有 9 种属于骨螺科。同时，他把近球形或拳头形的红螺 *Rapana bezoar* 等放在了蛾螺属 *Buccinum* 内。

　　继林奈之后，世界上涌现出一批较著名的贝类学家和博物学家，他们对自然界的认识及贝类学研究逐步深入和完善，这一时期出版了一些较高水平的贝类专著和图谱。Lamarck（1822）、Adams（1853, 1854, 1863）、Sowerby（1834-1841）、Küster（1858）、Reeve（1844-1849, 1857, 1858）、Kobelt（1877）等都对骨螺进行了研究报道，他们发现和描述了大量的新属与新种。比较有代表性的专著如 Reeve 的 *Conchologia Iconica*，他在第 2 卷、第 3 卷和第 4 卷中对骨螺科的种类均有记载。当时，由于对骨螺的研究仍局限于形态分类，在 Reeve（1844-1849, 1857, 1858）描述的 *Murex*、*Triton*、*Buccinum*、*Pyrula* 和 *Fusus* 等属中均包含有现在被列入骨螺科的一些种类，他的研究和对物种外部形态观察已经比较细致。例如，第 3 卷中记录了产自世界各海域的骨螺属 *Murex* 共 194 种，文中附有绘制的彩色图版，对应有形态描述、标本分布地和生活习性等信息，为骨螺科种类鉴定提供了重要参考资料。Sowerby（1834-1841）在 *The Conchological Illustrations* 一书中以图谱形式记录了骨螺属 *Murex* 共 121 种，书中未见形态描述，但绘制有精美的彩色形态图片，直观性强，具有一定的参考价值。此外，Kobelt（1877）以目录形式记述的骨螺属 *Murex* 达 263 种之多，是 19 世纪记录骨螺种类最多的一篇报道。

　　由于骨螺在腹足纲分类研究中的重要性及它独特的形态特征，国际上对骨螺科的研究和感兴趣者众多。进入 20 世纪后，越来越多的专家学者对骨螺科进行了研究报道。美国学者 Abbott（1954）在 *American Seashells* 一书中共记述了骨螺科 23 属（亚属）54 种。Habe（1964）记述了西太平洋海域的骨螺科动物 65 种。著名贝类学家切诺霍斯基

（Cernohorsky）长期从事海洋软体动物腹足类的分类学研究，发表了很多有关贝类分类方面的专著和论文。他分别于 1967 年和 1969 年在 *The Muricidae of Fiji, Part I* 和 *Part II* 中系统地报道了产自斐济群岛的骨螺科 3 亚科 14 属 49 种，对骨螺进行了系统的研究论述。每一种都列有异名录、形态描述、分布范围及模式标本产地等，进行了齿舌和生殖器官的解剖学研究，对不同种的齿舌、厣等形态特征进行了比较研究，并附有齿舌和厣插图及贝壳黑白图版。另外，他还在 *Marine Shells of the Pacific II*（1972）和 *Tropical Pacific Marine Shells*（1978）两部专著中对骨螺进行了研究报道。Emerson 和 Cernohorsky（1973）在 "The Genus *Drupa* in the Indo-Pacific" 一文中对印度-太平洋的核果螺属 *Drupa* 进行了系统的分类研究。Vokes（1964）依据外部形态、厣和齿舌的特征对骨螺科（包含 2 个亚科）进行了系统的分类学研究，对骨螺科中超过 90 个种名的有效性进行了确认。Radwin 和 D'Attilio（1976）的 *Murex Shells of the World* 和 Fair（1976）的 *The Murex Book, an Illustrated Catalogue of the Recent Muricidae* (*Muricinae, Muricopsinae, Ocenebrinae*) 是 2 本专门介绍骨螺的专著。这 2 本有代表性的专著在同一年问世，大大增加了人们对骨螺科的了解和认识，促进了骨螺分类研究的发展，这期间许多新种和新属陆续被发现。特别值得一提的是 Radwin 和 D'Attilio（1976）撰写的 *Murex Shells of the World* 骨螺专著，将世界范围内大约 400 种骨螺分为 4 个亚科，并进行了整理和深入细致的分类学研究，内容丰富，系统性很强。每一种都列有异名录，详细地记录了物种的形态特征、生态习性和动物地理分布范围等，书中还附有胚壳、齿舌、厣、贝壳形态插图和 32 幅彩色图版。这部专著是目前骨螺科分类研究的重要参考资料之一。

　　长期以来，由于骨螺科分类的复杂性，科以下分类阶元常常是不明确和存在争议的。所以学者对骨螺科进行系统分类学研究的同时，也对其分类系统及一些同物异名和错误鉴定进行了修订与厘定。例如，Bouchet 和 Waren（1985）对东北大西洋海域深海和半深海的新腹足目进行了修订，其中包括骨螺科 3 属 13 种和 1 个新种。Ponder 和 Vokes（1988）对印度-西太平洋海域的骨螺属 *Murex s. s.* 和泵骨螺螺属 *Haustellum* 的化石种及现生种进行了分类研究与修订。Dell（1990）对南极海域的骨螺科种类进行分类研究，报道了 2 属 8 种。Ardovini 和 Cossignani（1999）对生活在地中海的贝类进行了研究，报道了骨螺科种类计 6 属 11 种，等等。虽然上述对骨螺的描述和报道时间大多在 20 世纪，但是进入 21 世纪后，每年都会有关于骨螺科的研究报道。Charles 等（2001）对地中海马耳他的软体动物进行了总结，包括骨螺科种类 8 属 14 种。Alexeyev（2003）对俄罗斯海域的腹足类进行了简短的记述，共描绘了骨螺科 7 属 19 种。Ardovini 和 Cossignani（2004）报道了西非海域（包括亚速尔群岛、马德拉群岛和加那利群岛）的骨螺科 32 属 110 种。新加坡国立大学热带海洋科学研究所的陈（Tan）博士，多年来也一直致力于骨螺科的研究，尤其是擅长荔枝螺的分类研究，发现和建立了一些新种与新属。2003 年，他依据形态特征、消化系统和生殖系统等内部解剖学研究，建立了骨螺科的一个新亚科 Haustrinae Tan, 2003，为骨螺科的分类研究提供了有价值的参考资料。Merle 等（2011）对世界范围内骨螺科骨螺亚科的化石种和现生种进行了系统的整理与记述，在 *Fossil and Recent Muricidae of the World: Part Muricinae* 专著中，综述了历年来国际上专家学者对骨螺科的研究，采用较新的分类系统，记述了骨螺亚科 28 个属的数百种，每一种都附有彩色或黑白形态图及形态变异图片。书中还详细记述了骨螺科的研究历史、动物的生活史、繁殖与生长、食性、被捕食、栖息地及骨螺科的分类系统等，是骨螺科分类学研究的最新参考文献之一。此外，Kool（1988, 1993）分别对红螺亚科种类的生殖系统、消化系统和齿舌等进行了解剖学研究，并对动物的系统发生等进行了研究报道，为骨螺科的分类学研究和系统演化等提供了重要的参考资料。

比利时皇家自然科学研究所的瓦尔（Houart）博士是目前国际上众多研究骨螺科专家中最具权威的学者之一。他于 20 世纪 70 年代开始对贝类感兴趣，尤其擅长骨螺科的分类研究，与世界上许多博物馆和从事贝类分类学研究的专家学者有着密切的联系。多年来，他一直致力于世界范围内的骨螺科分类，先后发表了百余篇有关骨螺科分类研究的论文和多部专著，发现和报道了骨螺科一些新种与新记录种，并建立了一些新属，提出了一些有关骨螺科分类学研究方面的新思路和新见解，并于 1994 年对 1971 年之后命名的 194 种骨螺进行了记述和修订。近年来，他利用形态分类与分子生物学技术相结合的方法开展骨螺科的系统演化研究，澄清了骨螺分类中的一些疑难和混淆问题，几乎每年都有数篇关于骨螺科分类学和系统发育学方面的研究论文发表，为世界骨螺科的分类学研究做出了突出贡献。日本学者小菅曾男（Kosuge）博士对珊瑚螺亚科 Coralliophilinae 的分类研究做出了突出贡献，多年来他对日本和印度-西太平洋海域分布的珊瑚螺进行了系统的研究与报道，发现和记录了一些新种与新记录种，发表相关论著数十篇。比较有代表性的是专著 *Illustrated Catalogue of Latiaxis and Its Related Groups Family Coralliophilidae*（Kosuge & Suzuki, 1985），书中对世界范围的珊瑚螺进行了研究报道，共描述 9 属 186 种，书中附有彩色和黑白图版，是研究珊瑚螺亚科动物必备的参考书。

由于骨螺科动物的贝壳形态各异、造型美观，具有很高的收藏和观赏价值，国际上研究骨螺科的学者很多，不但有专业研究人员，也不乏有影响力的贝商和收藏家对造型美观的骨螺贝壳感兴趣，在长期的积累中他们与专业研究人员一起不断出版包括骨螺的一些海洋贝类的专著与图集。例如，Abbott 和 Dance（1983）在 *Compendium of Seashells* 中，共报道世界产骨螺科动物 345 种；Springsteen 和 Leobrera（1986）在 *Shells of the Philippines* 中记录了菲律宾的骨螺 128 种；Wilson（1994）在 *Australian Marine Shells* 报道了产自澳大利亚海域的骨螺 214 种；Tsuchiya（2000）在 *Marine Mollusks in Japan* 中报道了日本近海骨螺科动物 302 种，分属于 8 个亚科；Houart（2008）在 *Philippine Marine Mollusks* 图鉴中，依据骨螺科较新的分类系统，报道了产自菲律宾的骨螺科动物 260 种。

我国对骨螺科的研究起步较晚。早期除少数外国人的零星报道外（Kiener, 1836; Sowerby, 1834-1941; Tryon, 1880 等），在 20 世纪 60 年代以前，缺乏系统的研究和记载。King 和 Ping（1931）曾报道过产自浙江、琼州海峡和香港等地的骨螺。阎敦建（Yen, 1933, 1935, 1936）先后对山东半岛和福建厦门等地的骨螺进行了零星的报道。此外，1942 年阎敦建对大英博物馆收藏的中国骨螺科标本进行了整理和分类，共鉴定出 10 属 26 种。尽管其中有些标本的采集地仅有"中国"二字，而没有更准确的采集地点，但上述报道是我国对骨螺科分类研究较早的记载。日本学者黑田德米（Kuroda）于 1941 年在台湾软体动物分类目录中列出了 74 种骨螺。20 世纪 60-80 年代，我国的贝类分类学研究有了较大的进展。1962 年，张玺和齐钟彦等在《中国经济动物志——海产软体动物》一书中记述了骨螺科 2 属 3 种；张玺等（1975）在"西沙群岛软体动物前鳃类目录"中报道了骨螺科 8 属 26 种；齐钟彦等（1983）在《中国动物图谱——软体动物》第二册中记述了骨螺科 11 属 34 种。60 年代中期开始，张福绥对中国沿海的骨螺科标本进行了整理和分类研究，于 1965 年发表了"中国近海骨螺科的研究 I. 骨螺属、翼螺属及棘螺属"，共记录了 3 属 14 种；1976 年发表了"中国近海骨螺科的研究 II. 核果螺属"，记录了 1 属 20 种；1980 年发表了"中国近海骨螺科的研究III. 红螺属"，描述了红螺 3 种。此外，Qi（2004）主编的 *Seashells of China* 贝类图谱中共记述骨螺科 57 种；张素萍（2008a）在《中国海洋贝类图鉴》中描述骨螺科 51 种；张素萍（2008b）在刘瑞玉主编的《中国海洋生物名录》中收录了中国海骨螺科动物 201 种。另外还有一些调查报告、贝类专著及论文对中国海域的骨螺科动物也进行了一些零星记载。

　　由于骨螺是腹足纲中种类较多的一个大科，中国科学院海洋生物标本馆馆藏的标本有数千号，长期以来，这些骨螺科标本一直未进行系统的分类学研究。2005 年在国家自然科学基金面上项目的资助下，张素萍对中国科学院海洋研究所历年来在各种海洋生物资源调查中采集的骨螺科标本进行了全面系统的整理和分类学研究。依据较新文献资料，对一些同物异名、长期使用混乱和鉴定错误的种名进行了修订与厘定。通过系统的分类学研究，基本摸清了中国沿海骨螺科动物的种类组成和分布状况，确立了各亚科、属和种的分类地位。共鉴定出中国沿海骨螺科动物 200 余种，其中 40 多个中国新记录种和 2 个新种，发表多篇有关中国沿海骨螺科分类学研究论文，积累了较为全面、系统的研究成果，也为本卷的编研和顺利完成奠定了基础。

　　台湾学者对骨螺科的研究也积累了一些研究成果。赖景阳（1977）在"台湾的骨螺"一文中报道了台湾产的骨螺亚科 16 属 45 种；蓝子樵（1980）在《台湾的稀有贝类彩色图鉴》中分别描述了 9 种骨螺和 7 种珊瑚螺。此外，在台湾出版的《贝类学报》和《贝友》杂志上对骨螺也有一些零星报道。台湾学者有关骨螺科的研究，比较有代表性的是近年来钟柏生、赖景阳和柯富钟分别于 2009 年、2010 年和 2011 年在《贝友》杂志上分 3 辑进行的连续报道"台湾近海的骨螺（一）、（二）、（三）"，文中对每物种的形态特征进行了简要描述，文后附有原色图片，是近年来台湾记录骨螺科动物最完整的信息资料，其物种数目超过了大陆沿海。但不足的是，其中有个别物种鉴定有误，存在同物异名和异物同名现象，有的标本采集地点模糊或不确切。为了尽可能地把台湾已报道而大陆尚未采到标本的骨螺种类也收录到本志中，著者在编写过程中与台湾同行进行了标本和图片交流，补充了一些大陆尚未采到标本的骨螺种类，弥补了不足。但遗憾的是仍有个别物种无法收集到标本和相关信息。

（二）分 类 系 统

　　骨螺科种类组成十分复杂，分类系统也很混乱，对于科以下阶元，如亚科的划分和相关属的界定一直存在着争议。在 18 世纪和 19 世纪，研究者几乎将所有的骨螺都归属于 *Murex* Linnaeus, 1758 属中。这一时期采用的分类方法通常较简单，分类学家尝试基于许多相似的或不同的特征来鉴别物种，从而根据外部形态特征，而划分出一些类群，但往往忽略了物种内在的和实质上的差异，而把一些外形看似接近的种类放在一起，因而这一时期没有划分细致和比较完善的分类系统。

随着贝类学研究的不断发展，贝类分类学从单纯地依靠外部形态逐步发展到利用解剖学、发生学及结合生态习性等进行的分类研究，使得骨螺的分类系统逐渐得以完善。迄今，所有的骨螺大约被分成250属或亚属。因此，引入一个更高分类阶元，即介于属与科之间的亚科显得越来越重要。在亚科水平上骨螺分类的历史可分为传统分类方法阶段与系统发生分类方法阶段。传统分类又可分为两个主要阶段。第一个阶段，从Cossmann（1903a）至Wenz（1941），见表1。研究者认为贝壳外部特征和厣是主要的分类依据。Cossmann（1903a）通过对骨螺的分类学研究认为，骨螺科应不少于5个亚科，即骨螺亚科Muricinae、红螺亚科Rapaninae、乌桩螺亚科Ocenebrinae、饵骨螺亚科Trophoninae和管骨螺亚科Typhinae。而Thiele（1929）有他自己不同的见解，认为骨螺科只包括2个亚科Muricinae和Purpurinae；而Wenz（1941）将骨螺科分为3个亚科：Muricinae、Rapaninae（=Purpurinae）和Drupinae；Vokes（1964）在"Supraspecific groups in the subfamilies Muricinae and Tritonaliinae (Gastropoda: Muricidae)"一文中，利用动物厣的特征和核的位置，将Wenz（1941）划分的骨螺亚科Muricinae，又分出2个亚科Muricinae和Tritonaliinae（=Ocenebrinae）。这一阶段的特点是：①Cossmann的分类观点并没有被普遍接受；②红螺亚科Rapaninae的位置还不是很清楚；③珊瑚螺亚科Coralliophilinae的分类地位不确定，且经常被移出骨螺科。

表1　从Cossmann（1903a）到Wenz（1941）的分类系统和新亚科（引自Merle *et al.*, 2011）
Table 1　Classifications and new subfamilies from Cossmann (1903a) to Wenz (1941)（from Merle *et al.*, 2011）

科（Families）	亚科（Subfamilies）	参考文献（Reference）
Muricidae Rafinesque, 1815	Muricinae Rafinesque, 1815	Cossmann（1903a）
	Ocenebrinae Cossmann, 1903a[*]	
	Rapaninae Gray, 1843	
	Trophoninae Cossmann, 1903a[*]	
	Typhinae Cossmann, 1903a[*]	
Purpuridae Broderip, 1839		
Coralliophilidae Chenu, 1859		
Muricidae Rafinesque, 1815	Muricinae Rafinesque, 1815	Thiele（1929）
	Purpurinae Broderip, 1839	
Magilidae Thiele, 1925		
Muricidae Rafinesque, 1815	Muricinae Rafinesque, 1815	Wenz（1941）
	Rapaninae Gray, 1843	
	Drupinae Wenz, 1941[*]	
Magilidae Thiele, 1925		

*表示新增亚科

　　第二个阶段，是从 Radwin 和 D'Attilio（1971）至 D'Attilio 和 Hertz（1988）（表 2）。这一阶段，齿舌形态在传统分类中被认为是种以上分类单元最有价值的分类特征。但也有例外，Keen（1971）仍坚持用贝壳的外部特征作为骨螺科的分类依据，并且承认了 Cossmann（1903a）提出的 4 个亚科：Muricinae、Ocenebrinae、Trophoninae 和 Typhinae，同时又建立了一个新亚科 Aspellinae，并将 Rapaninae 和 Drupinae 移出骨螺科。Radwin 和 D'Attilio（1971）认为齿舌的结构特征在种以上的阶元中具有非常重要的分类意义，他们根据齿舌的形态将骨螺科分为 6 个亚科：Muricinae、Ocenebrinae、Trophoninae、Typhinae、Drupinae 和 Muricopsinae。而日本学者 Kuroda 等（1971）根据贝壳的形态，齿舌和卵囊的结构等特征，建立了爱尔螺亚科 Ergalataxinae。但 Radwin 和 D'Attilio（1976）对于 Kuroda 等（1971）建立的这个新亚科并未接受，认为 Ergalataxinae 是 Muricinae 的同物异名。同时，根据齿舌、厣和贝壳的形态将 Drupinae 移出骨螺科。D'Attilio 和 Hertz（1988）甚至将管骨螺亚科 Typhinae 也移出骨螺科。Ponder 和 Waren（1988）认为骨螺科仅包括 3 个现存的亚科（Muricinae、Thaidinae 和 Coralliophilinae）和 2 个灭绝的白垩纪晚期的亚科（Sarganinae 和 Moreinae）。Bandel（1993）并不认同 Ponder 和 Waren（1988）的观点，他观察了胚壳特征后认为 Sarganinae 和 Moreinae 都不属于骨螺科。这个阶段的特点是：骨螺科的分类系统中又增加了 4 个亚科。但骨螺科关于 Thaidinae、Drupinae、Rapaninae 和 Coralliophilinae 4 个亚科的位置还存在很多争议，这也是当前骨螺科分类中正在面临的主要问题。

表 2　从 Radwin 和 D'Attilio（1971）至 D'Attilio 和 Hertz（1988）的分类系统与新亚科（引自 Merle *et al.*, 2011）

Table 2　Classifications and new subfamilies from Radwin & D'Attilio (1971) to D'Attilio & Hertz (1988)（from Merle *et al.*, 2011）

科（Families）	亚科（Subfamilies）	参考文献（Reference）
Muricidae	Muricinae	Keen（1971）
	Aspellinae[*]	
	Ocenebrinae	
	Trophoninae	
	Typhinae	
Thaididae	Thaidinae	
	Drupinae	
	Rapaninae	
Muricidae	Muricinae	Radwin & D'Attilio（1971）
	Drupinae	
	Muricopsinae[*]	
	Ocenebrinae	
	Trophoninae	
	Typhinae	
Rapanidae		
Thaididae		
Muricidae	Ergalataxinae[*]	Kuroda, Habe & Oyama（1971）
Typhidae	Tripterotyphinae[*]	D'Attilio & Hertz（1988）

续表

科（Families）	亚科（Subfamilies）	参考文献（Reference）
Muricidae	Muricinae	Ponder & Waren（1988）
	Thaidinae	
	Coralliophilinae	
	Sarganinae **	
	Moreinae **	

*表示新增亚科

**表示灭绝亚科

　　1988 年后，种系分析逐渐出现在骨螺文献中，开始了基于种系研究的第三个阶段（表3）。Kool（1993）对红螺亚科 Rapaninae 的种系分析成为第一个有意义的研究工作。Kool考虑到贝壳特征太易于趋同进化，因此在他的分析研究中明确去除贝壳特征，只用解剖学、贝壳微观结构和胚壳的特征作为分析依据。解剖学特征的种系分析是完善骨螺科分类最有探索性的研究内容之一，它使得被认为比贝壳进化缓慢许多的特征得到测试。尽管它们非常有意义，但这些研究工作在骨螺文献中仍然太少。

表 3　D'Attilio 和 Hertz（1988）之后有影响力的分类系统与建立的新亚科（引自 Merle *et al.*, 2011）

Table 3　Influential classifications and new subfamilies after D'Attilio & Hertz (1988)（from Merle *et al.*, 2011）

科（Families）	亚科（Subfamilies）	参考文献（Reference）
骨螺科 Muricidae	骨螺亚科 Muricinae	Vokes（1996b）
	爱尔螺亚科 Ergalataxinae	
	刺骨螺亚科 Muricopsinae	
	刍秣螺亚科 Ocenebrinae	
	红螺亚科 Rapaninae	
	三管骨螺亚科 Tripterotyphinae	
	饵骨螺亚科 Trophoninae	
	管骨螺亚科 Typhinae	
骨螺科 Muricidae	锉骨螺亚科 Haustrinae*	Tan（2003a）
骨螺科 Muricidae	骨螺亚科 Muricinae	Bouchet & Rocroi（2005）
	珊瑚螺亚科 Coralliophilinae	
	爱尔螺亚科 Ergalataxinae	
	锉骨螺亚科 Haustrinae	
	刺骨螺亚科 Muricopsinae	
	刍秣螺亚科 Ocenebrinae	
	红螺亚科 Rapaninae	
	三管骨螺亚科 Tripterotyphinae	
	饵骨螺亚科 Trophoninae	
	管骨螺亚科 Typhinae	

*表示新增亚科

随着对骨螺科分类学研究的不断深入，分类学家在以贝壳形态分类的基础上，逐步开始把软体部分的内部解剖特征，包括消化系统、生殖系统、精子、卵囊、齿舌等（Kool，1993; Vokes, 1996; Tan, 2003a）应用到骨螺的分类中来，极大地促进了骨螺科分类学研究的迅速发展。美国贝类学家沃克斯（Vokes）研究骨螺 40 余年，发表有关骨螺科的研究论文数十篇。根据她的研究，其认为骨螺科共包含 8 亚科，约 100 属。但 Vokes（1996）建立的骨螺科分类系统，没有把珊瑚螺亚科列入其中，显然她的研究仍存在不足。

骨螺科中另一个亚科，是由新加坡学者陈（Tan）于 2003 年建立的。他根据贝壳的形态特征和内部解剖学研究，观察贝壳的微结构、胚壳、消化系统、生殖系统及齿舌等形态，建立了 1 个新亚科（锉骨螺亚科 Haustrinae Tan, 2003）（表 3），使得骨螺科家族又多了一个新成员。锉骨螺亚科 Haustrinae 目前包含有 3 属 1 亚属 7 种。

自 20 世纪 90 年代以来，传统的分类学开始受到系统分类学特别是分子系统发育学的挑战。一些分子系统学研究认为，基于贝壳和齿舌形态特征的分类并不可靠，形态特征相似往往并不能说明它们代表同一个自然类群。另外，一些地质学家的研究认为，骨螺科在第三纪出现了高度的种类分化，但是它们之间深层次的进化关系还有待于更进一步的研究。20 世纪，在骨螺科的分类中，珊瑚螺亚科 Coralliophilinae 的分类地位一直是一个悬而未决的问题，很多研究都把它作为一个独立的科存在。一个意大利团队利用分子生物学技术研究了这个缺乏齿舌的神秘群体，而且先后 4 次解释了它应代表骨螺科中的一个进化枝（Oliverio & Mariottini, 200; Oliverio et al., 2002, 2009; Barco et al., 2010）。因此，必须认定 Coralliophilinae 是骨螺的一个亚科，甚至现在可以认为骨螺是一个单系群。而且，Oliverio 和 Mariottini（2001）、Oliverio 等（2009）利用分子生物学手段，研究了珊瑚螺与骨螺科中其他几个亚科之间的亲缘关系，进一步确认了珊瑚螺应是骨螺科中一个亚科 Coralliophilinae 的分类地位。至此，骨螺科增加到 10 个亚科。骨螺科分类的历史综述展现了时间上的演化，归功于新观察、新概念和新技术。Bouchet 和 Rocroi（2005）在 "Classification and Nomenclator of Gastropod Families" 一文中，整合了最新的研究结果，接受了骨螺科应分为 10 亚科的事实（表 3）。

由于分子生物学技术在分类中的应用，骨螺科分类系统仍然在一直变化。骨螺科中有些属的分类地位也时常发生变化，在亚科中被移进或移出。Barco 等（2012）利用分子生物学技术对南大洋及周边海盆采得的饵骨螺亚科 Trophoninae 中 4 属（Pagodula、Xymenopsis、Xymene 和 Trophonella）的标本进行了分析与整理，发现它们属于一个明显的单系群。因此，他们对以前属于饵骨螺亚科 Trophoninae 的一些属进行了修订和移出，又建立一个新亚科，即塔骨螺亚科 Pagodulinae，共包含 12 属。

到完成本志的撰写为止，骨螺科已增加到 11 亚科 250 属或亚属。尽管对于亚科的划分和相关属的界定仍然存在着争议，但目前这一分类系统已被大多数学者逐步认可和采用。随着对骨螺科研究的不断深入，之后可能还会出现第 12 或 13 亚科。

骨螺科 Family Muricidae Rafinesque, 1815 共包含 11 亚科：

1. 骨螺亚科 Subfamily Muricinae Rafinesque, 1815
2. 刺骨螺亚科 Subfamily Muricopsinae Radwin & D'Attilio, 1971
3. 叵秣螺亚科 Subfamily Ocenebrinae Cossmann, 1903

4. 红螺亚科 Subfamily Rapaninae Gray, 1853（=Thaidinae）

5. 爱尔螺亚科 Subfamily Ergalataxinae Kuroda, Habe & Oyama, 1971

6. 管骨螺亚科 Subfamily Typhinae Cossmann, 1903

7. 饵骨螺亚科 Subfamily Trophoninae Cossmann, 1903

8. 三管骨螺亚科 Subfamily Tripterotyphinae D'Attilio & Hertz, 1988

9. 锉骨螺亚科 Subfamily Haustrinae Tan, 2003

10. 塔骨螺亚科 Subfamily Pagodulinae Barco, Schiaparelli, Houart & Oliverio, 2012

11. 珊瑚螺亚科 Subfamily Coralliophilinae Chenu, 1859

本志依据该分类系统进行撰写。书中共记录中国沿海骨螺科动物 235 种，隶属于 9 亚科 54 属。另外，三管骨螺亚科 Tripterotyphinae D'Attilio & Hertz, 1988 和锉骨螺亚科 Haustrinae Tan, 2003，目前在中国沿海还未采到过标本。

二、形 态 特 征

（一）外 部 形 态

1. 贝壳

骨螺科动物的贝壳形态多种多样、千姿百态，是腹足纲中外形最多变的一个类群。其有纺锤形、卵圆形、长卵圆形、球形或拳头形等，螺旋部有高有低，表面花纹、雕刻丰富多彩，具有纵、横螺肋及结节、颗粒、鳞片、棘、长刺、管状和叶片状等雕刻；有些种类具有纵肿肋（通常有 3-7 个），并具有螺带、斑点、斑块和花纹等，除少数种类外，多数无壳皮。其个体大小在不同种类中差异很大。在已知种类中个体最大的是棘螺 *Chicoreus ramosus*，壳长可达到或超过 300.0mm；而个体最小种类壳长仅 6.0mm 左右。壳质有的厚重而坚实，有的较薄，多数壳质结实。壳口形状多变，有近圆形、卵圆形、椭圆形、狭窄和或多或少的收窄等，外唇内缘常具齿状结构，外唇边缘具缺刻、棘刺或花瓣状雕刻，轴唇光滑或具弱的褶襞或齿。有发达的前水管沟，有的特别长，呈细管状或半管状，有的中等长，也有的较短，呈缺刻状。

贝壳由螺旋部和体螺层两部分组成（图 1），螺旋部通常用来容纳内脏团，而体螺层容纳头部和足部。

2. 厣

厣位于足的后端，当软体部缩入壳内时充当保护角色。骨螺科动物的厣形态多变，有卵圆形、椭圆形、卵三角形、D 字形、瓜子形和肾脏形等（图 2）。厣厚薄不等，有的较厚，而有的较薄，半透明。厣分为表面和内表面，表面常具明显的生长线或环肋，有的出现棱角，核的位置有变化，多数近前端（下端）或位于中部外缘。内表面供足部肌肉附着，常分为附着区和非附着区。厣角质，多呈褐色、黄褐色或栗色。

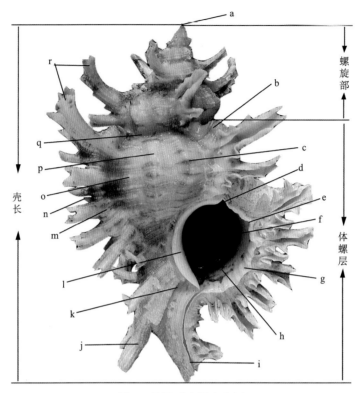

图 1 骨螺示意图和术语

a. 壳顶；b. 肩角；c. 结节（瘤）；d. 后水管沟；e. 外唇缘；f. 厣；g. 外唇；h. 壳口；i. 前水管沟；j. 水管沟分枝；k. 脐；
l. 内唇；m. 纵肿肋；n. 小刺；o. 螺肋；p. 纵肋；q. 缝合线；r. 叶状棘

Fig. 1 Illustrations and terminology of muricid

a. apex; b. shoulder; c. nodule (knob); d. posterior canal; e. margin of outer lip; f. operculum; g. outer lip; h. aperture; i. anterior
canal; j. siphonal fasciole; k. umbilicus; l. inner lip; m. varix; n. small spine; o. spiral rib; p. axial rib; q. suture; r. foliaceous
processes

3. 头足部

骨螺科动物头部发达，位于身体前端，与腹足愈合在一起。头部具 1 对左右对称的触角（图 3），呈圆锥状，先端尖，眼位于触角中部的外侧。口位于头部腹面中央，口内常具 1 个发达的吻，呈圆筒状，可以自由伸缩，利于捕食。动物的足部肌肉发达，中等长，前端截形，有皱褶，利于附着和爬行。在足部的前方和腹中线上具有大型腺体，为腹足腺，其作用是当动物运动时，能分泌黏性液体以利于动物爬行或使足黏附于其他物体上。

图 2 骨螺科不同种类厣的形态

Fig. 2 Morphologies of muricid opercula

A. 骨螺 *Murex pecten*；B. 直吻沃骨螺 *Vokesimurex rectirostris*；C. 亚洲棘螺 *Chicoreus (C.) asianus*；D. 玫瑰棘螺 *Chicoreus (T.) palmarosae*；E. 疣荔枝螺 *Thais (R.) clavigera*；F. 脉红螺 *Rapana venosa*；G. 内饰刍秣螺 *Ocenebra inornata*；H. 润泽角口螺 *Ceratostoma rorifluum*；I. 黄唇荔枝螺 *Thais (M.) echinulata*；J. 蟾蜍紫螺 *Purpura bufo*；K. 腊台北方饵螺 *Boreotrophon candelabrum*；L. 荆刺刍秣螺 *Ocenebra acanthophora*

4. 外套膜

外套膜为贝类所特有，位于内脏团（内脏囊）与贝壳之间。它是由背侧皮肤褶襞向下延伸而形成的结构，可包被整个内脏团，具有保护作用。外套膜与内脏团之间的空隙称为外套腔，水流可进出外套腔，肾孔、生殖孔、肛门等直接或间接开口于外套腔中，有助于动物呼吸、摄食、生殖、排泄等。外套膜的上皮分泌细胞可以分泌物质形成贝壳，同时上皮的感觉细胞具感觉功能。骨螺科种类常具发达的外套膜，不仅能覆盖整个内脏团，有时也能将头和部分足都包于其中。骨螺科动物外套膜的左前端边缘延伸形成前水管，有时也具后水管。

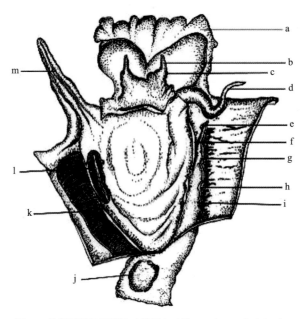

图 3　骨螺解剖示意图（雄性）（仿 Merle *et al.*, 2011）

a. 足；b. 触角；c. 眼；d. 阴茎；e. 肛门；f. 输出管；g. 直肠；h. 鳃下腺；i. 大肠末端；j. 心脏；k. 栉鳃；l. 嗅检器；
m. 水管

Fig. 3　Illustrational muricid anatomical (male) (from Merle *et al.*, 2011)

a. foot; b. tentacle; c. eye; d. penis; e. anus; f. deferent canal; g. rectum; h. hypobranchial gland; i. terminal intestine; j. heart;
k. ctenidium; l. osphradium; m. siphon

（二）内 部 结 构

1. 神经系统

骨螺科神经系统与其他腹足类动物相似，包括中枢神经系统和外周神经系统。中枢神经包括食道神经环、脏神经节和两条侧脏神经索（图4）。外周神经系统包括外周神经和外周神经节。食道神经环由 1 对脑神经节、1 对口球神经节、1 对侧神经节、1 对足神经节、1 个食道上神经节和 1 个食道下神经节构成。脏神经节位于内脏囊前，包括左、右脏神经节和生殖神经节。神经节包括神经节被膜、胞体区和神经纤维网。嗅检器是位于外套膜入口附近（脏腹神经节的下面）栉鳃外侧的化学感觉器官。骨螺科的嗅检器常比栉鳃短窄，形状前后左右对称。当水流流经外套腔时，嗅检器可以敏锐地感觉到水中的化学信号。

2. 消化系统

消化系统由消化道和附属的消化腺组成。消化道包括口、食道、胃、肠、肛门；附属腺包括唾液腺、副唾液腺、勒布灵氏腺、肝脏和肛腺等。

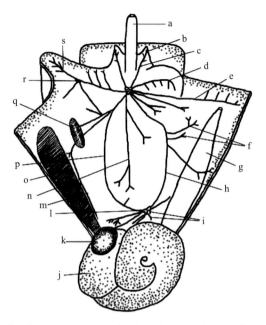

图 4　脉红螺 *Rapana venosa* 的神经系统（仿李国华等，1990）

a. 吻；b. 眼；c. 触角神经；d. 阴茎神经；e. 外套神经；f. 侧脏神经连索发出的外周神经；g. 直肠；h. 右侧脏神经索；i. 生殖神经；j. 肾脏；k. 心脏；l. 脏神经节；m. 鳃神经；n. 壳轴肌神经；o. 栉鳃；p. 左侧脏神经索；q. 嗅检器；r. 水管神经节；s. 水管神经

Fig. 4　The nervous system of *Rapana venosa* (from Li *et al.*, 1990)

a. proboscis; b. eye; c. tentacle nerve; d. penis nerve; e. pallial nerve; f. peripheral nerve arising from the pleurovisceral connective; g. rectum; h. right pleurovisceral connective; i. genital nerves; j. kidney; k. heart; l. visceral ganglion; m. branchial nerve; n. columella nerve; o. ctenidium; p. left pleurovisceral connective; q. osphradium; r. siphonal ganglion; s. siphonal nerve

　　骨螺科动物的口腔内均具 1 个发达的肌肉质的吻，呈圆管状，可自由伸缩。当捕食时，吻可伸出口外。口腔腹面底部具 1 突起的齿舌囊，囊中有 1 条长的齿舌带。齿舌由横列的角质齿组成，形似锉刀（图 5A），有利于刮取食物。骨螺的齿舌一般是由侧齿和中央齿组成，无缘齿，齿式一般为 0·1·1·1·0。侧齿和中央齿上常具齿尖，中央齿的齿尖形状、长短和数目常因种而异（图 5B），差别较大。因此，骨螺科动物的齿舌是物种鉴定的重要依据之一。

　　口腔内有唾液腺开口，口腔后连接细长的食道，食道内壁常具有多条纵行皱褶，在食道的中部有勒布灵氏腺导管开口。食道后为 1 圆形的胃，呈囊状，胃内有纵沟和横褶，可有效地增大消化面积。胃的两侧具肝叶。胃的末端与细长的肠道相连，肠由胃部发出后从左肝叶顶端穿过，沿肾脏后行，止于肛门。肛门开口于右侧前方壳口附近（图 6）。

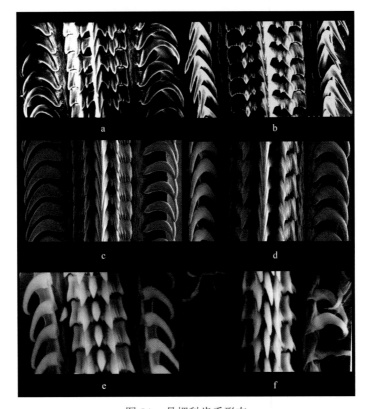

图 5A 骨螺科齿舌形态

Fig. 5A Morphologies of muricid radulae

a. 黄唇狸螺 *Lataxiena lutescena*；b. 锈狸螺 *Lataxiena blosvillei*；c. 疣荔枝螺 *Thais (R.) clavigera*；d. 弗氏坚果螺 *Nucella freycinetti*；e. 钩翼紫螺 *Pteropurpura (O.) falcatus*；f. 刍秣螺 *Ocenebra* sp.

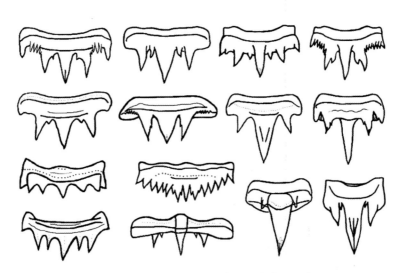

图 5B 骨螺科不同种类的齿舌（中齿）形态

Fig. 5B Morphologies of muricid radulae (central teeth)

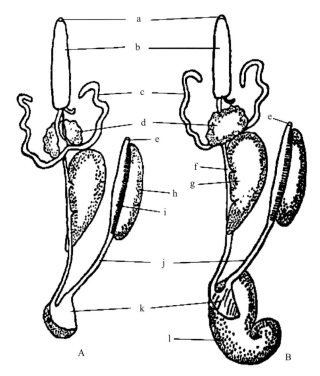

图 6　脉红螺 *Rapana venosa* 的消化系统（仿侯圣陶等，1990）

A. 腹面观；B. 背面观

a. 口；b. 吻；c. 副唾液腺；d. 唾液腺；e. 肛门；f. 食道；g. 勒布灵氏腺；h. 肛腺；i. 直肠；j. 肠；k. 胃；l. 肝脏

Fig. 6　The digestive system of *Rapana venosa* (form Hou *et al.*, 1990)

A. ventral view; B. dorsal view

a. mouth; b. proboscis; c. accessory salivary gland; d. salivary gland; e. anus; f. esophagus; g. Leiblein's gland; h. anal gland; i. rectum; j. intestine; k. stomach; l. liver

3. 呼吸系统

骨螺科的呼吸器官主要为栉鳃（图 7p），位于身体前方左侧。栉鳃分为中央鳃轴和梳状鳃丝。中央鳃轴处有入鳃和出鳃血管，鳃丝上布满微细血管，通过鳃丝上的微细血管进行气体交换。栉鳃在原始类型中位于肛门的后方，但在腹足类的多数种类中，随着内胚块的扭曲移向身体前方。

4. 循环系统

循环类型为开管式循环。循环系统的中枢为心脏，位于螺体左侧的围心腔中，围心腔位于鳃和肝脏交汇处。心脏由心耳和心室构成。心耳位于心室前上方，三角形，在左前腹侧与出鳃静脉相通，右前背侧与肾上腺静脉相通。心室呈椭圆形，它在左侧腹面发出主动脉。血液自心脏发出后经动脉系统到达血窦，进行物质交换，随后再通过血窦和静脉回到肾脏和鳃中，最后经过出鳃静脉流回心耳，完成整个循环（图 7）。

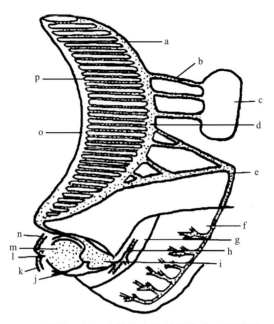

图 7　脉红螺 *Rapana venosa* 肾脏、鳃、心脏的血液循环关系（背面观）（仿田力等，2001）

a. 外套膜小静脉；b. 肛腺静脉；c. 肛腺；d. 入肾静脉；e. 出肾静脉；f. 肾脏；g. 肾上腺；h. 出肾上腺静脉；i. 心耳；

j. 围心腔；k. 后主动脉；l. 主动脉；m. 心脏；n. 前主动脉；o. 出鳃静脉；p. 栉鳃

Fig. 7　Blood circular relationship of kidney, branchia and heart of *Rapana venosa* (dorsal view) (form Tian

et al., 2001)

a. mantle vein; b. anal gland vein; c. anal gland; d. afferent renal vein; e. efferent renal vein; f. kidney; g. adrenal gland; h. efferent

adrenal vein; i. auricula cordis; j. pericardial cavity; k. posterior aorta; l. aorta; m. heart; n. anterior aorta; o. efferent branchial vein;

p. ctenidium

5. 排泄系统

骨螺与大多数其他腹足类一样，排泄系统主要包括肾脏和围心腔腺。肾脏由腺质部
和管状部组成。腺质部血管丰富，肾口具纤毛，开口于围心腔。管状部内壁具纤毛，肾
孔开口于外套腔。肾脏可排除血液中的代谢产物。另外围心腔内壁上的围心腔腺微血管
密布，可将代谢产物排入围心腔内，由肾脏排出体外。

6. 生殖系统

骨螺科动物为雌雄异体。雄性生殖系统通常包括：精巢、输精管、贮精囊、前列腺
和阴茎。雌性生殖系统通常包括：卵巢、输卵管、受精囊、蛋白腺和产卵器。精巢位于
内脏团顶部，由许多长管状生精小管构成；输精管位于精巢底面，与生精小管相连，数
目多而呈网状；贮精囊位于精巢右内侧，为盘曲状的管子；前列腺为前端尖，后端钝圆
的侧扁豆荚形腺体，在靠腺体腹缘有输精管外套段 I 通过；阴茎位于头部右上方，右触
角后方，顶端具生殖孔（图 8）。卵巢位于内脏团顶部；输卵管与卵巢相接，呈细线状而
交织成网；受精囊侧扁，呈心形；蛋白腺包括内部的精沟、蛋白腺本体和蛋白腺腔；产
卵器为 1 尖圆锥状突起。雌性常把卵产入革质状的卵囊内，卵囊形状各异，由柄附着在
其他物体上。卵囊的形状常作为分类的重要依据之一。

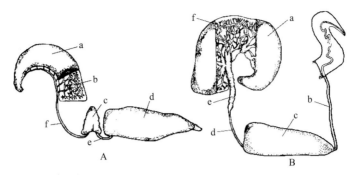

图 8　脉红螺 *Rapana venosa* 的生殖系统（仿侯圣陶等，1990）

A. 脉红螺的雌性生殖系统：a. 卵巢；b. 输卵小管；c. 受精囊；d. 蛋白腺；e. 输卵管Ⅱ段；f. 输卵管Ⅰ段。

B. 脉红螺的雄性生殖系统：a. 精囊；b. 输精管外套段Ⅱ；c. 前列腺和输精管外套段Ⅰ；d. 输精管；e. 贮精囊；f. 输精小管

Fig. 8　Reproductive system of *Rapana venosa* (from Hou *et al*., 1990)

A. female reproductive system of *Rapana venosa*: a. ovary; b. oviduct minor; c. seminal receptacle; d. albumen gland; e. oviduct Ⅱ;
f. oviduct Ⅰ.

B. male reproductive system of *Rapana venosa*: a. testis; b. pallial vas deferens Ⅱ; c. prostate and pallial vas deferens Ⅰ; d. vas
deferens; e. seminal vesicle; f. vas deferens minor

三、地理分布与区系分析

　　骨螺科动物为世界性分布种类，寒带、温带、亚热带和热带海洋中均有其踪迹，但丰度最高的还是在热带和亚热带海洋中。本科动物在我国四大海区，北自辽宁，向南至南沙群岛海域均有分布。中国海岸线绵长，南、北海域水温相差甚大，而且受大陆和暖流的影响，各海区都有各自的区系特点和变化规律，复杂的生态环境和地理位置明显影响着骨螺科动物的分布。从目前所掌握的四大海区骨螺科动物分布状况的资料来看，各海区动物的分布状况与区系组成差异显著。种类和数量从北向南逐渐增多，南部海域物种多样性明显高于北方（表 4）。研究资料显示，目前在渤海发现骨螺科动物 7 种，黄海11 种，东海 116 种，南海 168 种。这些种类中很多在各海区是交叉分布的，仅有黄口荔枝螺 *Thais* (*R.*) *luteostoma* 和疣荔枝螺 *Thais* (*R.*) *clavigera* 2 个种为广温、广盐性种类，在中国南北沿海均有分布，向南可分布到海南岛沿岸，而且数量也较多。

　　水温对骨螺科动物的区系分布具有明显影响。黄、渤海区水温相对较低，季节性变化较大，冬季水温可达 0℃左右，而夏季大部分水温均可超过 20℃。渤海为我国的一个内陆海，受陆地和人类活动影响较大，由于骨螺科主要为暖水性较强的种类，因此在此栖息的骨螺动物最少。据统计，在中国海域分布的骨螺中仅有 7 种分布于渤海，它们分别是内饰乌秣螺 *Ocenebra inornata*、润泽角口螺 *Ceratostoma rorifluum*、钝角口螺 *Ceratostoma burnetti*、腊台北方饵螺 *Boreotrophon candelabrum*、脉红螺 *Rapana venosa*、黄口荔枝螺 *Thais* (*R.*) *luteostoma* 和疣荔枝螺 *Thais* (*R.*) *clavigera*。其中腊台北方饵螺在以往的海洋调查中仅发现于黄海，近年来在大连旅顺口外的渤海南部也有发现，而且腊台

表 4　中国沿海骨螺科的地理分布
Table 4　The geographical distribution of Muricidae found China coast

种名	渤海	黄海	浙江	福建	台湾	东海海域	广东	广西	海南岛	西沙群岛	南沙群岛	南海海域	日本	菲律宾	马来半岛	印度尼西亚	太平洋诸岛	夏威夷群岛	澳大利亚	新西兰	印度	斯里兰卡	红海	非洲东岸	马达加斯加	南非	印度洋诸岛	大西洋	其他
1. 骨螺 *Murex pecten*				+	+	+			+				+	+	+	+	+	+	+		+						+		+
2. 长刺骨螺 *Murex troscheli*					+	+			+				+	+			+	+									+		
3. 钩棘骨螺 *Murex aduncospinosus*				+	+	+	+		+	+	+	+	+														+		
4. 浅缝骨螺 *Murex trapa*			+	+	+	+	+		+	+	+	+	+	+							+	+			+	+	+		+
5. 三棘骨螺 *Murex tribulus*						+							+	+	+	+	+				+	+			+	+			
6. 精巧骨螺 *Murex concinnus*									+				+	+			+												
7. 黑刺骨螺 *Murex ternispina*						+							+	+	+		+	+	+		+	+							
8. 直吻沃骨螺 *Vokesimurex rectirostris*		+	+	+	+	+	+						+	+	+														
9. 海峡沃骨螺 *Vokesimurex sobrinus*					+	+							+						+										+
10. 班特沃骨螺 *Vokesimurex multiplicatus bantamensis*									+							+	+	+											
11. 褐斑沃骨螺 *Vokesimurex gallinago*					+	+			+				+	+											+				
12. 纪伊沃骨螺 *Vokesimurex kiiensis*					+	+											+	+											
13. 平瀬沃骨螺 *Vokesimurex hirasei*					+	+											+	+	+										
14. 泵骨螺 *Haustellum haustellum*					+	+						+	+	+	+	+	+		+										
15. 黑田泵骨螺 *Haustellum kurodai*										+						+	+		+										
16. 棘螺 *Chicoreus (C.) ramosus*					+	+	+	+					+	+					+	+	+			+	+	+	+	+	+
17. 粗棘螺 *Chicoreus (C.) exuberans*					+	+			+							+	+								+				
18. 亚洲棘螺 *Chicoreus (C.) asianus*			+	+	+	+	+	+	+				+	+							+								+

续表

种名	渤海	黄海	浙江	福建	台湾	东海海域	广东	广西	海南岛	西沙群岛	南沙群岛	南海海域	日本	菲律宾	马来半岛	印度尼西亚	太平洋诸岛	夏威夷群岛	澳大利亚	新西兰	印度	斯里兰卡	红海	非洲东岸	马达加斯加	南非	印度洋诸岛	大西洋	其他
19. 白棘螺 *Chicoreus (T.) cnissodus*					+	+						+	+	+															
20. 褐棘螺 *Chicoreus (T.) brunneus*					+		+	+	+	+			+	+	+	+	+	+			+	+		+	+		+		
21. 焦棘螺 *Chicoreus (T.) torrefactus*					+	+	+	+	+				+	+	+				+					+	+	+	+		
22. 玫瑰棘螺 *Chicoreus (T.) palmarosae*					+									+	+				+			+			+		+	+	
23. 小叶棘螺 *Chicoreus (T.) microphyllus*									+					+	+	+			+			+				+	+		
24. 条纹棘螺 *Chicoreus (T.) strigatus*					+							+		+	+				+										
25. 鹿角棘螺 *Chicoreus (T.) axicornis*					+								+	+	+				+		+	+		+			+		
26. 班克棘螺 *Chicoreus (T.) banksii*					+					+	+	+	+	+	+	+	+		+		+							
27. 秀美棘螺 *Chicoreus (T.) saulii*					+	+								+	+		+										+		
28. 紫红棘螺 *Chicoreus (T.) rossiteri*					+	+									+	+			+										
29. 红刺棘螺 *Chicoreus (T.) aculeatus*					+	+								+	+	+										+			
30. 高贵棘螺 *Chicoreus (T.) nobilis*					+									+	+	+													
31. 兰花棘螺 *Chicoreus (C.) orchidiflorus*					+	+								+	+				+								+		
32. 柄棘螺 *Chicoreus (R.) capucinus*					+	+								+	+	+			+		+								
33. 蓝氏拟棘螺 *Chicomurex lani*					+	+						+	+	+	+				+										+
34. 华丽拟棘螺 *Chicomurex superbus*					+	+							+	+	+				+										
35. 荣耀拟棘螺 *Chicomurex gloriosus*					+	+							+	+	+				+								+	+	
36. 紫唇拟棘螺 *Chicomurex laciniatus*					+									+	+	+	+	+	+			+					+	+	
37. 爱丽丝拟棘螺 *Chicomurex elliscrossi*					+	+								+			+												
38. 巴氏褶骨螺 *Naquetia barclayi*					+	+								+	+				+		+			+			+	+	

续表

种名	渤海	黄海	浙江	福建	台湾	东海海域	广东	广西	海南岛	西沙群岛	南沙群岛	南海海域	日本	菲律宾	马来半岛	印度尼西亚	太平洋诸岛	夏威夷群岛	澳大利亚	新西兰	印度	斯里兰卡	红海	非洲东岸	马达加斯加	南非	印度洋诸岛	大西洋	其他
中国海域 — 东海（浙江/福建/台湾/东海海域）、南海（广东/广西/海南岛/西沙群岛/南沙群岛/南海海域）																													
39. 三角褶骨螺 *Naquetia triqueter*					+	+							+	+			+		+	+				+			+	+	+
40. 褶链棘螺 *Siratus pliciferoides*					+	+							+	+			+		+										
41. 岩石链棘螺 *Siratus alabaster*					+	+						+	+	+															
42. 小犁芭蕉螺 *Pterymarchia bipinnata*					+			+				+	+	+											+		+		
43. 宽翼芭蕉螺 *Pterymarchia triptera*					+			+					+	+			+	+	+										
44. 窗格芭蕉螺 *Pterymarchia martinetana*					+							+	+	+	+	+	+	+							+	+	+		
45. 巴克莱芭蕉螺 *Pterymarchia barclayana*					+	+							+	+					+								+		
46. 翼螺 *Pterynotus alatus*					+	+	+		+			+	+	+						+									
47. 大犁翼螺 *Pterynotus elongatus*					+	+							+	+	+				+	+				+	+		+		
48. 轻纱翼螺 *Pterynotus pellucidus*					+	+							+	+					+								+		
49. 蝙蝠翼螺 *Pterynotus vespertilio*					+	+							+	+				+											
50. 艳红翼螺 *Pterynotus loebbeckei*					+								+	+			+	+									+		
51. 细雕叶状骨螺 *Phyllocoma convoluta*					+							+	+	+					+						+		+		
52. 枯木皮翼骨螺 *Dermomurex neglecta*					+							+	+																
53. 皮翼骨螺属（未定种） *Dermomurex* sp.						+																							
54. 长楯骨螺 *Aspella producta*					+			+					+					+	+	+				+	+		+		
55. 褐带刺骨螺 *Murexsul zonata*					+	+							+	+															
56. 德米刺骨螺 *Murexsul tokubeii*					+	+							+	+												+			
57. 玫瑰蜂巢螺 *Favartia rosea*						+							+	+															
58. 义刺蜂巢螺 *Favartia judithae*					+	+			+				+																

续表

表头分区："中国海域"包含渤海、黄海、东海（浙江、福建、台湾、东海海域）、南海（广东、广西、海南岛、西沙群岛、南沙群岛、南海海域）。

种名	渤海	黄海	浙江	福建	台湾	东海海域	广东	广西	海南岛	西沙群岛	南沙群岛	南海海域	日本	菲律宾	马来半岛	印度尼西亚	太平洋诸岛	夏威夷群岛	澳大利亚	新西兰	印度	斯里兰卡	红海	非洲东岸	马达加斯加	南非	印度洋诸岛	大西洋	其他
59. 斑点蜂巢螺 *Favartia maculata*					+	+							+	+															
60. 粗布蜂巢螺 *Favartia rosamiae*					+								+	+														+	
61. 半红蜂巢螺 *Favartiacyclostoma*					+								+	+									+	+				+	
62. 黑田蜂巢螺 *Favartia kurodai*				+	+								+																
63. 红花蜂巢螺 *Favartia crouchi*					+				+				+					+									+		
64. 鸭蹼光滑眼角螺 *Homalocantha anatomica*				+	+				+	+			+	+	+				+	+					+		+		
65. 然氏光滑眼角螺 *Homalocantha zamboi*					+				+				+	+			+												
66. 爱尔螺 *Ergalatax contracta*		+	+	+	+		+	+					+	+	+		+		+		+								+
67. 德川爱尔螺 *Ergalatax tokugawai*				+	+					+		+	+	+		+													
68. 旗瓣小结螺 *Cytharomorula vexillum*						+								+	+											+			
69. 细肋小结螺 *Cytharomorula paucimaculata*				+	+									+	+	+									+		+		
70. 纹狸螺 *Lataxiena fimbriata*			+	+	+	+		+					+	+	+	+			+										+
71. 黄唇狸螺 *Lataxiena lutescena*				+			+		+																				
72. 锈狸螺 *Lataxiena blosvillei*					+		+					+			+	+			+								+	+	
73. 黄口螺 *Pascula ochrostoma*					+				+	+				+	+	+			+		+		+				+		+
74. 刺面黄口螺 *Pascula muricata*					+					+	+	+	+	+				+							+				
75. 尖角黄口螺 *Pascula lefevriana*					+				+				+					+			+				+	+	+		
76. 方格螺 *Muricodrupa fenestrata*					+				+				+	+					+	+							+		+
77. 筐格螺 *Muricodrupa fiscella*					+				+				+	+	+				+	+					+	+	+		+
78. 粒结螺 *Morula (M.) granulata*					+				+	+	+	+	+	+	+	+	+	+	+		+	+	+		+		+		+

续表

种名 / 地区	渤海	黄海	浙江	福建	台湾	东海海域	广东	广西	海南岛	西沙群岛	南沙群岛	南海海域	日本	菲律宾	马来半岛	印度尼西亚	太平洋诸岛	夏威夷群岛	澳大利亚	新西兰	印度	斯里兰卡	红海	非洲东岸	马达加斯加	南非	印度洋诸岛	大西洋	其他
				中国海域 东海						南海																			
79. 草莓结螺 *Morula (M.) uva*					+		+	+	+			+	+	+	+		+	+	+		+		+	+	+		+		+
80. 镶珠结螺 *Morula (M.) musiva*				+	+		+	+	+				+	+	+	+			+										
81. 台湾结螺 *Morula (M.) taiwana*					+																								
82. 白瘤结螺 *Morula (M.) anaxares*					+				+	+	+	+	+	+	+		+	+	+						+	+			+
83. 刺猬结螺 *Morula (M.) echinata*					+					+			+	+			+	+	+							+			+
84. 索结螺 *Morula (M.) funiculata*					+				+				+	+	+														
85. 黑斑结螺 *Morula (M.) nodicostata*					+	+							+																
86. 紫结螺 *Morula (M.) purpureocincta*							+	+	+	+	+						+	+	+								+		+
87. 优美结螺 *Morula (H.) biconica*					+		+	+	+	+	+						+										+		+
88. 条纹优美结螺 *Morula (H.) striata*					+		+	+	+	+							+		+										+
89. 石优美结螺 *Morula (H.) lepida*							+			+			+	+			+	+	+										
90. 白优美结螺 *Morula (H.) ambrosia*					+				+				+	+			+												
91. 棘优美结螺 *Morula (H.) spinosa*					+		+	+	+				+	+			+		+				+						
92. 肋奥兰螺 *Orania pleurotomoides*														+	+		+		+	+									
93. 褐肋奥兰螺 *Orania fischeriana*															+			+							+		+		
94. 连接奥兰螺 *Orania adiastolos*															+			+								+			+
95. 融合奥兰螺 *Orania mixta*						+				+	+		+																
96. 太平洋奥兰螺 *Orania pacifica*						+							+	+			+	+								+			
97. 无花果奥兰螺 *Orania ficula*				+											+				+										+
98. 迟奥兰螺 *Orania serotina*													+		+	+	+		+										

续表

种名 ＼ 地区	中国海域 渤海	黄海	浙江	福建	台湾	东海海域	广东	广西	海南岛	西沙群岛	南沙群岛	南海海域	日本	菲律宾	马来半岛	印度尼西亚	太平洋诸岛	夏威夷群岛	澳大利亚	新西兰	印度	斯里兰卡	红海	非洲东岸	马达加斯加	南非	印度洋诸岛	大西洋	其他
99. 铅色奥兰螺 *Orania livida*				+	+	+			+				+	+	+	+													
100. 旋奥兰螺 *Orania gaskelli*					+	+							+	+	+	+													
101. 双比德螺 *Bedevina birileffi*				+	+	+							+	+															+
102. 锯齿小斑螺 *Maculotriton serriale*					+				+		+		+	+	+	+			+				+	+					+
103. 指形小斑螺 *Maculotriton digitale*					+				+	+			+	+				+							+				
104. 网目锥骨螺 *Phrygiomurex sculptilis*					+								+	+					+								+		
105. 薄片瑞香螺 *Daphnellopsis lamellosus*														+			+												+
106. 纵褶瑞香螺 *Daphnellopsis fimbriata*					+	+									+		+												
107. 细褶瑞香螺 *Daphnellopsis hypselos*					+							+			+		+												
108. 分枝管骨螺 *Typhis ramosus*					+							+																	
109. 土佐畸形管骨螺 *Monstrotyphis tosaensis*					+	+							+	+															
110. 单管畸形管骨螺 *Monstrotyphis montfortii*						+							+	+	+				+							+	+		+
111. 日本虹管骨螺 *Siphonochelus japonicus*					+	+							+	+			+	+	+										
112. 尼邦虹管骨螺 *Siphonochelus nipponensis*					+	+							+																
113. 红螺 *Rapana bezoar*				+	+	+	+	+				+	+	+	+	+											+	+	+
114. 脉红螺 *Rapana venosa*	+	+	+	+	+	+							+											+					+
115. 梨红螺 *Rapana rapiformis*					+	+	+	+					+	+					+			+			+	+	+		+
116. 白斑紫螺 *Purpura panama*					+	+	+						+	+	+							+					+		+
117. 桃紫螺 *Purpura persica*					+								+	+					+		+						+		
118. 蟾蜍紫螺 *Purpura bufo*					+		+		+				+	+	+		+		+		+				+				

续表

表头分组：「中国海域」包含渤海、黄海、东海（浙江、福建、台湾、东海海域）、南海（广东、广西、海南岛、西沙群岛、南沙群岛、南海海域）。

种名 \ 地区	渤海	黄海	浙江	福建	台湾	东海海域	广东	广西	海南岛	西沙群岛	南沙群岛	南海海域	日本	菲律宾	马来半岛	印度尼西亚	太平洋诸岛	夏威夷群岛	澳大利亚	新西兰	印度	斯里兰卡	红海	非洲东岸	马达加斯加	南非	印度洋诸岛	大西洋	其他
119. 鹑鸰蓝螺 *Nassa serta*					+				+	+			+	+			+	+	+								+		
120. 花橄榄螺 *Vexilla vexillum*					+								+	+				+			+				+				+
121. 核果螺 *Drupa morum*					+				+	+	+	+	+	+	+	+	+	+	+		+				+		+		
122. 黄斑核果螺 *Drupa ricinus*					+				+	+			+	+	+	+	+	+	+		+		+	+	+		+	+	+
123. 窗格核果螺 *Drupa clathrata*					+								+	+				+	+										
124. 球核果螺 *Drupa rubusidaeus*					+				+	+	+	+	+	+			+	+					+	+	+		+		
125. 刺核果螺 *Drupa grossularia*					+								+	+				+	+								+		+
126. 角小核果螺 *Drupella cornus*					+				+	+	+		+	+	+		+	+	+		+	+			+				
127. 环珠小核果螺 *Drupella rugosa*					+			+	+	+	+	+	+	+	+			+			+				+				
128. 莓实小核果螺 *Drupella fragum*									+	+	+		+	+			+												+
129. 珠母小核果螺 *Drupella margariticola*		+	+	+	+	+	+	+					+	+	+			+	+					+					
130. 可变荔枝螺 *Thais (I.) lacera*					+		+	+	+				+				+		+		+	+			+				
131. 蛎敌荔枝螺 *Thais (I.) gradata*				+	+		+	+					+						+										
132. 爪哇荔枝螺 *Thais (I.) javanica*			+	+	+			+					+				+	+	+								+		+
133. 淡红荔枝螺 *Thais (I.) rufotincta*									+			+				+	+	+	+										+
134. 多皱荔枝螺 *Thais (I.) sacellum*					+			+	+	+					+										+	+	+		
135. 瘤角荔枝螺 *Thais (T.) tuberosa*					+				+	+			+	+					+						+				+
136. 多角荔枝螺 *Thais (T.) virgata*					+				+	+	+		+	+					+						+	+		+	
137. 黄口荔枝螺 *Thais (R.) luteostoma*	+	+	+	+	+		+	+	+				+																+
138. 疣荔枝螺 *Thais (R.) clavigera*	+	+	+	+	+		+	+	+				+																

续表

种名	渤海	黄海	浙江	福建	台湾	东海海域	广东	广西	海南岛	西沙群岛	南沙群岛	南海海域	日本	菲律宾	马来半岛	印度尼西亚	太平洋诸岛	夏威夷群岛	澳大利亚	新西兰	印度	斯里兰卡	红海	非洲东岸	马达加斯加	南非	印度洋诸岛	大西洋	其他
139. 鬃荔枝螺 *Thais (R.) jubilaea*									+			+			+														+
140. 瘤荔枝螺 *Thais (R.) bronni*			+	+	+	+	+	+					+						+										+
141. 武装荔枝螺 *Thais (R.) armigera*					+				+	+			+	+	+	+			+	+									
142. 红豆荔枝螺 *Thais (M.) mancinella*					+			+	+	+			+	+					+								+		
143. 黄唇荔枝螺 *Thais (M.) echinulata*					+				+				+	+	+	+									+				
144. 刺荔枝螺 *Thais (M.) echinata*					+			+	+	+			+	+					+										
145. 暗唇荔枝螺 *Thais (N.) marginatra*					+				+	+			+				+	+	+						+	+			
146. 鳞片荔枝螺 *Thais (S.) turbinoides*					+				+				+	+			+	+	+							+			
147. 鳞甲荔枝螺 *Thais (S.) squamosa*					+				+	+		+	+	+					+							+			
148. 尖荔枝螺 *Thais (S.) muricoides*									+								+			+									+
149. 单翼刍秣螺 *Ocenebra fimbriatula*					+	+							+																
150. 内饰刍秣螺 *Ocenebra inornata*	+	+											+															+	+
151. 荆刺刍秣螺 *Ocenebra acanthophora*		+				+							+																
152. 雕刻刍秣螺 *Ocenebra lumaria*						+							+															+	
153. 三角翼紫螺 *Pteropurpura (P.) plorator*		+			+	+							+															+	
154. 斯氏翼紫螺 *Pteropurpura (P.) stimpsoni*					+	+							+																
155. 钩翼紫螺 *Pteropurpura (O.) falcatus*		+			+	+							+																
156. 润泽角口螺 *Ceratostoma rorifluum*	+	+											+															+	
157. 钝角口螺 *Ceratostoma burnetti*	+	+											+															+	
158. 弗氏坚果螺 *Nucella freycinetii*		+											+															+	

续表

表头分组：中国海域（渤海、黄海；东海：浙江、福建、台湾、东海海域；南海：广东、广西、海南岛、西沙群岛、南沙群岛、南海海域）

种名 ＼ 地区	渤海	黄海	浙江	福建	台湾	东海海域	广东	广西	海南岛	西沙群岛	南沙群岛	南海海域	日本	菲律宾	马来半岛	印度尼西亚	太平洋诸岛	夏威夷群岛	澳大利亚	新西兰	印度	斯里兰卡	红海	非洲东岸	马达加斯加	南非	印度洋诸岛	大西洋	其他
159. 春福糙饵螺 *Scabrotrophon chunfui*					+							+																	
160. 蓝氏糙饵螺 *Scabrotrophon lani*												+																	
161. 海胆尼邦饵螺 *Nipponotrophon gorgon*					+	+																							+
162. 象牙尼邦饵螺 *Nipponotrophon elegantissimus*					+							+																	
163. 腊台北方饵螺 *Boreotrophon candelabrum*	+	+											+																+
164. 柯孙塔骨螺 *Pagodula kosunorum*					+																								
165. 肩棘螺 *Latiaxis mawae*					+	+		+	+			+	+						+					+					
166. 皮氏肩棘螺 *Latiaxis pilsbryi*					+	+						+	+	+				+											
167. 武装塔肩棘螺 *Babelomurex armatus*					+	+				+		+	+	+					+										+
168. 日本塔肩棘螺 *Babelomurex japonicus*					+	+			+			+	+	+			+	+											
169. 花仙塔肩棘螺 *Babelomurex lischkeanus*					+	+		+				+																	
170. 中川塔肩棘螺 *Babelomurex nakamigawai*						+						+	+	+					+	+									
171. 芬氏肩棘螺 *Babelomurex finchii*					+	+						+	+	+															
172. 河村塔肩棘螺 *Babelomurex kawamurai*					+							+	+	+															
173. 布氏塔肩棘螺 *Babelomurex blowi*					+							+	+						+										
174. 印度塔肩棘螺 *Babelomurex indicus*														+	+	+					+			+			+		
175. 吉良塔肩棘螺 *Babelomurex kiranus*					+	+						+	+																
176. 白菊塔肩棘螺 *Babelomurex marumai*					+							+	+	+															
177. 龙骨塔肩棘螺 *Babelomurex cariniferoides*						+						+	+	+					+										
178. 梦幻塔肩棘螺 *Babelomurex deburghiae*					+	+						+	+	+				+								+			

续表

种名	渤海	黄海	浙江	福建	台湾	东海海域	广东	广西	海南岛	西沙群岛	南沙群岛	南海海域	日本	菲律宾	马来半岛	印度尼西亚	太平洋诸岛	夏威夷群岛	澳大利亚	新西兰	印度	斯里兰卡	红海	非洲东岸	马达加斯加	南非	印度洋诸岛	大西洋	其他
179. 平濑塔肩棘螺 *Babelomurex hirasei*					+	+							+	+	+														
180. 展翼塔肩棘螺 *Babelomurex latipinnatus*					+								+	+	+														
181. 紫塔肩棘螺 *Babelomurex purpuratus*					+								+		+														
182. 长棘塔肩棘螺 *Babelomurex longispinosus*					+	+							+	+	+														+
183. 前塔肩棘螺 *Babelomurex princeps*					+	+				+			+					+											+
184. 宝塔肩棘螺 *Babelomurex spinosus*					+	+							+	+	+			+		+									
185. 花蕾塔肩棘螺 *Babelomurex gemmatus*					+	+							+	+	+														
186. 冠塔肩棘螺 *Babelomurex diadema*					+	+				+	+		+	+			+	+											+
187. 高桥塔肩棘螺 *Babelomurex takahashii*					+	+							+	+															
188. 中安塔肩棘螺 *Babelomurex nakayasui*					+	+							+	+															
189. 土佐塔肩棘螺 *Babelomurex tosanus*						+							+	+	+														
190. 管棘塔肩棘螺 *Babelomurex tuberosus*					+	+							+	+															
191. 川西塔肩棘螺 *Babelomurex kawanishii*					+	+			+			+	+																
192. 铃木塔肩棘螺 *Babelomurex yumimarumai*					+	+							+	+															
193. 刺猬塔肩棘螺 *Babelomurex echinatus*					+								+	+															+
194. 红刺塔肩棘螺 *Babelomurex spinaerosae*					+								+	+															
195. 木下塔肩棘螺 *Babelomurex kinoshitai*				+	+								+	+															+
196. 小玉塔肩棘螺 *Babelomurex habui*					+								+	+	+														
197. 寺町花仙螺 *Hirtomurex teramachii*					+	+							+	+					+										
198. 绮丽花仙螺 *Hirtomurex filiaregis*						+							+	+															

续表

中国海域分为：渤海、黄海、东海（浙江、福建、台湾、东海海域）、南海（广东、广西、海南岛、西沙群岛、南沙群岛、南海海域）。

种名＼地区	渤海	黄海	浙江	福建	台湾	东海海域	广东	广西	海南岛	西沙群岛	南沙群岛	南海海域	日本	菲律宾	马来半岛	印度尼西亚	太平洋诸岛	夏威夷群岛	澳大利亚	新西兰	印度	斯里兰卡	红海	非洲东岸	马达加斯加	南非	印度洋诸岛	大西洋	其他
199. 温氏花仙螺 *Hirtomurex winckworthi*					+								+	+			+										+	+	
200. 小山花仙螺 *Hirtomurex oyamai*										+		+	+	+															
201. 圆肋肩棘螺 *Mipus gyratus*					+	+						+	+	+								+							+
202. 佳肋肩棘螺 *Mipus eugeniae*					+	+					+		+	+	+				+										
203. 刺肋肩棘螺 *Mipus crebrilamellosus*					+	+							+	+	+														+
204. 松本肋肩棘螺 *Mipus matsumotoi*					+	+							+	+					+								+		
205. 宏凯肋肩棘螺 *Mipus vicdani*					+														+										
206. 宝塔肋肩棘螺 *Mipus mamimarumai*					+	+							+	+															
207. 球形珊瑚螺 *Coralliophila bulbiformis*					+				+	+	+		+	+				+	+	+									
208. 圆顶珊瑚螺 *Coralliophila squamulosa*					+								+	+					+										
209. 畸形珊瑚螺 *Coralliophila erosa*					+				+	+	+		+	+					+			+		+			+		+
210. 紫栖珊瑚螺 *Coralliophila violacea*					+				+	+	+		+	+					+					+			+		
211. 唇珊瑚螺 *Coralliophila monodonta*					+								+	+				+	+			+		+	+		+	+	
212. 梨形珊瑚螺 *Coralliophila radula*					+							+	+	+				+		+									
213. 纺锤珊瑚螺 *Coralliophila costularis*					+			+				+	+	+				+						+	+		+	+	
214. 菲氏珊瑚螺 *Coralliophila fearnleyi*					+							+	+	+															
215. 布袋珊瑚螺 *Coralliophila hotei*					+	+							+	+															
216. 扁圆珊瑚螺 *Coralliophila fimbriata*					+	+							+	+				+	+										+
217. 格子珊瑚螺 *Coralliophila clathrata*					+						+		+	+				+	+					+			+	+	
218. 短小珊瑚螺 *Coralliophila curta*											+		+	+				+									+		+

续表

地区 / 种名	渤海	黄海	浙江	福建	台湾	东海海域	广东	广西	海南岛	西沙群岛	南沙群岛	南海海域	日本	菲律宾	马来半岛	印度尼西亚	太平洋诸岛	夏威夷群岛	澳大利亚	新西兰	印度	斯里兰卡	红海	非洲东岸	马达加斯加	南非	印度洋诸岛	大西洋	其他
219. 鳞甲珊瑚螺 *Coralliophila squamosissima*					+				+				+	+	+		+		+	+							+		
220. 杰氏珊瑚螺 *Coralliophila jeffreysi*					+	+							+				+		+										
221. 膨胀珊瑚螺 *Coralliophila inflata*					+	+							+			+	+		+								+		
222. 红色珊瑚螺 *Coralliophila rubrococcinea*									+	+	+												+	+			+	+	
223. 金黄珊瑚螺 *Coralliophila amirantium*					+	+							+	+			+										+		
224. 宽口珊瑚螺 *Coralliophila solutistoma*					+				+	+	+						+												
225. 褐宽口珊瑚螺 *Coralliophila caroleae*					+				+	+	+						+	+									+	+	
226. 南海珊瑚螺 *Coralliophila nanhaiensis*												+																	
227. 网格珊瑚螺 *Emozamia licinus*					+	+							+	+	+				+										
228. 虫瘿珊瑚螺 *Rhizochilus antipathum*					+	+							+	+			+	+	+								+		
229. 芜菁螺 *Rapa rapa*					+			+					+	+					+		+								+
230. 球芜菁螺 *Rapa bulbiformis*					+			+					+	+					+										+
231. 曲芜菁螺 *Rapa incurva*					+								+	+					+										
232. 延管螺 *Magilus antiquus*					+				+	+			+	+			+		+								+		
233. 薄壳螺 *Leptoconchus striatus*					+	+	+		+				+			+			+										+
234. 椭圆薄壳螺 *Leptoconchus ellipticus*					+				+	+	+		+	+					+										
235. 拉氏薄壳螺 *Leptoconchus lamarckii*					+				+				+				+	+									+		

北方饵螺和脉红螺向北可分布到俄罗斯远东海，内饰岛秣螺在北太平洋两岸都有分布。黄海也是我国四大海区中动物区系组成最为复杂的海域，能适应这种环境的主要为一些暖温性或广温、广盐性动物。黄海有特殊的冷水团，这里常年有稳定的低温环境，为来自北太平洋和远东海的冷水性种类提供了必要的生存和繁殖条件，分布在这一海区的骨

螺科动物除在渤海出现的 7 种外，增加了钩翼紫螺 *Pteropurpura (O.) falcatus*、荆刺凹秣螺 *Ocenebra acanthophora*、弗氏坚果螺 *Nucella freycinetii* 和三角翼紫螺 *Pteropurpura (P.) plorator*。迄今，在黄、渤海共发现骨螺科 7 属 11 种，其中内饰凹秣螺 *Ocenebra inornata*、润泽角口螺 *Ceratostoma rorifluum*、钝角口螺 *Ceratostoma burnetti*、弗氏坚果螺 *Nucella freycinetii* 和腊台北方饵螺 *Boreotrophon candelabrum* 这 5 个种仅分布于黄渤海，其他海区没有分布。

东海的北限为长江口北岸，向南至福建的东山岛，属于亚热带动物区系。东海近岸水温和盐度受季节及几条大的江河入海的影响而有较大变化。有些广温性和广盐性种类在近岸分布，如疣荔枝螺、瘤荔枝螺、黄口荔枝螺和红螺等，但东海由于受黑潮暖流及其分支台湾暖流的影响，外海水温较高，在东海（包括台湾东北部和东部）分布的骨螺科动物的种类大幅度增多，其中主要为印度-西太平洋广布的暖水性种类。在东海共发现骨螺科动物 116 种，除黄口荔枝螺 *Thais (R.) luteostoma* 和疣荔枝螺 *Thais (R.) clavigera* 这 2 个广温性种类在全国沿海都有分布外，其中有 4 种，即钩翼紫螺 *Pteropurpura (O.) falcatus*、荆刺凹秣螺 *Ocenebra acanthophora*、三角翼紫螺 *Pteropurpura (P.) plorator* 和脉红螺 *Rapana venosa*，是从黄海分布而来的，并且它们分布南限至浙江和福建沿海，未见于南海。其余的 110 种是从东海开始有分布，其中部分种类仅见于东海而其他海区没有分布。例如，海峡沃骨螺 *Vokesimurex sobrinus*、纪伊沃骨螺 *Vokesimurex kiiensis*、平濑沃骨螺 *Vokesimurex hirasei*、褶链棘螺 *Siratus pliciferoides*、德米刺骨螺 *Murexsul tokubeii*、玫瑰蜂巢螺 *Favartia rosea*、日本虹管骨螺 *Siphonochelus japonicus*、单翼凹秣螺 *Ocenebra fimbriatula* 和斯氏翼紫螺 *Pteropurpura (P.) stimpsoni* 等种类为东海特有种。此外，在台湾东北部至日本西南部这块狭窄的区域里，还分布着一些形态优美的观赏种和一些稀有种，如玫瑰棘螺 *Chicoreus (T.) palmarosae*、紫红棘螺 *Chicoreus (T.) rossiteri*、红刺棘螺 *Chicoreus (T.) aculeatus*、兰花棘螺 *Chicoreus (C.) orchidiflorus*、爱丽丝拟棘螺 *Chicomurex elliscrossi*、蝙蝠翼螺 *Pterynotus vespertilio* 和轻纱翼螺 *Pterynotus pellucidus*、尼邦虹管骨螺 *Siphonochelus nipponensis*、土佐畸形管骨螺 *Monstrotyphis tosaensis*、春福糙饵螺 *Scabrotrophon chunfui* 和柯孙塔骨螺 *Pagodula kosunorum* 等种类。这些种类中有的为我国地方特有种，有的为中国和日本共有种。

由于台湾独特的地理位置和区系特点，尤其是在台湾东北部海域栖息着骨螺科一些特有的种类，而且，有些分布于我国广东以南至南沙群岛海域的骨螺在台湾的东北部和东部也有分布，从而大大增加了东海骨螺科的物种多样性。大约有 40 种骨螺在台湾有报道，而大陆尚未采到标本。例如，粗棘螺 *Chicoreus (C.) exuberans*、柄棘螺 *Chicoreus (R.) capucinus*、兰花棘螺 *Chicoreus (C.) orchidiflorus*、爱丽丝拟棘螺 *Chicomurex elliscrossi*、巴氏褶骨螺 *Naquetia barclayi*、枯木皮翼骨螺 *Dermomurex neglecta*、细雕叶状骨螺 *Phyllocoma convoluta*、半红蜂巢螺 *Favartia cyclostoma*、粗布蜂巢螺 *Favartia rosamiae*、网目锥骨螺 *Phrygiomurex sculptilis*、纵褶瑞香螺 *Daphnellopsis fimbriata*、台湾结螺 *Morula (M.) taiwana*、花橄榄螺 *Vexilla vexillum*、紫塔肩棘螺 *Babelomurex purpuratus*、红刺塔肩棘螺 *Babelomurex spinaerosae*、宏凯肋肩棘螺 *Mipus vicdani* 和虫瘿珊瑚螺 *Rhizochilus antipathum* 等。

南海海区水域广阔，常年水温较高，属热带和亚热带动物区系。该海区包括从福建省东山岛以南至海南岛以北的亚热带，以及处于热带动物区系的台湾南端和海南岛南部以南的东沙群岛、西沙群岛和南沙群岛各岛礁。优越的地理位置和生态环境，尤其是海南岛以南各岛礁主要以珊瑚礁和岩礁环境居多，非常适宜骨螺科动物的生存和繁殖。骨螺科中很多种类为典型的珊瑚礁生物群落中的重要组成部分，如结螺属 Morula、核果螺属 Drupa 中大部分种类都生活在热带珊瑚礁环境中。此外，珊瑚螺亚科中的一些种类同样也喜欢生活于珊瑚礁和岩礁中。因此，在南海分布的骨螺种类和数量最多。据统计，目前在南海已发现 168 种，其中有 60 余种是从东海而来的，如骨螺 Murex pecten、浅缝骨螺 Murex trapa、直吻沃骨螺 Vokesimurex rectirostris、亚洲棘螺 Chicoreus (C.) asianus、翼螺 Pterynotus alatus、爱尔螺 Ergalatax contracta、纹狸螺 Lataxiena fimbriata、瘤荔枝螺 Thais (R.) bronni、红螺 Rapana bezoar、蛎敌荔枝螺 Thais (I.) gradata 和爪哇荔枝螺 Thais (I.) javanica 等种类，它们既是东海的常见种，同时也是南海的优势种。其余 100 余种骨螺分布于广东省以南沿海和台湾南部海域，而不进入东海，如精巧骨螺 Murex concinnus、三棘骨螺 Murex tribulus、班特沃骨螺 Vokesimurex multiplicatus bantamensis、鹿角棘螺 Chicoreus (T.) axicornis、长楯骨螺 Aspella producta、连接奥兰螺 Orania adiastolos、肋奥兰螺 Orania pleurotomoides、分枝管骨螺 Typhis ramosus、球核果螺 Drupa rubusidaeus、环珠小核果螺 Drupella rugosa、蟾蜍紫螺 Purpura bufo、淡红荔枝螺 Thais (I.) rufotincta、刺猬结螺 Morula (M.) echinata、薄片瑞香螺 Daphnellopsis lamellosus、紫栖珊瑚螺 Coralliophila violacea、唇珊瑚螺 Coralliophila monodonta 和椭圆薄壳螺 Leptoconchus ellipticus 等许多种类，仅在南海有分布。

骨螺科中有些物种，目前在世界其他海区还未见报道，为中国沿海特有种或地方特有种，如黄唇狸螺 Lataxiena lutescena、春福糙饵螺 Scabrotrophon chunfui、蓝氏糙饵螺 Scabrotrophon lani 和南海珊瑚螺 Coralliophila nanhaiensis 等。

中国海岸线长，跨越热带、亚热带和温带海区，虽没有寒带，但有黄海冷水团特殊区域，在那里仍有部分北方冷水种，如内饰乌栎螺 Ocenebra inornata、腊台北方饵螺 Boreotrophon candelabrum 等种类分布。海南岛南部、台湾南部、西沙群岛、南沙群岛等属典型的热带海区，非常适于那些暖水性较强的骨螺科动物栖息和生存，有很多观赏价值高的骨螺和珊瑚螺。通过对骨螺科动物的地理和区系特征分析，并与周边国家和地区的邻近海区相比较发现，中国的骨螺科动物与日本、菲律宾、马来半岛，以及澳大利亚种类关系最为密切。除中国外，在日本、菲律宾、太平洋诸岛及澳大利亚等地均有分布，有些种类可分布到印度洋及大西洋水域。本志共记述中国海域骨螺科动物 235 种，主要为印度-西太平洋广布种（表 4）。其中有 198 种在日本近海有分布（有的种为中国和日本共有种，在世界其他海区未见报道）；在菲律宾海域分布有 180 种；马来半岛有 47 种；澳大利亚海域发现 90 种。另有些种类在太平洋诸岛和印度洋、东非沿岸及其他海区也广为分布。上述统计数据显示，中国沿海骨螺科动物的地理分布和区系特点与日本、菲律宾等邻近海区有许多共同之处，关系最为密切。这说明中国、日本、菲律宾 3 国海域相连，沿海生态环境和地理特点非常近似。综上所述，在中国沿海骨螺科的区系组成中，热带和亚热带成分占了绝对优势。

中国沿海骨螺科种类在中国海域和印度-西太平洋海域的分布情况如表 4 所示。

四、生　物　学

1. 生境

骨螺科动物主要是营底栖生活的种类，能自由活动，可在海滩或海底自由自在地爬行生活，仅有珊瑚螺亚科中的一些种类如芜菁螺属 *Rapa*、延管螺属 *Magilus* 和薄壳螺属 *Leptoconchus* 等寄生于刺胞动物石珊瑚的礁体内或一些软珊瑚的群体内，通常以珊瑚虫或海葵为食。人们常把骨螺称为"岩石贝类"，是因为许多种类栖息于岩礁、石砾或珊瑚礁等硬质海底。骨螺科动物栖息区域很广泛，其中有许多种类生活在泥质、泥沙质或砂质海底，个别种类还可在半咸水中生存。骨螺科动物绝大多数生活在透光层水域，在水深 0-100m 最常见，因生活环境和底质的类型对其生存与繁殖十分重要，所以骨螺科动物生活区域从潮间带的中、低潮区至潮下带浅海，一直到上千米水深的海底均有其踪迹。此外，根据栖息地类型、深度或其他生态条件，可观察到骨螺表面雕刻的多样性。例如，生活在深水域的种类通常有着更丰富的装饰，如发达的棘刺、翼和更奇特的造型及更薄的贝壳，如骨螺亚科和珊瑚螺亚科中的大多数种类，通常栖水较深，所以，它们的贝壳表面颜色艳丽，造型美观。而红螺亚科、爱尔螺亚科和刍秣螺亚科中的一些种类更偏爱于潮间带和浅海环境，因此表面雕刻相对简单。

2. 摄食

捕食者：骨螺科动物主要为肉食性，有的种类有食腐特性，也有的摄食珊瑚虫。骨螺通常为活跃的捕食者，捕食范围很广，较凶猛，会攻击和捕食其他的贝类，绝大多数猎物为双壳类，以及腹足类或甲壳类中的藤壶等。它们经常被称为钻孔贝类，因为许多骨螺的齿舌被用来在猎物的贝壳上钻孔，其软体部可分泌液体来软化猎物的外壳，再用齿舌锉开一个洞，然后食其肉。骨螺科动物钻的孔比玉螺科动物的更大或更粗糙些，且无规律，这种捕食方式许多骨螺都会使用。骨螺科动物还有另外一种摄食技术也曾被报道过，就是利用外唇上又长又锋利的棘刺作为杠杆楔入贻贝或其他双壳类的两壳间，摄食其肉；也有的种类不在猎物壳上钻孔，而是向贝壳内注入一种物质，使得猎物的肌肉 2-3 天后麻痹放松，这时骨螺的吻便可以伸入两壳之间将其食之；还有一些种类专吃牡蛎，它们主要是荔枝螺属 *Thais* 中的一些种类，如蛎敌荔枝螺尤其喜食牡蛎幼贝，它们通常也是在贝壳上钻孔，然后将其吃掉。因此，骨螺科动物又被认为是滩涂牡蛎和贝类养殖的一大敌害。摄食珊瑚虫是骨螺科中的另一群类珊瑚螺亚科动物所展现出的一种特别的生活习性。珊瑚螺亚科中有些种类以珊瑚虫为食，有的甚至永久性地依附在珊瑚上或生活在软珊瑚群体中。

被捕食者：骨螺贝壳上丰富的装饰，如棘刺、翼、结节或螺纹等（图 9），是在长期的生存环境和进化过程中形成的，通常被解释为是用来对抗捕食者的，特别是鱼类和螃蟹的捕食。有棘刺、翼、结节或螺纹的种类主要分布在热带或亚热带海域，寒带冷水种类表面装饰相对简单一些。然而，贝壳表面的这些复杂结构往往使得动物在交配时会遇到些困难，而且这个群体的雄性个体比其他群体要小得多。例如，某些骨螺的体螺层上有 3 个片状纵肿肋（图 9），增加了骨螺落入水中时贝壳口部朝下的机会，当它从岩石上被拉下或因鱼类捕食攻击而掉落时，这些复杂的表面雕刻和装饰可减少它被捕食的可能性。而那些个体小的骨螺，它们很容易被其他软体动物如玉螺科 Naticidae 动物攻击和捕食，后者可在小骨螺的贝壳上穿孔食其肉。此外，骨螺中也有同类相食的例子。

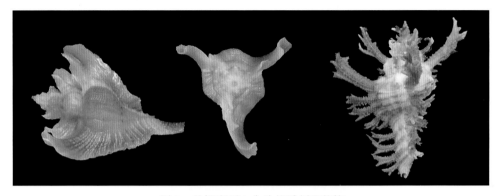

图 9　骨螺表面 3 个片状雕刻和装饰

Fig. 9　Murices's surface with three flake sculptures and decorative carving

3. 繁殖

骨螺科动物的繁殖过程与新腹足目中其他类群大致相同。产卵的季节和时间通常与所在海域的水温有密切关系。在温带海域，产卵期通常开始于春季或初夏。而在热带海域，季节性不怎么明显，所以全年都可繁殖。根据种类的不同，骨螺中不同物种的卵囊形态是有差异的，显示出极大的形态多样性（图 10-图 12）。例如，亚洲棘螺的卵群由许多卵囊成簇排列，形似莲蓬（图 10A），单个卵囊形态近似于杯状（图 10B）。

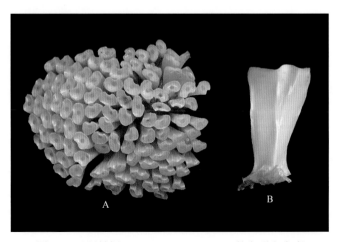

图 10　亚洲棘螺 *Chicoreus (C.) asianus* 的卵群和卵囊

A. 卵群；B. 卵囊

Fig. 10　Egg mass and egg capsules of *Chicoreus (C.) asianus*

A. egg mass; B. egg capsule

2012 年 5 月，著者在浙江南麂岛潮间带中潮区的礁石上，观察到大量疣荔枝螺 *Thais clavigera* 卵群（图 11），无数个卵囊紧密排列在一起，有时连成一片；单个卵囊呈圆柱状，中部稍宽，两端略收缩，多呈黄色或淡红色。

图 11　疣荔枝螺 *Thais clavigera* 产在礁石上的卵群

Fig. 11　Egg mass of *Thais clavigera* on the rock

脉红螺的卵群通常附着在礁石等基质上，卵囊成簇分布，单个卵囊呈细长的棒形或形似豆荚状，单簇卵囊数目几根至几百根不等，呈菊花状排列（图 12）。

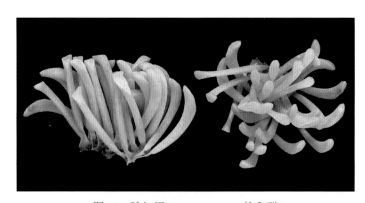

图 12　脉红螺 *Rapana venosa* 的卵群

Fig. 12　Egg mass of *Rapana venosa*

以脉红螺为例介绍一下骨螺的繁殖及胚胎和幼体发育过程。在产卵季节，雌雄个体通过自然交配，雌性脉红螺通常将卵产在坚硬的基质（石块、贝壳等）上，卵囊表面光滑，内部充满透明的胶状液体，受精卵均匀地分布于该液体中，每一个卵囊中有 1500-2000个卵子。

潘洋等（2013）对脉红螺 *Rapana venosa* 早期发育形态学进行了研究，在实验室条件下，观察了胚胎和幼体发育全过程。把脉红螺所产卵囊置于 25℃条件下，孵化时间大约为 16 天。经过卵裂期、囊胚期、原肠胚期、担轮幼虫期，最后发育为膜内面盘幼虫，破膜而出开始浮游幼体发育阶段。浮游幼体阶段又可分为：一螺层期；二螺层期（初期、中期、后期）；三螺层期初期；三螺层中后期；四螺层期（初期、中期、后期）。

　　脉红螺的胚胎发育阶段（图13）如下。卵裂期：第1-2天。脉红螺的受精卵为圆形，不透明，卵径210μm左右。随后，受精卵先后排放出第一极体和第二极体，极体排出后开始进行卵裂，脉红螺的卵裂为盘状卵裂，受精卵经历2细胞期、4细胞期和多细胞期。囊胚期：第3-6天。从第3天开始，胚胎发育进入囊胚期，分裂球之间的界限模糊不清，数量快速增加。原肠胚期：第7-9天。原肠胚期动物极外翻向下包被植物极，胚胎中部出现凹痕。第10天，胚胎发育到膜内担轮幼虫期。此时，胚胎拉长成椭圆形，面盘还未形成，主要向膜内面盘幼虫过渡，此时卵囊呈深黄色。第11-12天，膜内面盘幼虫期。幼体发育为膜内面盘幼虫，胚胎仍为椭圆形，胚胎中下部可见胚壳轮廓，面盘已形成，面盘边缘已出现纤毛，此时卵囊颜色加深，由深黄色变为棕灰色。第13天，幼体胚壳形成，表面出现雕刻，可见胚壳纹理，面盘面积增大，表面密布纤毛，出现足原基和厣，可在原地频繁摆动。第14-15天，卵囊颜色变为黑色，从外部可见卵囊内颗粒状的幼体，此时幼体的初生壳已具有1螺层，外形酷似鹦鹉螺。面盘左右两叶，一大一小，面盘表面的边缘布满可自由摆动的纤毛。第16天，卵囊顶部小孔破裂，幼体孵出，可在水中自由浮游生活，开始浮游幼体发育阶段。

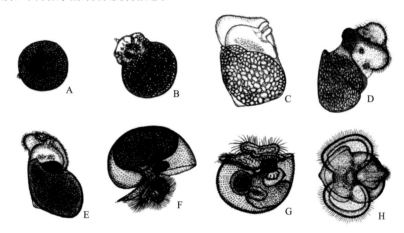

图13　脉红螺 *Rapana venosa* 的胚胎发育（仿潘洋等，2013）

A. 卵裂（第1天）；B. 囊胚（第3天）；C. 原肠胚（第9天）；D. 膜内担轮幼虫（第10天）；E. 膜内面盘幼虫（第11天）；

F. 膜内面盘幼虫（第12天）；G. 膜内面盘幼虫（第14天）；H. 面盘幼虫（第16天）

Fig. 13　Embryonic development of the *Rapana venosa*（from Pan *et al*., 2013）

A. cleavage (1st day); B. blastula (3rd day); C. gastrula (9th day); D. trochophora (10th day); E. intra-membrane veliger (11th day);

F. intra-membrane veliger (12th day); G. intra-membrane veliger (14th day); H. veliger (16th day)

　　通过上述16天的胚胎发育阶段后，脉红螺即开始了浮游幼体发育阶段（图14）。刚孵出的幼体依靠纤毛摆动可自由进行游泳运动，并依靠面盘摄食浮游单胞藻。据潘洋等（2013）研究发现，脉红螺的浮游幼体期按螺层可分为：一螺层期；二螺层期；三螺层期；四螺层期。到四螺层的后期，浮游幼体发育成熟，方可进行附着变态。幼体在附着变态期间出现大量下沉的现象。幼体沉入水底后，开始时仍然依靠面盘摄食，随后面盘由外向内开始退化，面盘的长度缩短、面积减小、纤毛脱落，最终消失在面盘基部。初生壳壳口边缘增厚、外翻、停止生长，此时幼体的足较发达，幼体可依靠足自行翻身运动。此时已形成稚螺（图14G），之后，沉于海底，开始行底栖生活状态。

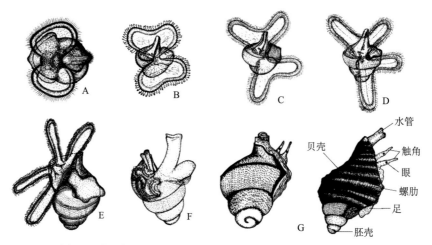

图 14 脉红螺 *Rapana venosa* 的幼体发育（仿潘洋等，2013）

A. 一螺层期；B. 二螺层期；C. 三螺层初期；D. 三螺层中后期；E. 四螺层初期；F. 四螺层中后期（附着变态期）；

G. 稚螺

Fig. 14 Larval development of the *Rapana venosa* (from Pan *et al*., 2013)

A. one-spiral whorl phase; B. two-spiral whorls phase; C. early three-spiral whorls phase; D. mid and late three-spiral whorls phase;

E. early four-spiral whorls phase; F. mid and late four-spiral whorls phase (settlement and metamorphosis phase); G. juvenile

五、经 济 意 义

1. 食用

骨螺科动物中的很多种类具有较高的经济价值，它们的肉质细嫩，味道鲜美，可以食用。例如，在黄渤海最常见的脉红螺，在东、南部沿海常见的红螺和梨红螺，其个体大，肉肥味美，倍受食用者喜爱，餐桌上的炒螺片所用食材就是这些红螺肥大的足部肌肉。亚洲棘螺、褐棘螺、焦棘螺等，由于自然产量很高，也是我国东、南部沿海居民餐桌上的美味佳肴。另外，有些荔枝螺种类，如黄口荔枝螺、疣荔枝螺等，在我国南北沿岸均有大量分布，由于食用价值较高，又非常容易采集，因此也是人们喜食的海产贝类；瘤荔枝螺等是浙江一带沿海常见的食用螺类，水产品市场销售量很大。荔枝螺由于味道微辣，又被人们称为"辣螺"。骨螺科动物的肉含有丰富的蛋白质、无机盐和维生素等，不仅肉味鲜美，营养价值很高，而且具有保健、养颜和抗衰老等功效。

2. 染料

骨螺中很多种类的肉可以食用，造型美观的贝壳可供观赏，而且由于骨螺独特的形态和内部构造，人们对骨螺的兴趣并不局限于食用和贝壳收藏这些方面。骨螺的另一种特性是它们的鳃下腺能分泌一种特殊的液体，这种液体可以染色。产自地中海可制造染料的几种常见骨螺包括染料骨螺 *Bolinus brandaris*、环带骨螺 *Hexaplex trunculus* 和束腰荔枝螺 *Thais haemastoma* 等。据记载，在公元前 1900 年，地中海的腓尼基人已经开始捕捞这些骨螺用来提取染料。用骨螺提取的染料价格昂贵，色彩鲜艳且不易褪色，被人们称为帝王紫或皇家紫。腓尼基人在地中海沿岸大规模地捕猎骨螺制造染料，除用来浸染衣料外，还常用于陶器和宝石工艺中，并且他们用染料与英国和西班牙等国交换黄金、白银和铜等重金属，与埃及交换玻璃和瓷器等日用品。除地中海外，在俄罗斯远东、日本、中国和东南亚地区的人们也早已知道骨螺的肉汁可用来染色。

3. 贝壳

　　骨螺科动物的贝壳形态优美，千姿百态。贝壳表面错综复杂的棘刺、螺肋、皱褶或片状雕刻，使其形成独特的贝壳造型，其色彩艳丽的花纹图案也倍受人们的喜爱和关注，对贝类爱好者和收藏家有着很大的吸引力。它们常被作为装饰品和珍贵物品进行收藏，其中不乏一些观赏价值极高的种类。例如，骨螺属 *Murex* 中的一些种类，贝壳呈卵球形或卵圆形，有 1 个很长的管状前水管沟，表面有 3 条发达的纵肿肋，其间隔为 120°，纵肿肋上通常生有很长的棘刺，形似鱼骨状或梳子状排列，造型奇特而美观。骨螺 *Murex pecten*、长刺骨螺 *Murex troscheli* 和黑刺骨螺 *Murex ternispina* 等，贝壳表面棘刺立体交错排列成鱼骨状，甚是美丽，具有很高的收藏价值。骨螺 *Murex pecten*，又名维纳斯骨螺，其英文名为 Venus comb Murex，传说因古希腊维纳斯女神喜欢用它作为梳子来梳理秀发而得名。骨螺科中还有些种类以世界珍稀螺类而著称，如艳红翼螺（艳红芭蕉螺）*Pterynotus loebbeckei*、巴氏褶骨螺（巴克莱骨螺）*Naquetia barclayi*、兰花棘螺 *Chicoreus (C.) orchidiflorus*、大犁翼螺 *Pterynotus elongatus*、窗格芭蕉螺 *Pterymarchia martinetana* 等，由于物种稀少，造型特殊而倍受人们喜爱。珊瑚螺是骨螺科中很特别的一个类群，其贝壳造型非常美丽，在台湾被称为花仙螺，如肩棘螺（玛娃花仙螺）*Latiaxis mawae*、皮氏肩棘螺（皮氏花仙螺）*Latiaxis pilsbryi*、梦幻塔肩棘螺 *Babelomurex deburghiae*、平濑塔肩棘螺 *Babelomurex hirase* 等种类均为收藏中的珍品。而且骨螺科中很多种类的贝壳都是贝雕工艺的原材料，可加工成各种贝雕工艺品；此外，贝壳还可以加工成石灰用于建筑等。

　　此外，骨螺科动物中有些种类还有一定的药用价值，其贝壳可化痰软坚或治疗皮肤病等；厣有清热解毒之功效。

4. 危害

　　骨螺科动物为肉食性，喜欢捕食其他动物，尤其是双壳类动物，故对滩涂贝类养殖有害。骨螺通常利用外唇上长而锋利的棘刺作为杠杆楔入贻贝或其他双壳类的两壳间或向贝壳内注入一种液体物质，使猎物的肌肉松弛后，摄食其肉。而且骨螺中有些种类与玉螺科动物有同样的食性，也有钻孔的技能，能在一些双壳类或螺类的贝壳上钻孔。人们常在沙滩上见到的一些空贝壳，上面具有一些洞，其孔洞较大的就是此类动物所为。红螺亚科荔枝螺属 *Thais* 中的一些种类，尤其喜欢捕食牡蛎幼贝，因此，对牡蛎养殖很不利，被认为是滩涂牡蛎和其他贝类养殖的一大敌害。但也有的鲍鱼养殖户会把荔枝螺放在养殖鲍鱼的池子内，因有些牡蛎常固着在鲍鱼的贝壳上，影响鲍的正常生长，让荔枝螺把固着在鲍鱼贝壳上的牡蛎吃掉，这样可提高鲍的养殖产量。

各 论

骨螺科 Muricidae Rafinesque, 1815

Muricidae Rafinesque, 1815: 114.

Type genus: *Murex* Linnaeus, 1758.

特征 骨螺科动物是软体动物门腹足纲新腹足目中种类较多，且经济价值较高的一个大类群，其中许多种类被人们所熟知。据统计，目前全世界已知现生种约有 1600 种。骨螺科动物的贝壳小到中等大或很大，据 Radwin 和 D'Attilio（1976）报道，骨螺科最小的个体壳长仅 6.0mm；最大的个体为棘螺 *Chicoreus ramosus*，壳长可超过 300.0mm。贝壳的形态多种多样，千姿百态，花纹雕刻丰富多彩。表面具有纵肋、螺肋、颗粒、瘤状、结节、棘刺和鳞片等雕刻，有螺带、色斑和花纹等各种色彩；螺层上常具纵肿肋（通常有 3 个或多个），有的个体被有 1 层薄的黄褐色壳皮。壳口形态多变，呈圆形、卵圆形、椭圆形或狭窄等，外唇内缘常具齿列或肋纹，边缘有缺刻和各种翼或棘状装饰；轴唇光滑或具不发达的褶襞和齿。前水管沟有长有短，有的中等长，呈半管状，有的延长，呈管状，有的较短，呈缺刻状。厣角质，栗色、褐色或黄褐色，少旋，核多数位于一侧或一端。

动物的足中等长，前端截形，头部小，触角锥形，眼位于触角的基部外侧。吻长，呈柱状，可自由伸缩。齿舌狭长，齿式为：0·1·1·1·0，无缘齿，中央齿宽短，通常有 3 个齿尖，有些种类在 3 个齿尖的两侧还有 1 个或多个小齿尖；侧齿弯曲，镰刀形，仅 1 个齿尖。

骨螺科动物种类多，分布广，热带、亚热带、温带、寒带海域都有其踪迹，但以热带和亚热带种类居多。从潮间带延至上千米水深的海底均有其身影，但多数生活在潮间带至浅海的软泥、沙、泥沙质海底，或在石砾、岩礁和珊瑚礁间生活。本科动物在我国的南北沿海均有分布，但南方的种类明显多于北方。

骨螺科动物由于种类多，形态变异大等，分类研究难度很大，其分类系统包括一些种、属的分类地位常有变化。本研究依据 Bouchet 和 Rocroi（2005）的分类系统，又结合近年来不断报道的有关骨螺科分类学和分子生物学研究结果，将骨螺科分为 11 亚科：①骨螺亚科 Muricinae Rafinesque, 1815；②刺骨螺亚科 Muricopsinae Radwin & D'Attilio, 1971；③乌秣螺亚科 Ocenebrinae Cossmann, 1903；④管骨螺亚科 Typhinae Cossmann, 1903；⑤爱尔螺亚科 Ergalataxinae Kuroda, Habe & Oyama, 1971；⑥红螺亚科 Rapaninae Gray, 1853 =（Thaidinae Jousseaume, 1888）；⑦饵骨螺亚科 Trophoninae Cossmann, 1903；⑧塔

骨螺亚科 Pagodulinae Barco, Schiaparelli, Houart & Oliverio, 2012；⑨珊瑚螺亚科 Coralliophilinae Chenu, 1859；⑩锉骨螺亚科 Haustrinae Tan, 2003；⑪ 三管骨螺亚科 Tripterotyphinae D'Attilio & Hertz, 1988。其中，锉骨螺亚科 Haustrinae 和三管骨螺亚科 Tripterotyphinae 在中国沿海还未采到过标本。

目前，中国沿海共报道 9 亚科。

亚科检索表

1. 壳面通常有 3 条发达的纵肿肋 ………………………………………………… 骨螺亚科 Muricinae
   壳面纵肿肋有或无 …………………………………………………………………………………… 2
2. 纵肿肋棱角状、鱼鳍状或翼状 ……………………………………… 乌秩螺亚科 Ocenebrinae
   纵肿肋非棱角状、鱼鳍状或翼状 ……………………………………………………………… 3
3. 肩部有圆筒状的突出物 ……………………………………………… 管骨螺亚科 Typhinae
   肩部无圆筒状的突出物 ……………………………………………………………………… 4
4. 螺肋上通常具发达的棘刺或鳞片 ………………………………………………………… 5
   螺肋上棘刺或鳞片弱 …………………………………………………………………………… 6
5. 壳口小，前水管沟多封闭，无脐孔 …………………………………… 刺骨螺亚科 Muricopsinae
   壳口大，前水管沟敞开，有脐孔或假脐 ………………………… 珊瑚螺亚科 Coralliophilinae
6. 壳面纵、横螺肋明显，常形成格子状 ………………………………… 爱尔螺亚科 Ergalataxinae
   壳面纵肋明显，但不形成格子状 ……………………………………………………………… 7
7. 纵肋非片状，前水管沟宽短 ………………………………………… 红螺亚科 Rapaninae
   纵肋多呈片状，前水管沟中等长或长 …………………………………………………………… 8
8. 胚壳平滑，无雕刻 …………………………………………………… 饵骨螺亚科 Trophoninae
   胚壳上有雕刻 ………………………………………………………… 塔骨螺亚科 Pagodulinae

（一）骨螺亚科 Muricinae Rafinesque, 1815

Muricinae Rafinesque, 1815: 144.

特征 贝壳多呈纺锤形；个体大或较大，仅有少数个体较小。各螺层通常有 3 条发达的纵肿肋，有的呈片状或龙骨状，在纵肿肋上有长短不等的棘刺或翼状突起，外唇边缘常有叶片状或花瓣状雕刻。壳面有纵、横螺肋，结节或颗粒状突起。壳口圆形或卵圆形，前水管沟或长或短，有的延长，呈管状和半管状。绷带发达。角质厣，褐色。

齿舌：每列齿舌上有 1 枚中齿和 2 枚侧齿，中齿较宽短，其上通常有 3 个较发达的齿尖和 2 个小齿尖；侧齿弯而尖，有 1 个齿尖。

本亚科动物多数为暖水性种类，主要分布于热带和亚热带海域。在我国主要分布于浙江以南沿海，而且越靠近南海，水温越高，其种类越多。生活在潮间带以下的浅海至水深百米左右的沙、泥沙、软泥、岩礁和珊瑚礁质海底中。

目前，本亚科动物在中国沿海共发现 12 属。

属 检 索 表

1. 纵肿肋上无翼或棘刺 ·· 2
   纵肿肋上有翼或棘刺 ·· 4
2. 背腹扁，呈矛状 ·· 楯骨螺属 *Aspella*
   螺层圆，非矛状 ·· 3
3. 缝合线处有凹坑 ·· 皮翼骨螺属 *Dermomurex*
   缝合线处无凹坑 ·· 叶状骨螺属 *Phyllocoma*
4. 前水管沟细长 ·· 5
   前水管沟中等长或短 ·· 7
5. 肩角上棘刺长 ··· 骨螺属 *Murex*
   肩角上棘刺短 ·· 6
6. 贝壳呈球形或卵圆形，螺旋部低 ······································· 泵骨螺属 *Haustellum*
   贝壳呈卵圆形或近纺锤形，螺旋部高 ························· 沃骨螺属 *Vokesimurex*
7. 纵肿肋上棘多呈枝叶状或花瓣状棘 ···································· 棘螺属 *Chicoreus*
   纵肿肋上棘不呈枝叶状或花瓣状棘 ·· 8
8. 纵肿肋圆，其上有褶皱或小刺 ·· 9
   纵肿肋扁，其上有薄片翼或尖棘 ·· 10
9. 壳形圆胖 ·· 拟棘螺属 *Chicomurex*
   壳形修长 ·· 褶骨螺属 *Naquetia*
10. 纵肿肋上有鱼鳍状翼或三角形短刺 ······································ 链棘螺属 *Siratus*
    纵肿肋上无鱼鳍状翼或三角形短刺 ··· 11
11. 轴唇上具齿列或褶襞 ·· 芭蕉螺属 *Pterymarchia*
    轴唇上无齿列或褶襞 ·· 翼螺属 *Pterynotus*

1. 骨螺属 *Murex* Linnaeus, 1758

Murex Linnaeus, 1758, 10: 746.

Type species: *Murex pecten* Montfort, 1810 (=*Murex tribulus* Linnaeus, 1758).

Aranea Perry, 1810: pl. 47.

Type species: *Aranea gracilis* Perry, 1810 (=*Murex pecten* Lightfoot, 1786).

Tribulus Kobelt, 1877: 144.

Type species: *Murex tribulus* Linnaeus, 1758.

　　特征　骨螺属 *Murex* 贝壳多呈卵球形或纺锤形；个体小或中等大，有 1 很长的管状前水管沟，壳面雕刻有纵、横螺肋，螺层通常有 3 条龙骨状纵肿肋，间隔为 120°，肋上生有长短不等的棘刺，不同的种类或个体的棘刺长短和形状多少有区别，但通常在肩角上的棘刺较长或特长。壳口呈卵圆或近圆形。厣角质，褐色或深褐色，核位于内侧或近末端。

　　骨螺属动物主要分布于热带和亚热带海域。在我国已发现的骨螺属种类，除少数分布于东海外，多数分布于南海。通常生活在潮间带以下的浅海至百米左右的沙、泥沙或软泥质海底中。

　　中国沿海已报道 7 种。

种　检　索　表

1. 壳面白色，棘刺末端呈黑色…………………………………………………………………**黑刺骨螺 *M. ternispina***
   壳面非白色，棘刺末端非黑色……………………………………………………………………………2
2. 纵肿肋上棘刺短…………………………………………………………………………………………3
   纵肿肋上棘刺长或特长……………………………………………………………………………………4
3. 体螺层上有 3 条红褐色细螺线，前水管沟非褐色………………………………………**精巧骨螺 *M. concinnus***
   体螺层上无红褐色螺线，前水管沟呈褐色……………………………………………………**浅缝骨螺 *M. trapa***
4. 前水管沟上棘刺长而多，形似骨刺………………………………………………………………………5
   前水管沟上棘刺短或少……………………………………………………………………………………6
5. 表面无褐色螺线，前水管沟棘刺排列密集…………………………………………………………**骨螺 *M. pecten***
   表面具红褐色螺线，前水管沟棘刺排列较稀疏………………………………………………**长刺骨螺 *M. troscheli***
6. 纵肋较弱，背部肩角上有 1 条特长的棘刺…………………………………………………**三棘骨螺 *M. tribulus***
   纵肋较粗，背部肩角上无特长的棘刺………………………………………………**钩棘骨螺 *M. aduncospinosus***

(1) 骨螺 *Murex pecten* Lightfoot, 1786（图 15）

Murex pecten Lightfoot, 1786: 188; Radwin & D'Attilio, 1976: 69, pl. 10, fig. 1; Qi *et al.*, 1983: 68; Abbott & Dance, 1983: 129; Springsteen & Leobrera, 1986: 138, pl. 37, fig. 12; Lai, 1987: 18-19, fig. 4; Houart in Poppe, 2008: 132, pl. 361, figs. 1-3; Jung *et al.*, 2009: 44, fig. 1.

Aranea triremes Perry, 1810: pl. 45, fig. 3.

Murex pecten pecten Lightfoot: Ponder & Vokes, 1988: 69, figs. 1A-B, 36, 39, 68F, 71G, 77H, 86H; Table 26; Merle *et al.*, 2011: 258, pl. 7, figs. 1-3.

Murex pectin Montfort, 1810: 619, pl. 155.

Murex tenuispina Lamarck, 1822, 7: 158; Reeve, 1845: pl. 21, fig. 85.

Murex triremes (Perry): Zhang, 1965: 12, pl. 1, fig. 7.

Murex (*Murex*) *pecten pecten* Lightfoot: Tsuchiya in Okutani, 2000: 365, pl. 181, fig.4.

　　别名　维纳斯骨螺、栉棘骨螺。

　　英文名　Venus comb Murex。

　　模式标本产地　印度尼西亚（安汶）。

　　标本采集地　东海（底栖拖网），福建（平潭、惠安），海南（三亚、南沙群岛），南海（21°20′N，109°17′E）。

　　观察标本　2 个标本，M53-058，福建平潭，1953.Ⅴ.24，马绣同采；1 个标本，M55-867，海南三亚，1955.Ⅹ.25，马绣同采；2 个标本，M63-0019，福建惠安，1963.Ⅳ.22，张福绥采；1 个标本，MBM071364，南海，水深 74m，泥质沙，1959.Ⅹ.22，曲敬祚采；1

个标本，SSBIV-39，南沙群岛，水深 173m，沙质泥，1987.V.09，陈锐球采；1 个标本，南沙群岛，水深 71m，1993.V.01，王绍武采。

形态描述 贝壳呈纺锤形；壳形美观。壳质结实。螺层 7-8 层，胚壳小，1½-2.0 层，光滑无肋。缝合线凹陷，呈浅沟状，贝壳表面具有纵肿肋 3 条，其上有发达的长刺，末端尖，棘刺排列如鱼骨，向上或向外扩展，长刺间还有小的短刺，长刺一直延伸至前水管沟的末端，通常在腹面右侧的 1 列最为发达，在 2 个长刺之间还有向不同方向伸出的短的倒刺，棘刺立体排列甚美丽。表面雕刻有较发达的螺肋，粗肋间还有细螺纹。生长纹细，常与螺肋交织成格子状，并形成小颗粒突起。壳面呈淡黄褐色或黄褐色，有的个体具不均匀的褐色，在棘刺的基部常有红褐色斑点。壳口卵圆形，外唇边缘有缺刻和红褐色小斑点；内唇光滑，边缘竖起，呈领状，后缘与外唇相连。前水管沟特长，近于封闭的管状。厣角质，棕色，多旋纹，核位于内侧。

标本测量（mm）

壳长 128.0 123.5 111.0 106.2 79.2（包括棘长）
壳宽 75.0 67.5 58.0 60.1 40.0

讨论 Ponder 和 Vokes（1988）记述另一个亚种 *Murex pecten soelae* Ponder & Vokes, 1988，与本亚种的主要区别为，后者壳面有明显的纵肋，与螺肋交错形成小结节突起。模式标本产自澳大利亚的西部。

生物学特性 暖海产；营浅海底栖生活，通常在潮下带至数十米水深的泥砂质海底栖息。

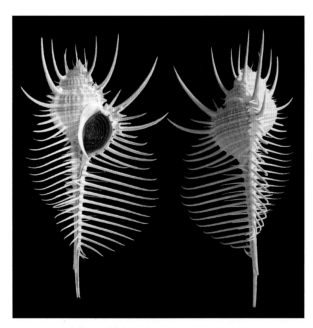

图 15 骨螺 *Murex pecten* Lightfoot

地理分布 印度-西太平洋热带海域广布种，在我国主要分布于东海和南海；日本，菲律宾，东南亚地区，所罗门群岛，巴布亚新几内亚，澳大利亚的北部和印度洋等海域均有分布。

经济意义　贝壳造型奇特而美观，具有较高的观赏价值。

(2) 长刺骨螺 *Murex troscheli* Lischke, 1868（图 16）

Murex troscheli Lischke, 1868: 219; Kuroda *et al.*, 1971: 139, 211, pl. 39; Radwin & D'Attilio, 1976: 74, pl. 10, fig. 5; Harasewych, 1980: 141, fig. 3; Abbott & Dance, 1983: 129, fig.; Springsteen & Leobrera, 1986: 138, pl. 37, fig. 13; Lai, 2005: 182; Zhang, 2008a: 166; Houart in Poppe, 2008: 136, pl. 363, figs. 4-5; Houart & Heros, 2008: 440, fig. 1C; Jung *et al.*, 2009: 44, fig. 4; Houart, 2014: 48, pl. 17, figs. G-I, pl. 18, figs. A-C.

Murex ternispina Lamarck: Tryon, 1880: 79, pl. 10, fig. 11 (non Lamarck, 1822).

Murex heros Fulton, 1936: 9, pl. 2, fig. 2.

Murex (*Murex*) *troscheli troscheli* Lischke: Ponder & Vokes, 1988: 29, figs. 13, 14, 70D, 73H, 82A-C; Tsuchiya in Okutani, 2000: 365, pl. 181, fig. 1; Merle *et al.*, 2011: 250, pl. 3, figs. 1-3.

Murex tribulus Linnaeus: Qi *et al.*, 1991: 111 (non Linnaeus, 1758).

别名　女巫骨螺。

英文名　Troschel's Murex。

模式标本产地　日本。

标本采集地　南沙群岛。

观察标本　7 个标本，SSBⅣ-11，南沙群岛，水深 46m，泥质沙，1987.Ⅴ.13，陈锐球采；3 个标本，SSBⅣ-62，南沙群岛，水深 53m，1987.Ⅴ.14，陈锐球采；12 个标本，SSBⅤ-27-1，南沙群岛，水深 56m，泥质沙，1988.Ⅷ.01，陈锐球采；1 个标本，南沙群岛（5°56′N，106°30′E），水深 135m，1990.Ⅶ.07，任先秋等采。

形态描述　贝壳呈长卵圆形；壳质略厚。螺层约 9 层，缝合线凹，浅沟状。螺旋部较高，体螺层大。胚壳小，约 1½ 层，光滑无肋，其余壳面雕刻有纵、横螺肋，纵肋在螺旋部较明显，而在体螺层上变得较弱，螺肋明显，稍曲折。贝壳表面具有纵肿肋 3 条，其上生有长短不等的棘刺，向上或向外扩展，以体螺层上部和外唇边缘上的棘刺最发达，棘刺一直可延伸至前水管沟的近末端，通常在腹面右侧的 1 列最发达，在 2 个长棘之间通常还有 1-2 个小刺。壳面黄褐色，有红褐色的细螺线。壳口卵圆形，外唇边缘有缺刻和红褐色线纹或小斑点；内唇光滑，边缘竖起，呈领状，后缘与外唇相连。前水管沟长，近于封闭的管状。厣角质，棕色，多旋纹，核位于内侧中下方。

标本测量（mm）

壳长	91.4	68.0	66.0	63.5	57.2
壳宽	39.2	43.0	40.0	38.0	36.5

生物学特性　暖水性种类；通常生活于浅海水深 50-100m 的泥沙、软泥或石砾质海底。

地理分布　分布于台湾（东北部、东部、西南部）和西沙群岛；日本，菲律宾，印度尼西亚（爪哇），新喀里多尼亚，所罗门群岛和安达曼群岛等海区也有分布。

经济意义　肉可食用，贝壳可供观赏。

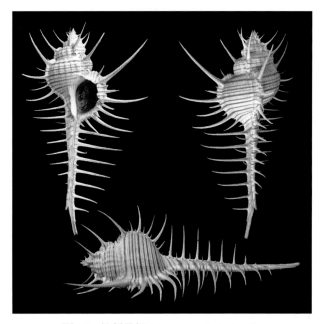

图 16　长刺骨螺 *Murex troscheli* Lischke

(3) 钩棘骨螺 *Murex aduncospinosus* Sowerby, 1841（图 17）

Murex ternispina var. *aduncospinosus* Sowerby, 1841: pl. 188, fig. 68; Reeve, 1845, 3: pl. 23, fig. 93;
　　Ponder & Vokes, 1988: 34, figs. 15-16, 71D-F, 75D-H, 77G, I, 81B, F-H.
Murex aduncospinosus Sowerby: Zhang, 1965: 14, pl. 1, fig. 4; Abbott & Dance, 1983: 130; Houart &
　　Heros, 2008: 439, fig. 1A; Jung *et al.*, 2009: 45, fig. 5; Merle *et al.*, 2011: 250, pl. 3, figs. 8-10.
Murex concinnus Reeve, 1845, 3: pl. 25, fig. 104.
Murex ternispina Tryon, 1880: 78, pl. 10, fig. 114.
Murex aduncospinosus Beck: Qi *et al.*, 1983, 2: 67.
Murex tribulus Linnaeus: Merle *et al.*, 2011: 246, pl. 1, fig. 5 (non Linnaeus, 1758).
Murex (Murex) aduncospinosus Sowerby: Tsuchiya in Okutani, 2000: 365, pl. 181, fig. 3.

别名　华南骨螺。
英文名　Bent-spined Murex。
模式标本产地　菲律宾。
标本采集地　东海（大陆架），浙江（近海），广东（汕尾、南澳），海南（新村、三亚、南沙群岛），南海（北部和北部湾）。
观察标本　2 个标本，东海（27°30′N，121°00′E），水深 20m，1976.Ⅶ.06，张宝琳采；1 个标本，MBM114401，东海（Ⅳ-1），水深 70m，泥质砂，1976.Ⅶ.03，唐质灿采；3 个标本，南海（20°15′N，111°30′E），水深 70m，1959.Ⅳ.12 采；2 个标本，MBM071139，南海，水深 78m，泥质砂，曲敬祚采；1 个标本，54M-234，广东（南澳），1954.Ⅲ.11，

马绣同采；2 个标本，MBM257937，海南三亚，1958.Ⅳ.02 采。

形态描述　贝壳中等大，卵球形；壳质较厚而结实。螺层 8-9 层。缝合线较深，呈浅沟状。各螺层膨圆，体螺层大。壳面雕刻有粗细较均匀的螺肋，纵肋较粗，体螺层上通常有 5-6 条，螺肋明显，粗细相间排列，纵、横螺肋交织处形成小颗粒突起。除胚壳有 2-3 层光滑无肋外，其余螺层上有 3 条发达的纵肿肋，其上生有长短不等的棘刺，在各螺层上有 1 条，体螺层上有 3 条特别发达的长刺，向上伸展，在 2 个长刺之间还有 2-3 个小刺，棘刺一直延伸至前水管沟的中下部。壳面为黄褐色。壳口呈圆形或卵圆形，内瓷白色。外唇边缘竖起，其上具缺刻，具有 3 条发达的长棘，其间还有短刺；内唇光滑，向外翻卷，上部向体螺层上稍扩张。前水管沟延长，近直，呈管状，其上生有稀疏的短棘。厣角质，深褐色，上面具环状肋。

标本测量（mm）

壳长	112.0	106.0	95.7	92.0	82.0
壳宽	65.0	58.0	45.0	45.5	39.0

生物学特性　暖水种；生活于潮下带水深数十米的软泥或沙泥质海底。

地理分布　为我国浙江以南沿海常见种；日本，东南亚地区，澳大利亚和印度洋的安达曼群岛等地均有分布。

经济意义　肉可食用，贝壳可供观赏。

图 17　钩棘骨螺 *Murex aduncospinosus* Sowerby

(4) 浅缝骨螺 *Murex trapa* Röding, 1798（图 18）

Murex trapa Röding, 1798: 145; Habe, 1961: 49, pl. 25, fig. 1; Zhang, 1965: 12, pl. 1, fig. 8; Radwin & D'Attilio, 1976: 72, pl. 10, fig. 14; Habe & Kosuge, 1979: 50, pl. 18, fig. 6; Qi *et al.*, 1983, 2: 67;

Abbott & Dance, 1983: 130; Ponder & Voker, 1988: 41, figs. 17-19, 67G, H, 71B-C, 73D, 83G-H; Houart in Poppe, 2008: 136, pl. 363, fig. 2; Jung *et al*., 2009: 45, fig. 6; Merle *et al*., 2011: 252, pl. 4, figs. 8-9; Houart, 2014: 46, pl. 4, figs. A-E.

Murex rarispina Lamarck, 1822: 158.

Murex ternispina Lamarck: Tryon, 1880: 78, pl. 11, fig. 118 (non Lamarck, 1822).

Murex martinianus Reeve, 1845, 3: pl. 18, fig. 72; Yen, 1933: 1-2; Küster & Kobelt, 1877: 59, pl. 9, fig. 3; pl. 22, figs. 7-8.

Murex aduncospinosus Sowerby: King & Ping, 1931: 280, text-fig. 15 (non Sowerby, 1841).

Murex (*Murex*) *trapa* Röding: Tsuchiya in Okutani, 2000: 356, pl. 181, fig. 6.

别名 宝岛骨螺。

英文名 Rare-spined Murex。

模式标本产地 印度。

标本采集地 浙江（大陈岛、金乡），福建（三沙、平潭、泉州湾、厦门、东山岛），广东（南澳岛、海门、汕尾、上川岛、硇洲岛、外罗、乌石），海南（海口、新盈、保平、三亚、南沙群岛），香港，东海（V-2），南海（中国近海、北部湾）。

观察标本 3 个标本，M57-718，福建平潭，1957.III.21，马绣同采；35 个标本，M57-979，广东海门，1957.V.09，马绣同采；6 个标本，M54-832，广东乌石，1954.XII.11，马绣同采；50 个标本，HBR-M08-520，海南三亚湾，2008.III.25，张素萍采；5 个标本，南海（21°45′N，113°00′E），水深 18m，1959.IV.12，孙福增采；4 个标本，MBM207546，北部湾（20°30′N，109°30′E），水深 17m，软泥，1960.VII.14，孙福增采；5 个标本，SSAV8-1，南沙群岛（4°08′N，112°53′E），1988.VIII.01，陈锐球采。

形态描述 贝壳与钩棘骨螺较近似，呈卵球形；前水管沟细长，但棘刺较钩棘骨螺粗短。壳质结实，螺层 8-9 层，膨圆。缝合线浅，明显；螺旋部稍高，各螺层肩角明显，肩部略斜平。贝壳表面螺肋与纵肋交织排列，并具有 3 条纵肿肋，其上具强壮的短棘，通常在各螺层上有 1 条，体螺层上有 3 个较长的尖刺，2 长刺间常有 1 条小刺。两纵肿肋之间有 5-7 条弱的纵肋，螺肋明显。壳面呈黄褐色或灰黄色，前水管沟颜色较深，呈褐色。壳口卵圆形，内褐色或黄白色，内唇平滑，滑层较厚，上部向体螺层上扩张；外唇内缘形成缺刻，外缘具 3 条较发达棘刺和 2-3 个小棘。前水管沟细长，呈管状，约占贝壳长度一半，末端呈深褐色，管壁后部通常有 3 条短刺。厣角质，褐色。

标本测量（mm）

壳长	91.0	83.0	83.5	82.2	52.5
壳宽	40.0	39.0	33.5	42.0	20.0

生物学特性 暖水种；生活于低潮线以下至水深 40-50m 浅海软泥或沙质泥海底中，为南海近海底栖拖网习见种。

地理分布 在我国见于浙江以南沿海；日本，越南，菲律宾，马来西亚，印度尼西亚，泰国，印度，马达加斯加，毛里求斯等地均有分布，为印度-西太平洋广布种。

经济意义 肉可食用，贝壳可供观赏。

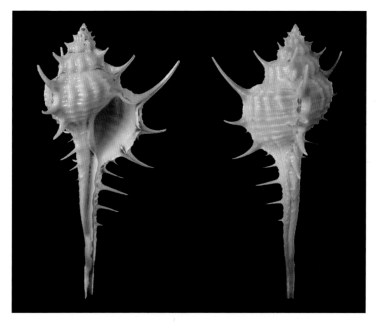

图 18　浅缝骨螺　*Murex trapa* Röding

(5) 三棘骨螺 *Murex tribulus* Linnaeus, 1758（图 19）

Murex tribulus Linnaeus, 1758: 746; Cernohorsky, 1967: 115, pl. 14, fig. 2; Radwin & D'Attilio, 1976: 72, pl. 10, fig. 9 (not fig. 8); Habe & Kosuge, 1979: 50, pl. 18, fig. 7; Abbott & Dance, 1983: 130; Ponder & Vokes, 1988: 18, figs. 5-6, 67D-E, 70B, 73A-B, 80A; Houart in Poppe, 2008: 136, pl. 363, figs. 1a-b; Jung *et al.*, 2009: 44, fig. 3; Merle *et al.*, 2011: 246, pl. 1, figs. 1-4; Houart, 2014: 47, pl. 17, figs. A-F.

Murex crassispina Lamarck, 1822: 157.

Murex tenispina Lamarck: Quoy & Gaimard, 1833: 528, pl. 36, figs. 3-4; Reeve, 1845: pl. 18, fig. 73, pl. 19, fig. 76; Zhang, 1965: 15, pl. 2, fig. 1 (non *Murex ternispina* Lamarck, 1822).

Murex (*Murex*) *tribulus* Linnaeus: Tsuchiya in Okutani, 2000: 365, pl. 181, fig. 2.

别名　长刺骨螺。

英文名　Caltrop Murex。

模式标本产地　东亚。

标本采集地　台湾西南海域，南海（20°30′N，112°30′E）。

观察标本　1 个标本（幼体），MBM114356，南海（6091），水深 78m，泥质沙，1959. Ⅶ. 5，马绣同采；1 个标本，SQ0330，台湾西南海域，浅海泥沙底，保存于台湾博物馆；1 个标本，SQ0218，台湾西南海域，浅海泥沙底，保存于台湾博物馆。

形态描述　贝壳近卵球形；壳质结实。螺层 8-9 层，胚壳约 2 层，光滑无肋。缝合线浅，稍凹。螺旋部稍高，体螺层大。壳面雕刻有粗细不太均匀的螺肋，纵肋较弱，仅在螺旋部近壳顶几层较明显。螺层上有 3 条较发达的纵肿肋，其上生有长短不等的棘刺，在体螺层肩部有 3 条粗壮而较发达的长刺，向上并向外伸展，尤其是体螺层背部肩角上的 1 条刺特长，在 2 个长刺之间通常还有 1-2 个倒钩状小刺，其在前水管沟上更明显，棘刺一直可延伸至前水管沟的近末端。壳面为淡黄褐色，有的个体棘刺和前水管沟末端颜色较深。壳口呈卵圆形，外唇边缘竖起，其上具缺刻，具有 3 条发达的长刺，其间还有短刺；内唇滑层较发达，向上部扩张，紧贴于体螺层上。前水管沟延长，呈管状。厣角质，呈深褐色，上面具环状肋，核位于内侧中下方。

标本测量（mm）

壳长 100.5 88.2 30.0

壳宽 70.1 67.8 14.0

生物学特性 暖水性种类；栖息于潮下带浅海至较深的软泥或泥沙质海底。较少见种。

地理分布 为印度-太平洋广布种，在我国见于台湾西南部和广东以南沿海；日本，泰国，菲律宾，新加坡，印度尼西亚（爪哇），苏门答腊，巴布亚新几内亚，新喀里多尼亚，澳大利亚，安达曼群岛，马尔代夫群岛，毛里求斯，马达加斯加和莫桑比克等地均有分布。

经济意义 肉可食用，贝壳可供观赏。

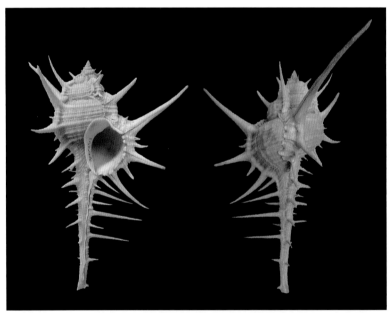

图 19 三棘骨螺 *Murex tribulus* Linnaeus

(6) 精巧骨螺 *Murex concinnus* Reeve, 1845（图 20）

Murex concinnus Reeve, 1845, 3: pl. 25, fig. 104; Tryon, 1880: 79, pl. 11, fig. 122; Abbott & Dance, 1983: 130; Merle *et al.*, 2011: 250, pl. 3, figs. 11a-11b.

Murex aduncospinosus Beck in Sowerby: Springsteen & Leobrera, 1986: 136, pl. 37, fig. 10 (non Sowerby, 1841).

英文名　Striking Murex。

模式标本产地　菲律宾。

标本采集地　南沙群岛。

观察标本　3 个标本，SSMⅣ-11，南沙群岛，水深 78m，软泥，1987.Ⅴ.11，陈锐球采；4 个标本，SSMⅣ-16，南沙群岛，水深 78m，软泥，1987.Ⅴ.11，陈锐球采；2 个标本，SSBⅣ-55，南沙群岛，水深 99m，泥质沙，1987.Ⅴ.15，陈锐球采；1 个标本，SSBⅤ26-22，南沙群岛，水深 127m，泥质沙，陈锐球采；1 个标本，SSBⅧ1-2，南沙群岛，水深 110m，泥质沙，1990.Ⅵ.04，任先秋采。

形态描述　贝壳中等大，呈长卵球形；壳质结实。螺层约 8 层。缝合线凹，明显；螺旋部稍高，螺层较膨圆，体螺层较大。贝壳表面具有 3 条发达的纵肿肋，其上具强壮的短棘，这种短棘在各螺层上有 1 条，体螺层上有 3 条。在 2 条纵肿肋之间具有 5-6 条较精致的纵肋，螺肋细密，二者交织点常形成颗粒突起。壳面呈淡黄褐色或黄白色，在各螺层上有 1 条，体螺层上有 3 条红褐色的细螺线。前水管沟上红褐色螺线较密集。壳口卵圆形，内黄白色，内唇平滑，边缘竖起，上部向体螺层上扩张；外唇边缘宽厚，内缘形成缺刻，外缘具有 3 条较发达短棘，在 2 条长刺之间还有 1-2 条小刺。前水管沟近直，细长，呈管状，其上具棘刺。厣角质，褐色。

图 20　精巧骨螺 *Murex concinnus* Reeve

标本测量（mm）

    壳长　83.0　70.5　66.8　59.5　49.7

    壳宽　33.2　27.0　25.5　27.5　24.0

生物学特性　暖水性较强的种类；通常生活在潮下带浅海泥质沙或软泥质海底。馆藏的标本主要采自水深百米之内的浅海区。

地理分布　在我国见于南沙群岛；日本，菲律宾和印度尼西亚等地也有分布。本种在中国沿海为首次报道。

　　经济意义　贝壳可供观赏。

(7) 黑刺骨螺 *Murex ternispina* Lamarck, 1822（图 21）

> *Murex ternispina* Lamarck, 1822, 7: 158; Ponder & Vokes, 1988: 80, figs. 41-43, 77J, 86B-C, Table 31; Rao, 2003: 229, pl. 54, figs. 3-4; Houart in Poppe, 2008: 136, pl. 363, fig. 3; Jung *et al.*, 2009: 44, fig. 2; Merle *et al.*, 2011: 256, figs. 1-2.
> *Murex nigrispinosus* Reeve, 1845: pl. 20, fig. 79; Habe, 1961: 49, pl. 25, fig. 2; Houart, 1979: 129, pl. 3, figs. 4, 4A-B, text-fig.; Abbott & Dance, 1983: 130.
> *Acupurpura nigrispinosa* (Reeve): Habe & Kosuge, 1979: 51, pl. 18, fig. 9.
> *Murex* (*Acupurpura*) *nigrispinosus* Reeve: Habe, 1980: 49, pl. 25, fig. 2.
> *Murex tribulus* Linnaeus: Radwin & D'Attilio, 1976: 72, pl. 10, fig. 8.
> *Murex* (*Murex*) *ternispina* Lamarck: Tsuchiya in Okutani, 2000: 365, pl. 181, fig. 5.

　　英文名　Black-spined Murex。

　　模式标本产地　印度洋。

　　标本采集地　台湾南部和南海。

　　观察标本　1 个标本，A0338，台湾南部，浅海泥沙底，台湾博物馆保存；1 个标本，南海，2008.III.25，张素萍收集。

图 21　黑刺骨螺 *Murex ternispina* Lamarck

　　形态描述　贝壳近球形；壳质厚而坚实。螺层 7-8 层，胚壳约 2 层，光滑无肋，缝合线浅而明显。螺旋部较小而尖，体螺层大而膨圆。壳面具有 3 条纵肿肋，在 2 条纵肿肋之间通常有 3 条较粗壮的纵肋，螺肋粗细不均匀，二者交叉处形成结节突起。在螺旋部上的纵肋较粗，螺肋较细。在体螺层中部有 2 条较粗的螺肋把纵肋分隔开来，形成 3

列较大的结节突起，通常在贝壳基部的螺肋变得较粗。各螺层的纵肿肋上生长有粗壮的长刺，尤其是在外唇边缘上生有 3 条棘刺，以上方的 1 条特发达，棘刺的末端呈黑褐色，长刺间还有小刺。壳面白色，棘刺的末端颜色较深，呈黑色。壳口呈卵圆形，内白色，内唇平滑，外唇边缘竖起，其上具有缺刻。前水管沟长，近封闭的管状，末端向右微曲，其上有棘刺，以腹面右侧的 1 列较发达，棘刺一直可延伸至前水管沟的末端。

标本测量（mm）
　　　壳长　106.6　74.0
　　　壳宽　70.9　50.5

生物学特性　暖水种；栖息于潮下带浅海砂质或泥沙质海底。

地理分布　在我国见于台湾（台湾海峡、高雄、屏东）和南海；日本（冲绳以南），菲律宾，印度尼西亚，所罗门群岛，澳大利亚，印度和斯里兰卡等地均有分布。

经济意义　贝壳可供观赏。

2. 沃骨螺属 *Vokesimurex* Petuch, 1994

Vokesimurex Petuch, 1994: 273.

Type species: *Vokesimurex messorius* (Sowerby, 1841).

特征　贝壳呈卵圆形或近纺锤形；螺旋部高起，壳顶尖，胚壳 1½-3 层。贝壳上具有 3 条粗圆的纵肿肋，其上常有短棘或小刺，无长棘；在 2 条纵肿肋之间雕刻有纵、横螺肋，有的具结节突起，常有褐色的螺带或螺纹。壳口卵圆形，前水管沟长，呈管状。厣角质，较厚，深褐色，卵圆形，核位于末端（下端）。

本属动物广布于印度-西太平洋暖水区，在我国见于东海和南海海域。

以往这个属的种类属于泵骨螺属 *Haustellum* (Ponder & Vokes, 1988)。目前，新分类系统依据形态和齿舌构造（Petuch, 1994; Houart, 1999），将其归属于沃骨螺属 *Vokesimurex*。

本属在中国沿海共发现 6 种。

种 检 索 表

1. 纵肿肋上无棘刺 ·· 平濑沃骨螺 *V. hirasei*
   纵肿肋上有长短不等的棘刺 ·· 2
2. 2 条纵肿肋之间有 4-5 条纵肋 ························· 班特沃骨螺 *V. multiplicatus bantamensis*
   2 条纵肿肋之间有 3-4 条纵肋 ·· 3
3. 纵肋细，形成小结节或颗粒突起 ·· 4
   纵肋粗，在螺层中部常形成较大的结节突起 ·· 5
4. 体螺层肩部的棘长 ··· 海峡沃骨螺 *V. sobrinus*
   体螺层肩部的棘短 ·· 直吻沃骨螺 *V. rectirostris*
5. 纵肿肋和外唇边缘的棘刺少 ·· 褐斑沃骨螺 *V. gallinago*
   纵肿肋和外唇边缘的棘刺多 ··· 纪伊沃骨螺 *V. kiiensis*

(8) 直吻沃骨螺 *Vokesimurex rectirostris* (Sowcrby, 1841)（图 22）

Murex rectirostris Sowerby, 1841: pl. 197, fig. 111; Reeve, 1845: pl. 22, fig. 91; Yen, 1942: 222, pl. 20, fig. 137; Habe, 1961: 49, pl. 25, fig. 3; Zhang, 1965: 14, pl. 1, fig. 1; Radwin & D'Attilio, 1976: 70, pl. 11, fig. 3; Qi *et al.*, 1983, 2: 66.

Haustellum rectirostris (Sowerby): Ponder & Vokes, 1988: 93, figs. 48, 52, 72G, 79D, 88D, 89F; Zhang, 2008a: 167.

Vokesimurex rectirostris (Sowerby): Jung *et al.*, 2009: 45, fig. 7; Merle *et al.*, 2011: 284, pl. 20, figs. 3-5; Houart, 2014: 77, pls. 54A-G.

别名 台湾骨螺、直吻骨螺。

英文名 Erect-spined Murex。

模式标本产地 香港。

标本采集地 东海（中国近海），福建（平潭），广东（乌石、闸坡），海南（新村、三亚、南沙群岛），南海和北部湾。

观察标本 2 个标本，MBM114421，东海，水深 105m，细沙碎贝壳底质，1978.VI.28，唐质灿采；2 个标本，M57-718，福建（平潭），1957.III.21，马绣同采；10 个标本，M56-557，广东（闸坡），1956.IV.09，马绣同采；2 个标本，58M-0327，海南（新村），1958.IV.16，马绣同采；4 个标本，南海（中国近海），水深 68m，1960.IV.04，唐质灿采；2 个标本，MBM207528，北部湾（6066），水深 86m，沙碎贝壳质底，1959.XI.19，刘继兴采；2 个标本，SSBIV-39，南沙群岛，水深 105m，软泥，1987.V.11，陈锐球采；5 个标本，SSB10-6，南沙群岛，水深 100m，泥质沙，1994.IX.23，王绍武采。

形态描述 贝壳中等大；壳质坚厚。螺层约 8 层，缝合线较深，呈浅沟状。壳面膨圆，螺旋部较高起，体螺层大。胚壳约 2 层，光滑无肋。各螺层上部形成弱的肩角，壳表具有 3 条发达的纵肿肋，在每一螺层纵肿肋的肩角上生有 1 个尖刺和一些短的小棘刺，2 条纵肿肋之间通常有 3-4 条较突出的纵肋，并具有细螺肋，二者交叉形成小结节或颗粒状突起。壳面呈淡黄褐色，在每一螺层上有 1 条，体螺层上常有 2 条褐色的螺带，褐色螺带一直延伸至前水管沟的末端。壳口近圆形或卵圆形，内、外唇边缘竖起，环绕成圆领状。外唇缘具有细的齿状缺刻；内唇光滑。前水管沟细长而近直，为封闭的细管状，管壁上有环行的细螺纹，但无棘刺。厣角质，褐色。

标本测量（mm）

　　　壳长 83.5 78.0 73.5 62.0 61.5

　　　壳宽 39.0 32.3 30.0 30.0 26.5

讨论 在以往的分类中，本种原属于骨螺属 *Murex*，中文名为直吻骨螺，后来有学者（Ponder & Vokes, 1988；Tsuchiya, 2000 等）曾把它归属于泵骨螺属 *Haustellum*。但在较新的分类系统中，依据形态和齿舌等特征，已将本种从泵骨螺属 *Haustellum* 中移出（Houart, 1999），归入沃骨螺属 *Vokesimurex*。2 属的主要区别为：泵骨螺属 *Haustellum* 有 1 个球形和低螺旋部的贝壳，而后者多为纺锤形或卵圆形，螺旋部较高。

生物学特性 暖海产；通常生活在浅海数十米至水深 150m 左右的泥沙质海底。为东海和南海常见种。

地理分布　在我国见于台湾和浙江以南沿海；日本南部等地也有分布。

图 22　直吻沃骨螺 *Vokesimurex rectirostris* (Sowerby)

(9) 海峡沃骨螺 *Vokesimurex sobrinus* (A. Adams, 1863)（图 23）

Murex sobrinus A. Adams, 1863: 370; Tryon, 1880: 79, pl. 70, fig. 536; Hirase, 1934: 77, pl. 108, fig. 3; Kira, 1955: 47, pl. 23, fig. 13.

Murex rectirostris Sowerby: Radwin & D'Attilio, 1976: 70 (in part), pl. 13, fig. 2 (non Sowerby, 1841).

Haustellum sobrinus (A. Adams): Ponder & Vokes, 1988: 101, figs. 51-52, 79B, 89D, Table 40.

Murex rectirostris (Sowerby): Abbott & Dance, 1983: 130 (non Sowerby).

Haustellum rectirostris (Sowerby): Tsuchiya in Okutani, 2000: 367, pl. 182, fig. 11 (non Sowerby, 1841).

Vokesimurex sobrinus (A. Adams): Jung *et al.*, 2009: 46, figs. 8a-b; Merle *et al.*, 2011: 284, pl. 20, figs. 10-11; Houart, 2014: 80, pl. 53G-N.

别名　*海峡骨螺*。

模式标本产地　日本。

标本采集地　东海（中国近海）。

观察标本　19 个标本，BMB114405，东海（Ⅴ-11），水深 162m，细砂，1975.Ⅹ.10，唐质灿、徐凤山采；1 个标本，MBM114410，东海（Ⅴ-6），水深 112m，细砂，1976.Ⅶ.5，唐质灿、徐凤山采；5 个标本，MBM114414，东海（Ⅳ-5），水深 150m，细砂，1976.Ⅷ.28，唐质灿、张宝琳采；1 个标本，MBM114413，东海（30），水深 138m，细砂，1978.Ⅵ.11，徐凤山采。

形态描述　贝壳中等大或较小，在馆藏的近 30 个标本中，最大的个体壳长为 41.5mm。壳质稍薄，但结实。螺层约 8 层，缝合线浅而明显。螺旋部较高，呈尖塔形，体螺层较宽大。胚壳约 2 层，光滑无肋。贝壳上具有 3 条较弱的纵肿肋，其在近壳顶几层近似消失。各螺层上部形成稍斜的肩角，在纵肿肋的肩角上生有 1 个较发达的尖刺，体螺层的下部生有小棘，一直可延伸至前水管沟的末端。在 2 条纵肿肋之间通常有 3-4 条较明显的纵肋和细螺肋，二者交叉形成小结节或颗粒状突起。壳面呈淡黄褐色，具有较宽的褐色螺带，褐色螺带一直可延伸至前水管沟的近末端。壳口近圆形或卵圆形，内、外唇边缘竖起，环绕成圆领状；外唇缘宽厚，其上有 1 条发达的长刺和小棘；内唇光滑。前水管沟细长，为封闭的细管状，管壁上有环行的细螺纹。厣角质，褐色。

标本测量（mm）

　　壳长　41.5　37.1　37.0　36.2　28.5
　　壳宽　16.5　15.5　14.5　17.0　13.5

讨论　本种外形与直吻沃骨螺 *Vokesimurex rectirostris*（Sowerby）近似，因此，Abbott 和 Dance（1983）及 Tsuchiya（2000）认为本种应是直吻沃骨螺 *V. rectirostris* 的同物异名。依据 Merle 等（2011）的报道，认为二者形态有明显差异，并非同物异名。著者观察了馆藏所有本种的标本，发现两者在外部形态上的主要区别是：本种螺旋部尖，肩角上的棘刺较直吻沃骨螺 *V. rectirostris* 长，纵肿肋较弱。

生物学特性　据 Merle 等（2011）的报道，本种主要生活于浅海水深 100-150m 处；我们馆藏标本全部采自东海，栖息水深在 112-162m 的细沙质海底中。

地理分布　分布于东海（大陆架）、台湾（东北海域）；日本和澳大利亚等地也有报道。

图 23　海峡沃骨螺 *Vokesimurex sobrinus* (A. Adams)

(10) 班特沃骨螺 *Vokesimurex multiplicatus bantamensis* (Martin, 1895)（图 24）

Murex bantamensis Martin, 1895: 126, pl. 19, figs. 288-290.
Murex (Haustellum) bantamensis oostinghi Wissema, 1947: 172, pl. 6, fig. 148.

Haustellum multiplicatus bantamensis (Martin): Ponder & Vokes, 1988: 96, figs. 50A-J, 52, 79C, I, 89C, Table 39.

Vokesimurex multiplicatus bantamensis (Martin): Merle *et al.*, 2011: 284, pl. 20, fig. 15; Houart, 2014: 76, pl. 53A-F.

Vokesimurex bantamensis (Martin): Houart in Poppe, 2008: 138, pl. 364, fig. 5.

模式标本产地　印度尼西亚。

标本采集地　南沙群岛。

观察标本　1 个标本，SSMⅣ-17，南沙群岛（5°29′N，112°15′E），水深 78m，软泥，1978.Ⅴ采；1 个标本，NS5B-6，南沙群岛（5°30′N，112°00′E），水深 146m，1993.Ⅻ.10 采。

形态描述　贝壳中等大或较小，纺锤形；壳质结实。螺层约 8 层，缝合线稍深，浅沟状。螺旋部高，较尖瘦，体螺层增宽增大。胚壳 1½-2 层光滑无肋。贝壳上具有 3 条扁圆形的纵肿肋，其在近壳顶 3 层纵肿肋消失，在体螺层和次体螺层中部的纵肿肋上生有 1 个尖刺，体螺层的基部常生有小棘。在 2 个纵肿肋之间通常有 4-5 条细而均匀的纵肋和细螺肋，二者交叉形成小颗粒状突起。壳面呈淡黄褐色或近白色，每一螺层上具有 1 条褐色螺带，在体螺层有 2-3 条，上部的 1 条较宽，但也有的个体螺带不太清晰（我们采到的 2 个空壳标本，隐约可见褐色螺带）。壳口近圆形或卵圆形，内白色或淡褐色，内唇薄；外唇边缘宽厚，其上生有小刺和扁棘。前水管沟细长，近直，为封闭的细管状，管壁上有环行的细螺纹。

图 24　班特沃骨螺 *Vokesimurex multiplicatus bantamensis* (Martin)

标本测量（mm）

　　　壳长　35.0　31.5
　　　壳宽　14.8　12.1

　　讨论　另有 1 亚种 *Vokesimurex multiplicatus multiplicatus* (Sowerby, 1895)，产自澳大利亚西部，与本亚种的区别为其贝壳较膨圆，螺旋部低小，肩部无棘刺，栖息水深可达 400m；而本亚种贝壳较瘦长，螺旋部高，肩部和外唇边缘有棘刺，通常栖水较浅。1993 年 12 月在南沙群岛及其邻近海区进行海洋生物调查时，分别在水深 78m 和 146m 采到 2 个空壳标本。

　　生物学特性　暖水性较强的种类；通常栖息于潮下带浅海水深 30-150m 的砂或泥沙质海底中。

　　地理分布　在我国见于南沙群岛；菲律宾，印度尼西亚，新几内亚岛等地也有分布。本种在中国沿海为首次报道。

(11) 褐斑沃骨螺 *Vokesimurex gallinago* (Sowerby, 1903)（图 25）

Murex gallinago Sowerby, 1903: 496.

Murex (Haustellum) gallinago Sowerby: Oyama & Takemura, 1957: pl. e, fig. 4.

Murex kiiensis Kira: Abbott & Dance, 1983: 131, fig. (non Kira, 1959).

Haustellum senkakuensis Shikama, 1973: 6, pl. 1, figs. 5-7; Houart, 1980: 10, fig. 2; Wu & Lee, 2005: 157, fig. 670.

Haustellum gallinago (Sowerby): Ponder & Vokes, 1988: 107, figs. 54, 55C, 56, 78F, 89A, B; Lai, 1988: 85, fig. 222; Tsuchiya in Okutani, 2000: 367, pl. 182, fig. 8; Wu & Lee, 2005: 157, fig. 669.

Vokesimurex gallinago (Sowerby): Houart, 2014: 70, pl. 57, figs. A-L.

　　别名　母鸡骨螺、钓鱼台骨螺。
　　英文名　Hen Murex。
　　模式标本产地　日本。
　　标本采集地　东海（大陆架、浙江外海），南沙群岛。
　　观察标本　2 个标本，东海，水深 200-280m，砂质，2011.IV.12，张素萍采；1 个标本，V523B-98，东海，水深 135m，细沙，1976.VIII.28，唐质灿、徐凤山采；3 个标本，MBM114404，东海（V-8），水深 100m，细沙，1975.X.10，唐质灿、徐凤山采；3 个标本，SSBIV32，南沙群岛，水深 46m，泥质沙，1987.V.13，陈锐球采。
　　形态描述　贝壳中等大或较大，呈纺锤形；壳质坚实。螺层 8-9 层，壳顶尖，略歪曲，胚壳 1½-2 层，光滑无螺肋。缝合线明显，稍凹。螺旋部较高，体螺层大，中部突出。除近壳顶部 3 层雕刻有较均匀的纵、横螺肋外，其余各层有 3 条粗圆而发达的纵肿肋，以 3 个角度延伸至体螺层的基部，其上有短刺或扁棘，通常在各螺层的肩角上棘刺稍长。在 2 条纵肿肋之间通常具有 3 条较粗壮的纵肋，螺肋较细，二者交叉处形成结节。壳面为淡黄褐色或白色，具有褐色的细螺纹或由细螺纹组成的褐色螺带，有的个体在体螺层的中部有 1 条较宽的褐色螺带，本种的形态和花纹在不同个体间常有变化。壳口呈卵球形，内白色，雕刻有细螺纹。内外唇边缘薄，竖起，环绕成衣领状。内唇平滑；外唇宽厚，有的个体仅在壳口外唇的中上部有 1 短刺，而有的个体在外唇边缘下部生有短刺。前水管沟长，呈封闭的管状，其前水管沟的长度不同个体间也有差异，有的稍短，有的较长。角质厣，褐色。

标本测量（mm）

　　壳长　89　82　80.5　71.0　66.5

　　壳宽　30　39　34.5　37.5　31.5

讨论　本种的形态和表面颜色花纹常有变化，鉴定存在混乱现象。采自钓鱼岛海域水深 100-200m 处的标本，台湾鉴定为钓鱼台骨螺 *H. senkakuensis* Shikama, 1973，已被确认是本种的同物异名。

生物学特性　生活在潮下带 100m 以上的沙质或沙泥质海底，馆藏的标本分别采自 99-250m 的沙和砂质碎贝壳的海底。据 Okutani（2000）记载，本种栖息水深为 100-200m。

地理分布　分布于台湾（东北部）、东海（中国近海）和南沙群岛；日本（冲绳、小笠原群岛以南），菲律宾，莫桑比克等地也有报道。

经济意义　肉可食用，贝壳可供观赏。

图 25　褐斑沃骨螺 *Vokesimurex gallinago* (Sowerby)

(12) 纪伊沃骨螺 *Vokesimurex kiiensis* (Kira, 1959)（图 26）

Murex kiiensis Kira, 1959: 58, pl. 23, fig. 10; Kira, 1962: 63, pl. 24, fig. 10; Radwin & D'Attilio, 1976: 70, pl. 13, fig. 5; Houart, 1980: 9, pl. 10, fig. 3.

Haustellum kiiensis (Kira): Ponder & Vokes, 1988: 110, figs. 55A, B, 56, 78E; Houart, 1980: 9, fig. 4; Wilson, 1994: 31, pl. 1, fig. 10; Tsuchiya in Okutani, 2000: 367, pl. 182, fig. 9; Wu & Lee, 2005: 156, fig. 668.

Vokesimurex hirasei (Hirase): Houart & Heros, 2008: 442, fig. 1H; Houart in Poppe, 2008: 140, pl. 365, fig. 1; Jung *et al.*, 2009: 46, figs. 10a-b; Merle *et al.*, 2011: 284, pl. 20, figs. 6-9.

别名　纪伊骨螺。

英文名 Kii Murex。

模式标本产地 日本。

标本采集地 东海（大陆架）。

观察标本 2 个标本，MBM114403，东海（V-4），水深 99m，砂、碎贝壳底质，1976.Ⅶ.5，唐质灿采；1 个标本，MBM114405，东海（V-11），水深 162m，细沙，1975.Ⅷ.10，唐质灿、徐凤山采。

形态描述 贝壳呈纺锤形；壳质结实。螺层约 8 层，缝合线凹。螺旋部较高，呈三角形，体螺层宽大。胚壳约 2 层，光滑无肋，其余壳面的各层上有 3 条发达纵肿肋，以 3 个角度延伸至体螺层的基部，其上有较发达的粗壮短刺和扁棘，通常在各螺层的肩角上棘刺较长，棘刺可延伸至前水管沟的中上部。在 2 个纵肿肋之间的壳面上具有 3 条较粗壮的纵肋，而且在各螺层的中部常形成结节突起，以体螺层中部的结节突起最为发达，表面螺肋较细密。壳面为白色或淡黄褐色，具有褐色细螺纹，有的个体在各螺层的缝合处和体螺层的中部有 1 条较宽的褐色螺带，螺带可延伸至前水管沟的末端。壳口呈卵球形，内外唇边缘薄，竖起，环绕成衣领状。内唇平滑，外唇宽厚，在外唇的边缘上常长有短刺和扁棘。前水管沟长，呈封闭的管状，其前水管沟的长度不同个体间也有差异，有的稍短，有的较长，近直或弯曲。厣角质，褐色。

标本测量（mm）

　壳长　78.5　71.0　70.0
　壳宽　30.0　29.5　30.2

生物学特性 本种通常栖息于 100-200m 的细砂或砂质碎贝壳质海底；据台湾钟柏生等（Jung *et al.*, 2009）报道，标本采自水深 150m 的岩礁质海底。

地理分布 分布于东海（中国近海）和台湾（东北部）；日本（房总半岛以南），菲律宾等地也有分布。

经济意义 肉可食用，贝壳可供观赏。

图 26　纪伊沃骨螺 *Vokesimurex kiiensis* (Kira)

(13) 平濑沃骨螺 *Vokesimurex hirasei* (Hirase, 1915)（图 27）

Murex hirasei Hirase, 1915: pl. 47, fig. 232; Hirase, 1934: 77, pl. 108, fig. 4; Habe, 1961: 49, pl. 25, fig.
　　4; Radwin & D'Attilio, 1976: 66, pl. 11, fig. 12; Habe, 1980: 49, pl. 25, fig. 4; Abbott & Dance, 1983:
　　131.

Haustellum hirasei (Hirase): Ponder & Vokes, 1988: 104, figs. 56, 79H, 88G; Tsuchiya in Okutani, 2000:
　　367, pl. 182, fig. 10; Lai, 2005: 186, fig.; Wu & Lee, 2005: 156, fig. 667.

Vokesimurex hirasei (Hirase): Houart & Heros, 2008: 441, fig. 1D; Houart in Poppe, 2008: 138, pl. 364,
　　fig. 10; Jung *et al.*, 2009: 46, fig. 9; Houart, 2014: 72, pl. 55I-O.

别名　平濑骨螺。

英文名　Hirase's Murex。

模式标本产地　日本。

标本采集地　东海（浙江外海），台湾海峡。

观察标本　1 个标本，C0309，台湾海峡，由台湾博物馆保存；1 个标本，东海（浙江外海），水深 200-280m，沙泥质，2011.Ⅳ.12，张素萍收集。

图 27　平濑沃骨螺 *Vokesimurex hirasei* (Hirase)

形态描述　贝壳中等大，卵圆形；壳质较厚而坚实。螺层约 9 层，缝合线较浅，稍凹。壳面膨圆，螺旋部稍高，呈低圆锥形，体螺层宽大而膨圆。胚壳 1½-2.0 层，光滑无肋。贝壳表面具有 3 条肋骨状纵肿肋，其上通常无棘刺，但有的个体在各螺层的肩角上有 1 个极小的尖刺。在 2 条纵肿肋之间有 3-4 条明显的纵肋，螺肋细而低平，在各螺层的中部常形成弱的结节突起。壳面呈淡褐色，具有红褐色或深褐色的细螺线，这种褐色的细螺纹通常在每一螺层上有 2 组，而体螺层上通常有 3 组，每一组通常由 2-3 条褐色细螺线组成。壳口卵圆形，内白色；外唇弧形，内缘有细螺纹和细小的颗粒突起，外缘宽厚；内唇滑层较发达，向外扩张，呈片状并向上和外翻卷。前水管沟长，为封闭的细管状，不同个体其管长有变化，管壁的后部有环行的细螺纹，无棘刺。厣角质，褐色。

标本测量（mm）

　　壳长　94.7　73.5
　　壳宽　31.5　34.0

生物学特性　本种通常生活于较深的砂、沙泥质或岩礁质海底。据 Okutani（2000）报道，其栖水深度为 100-300m；我们的标本采自东海水深 200-280m 的沙泥质海底。

地理分布　分布于东海（浙江外海）和台湾（宜兰、台湾海峡）；日本南部，菲律宾和新喀里多尼亚等地也有分布。

经济意义　贝壳可供收藏。

3. 泵骨螺属 *Haustellum* Schumacher, 1817

Haustellum Schumacher, 1817: 213.

Type species: *Murex haustellum* Linnaeus, 1758.

特征　贝壳中等大或较大，壳长可达 170mm；呈球形或卵球形，螺旋部低小，体螺层大而膨圆。表面雕刻有较发达的纵肋和粗细相间的螺肋，并有结节突起，纵肿肋上通常无棘刺，少数种类在前水管沟上部或肩角上有小刺。壳口圆，前水管沟特长，近直。厣角质，椭圆形，黑褐色，表面具粗糙的同心肋纹，核位于中部近前端。

本属目前在中国沿海仅发现 2 种。

种 检 索 表

壳表具有深褐色的细螺纹和斑块·······························泵骨螺 *H. haustellum*
壳表具有橘黄色或褐色的螺带或斑块····················黑田泵骨螺 *H. kurodai*

(14) 泵骨螺 *Haustellum haustellum* (Linnaeus, 1758)（图 28）

Murex haustellum Linnaeus, 1758: 746; Reeve, 1845: pl. 23, fig. 95; Sowerby, 1879: 5, pl. 2, fig. 17;
　　Tryon, 1880: 83, pl. 13, fig. 137; Abbott & Dance, 1983: 129.

Murex longicaudus Baker, 1891: 56; Abbott & Dance, 1983: 129.

Murex (Haustellum) haustellum Linnaeus: Kira, 1978: 58, pl. 23, fig. 10.

Haustellum haustellum (Linnaeus): Radwin & D'Attilio, 1976: 49, pl. 11, fig. 10; Wilson, 1994: 30, pl. 1,
　　figs. 9A-B; Lai, 2005: 186; Houart, 1999: 88, figs. 7-8, 13, 17-19, 23-26; Houart in Poppe, 2008: 140,
　　pl. 365, figs. 7a-7b, 142, pl. 366, figs. 4-6; Jung *et al.*, 2009: 47, fig. 14; Merle *et al.*, 2011: 266, pl. 11,
　　fig. 16.

Haustellum kurodai kurodai (Shikama): Merle *et al.*, 2011: 266, pl. 11, figs. 9-11 (non Shikama, 1964).

Haustellum haustellum haustellum (Linnaeus): Ponder & Vokes, 1988: 86, figs. 1E, F, 46A-D, 68D, 72I,
　　78D, 87A-C; Tsuchiya in Okutani, 2000: 365, pl. 181, fig. 7.

Haustellum haustellum (Linnaeus): Houart, 2014: 54, text-figs. 2c-d, 3B, 12, pls. 27A-K, Table 2.

别名　鹬头骨螺。

英文名　Snipe's Bill Murex。

模式标本产地　Asiatic Ocean。

标本采集地　台湾东北部和南海。

观察标本　1 个标本，A0339-2，台湾东北部，水深 70m 礁石海底，由台湾博物馆保存；1 个标本，海南三亚，2007.Ⅻ.15，张素萍采。

形态描述　贝壳大或中等大，呈球形；壳质结实。螺层约 8 层，缝合线而明显，稍凹。壳面膨圆，螺旋部较低，体螺层宽大而膨圆。胚壳 2-2½ 层，光滑无肋。各螺层的上部突出，形成明显的肩角，表面具有 3 条肋骨状纵肿肋，把贝壳分成 3 个部分，每一部分中有 3-4 条纵肋，螺肋粗细不均匀，常常是 2 条粗肋间还有几条细螺肋，这种螺肋可一直延伸至前水管沟的末端。表面凹凸不平，具有大小不等的结节突起，以各螺层肩部的 1 列最为发达。壳面呈淡黄褐色，密布深褐色的细螺纹和斑点，在 3 条纵肿肋上有大块的黑褐色斑。壳口卵圆形，边缘呈橘红色，深处颜色变淡；壳口周缘竖起，环绕成薄片状，外唇弧形，边缘薄；内唇平滑。前水管沟长，近直，为封闭的细管状，其上有黑褐色的环带。厣角质，褐色。

标本测量（mm）

　　壳长　112.5　106.2
　　壳宽　　50.5　　46.7

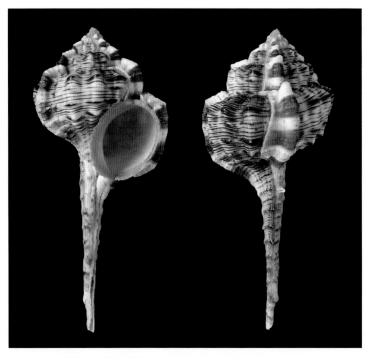

图 28　泵骨螺 *Haustellum haustellum* (Linnaeus)

生物学特性 暖水性较强的种类；生活于潮下带浅海至水深 50-100m 的砂或岩礁质海底。

地理分布 在我国见于台湾（东北部）和南海；日本，越南，菲律宾，印度尼西亚，所罗门群岛，新喀里多尼亚，斐济和澳大利亚等热带西太平洋海域均有分布。

经济意义 肉可食用，贝壳可供观赏。

(15) 黑田泵骨螺 *Haustellum kurodai* (Shikama, 1964)（图 29）

Murex (*Haustellum*) *kurodai* Shikama, 1964a: 35, pl. 3, figs. 1-2.

Haustellum kurodai (Shikama): Habe & Kosuge, 1979: 50, pl. 18, fig. 3; Houart in Poppe, 2008: 142, pl. 366, figs. 1a-1b; Houart, 2014: 55, pls. 28A-G, text-fig. 13, Table 2.

Haustellum haustellum (Linnaeus) form *kurodai* Shikama: Springsteen & Leobrera, 1986: 135, pl. 37, fig. 2.

Haustellum longicaudum (Baker): Merle *et al.*, 2011: 268, pl. 12, fig. 1 (non Baker, 1891).

Haustellum kurodai kurodai (Shikama): Houart, 1999: 90, figs. 14, 35-37, 47-48; Mcrlc *et al.*, 2011: 266, pl. 11, figs. 7-8.

英文名 Kuroda's Snipe's Head Murex。

模式标本产地 阿拉弗拉海（Arafura Sea）。

标本采集地 西沙永兴岛。

观察标本 1 个标本，80M-060，西沙永兴岛，1980.Ⅳ.03，马绣同采。

形态描述 贝壳呈球形；壳质结实。螺层 8-9 层，缝合线稍深。壳面膨圆，螺旋部较低，体螺层宽大而膨圆。壳顶尖，近壳顶约 3 层雕刻有细密的纵肋，胚壳 2-2½层，光滑无肋。各螺层的上部突出，形成明显的肩角，表面具有 3 条肋骨状纵肿肋，有的个体在体螺层的纵肿肋上和水管沟的基部有小棘刺，在 2 条纵肿肋之间有 3-4 条发达的纵肋，螺肋粗细不均匀，表面凹凸不平，在纵肋上具有大小不等的结节突起，以各螺层肩部的 1 列最为发达。壳面呈淡黄褐色或黄白色，具有褐色或橘黄色螺带或斑块，尤其是在纵肿肋和外唇缘上斑块较大而明显，结节突起顶端颜色加深。壳口圆形或卵圆形，边缘呈橘红色，有的个体壳口颜色较淡；壳口周缘竖起，环绕成薄片状，外唇弧形，边缘薄，具小缺刻，外缘厚；内唇平滑。前水管沟长，近直，为封闭的细管状，后方具有短刺。厣角质，褐色或深褐色，雕刻有环行纹。

标本测量（mm）

壳长　123.1

壳宽　46.2

生物学特性 暖水种；生活于潮间带至浅海，我们仅有的 1 个干壳标本采自西沙群岛码头附近，故对其生活习性了解不详。

地理分布 在我国见于西沙群岛；菲律宾，印度尼西亚和澳大利亚的北部等地也有分布。本种在中国沿海为首次报道。

经济意义 贝壳可供观赏。

图29　黑田泵骨螺 *Haustellum kurodai* (Shikama)

4. 棘螺属 *Chicoreus* Montfort, 1810

Chicoreus Montfort, 1810, 2: 610-611.

Type species: *Murex ramosus* Linnaeus, 1758.

特征　本属动物的个体，从小到大或特大，呈纺锤形或塔形；壳质坚实。表面粗糙，具螺肋和结节突起，多数种类在纵肿肋上具有强棘，呈枝叶状或花瓣状或小棘刺。壳口卵圆形或近圆形，绷带发达，具脐。前水管沟发达，管状或半管状。角质厣，栗色、褐色或红褐色，其上具有环形螺纹。

本属动物通常栖息于潮下带至浅海砂或泥沙质海底，有的种类生活于岩礁上或珊瑚礁间。主要为暖水性种类，分布于我国浙江以南沿海，在南海种类最多。

本属在中国沿海共发现4个亚属。

亚属检索表

1. 纵肿肋上有皱褶或短小的棘刺…………………………………根棘螺亚属 *Rhizophorimurex*
   纵肿肋上有发达的棘刺……………………………………………………………………2
2. 贝壳宽大，螺旋部中等高或低……………………………………棘螺亚属 *Chicoreus*
   贝壳修长，螺旋部高………………………………………………………………………3
3. 纵肿肋上的棘刺呈花瓣状或枝状…………………………………三角螺亚属 *Triplex*
   纵肿肋上的棘刺呈翼状……………………………………………翼棘螺亚属 *Chicopinnatus*

1) 棘螺亚属 *Chicoreus* Montfort, 1810

Chicoreus Montfort, 1810, 2: 610-611.

Type species: *Murex ramosus* Linnaeus, 1758.

特征 贝壳中等大或特大；壳质厚。体螺层宽大，螺旋部中等高或较低，纵肿肋上和壳口外缘具有发达的棘刺，两纵肿肋间有结节突起。壳口大，近圆形。厣角质，卵圆形，棕色，核位于下端。

本亚属在中国沿海发现 3 种。

种 检 索 表

1. 体螺层上有 4 条纵肿肋 ··· 粗棘螺 *C. (C.) exuberans*
   体螺层上有 3 条纵肿肋 ·· 2
2. 壳面多呈白色，内唇红色 ··· 棘螺 *C. (C.) ramosus*
   壳面多呈褐色，内唇白色 ································· 亚洲棘螺 *C. (C.) asianus*

(16) 棘螺 *Chicoreus* (*Chicoreus*) *ramosus* (Linnaeus, 1758)（图 30）

Murex ramosus Linnaeus, 1758: 747, no. 488.

Purpura incarnata Röding, 1798: 142.

Murex inflatus Lamarck, 1822, 7: 160.

Chicoreus ramosus (Linnaeus): Yen, 1942: 222; Allan, 1950: 140, pl. 24, fig. 1; Cernohorsky, 1967: 120, pl. 14, fig. II, text-fig. 5; Zhang, 1965: 17, pl. 2, fig. 4; Wilson & Gillett, 1974: 86, pl. 58, fig. 1; Radwin & D'Attilio, 1976: 40, pl. 4, fig. 8; Kira, 1978: 57, pl. 22, fig. 17; Qi *et al.*, 1983, 2: 68; Abbott & Dance, 1983: 138; Springsteen & Leobrera, 1986: 134, pl. 36, fig. 11; Rao, 2003: 226, pl. 52, fig. 6; Houart in Poppe, 2008: 160, pl. 375, fig., pl. 376, figs. 1-5; Jung *et al.*, 2009: 52, fig. 31; Merle *et al.*, 2011: 332, pl. 44, figs. 1-2.

Chicoreus (*Chicoreus*) *ramosus* (Linnaeus): Houart, 1992: 43, figs. 4-5, 151, 270, 272, 276; Tsuchiya in Okutani, 2000: 367, pl. 182, fig. 12.

别名 大千手螺。

英文名 Ramose Murex。

模式标本产地 不详。

标本采集地 广西（北海），海南（新盈、莺歌海、陵水新村）。

观察标本 1 个标本，54M-945，广西北海，1954.XII.31，马绣同采；1 个标本，05575，海南莺歌海，1960 年，郑树栋采；2 个标本，57M-1300，海南新村，1957.VII.09，马绣同采。

形态描述 贝壳特大，壳长可达 300mm 以上，为骨螺科中个体最大的一种。壳质厚重。螺层约 8 层，缝合线浅。螺旋部较低矮，体螺层特宽大。各螺层上部扩张，形成发达的肩部。每一螺层上有 3 条纵肿肋，把壳面分成 3 部分，在两条纵肿肋之间有 1 列发达的结节突起，有的个体还有 1 列弱的结节突起；纵肿肋上生有粗壮的枝状棘，以体螺层肩角上的 3 个枝棘最强大。壳面螺肋明显，粗细不均匀，通常在粗肋间还有数条细螺肋。壳面白色或黄白色，螺肋的颜色较深，多呈褐色或栗色，在体螺层的缝合线下方常染有不规则的褐色斑，不同个体贝壳颜色和色斑有变化（有的贝壳为褐色）。壳口大，略圆，内白色。外唇内缘具有大小不等的缺刻，环外缘具有发达的枝状棘，较大的棘有 7-9 条，以外唇上方的 1 个最强大，在大的枝棘之间还有短棘，一直可延伸至前水管沟的末端；内唇平滑，呈红色。前水管沟呈扁管状，稍短，末端向背方扭曲；后水管沟小，缺刻状。脐孔深。厣角质，呈棕色，表面具粗糙的环纹，核位于下端。

标本测量（mm）

壳长	250.0	220.0	137.2	128.8
壳宽	190.0	180.0	130.2	100.0

生物学特性　暖水性种；生活在浅海水深数米至 30m 左右的泥沙质或岩礁质海底。

地理分布　广布于印度-西太平洋海域，在我国见于台湾、广西和海南岛；日本南部，菲律宾，印度尼西亚，新喀里多尼亚，新西兰，澳大利亚，印度，阿曼湾，马尔代夫，马达加斯加，以及非洲的东部和南部，红海，波斯湾等地均有分布。另外，林奈（Linnaeus, 1758）曾记载过加勒比海的标本。

经济意义　个体大，肉可食用，贝壳可供收藏。

图 30　棘螺 *Chicoreus (Chicoreus) ramosus* (Linnaeus)

(17) 粗棘螺 *Chicoreus (Chicoreus) exuberans* Cossignani, 2004（图 31）

Chicoreus (Chicoreus) exuberans Cossignani, 2004: 42: 5-9.

Chicoreus exuberans Cossignani: Jung *et al.*, 2009: 54, fig. 36.

别名　粗棘骨螺。

模式标本产地　越南。

标本采集地　台湾东北部。

观察标本　2 个标本，台湾东北部海域，水深 30-60m 岩礁质海底。标本图片由台湾柯富钟先生提供。

形态描述　贝壳较大或中等大；壳质厚。外形与亚洲棘螺近似，但贝壳较后者更粗壮和宽大。螺层约 8 层，缝合线浅。螺旋部较低矮，体螺层宽大。各螺层上部扩张，形成肩部。螺层上具有发达的纵肿肋，这种纵肿肋在体螺层上有 4 条，其上生有长短不等的枝状棘，以体螺层肩角上的枝棘最强大。在 2 条纵肿肋之间雕刻有粗的纵肋，其上生有结节突起。壳面螺肋明显，粗细不均匀，粗肋突出壳面，通常是 1 条粗肋间还有数条细螺肋。壳面颜色从黄白色到褐色不等，常杂有红褐色斑，通常体螺层上螺肋的颜色较深，呈栗色，不同个体贝壳颜色和色斑有变化。壳口卵圆形，内白色。外唇内缘具有缺刻，环外缘具有长短不等的翼状棘，以外唇上方的 1 个最强大，短棘一直可延伸至前水管沟近末端；内唇平滑，白色。前水管沟呈扁管状，稍短，末端向背方弯曲；后水管沟明显，小，缺刻状。厣角质，呈棕色，表面具粗糙的环纹，核位于下端。

标本测量（mm）

　　壳长　约 117.0

　　壳宽　　102.0

讨论　本种外形与亚洲棘螺近似，但不同的是本种个体更粗壮些，体螺层更宽大，还有一个主要特征是体螺层上有 4 条发达的枝状纵肿肋，根据这些特征可区分二者。

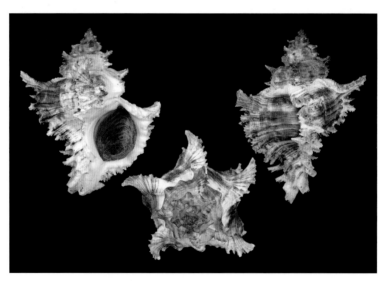

图 31　粗棘螺 *Chicoreus (Chicoreus) exuberans* Cossignani

生物学特性　暖海产；栖息于浅海水深 30-60m 的岩礁或砂砾质海底。

地理分布　在我国见于台湾北部和东北部；越南，马来西亚，印度尼西亚和马达加斯加等地也有分布。

经济意义　个体大，肉可食用，贝壳可供观赏。

(18) 亚洲棘螺 *Chicoreus* (*Chicoreus*) *asianus* Kuroda, 1942（图 32）

Murex sinensis Reeve, 1845: pl. 6, fig. 24.

Chicoreus asianus Kuroda, 1942: 80-81; Zhang, 1965: 18, pl. 2, fig. 5; Kira, 1975: 61, pl. 23, fig. 15; Kuroda *et al.*, 1971: 139, pl. 40, fig. 1; Radwin & D'Attilio, 1976: 32, pl. 6, fig. 8; Qi *et al.*, 1983, 2: 69; Abbott & Dance, 1983: 136; Lai, 1987: 63, pl. 30, fig. 4; Jung *et al.*, 2009: 50, fig. 23; Houart in Poppe, 2008: 150, pl. 370, fig. 6; Merle *et al.*, 2011: 334, pl. 45, figs. 6-10; 150, pl. 7, fig. 6.

Chicoreus orientalis Zhang, 1965: 18, pl. 2, fig. 2.

Chicoreus (*Chicoreus*) *asianus* Kuroda: Houart, 1992: 36, figs. 143-145; Tsuchiya in Okutani, 2000: 367, pl. 182, fig. 13.

别名　东方棘螺、亚洲千手螺。

英文名　Asian Murex。

模式标本产地　中国。

标本采集地　浙江（下大陈岛、南麂岛），福建（三沙、平潭、崇武、泉州、厦门、东山岛），广东（海门、遮浪、龟龄岛、澳头、宝安、闸坡、硇洲岛、乌石），广西（涠洲岛），海南（海口、秀英）、南海（中国近海）。

观察标本　5 个标本，浙江南麂岛，2012.Ⅵ.06，张素萍采；3 个标本，MBM257876，福建平潭，1957.Ⅲ.21，马绣同采；4 个标本，MBM257830，福建崇武，1963.Ⅳ.22 采；5 个标本，MBM257898，福建厦门，1955.Ⅸ.3，马绣同采；4 个标本，MBM257896，广东宝安，1963.Ⅶ.16，张福绥采；1 个标本，MBM257826，广西涠洲岛，1958.Ⅻ.09，齐钟彦、马绣同采；3 个标本，MBM257897，海南秀英，1958.Ⅴ.20，张福绥采。

形态描述　贝壳中等大，呈纺锤形；壳质不厚，但结实。螺层约 8 层，壳顶尖，缝合线明显。螺旋稍高，体螺层较宽大。每一螺层上具有 3 条纵肿肋，其上生有发达的半管状棘刺，棘刺的两缘呈锯齿状，形如花瓣。在体螺层的肩部有 3 个棘刺最强大，向外并向上伸展。在 2 条纵肿肋之间近中央常有 1 个较大的瘤状突起，同时还有 1 个或多个小的结节突起。壳面雕刻有稍粗的螺肋，两肋间还有数条更细致的螺旋纹，在较粗的螺肋上常有许多小颗粒突起，一直延伸到纵肿肋的棘刺上。壳面颜色有变化，多呈淡褐色，有的个体为褐色或栗色，具有褐色或深褐色的螺纹，结节突起处颜色加深。壳口卵圆形，内白色，外唇内缘有齿状缺刻，外缘有 5 个枝杈或花瓣状的棘刺，以上方的 1 个最强大；内唇光滑，呈白色，前水管沟较长，呈近封闭的管状，腹面右侧管壁上有 3 个花瓣状棘，前水管沟略向背方扭曲；后水管沟小，呈小的缺刻状。厣近梨形，深褐色，多旋纹，核位于下方。

标本测量（mm）

壳长	89.2	82.2	79.0	72.0	63.0
壳宽	55.3	60.0	57.0	64.0	46.5

讨论　本种形态花纹和颜色常有变化，有褐色、栗色和白色等，因此，同物异名较

多。张福绥（1965）定名的东方棘螺 *Chicoreus orientalis* Zhang，经研究发现也是本种的同物异名。

生物学特性 暖水产；生活在潮下带数十米的沙泥或岩礁质海底。本种为我国东南部沿海常见种。

地理分布 在我国见于东海和南海；日本（房总半岛以南），韩国，越南，菲律宾等地也有分布。

经济意义 本种在我国的东南部沿海产量较大，其肉味鲜美，具有很高的食用价值；贝壳可供观赏。

图 32 亚洲棘螺 *Chicoreus* (*Chicoreus*) *asianus* Kuroda

2) 三角螺亚属 *Triplex* Perry, 1810

Triplex Perry, 1810: pl. 23.

Type species: *Triplex foliatus* Perry, 1810 (=*Murex palmarosae* Lamarck, 1822).

特征 贝壳中等大，壳形多修长，呈纺锤形；壳质结实。螺旋部较高，纵肿肋上和外唇边缘生有长短不等的枝状或花瓣状棘刺。壳口小，近圆形或卵圆形。前水管沟中等长。厣呈长卵圆形，较薄，核位于下端内侧。

本亚属动物种类较多，主要生活在亚热带和热带海域的低潮线至浅海或较深的砂、泥沙、岩礁和珊瑚礁质海底。

目前，在中国沿海共发现 12 种。

种 检 索 表

1. 壳面白色，略呈粉色 ·· 白棘螺 *C.* (*T.*) *cnissodus*
   壳面非白色 ··· 2

2. 轴唇呈红色 ··· 3

　　轴唇非红色 ·· 6

3. 壳面呈黑褐色或深褐色 ·· **褐棘螺 *C. (T.) brunneus***

　　壳面呈黄褐色或黄白色 ·· 4

4. 纵肿肋上棘刺少，螺肋细密 ···································· **紫红棘螺 *C. (T.) rossiteri***

　　纵肿肋上棘刺多，螺肋粗细相间 ·· 5

5. 棘刺呈枝叶状 ··· **红刺棘螺 *C. (T.) aculeatus***

　　棘刺呈花瓣状 ··· **高贵棘螺 *C. (T.) nobilis***

6. 棘刺细长，末端分叉，呈枝状或鹿角状 ··· 7

　　棘刺短或中等长，不呈鹿角状 ·· 8

7. 外唇边缘有 2 条长棘，之间有 3 条短刺 ···················· **鹿角棘螺 *C. (T.) axicornis***

　　外唇边缘上部有 1 条长棘，下面有 4 条短棘 ··············· **班克棘螺 *C. (T.) banksii***

8. 螺旋部棘刺发达 ··· 9

　　螺旋部棘刺弱或无 ·· 10

9. 纵肿肋棘刺粗壮，呈深褐色 ·································· **玫瑰棘螺 *C. (T.) palmarosae***

　　纵肿肋上棘刺略短，呈紫红色或淡红色 ···················· **秀美棘螺 *C. (T.) saulii***

10. 体螺层 2 条纵肿肋之间有 1 大的结节突起 ··············· **焦棘螺 *C. (T.) torrefactus***

　　体螺层 2 条纵肿肋之间结节小或无结节 ·· 11

11. 体螺层上粗螺与纵肋常交织成方格状 ······················ **条纹棘螺 *C. (T.) strigatus***

　　体螺层上无方格状雕刻 ······································ **小叶棘螺 *C. (T.) microphyllus***

(19) 白棘螺 *Chicoreus* (*Triplex*) *cnissodus* (Euthyme, 1889)（图 33）

Murex cnissodus Euthyme, 1889: 263, pl. 6, figs. 1-2.

Chicoreus (*Triplex*) *cnissodus* (Euthyme): Houart, 1992: 78, figs. 35, 186, 365-367.

Chicoreus aculeatus (Lamarck): Zhang, 1965: 21, pl. 2, fig. 7 (non *Murex aculeatus* Lamarck, 1822).

Chicoreus cnissodus (Euthyme): Habe, 1961: 50, pl. 25, fig. 11; Abbott & Dance, 1983: 136; Houart in Poppe, 2008: 156, pl. 373, figs. 6-8; Jung *et al.*, 2009: 51, fig. 27.

Chicoreus (*Chicoreus*) *cnissodus* (Euthyme): Springsteen & Leobrera, 1986: 134, pl. 36, fig. 9.

Chicoreus (*Triplex*) *cnissodus* (Euthyme): Tsuchiya in Okutani, 2000: 369, pl. 183, fig. 17; Merle *et al.*, 2011: 374, pl. 65, figs. 1-4.

别名　白千手螺。

英文名　Smelly Murex。

模式标本产地　新喀里多尼亚。

标本采集地　东海（大陆架），南海（6189）。

观察标本　1 个标本，MBM114337，东海（大陆架），水深 116m，细砂、碎贝壳底质，1978.Ⅵ.05，唐质灿采；1 个标本，南海（6189），水深 162m，粗沙泥，1960.Ⅴ.13，刘继兴采。

形态描述 贝壳略呈纺锤形;壳质稍薄,但结实。螺层约 9 层。缝合线凹陷,呈沟状。螺旋部尖而高,螺层膨凸,体螺层宽大。壳表有 3 条纵肿肋,肋上生有长短不等的棘刺,以体螺层肩部和壳口外唇上方的 1 列最为发达,呈枝状或花瓣状。壳面雕刻有纵、横螺肋,纵肋在近壳顶几层细而明显,螺肋粗细相间,在粗肋间还有 2-3 条细肋或细螺纹,在各螺层 2 条纵肿肋之间通常有 2-3 条低平而稀疏的纵肋,与粗螺肋交叉形成小结节突起。壳面为白色,略呈粉色,螺肋和结节的颜色加深,为淡褐色或褐色。壳口近圆形,内白色,周缘竖起成片状,内唇平滑;外唇内缘具小缺刻,外缘有长短相间的枝状棘刺。前水管沟长,呈管状,弯曲。绷带发达,外侧 2-3 个管状棘。角质厣,褐色。

标本测量(mm)

壳长 79.0 76.0

壳宽 47.5 51.5

讨论 张福绥(1965)曾把该种鉴定为 *Chicoreus aculeatus* (Lamarck),经研究发现是误订,研究用的 2 个标本应是本种。二者主要区别为本种成体标本个体较大,壳长可达 80-90mm,壳色多为白色,略带淡粉色;而 *C. aculeatus* 个体较小,成体壳长在 50mm 左右,壳形瘦长,壳色多为玫瑰红色、粉红色或黄红色。

生物学特性 暖水种;据 Merle 等(2011)报道,本种通常栖息于水深 30-320m 处;馆藏的 2 个标本分别采自东海水深 116m 的细沙、碎贝壳底质和南海水深 162m 处的含粗砂质的海底。

地理分布 在我国见于台湾(东北部和东部)、东海(大陆架)和南海(中国近海);日本(纪伊半岛以南),菲律宾等西太平洋海域也有分布。

经济意义 贝壳造型美观,可供收藏。

图 33 白棘螺 *Chicoreus* (*Triplex*) *cnissodus* (Euthyme)

(20) 褐棘螺 *Chicoreus* (*Triplex*) *brunneus* (Link, 1807)(图 34)

Purpura brunnea Link, 1807, 3: 121.

Murex adustus Lamarck, 1822, 7: 161; Reeve, 1845: pl. 8, fig. 29.

Chicoreus brunneus (Link): Cernohorsky, 1967: 117, pl. 41, fig. 6; text-fig. 2; Zhang, 1965: 19, pl. 2, figs. 5, 8; Radwin & D'Attilio, 1976: 35, pl. 4, fig. 9; Qi *et al.*, 1983, 2: 69; Springsteen & Leobrera, 1986: 134, pl. 36, figs. 10a-c; Lai, 1987: 27, fig. 21; Abbott & Dance, 1983: 137; Rao, 2003: 225, pl. 52, fig. 2; Houart in Poppe, 2008: 154, pl. 372, figs. 3-8; Jung *et al.*, 2009: 50, figs. 25a-e.

Chicoreus (Triplex) brunneus (Link): Houart, 1992: 72, figs. 31-33, 102-104, 182, 346-355; Tsuchiya in Okutani, 2000: 369, pl. 183, fig. 21; Merle *et al.*, 2011: 370, pl. 63, figs. 1-17.

别名 黑千手螺。

英文名 Adusta Murex。

模式标本产地 不详。

标本采集地 广东（龟龄岛、宝安、闸坡），香港，广西（涠洲岛），海南（新盈、莺歌海、陵水新村、三亚、西沙群岛的晋卿岛、永兴岛、琛航岛、灯擎岛、树岛）。

观察标本 4 个标本，MBM257866，广东宝安，1955.V.06 采；1 个标本，MBM105372，香港，1980.V.02，齐钟彦采；13 个标本，MBM257854，广西涠洲岛，1978.IV.29，马绣同采；15 个标本，MBM114195，海南新盈，1955.V.26，梁美圆采；1 个标本，55M-650，海南新村，1955.IV.24 采；4 个标本，MBM257850，海南三亚，1981.X.12，马绣同采；7 个标本，MBM257874，海南西瑁洲，1990.XI.20，马绣同、李孝绪采；3 个标本，MBM257853，西沙群岛，1957.V，马绣同采；4 个标本，MBM257843，西沙琛航岛，1975.V.20，马绣同采。

形态描述 贝壳中等大，呈纺锤形；壳质厚而坚厚。螺层约 9 层，缝合线浅而宽。胚壳 2-2½ 层，光滑。螺旋部稍高，体螺层宽大，上部宽，向下逐渐收缩。各螺层的上部扩张，形成明显的肩角。贝壳每一螺层上具 3 条纵肿肋，在 2 条纵肿肋之间具有 1 个瘤状突起，体螺层上的瘤状突起最强大。在纵肿肋上密生粗壮的枝状或花瓣状棘刺，在大棘之间尚有小棘，以体螺层肩部和外唇边缘的棘最为发达，呈花瓣状，尤其是外唇边缘的花瓣棘一直可延伸至前水管沟的末端。整个壳面雕刻有粗细不等的螺肋，两粗肋间还有数条细螺肋，粗肋由数条细致的螺旋纹组成，向两侧延伸至棘刺上。壳面呈黑褐色或深褐色，有的个体为橘红色或黄白色，螺肋和棘刺的颜色加深，壳顶常被腐蚀而呈白色。壳口为卵圆形，内白色或肉色，边缘常为红色或橘红色，内唇平滑，有的个体内唇滑层的颜色为紫红色；外唇内缘具缺刻，外缘具排列密集的枝状棘。前水管沟呈封闭的管状，微向背方弯曲，两侧有短棘；后水管沟小，缺刻状。角质厣，卵圆形，栗褐色。

标本测量（mm）

壳长　82.6　79.4　78.1　77.0　62.8

壳宽　57.0　47.8　51.8　49.2　40.0

生物学特性 暖海产；生活在低潮线附近至水深数米的泥沙、岩礁或珊瑚礁质海底；为我国南部沿海常见种。

地理分布 印度-西太平洋海域广布种，在我国见于台湾和广东以南沿海；日本（房总半岛以南），菲律宾，马来西亚，印度尼西亚，关岛，马绍尔群岛，巴布亚新几内亚和澳大利亚的北部，以及印度洋的安达曼海，印度，马尔代夫，留尼汪岛，塞舌尔，毛里求斯，马达加斯加，莫桑比克等地均有分布。

经济意义　肉可食用，味道鲜美，是我国广东以南沿海居民餐桌上的美味佳肴；贝壳可供观赏。

图 34　褐棘螺 *Chicoreus* (*Triplex*) *brunneus* (Link)

(21) 焦棘螺 *Chicoreus* (*Triplex*) *torrefactus* (Sowerby, 1841)（图 35）

Murex torrefactus Sowerby, 1841: pl. 199, fig. 120.

Murex rubiginosus Reeve, 1845: pl. 8, fig. 32.

Murex affinis Reeve, 1845: pl. 35, fig. 182.

Chicoreus (*Chicoreus*) *kilburni* Houart & Pain, 1982: 51, pl. 3, figs. 1-4.

Chicoreus carneolus (Röding): Cernohorsky, 1967: 119, pl. 14, fig. 8 (non *Purpura carneola* Röding, 1798).

Chicoreus rubiginosus Reeve: Wilson & Gillett, 1974: 86, pl. 58, figs. 4, 4a-b; Radwin & D'Attilio, 1976: 42, pl. 6, fig. 10; Abbott & Dance, 1983: 137; Jung *et al.*, 2009: 52, fig. 30.

Chicoreus (*Chicoreus*) *rubiginosus* Reeve: Springsteen & Leobrera, 1986: 135, pl. 36, fig. 12.

Chicoreus microphyllus (Lamarck): Radwin & D'Attilio, 1976: 39 (in part), pl. 5, fig. 7 (non *Murex microphyllus* Lamarck, 1816).

Chicoreus (*Chicoreus*) *microphyllus* (Lamarck): Springsteen & Leobrera, 1986: 135, pl. 36, fig. 16b (non *Murex microphyllus* Lamarck, 1816).

Chicoreus torrefactus (Sowerby): Zhang, 1965: 20, pl. 1, figs. 2-3; Wilson & Gillett, 1974: 86, pl. 58, fig. 3; Abbott & Dance, 1983: 136; Houart in Poppe, 2008: 158, pl. 374, figs. 5-7; Jung *et al.*, 2009: 52, figs. 29a-b.

Chicoreus (*Triplex*) *torrefactus* (Sowerby): Kira, 1978: 57, pl. 22, fig. 14; Houart, 1992: 55, figs. 12, 94-97, 132, 160-163, 282-285, 296-297, 306-308; Tsuchiya in Okutani, 2000: 369, pl. 183, fig. 18; Merle *et al.*, 2011: 358, pl. 57, figs. 1-15.

别名　千手螺。

英文名　Firebrand Murex。

模式标本产地　菲律宾。

标本采集地　广东（深圳宝安、企水沙角），广西（企沙、涠洲岛），海南（新盈、陵水新村、三亚）。

观察标本　1 个标本，MBM257834，广东企水，1956.Ⅲ.16 采；7 个标本，MBM257855，广西涠洲岛，1978.Ⅳ. 29，马绣同采；1 个标本，56-556，广西企沙，1956.Ⅲ.02 采；1个标本，MBM114176，海南新盈，1958.Ⅴ.08，马绣同采；1 个标本，MBM257846，海南三亚大东海，1975.Ⅳ.30，马绣同采；1 个标本，90M-292，海南三亚，1990.Ⅺ.22，马绣同、李孝绪采。

形态描述　贝壳大或中等大，呈纺锤形；壳质坚厚。螺层 9-10 层，缝合线浅，胚壳 2½-3 层，光滑。螺旋部高，体螺层宽大。贝壳每一螺层上具 3 条发达的纵肿肋，在 2 条纵肿肋之间有粗细不均的纵肋 2-3 条，粗的 1 条在体螺层上常形成 1 个较大的结节突起。在体螺层和次体螺层的纵肿肋上密生粗壮的枝状棘，在大的枝棘间尚有小棘，棘刺的长短在不同个体间常有变化。各螺层上部具有弱的肩角，其上具角状突起和枝状棘，壳面还雕刻有粗细相间的螺肋或数条细肋组成 1 条粗肋。壳面呈栗色或黄褐色，也有的个体呈橘黄色或黑褐色，粗螺肋和棘刺的颜色加深。壳口略圆，内白色，内唇平滑，滑层外翻；外唇边缘波折，具缺刻，外侧通常有 5 个粗壮的大枝棘，其间还有 1 个小的花瓣状棘刺。前水管沟扁管状，微向背方弯曲，两侧有短棘；后水管沟小，缺刻状。绷带明显。角质厣，卵圆形，栗褐色。

标本测量（mm）

壳长	119.0	107.0	101.0	83.6	71.0
壳宽	59.0	68.5	59.0	45.0	41.0

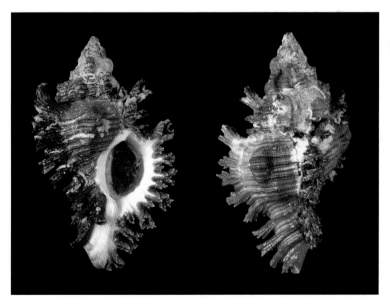

图 35　焦棘螺 *Chicoreus (Triplex) torrefactus* (Sowerby)

生物学特性 暖水性较强的种类；生活于潮下带至水深白米以上的砂砾或沙泥质海底。

地理分布 广布于印度-西太平洋海域外,在我国见于台湾及广东以南沿海；日本(纪伊半岛以南),菲律宾,波利尼西亚,新喀里多尼亚,斐济群岛和澳大利亚西北部,以及从印度洋西南部的南非到莫桑比克,马达加斯加,留尼汪岛,塞舌尔,印度等地也有分布。

经济意义 肉可食用,贝壳较大,可供收藏。

(22) 玫瑰棘螺 *Chicoreus* (*Triplex*) *palmarosae* (Lamarck, 1822)（图 36）

Murex palmarosae Lamarck, 1822: 161.

Triplex rosaria Perry, 1811: pl. 6, fig. 3.

Murex (*Chicoreus*) *palmarosae* Lamarck: Kiener, 1842: pl. 17, fig. 1, pl. 18, fig. 1.

Chicoreus palmarosae (Lamarck): Radwin & D'Attilio, 1976: 40, pl. 5, fig. 2; Wilson, 1994: 28, pl. 3, figs. 3a-b; Lai, 2005: 188; Jung *et al*., 2009: 51, figs. 28a-c.

Chicoreus (*Triplex*) *rosarius* (Perry): Kira, 1965: 60, pl. 23, fig. 13.

Chicoreus (*Chicoreus*) *rosarius* (Perry): Springsteen & Leobrera, 1986: 134, pl. 36, fig. 14.

Chicoreus (*Triplex*) *palmarosae* (Lamarck): Houart, 1992: 52, figs. 9, 158, 293-294; Tsuchiya in Okutani, 2000: 367, pl. 182, fig. 14.

别名 玫瑰千手螺。

英文名 Rose-branch Murex。

模式标本产地 印度洋。

标本采集地 台湾（东北部和恒春半岛）。

观察标本 1 个标本,台湾东北部,浅海,2011.V,尉鹏提供；1 个标本,A0334-2,台湾东北部,潮间带至浅海岩礁质底,保存于台湾博物馆；1 个标本,台湾恒春半岛,低潮区,水深 2m。

形态描述 贝壳大或中等大,呈纺锤形；壳质坚厚。螺层约 9 层,缝合线浅而明显,胚壳 1½-2 层,光滑无肋。螺旋部较高,体螺层高大。各螺层上部形成弱的斜坡状肩角,壳表具有 3 条较发达的纵肿肋,每一螺层的纵肿肋上有 1 条,体螺层上有 4 条较粗壮的棘刺,其末端分叉,呈树枝状或花瓣状,以体螺层肩角上的棘刺最发达,向下还有 3 条小的短棘。在 2 条纵肿肋之间通常具有 3 条弱的纵肋,其上具有小结节突起。表面雕刻有粗细不太均匀略曲折的螺肋,粗肋间还有细肋。壳面呈褐色或黄褐色,突起的螺肋和棘刺颜色加深,多呈深褐色或黑褐色,有的花瓣状棘刺呈紫红色。壳口卵圆形,内白色。外唇内缘有锯齿状缺刻,环外缘常有 4 个花瓣状的棘刺,以上方的 1 个最粗壮发达；内唇光滑,滑层向外翻卷。前水管沟较长,呈近封闭的管状,向背方扭曲,腹面右侧管壁上有 2-3 个枝状棘；后水管沟小,呈缺刻状。厣角质,呈栗色。

标本测量（mm）

壳长　117.1　110.0　92.0

　　壳宽　　77.9　　74.0　　62.0

生物学特性　暖水种；据钟柏生等（2009）报道，本种通常栖息于潮间带至浅海泥沙或岩礁质海底。

地理分布　在我国见于台湾的宜兰、花莲、龟山岛和恒春半岛；日本，菲律宾，所罗门群岛，新喀里多尼亚，以及印度洋的西南部，塞舌尔，留尼汪岛，毛里求斯，莫桑比克，纳塔尔和非洲东南部等地均有分布。

经济意义　贝壳造型美观，可供观赏。

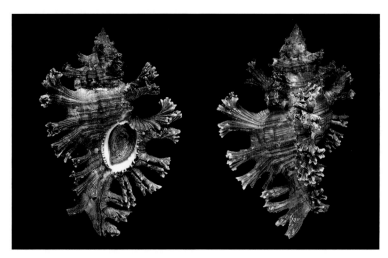

图 36　玫瑰棘螺 *Chicoreus* (*Triplex*) *palmarosae* (Lamarck)

(23) 小叶棘螺 *Chicoreus* (*Triplex*) *microphyllus* (Lamarck, 1816)（图 37）

Murex microphyllus Lamarck, 1816: pl. 415, fig. 5; Lamarck, 1822: 163.

Murex poirieri Jousseaume, 1881: 349.

Chicoreus akritos Radwin & D'Attilio, 1976: 228, pl. 4, fig. 1.

Chicoreus penchinati (Crosse): Cernohorsky, 1972: 122, pl. 34, fig. 5 (non *Murex penchinati* Crosse, 1861).

Chicoreus huttoniae Wright: Wilson & Gillett, 1974: 86, pl. 58, figs. 10-10a.

Chicoreus (*Chicoreus*) *microphyllus* (Lamarck): Springsteen & Leobrera, 1986: 135, pl. 36, fig. 16a.

Chicoreus (*Chicoreus*) *microphyllus* (Lamarck): Springsteen & Leobrera, 1986: 135, pl. 36, fig. 16b [=*C. torrefactus* (Sowerby)].

Chicoreus microphyllus (Lamarck): Zhang, 1965: 21, pl. 2, fig. 6; Cernohorsky, 1967: 120, fig. 4, pl. 4, fig. 10; Radwin & D'Attilio, 1976: 39, pl. 4, fig. 7; Rippingale, 1987: 7, fig. 18.

Chicoreus microphyllus (Lamarck): Abbott & Dance, 1983: 136 [=*Chicoreus strigatus* (Reeve, 1845)].

Chicoreus (*Triplex*) *microphyllus* (Lamarck): Kira, 1965: 64, pl. 24, fig. 17; Houart, 1992: 59, figs. 13-19, 87-91, 133, 164, 299-301, 309-323.

英文名　Curly Murex。

模式标本产地　不详。

标本采集地　海南（三亚）。

观察标本　2 个标本，90M-265，海南三亚西瑁洲，1990.XI.20，马绣同、李孝绪采；1 个标本（MBM241306），海南（三亚小东海），2016.XI.09，张均龙采；3 个标本均保存于中国科学院海洋研究所。

形态描述　贝壳中等大，呈纺锤形；壳质厚而结实。螺层 8-9 层，胚壳 1½-2¾层，圆而光滑。缝合线浅而清晰。螺旋部高，体螺层较大。贝壳螺层上具 3 条发达而稍扭曲的纵肿肋，通常在体螺层的纵肿肋上生有短而粗壮的枝状棘或形似花瓣状的棘刺，而在螺旋部其他螺层上棘刺较弱或较少。通常在 2 条纵肿肋之间雕刻有 2-3 条纵肋；壳面具有粗细相间的螺肋，粗肋间有数条精致而细密的间肋，粗肋突出壳面，纵、横螺肋交叉处常形成结节突起。贝壳颜色有变化，呈栗色、黄褐色或黄白色等，粗螺肋和棘刺的颜色加深，多呈黑褐色或褐色（我们的标本为幼体，壳色较淡）。壳口略圆，内白色或略带淡褐色，内唇平滑；外唇内缘具缺刻，外侧通常有束状棘刺和数个粗壮的枝棘，其间还有 1 个小的花瓣状棘刺，一直可延伸至前水管沟末端。前水管沟中等长，呈扁管状，微向背方弯曲；后水管沟小，缺刻状。

标本测量（mm）

　　壳长　51.4　39.6　28.5
　　壳宽　26.7　20.2　15.0

讨论　本种外形与条纹棘螺 *Chicoreus (Triplex) strigatus* (Reeve, 1845)和焦棘螺 *Chicoreus (T.) torrefactus* (Sowerby, 1841)较近似，因为在以往的分类研究中常出现鉴定错误和混淆情况，同物异名现象较多。

生物学特性　暖水性较强的种类；生活于潮间带至浅海岩礁或珊瑚礁质海底。

图 37　小叶棘螺 *Chicoreus (Triplex) microphyllus* (Lamarck)

地理分布 目前，在我国仅见于海南岛的南部沿岸；日本，越南，菲律宾，巴布亚新几内亚，所罗门群岛，新喀里多尼亚，斐济群岛，澳大利亚，以及印度洋的西南部，马达加斯加和印度等地也有分布。

经济意义 肉可食用，贝壳可供观赏。

(24) 条纹棘螺 *Chicoreus (Triplex) strigatus* (Reeve, 1849)（图 38）

Murex strigatus Reeve, 1849: pl. 1, fig. 189.

Murex multifrondosus Sowerby, 1879: 16, fig. 192.

Chicoreus (Chicoreus) penchinati (Crosse): Springsteen & Leobrera, 1986: 131, pl. 35, fig. 15.

Chicoreus penchinati (Crosse): Cernohorsky, 1972: 122, pl. 34, fig. 5.

Chicoreus microphyllus (Lamarck): Abbott & Dance, 1983: 136 (non *Murex microphyllus* Lamarck, 1816).

Chicoreus strigatus (Reeve): Houart in Poppe, 2008: 164, pl. 377, figs. 1-6; Jung *et al.*, 2009: 53, fig. 33.

Chicoreus (Triplex) strigatus (Reeve): Houart, 1992: 64, figs. 20, 86, 167-170, 171, 304-305, 324-325; Tsuchiya in Okutani, 2000: 369, pl. 83, fig. 18; Merle *et al.*, 2011: 362, pl. 59, figs. 1-15.

别名 喷水千手螺。

英文名： Penchinat's Murex。

模式标本产地 印度尼西亚。

标本采集地 南沙群岛永暑礁。

观察标本 1 个标本，SSFJ1-16，南沙永暑礁，水深 3m，珊瑚礁，1990.Ⅴ.17，任先秋等采。

图 38 条纹棘螺 *Chicoreus (Triplex) strigatus* (Reeve)

形态描述 贝壳小或中等大，壳形较瘦长，呈纺锤形；壳质结实，螺层约 8 层，胚壳 2 层，光滑无肋。缝合线浅。螺旋部高，体螺层较大而长。各螺层上有 3 条纵肿肋，其上具有枝状短棘。在 2 条纵肿肋之间通常有 2-3 条较粗壮的纵肋，螺肋粗细相间，粗肋由几条细螺肋组成；纵肋和螺肋二者常交织成方格状，交叉处形成结节突起。壳面颜色有变化，呈黄白色、淡黄色、褐色、深褐色、橘红色或红色等，螺肋和纵肿肋上的枝棘颜色通常加深，有的个体具不规则斑块。壳口卵圆形，内唇平滑，呈淡红色或橘红色；外唇宽厚，内缘具齿列或缺刻，外缘具有花瓣状的短棘，并且重叠排列，一直可延伸至前水管沟的末端。前水管沟稍延长，呈封闭的扁管状；后水管沟小，缺刻状。厣角质，红褐色。

标本测量（mm）

壳长 23.0

壳宽 15.0

生物学特性 暖水性较强的种类；本种通常生活在岩礁或珊瑚礁质海底；据 Merle 等（2011）记载，本种栖水深度为 8-200m。我们的 1 个标本采自南沙群岛水深 3m 的珊瑚礁间。

地理分布 在我国见于台湾和南沙群岛；日本（冲绳），从马鲁古群岛到菲律宾，波利尼西亚等热带西太平洋海区也有分布。

经济意义 贝壳可供观赏。

(25) 鹿角棘螺 *Chicoreus* (*Triplex*) *axicornis* (Lamarck, 1822)（图 39）

Murex axicornis Lamarck, 1822: 163; Kiener, 1842: pl. 42, fig. 2; Reeve, 1845: pl. 15, fig. 37.

Murex kawamurai Shikama, 1964b: 116, pl. 65, fig. 4.

Chicoreus axicornis (Lamarck): Zhang, 1965: 21, pl. 1, fig. 6; Radwin & D'Attilio, 1976: 32, pl. 4, fig. 2; Abbott & Dance, 1983: 138; Rao, 2003: 224, pl. 52, fig. 4; Houart in Poppe, 2008: 150, pl. 370, figs. 1-5; Jung *et al.*, 2009: 50, fig. 22.

Chicoreus (*Chicoreus*) *axicornis* (Lamarck): Springsteen & Leobrera, 1986: 132, pl. 36, figs. 5a-b.

Chicoreus (*Triplex*) *axicornis* (Lamarck): Okutani, 2000: 369, pl. 183, fig. 20; Houart, 1992: 67, figs. 23-25, 173-176, 336-337, 360; Merle *et al.*, 2011: 366, pl. 61, figs. 1-8.

别名 小千手螺。

英文名 Axicornis Murex。

模式标本产地 印度尼西亚。

标本采集地 南海（海南岛南部近海、北部湾海域）。

观察标本 1 个标本，MBM071400，南海，水深 118.5m，壳砾质泥，1959.Ⅰ.25，刘继兴采；4 个标本，MBM071394，南海，水深 59m，碎贝壳泥，1959.Ⅰ.30，刘继兴采；1 个标本，MBM071399，南海，水深 80m，粗沙，1960.Ⅲ.17，沈寿彭采；1 个标本，MBM071397，南海，水深 93m，沙泥质，1960.Ⅴ.15，刘继兴采；1 个标本，MBM071398，北部湾，水深 65m，砂质软泥，1959.Ⅰ.17，唐质灿采；1 个标本，19-36，北部湾，水深

79m，泥质砂，1959.Ⅰ.28，范振刚采。

形态描述　贝壳较小，呈纺锤形；壳质不厚，但结实。螺层约 9 层，壳顶小而尖，缝合线清晰，稍凹。螺旋较高，体螺层稍大。各螺层上部形成弱的肩角，除近壳顶 3 层具有细密的纵肋外，其余螺层上具有 3 条纵肿肋，其上生有发达的半管状棘刺，与其他种相比，本种的棘刺较稀少，但很长，通常在 2 个长棘之间还有 1-2 个小棘刺。在体螺层的肩部有 3 个棘刺，特长，形似鹿角，向外并向上伸展。在 2 条纵肿肋之间通常具有 2 条较粗壮的纵肋，在体螺层和次体螺层上形成 2 个瘤状突起。壳面雕刻有粗细不均的螺肋，在两条粗肋间还有 1-2 条或数条细螺肋，螺肋上雕刻有许多极微小颗粒突起，一直延伸到纵肿肋上的棘刺上。壳表常被有一层土褐色的壳皮，脱落后壳面呈黄褐色或黄白色，有的个体颜色较深，呈栗色。壳口卵圆形，内白色，外唇内缘有齿状缺刻，外缘常有 3 个小刺和 2 个枝杈状的长棘，以上方的 1 个最强大，末端上翘；内唇光滑。前水管沟较长，呈近封闭的管状，向背方扭曲，腹面右侧管壁上有 2-3 个棘刺；后水管沟小，呈小的缺刻状。厣角质，呈褐色，多旋纹，核位于下方。

标本测量（mm）

　　壳长　64.0　58.8　43.5　43.0　38.3

　　壳宽　46.0　39.5　32.0　30.0　28.5

生物学特性　暖水性种类；栖息于潮下带浅海水深 5-200m 的沙泥质、石砾、碎贝壳或粗砂质海底。馆藏的标本主要采自南海和北部湾水深 60-120m 处。为南海常见种。

地理分布　印度-太平洋广布种，在我国见于台湾（南部）和南海（中国近海）；日本（纪伊半岛以南），菲律宾，巴布亚新几内亚，新喀里多尼亚，澳大利亚的北部，印度洋的安达曼海，印度，以及从斯里兰卡到东非沿岸至莫桑比克的北部均有分布。

经济意义　贝壳造型美观，可供观赏。

图 39　鹿角棘螺 *Chicoreus* (*Triplex*) *axicornis* (Lamarck)

(26) 班克棘螺 *Chicoreus* (*Triplex*) *banksii* (Sowerby, 1841)（图 40）

Murex banksii Sowerby, 1841: pl. 191, fig. 82.

Triplex cornucervi Perry, 1811: pl. 7, fig. 4.

Murex crocatus Reeve, 1845: pl. 33, fig. 168.

Chicoreus crocatus (Reeve): Abbott & Dance, 1983: 137.

Chicoreus (*Chicoreus*) *crocatus* (Reeve): Springsteen & Leobrera, 1986: 148, pl. 41, fig. 1.

Chicoreus (*Chicoreus*) *axicornis* (Lamarck): Springsteen & Leobrera, 1986: 132, pl. 36, fig. 5b (non *Murex axicornis* Lamarck, 1822).

Chicoreus (*Chicoreus*) *banksii* (Sowerby): Springsteen & Leobrera, 1986: 134, pl. 36, figs. 8a-b.

Chicoreus banksii (Sowerby): Wilson & Gillett, 1974: 86, pl. 58, fig. 2; Radwin & D'Attilio, 1976: 33; Rao, 2003: 224, pl. 52, fig. 5; Houart in Poppe, 2008: 152, pl. 371, figs. 1-8; Jung *et al.*, 2009: 50, fig. 24.

Chicoreus (*Triplex*) *banksii* (Sowerby): Houart, 1992: 69, figs. 26-28, 100-101, 178, 338-343, 358; Merle *et al.*, 2011: 368, pl. 62, figs. 1-13.

别名 班克千手螺。

英文名 Banks' Murex。

模式标本产地 印度尼西亚。

标本采集地 西沙群岛和南沙群岛。

观察标本 1 个标本，MBM258355，西沙树岛，1958.Ⅴ.03 采；1 个标本，MBM258356，南沙群岛，水深 71m，1990.Ⅴ.17，任先秋采。

图 40 班克棘螺 *Chicoreus* (*Triplex*) *banksii* (Sowerby)

形态描述 贝壳中等大，稍瘦长，呈纺锤形；壳质结实。螺层约 9 层，胚壳约 2½ 层，光滑。缝合线凹而明显。螺旋部较高，体螺层稍大。壳面雕刻有细密的螺肋，间隔数条细致的螺肋后，出现 1 条较粗的螺肋。各螺层上有 3 条纵肿肋，在 2 条纵肿肋之间具有 2-3 条粗细不均的纵肋，常形成大小不等的结节突起。3 条纵肿肋上生有长短不等的枝杈状棘刺，通常肩部的较发达，尤其是在体螺层的肩角上的棘刺最为强大，其余的较短小，棘刺的大小与长短在不同个体中有差异。壳面褐色或黄褐色，螺肋、棘刺和长棘末端颜色加深，有的呈黑褐色，有的呈橘黄色。壳口卵圆形，内唇平滑，滑层向外翻卷；外唇缘上具锯齿状缺刻，外唇边缘具有花瓣状的短棘，一直延伸至前水管沟的末端，在壳口外唇上部常有 1 条特发达的长棘，向下还有 4 条短棘，末端常有分叉。前水管沟延长，呈封闭的管状；后水管沟小，缺刻状。厣角质，褐色。

标本测量（mm）

　　壳长　64.0　24.0
　　壳宽　52.0　16.3

生物学特性　暖水性较强的种类；栖息于潮下带浅海沙质、岩礁质或有藻类丛生的海底。据报道，本种通常生活在水深 7-100m 处。我们在南沙群岛水深 71m 处采到 1 个标本。

地理分布　在我国见于台湾（东南部）、西沙群岛和南沙群岛；日本，越南，菲律宾，马来西亚，印度尼西亚，巴布亚新几内亚，所罗门群岛，新喀里多尼亚，澳大利亚和印度海域等印度-热带西太平洋海区均有分布。

经济意义　贝壳造型美观，可供观赏。

(27) 秀美棘螺 *Chicoreus* (*Triplex*) *saulii* (Sowerby, 1841)（图 41）

Murex saulii Sowerby, 1841: pl. 190, fig. 77.

Chicoreus saulii (Sowerby): Cernohorsky, 1967: 122, pl. 15, fig. 12; Radwin & D'Attilio, 1976: 42, pl. 5, fig. 8; Abbott & Dance, 1983: 136; Lai, 2005: 190; Houart in Poppe, 2008: 164, pl. 377, fig. 7; Jung *et al.*, 2009: 53, fig. 32.

Chicoreus (*Chicoreus*) *saulii* (Sowerby): Springsteen & Leobrera, 1986: 134, pl. 36, fig. 13.

Chicoreus (*Triplex*) *saulii* (Sowerby): Kira, 1965: 204, pl. 70, fig. 1; Houart, 1992: 54, figs. 11, 159, 295, 303; Merle *et al.*, 2011: 354, pl. 55, figs. 8-14.

别名　秀美千手螺。

英文名　Saul's Murex。

模式标本产地　菲律宾。

标本采集地　台湾（南端和东北海域），南海。

观察标本　1 个标本，南海，2008.III，张素萍收集。

形态描述　贝壳中等大，呈纺锤形；壳质结实。螺层约 9 层，胚壳呈红色，2½-3 层，光滑无肋。缝合线明显，稍凹。螺旋部高起，体螺层大。各螺层上部形成弱的斜坡状肩角，壳表具有 3 条较发达的纵肿肋，在每一螺层肩部的纵肿肋上有 1 个花瓣状的短棘，体螺层肩角上的棘刺较发达，向下还有数条小的短棘，一直可延伸至贝壳的基部。在 2 条纵肿肋之间通常具有 2-3 条粗细不等的纵肋和弱的结节。表面还雕刻有粗细不太均匀的螺肋，粗肋间还有更细密的间肋。壳面呈褐色或黄褐色，突出的螺肋颜色较深，呈深褐色或黑褐色，花瓣状棘刺呈紫红色或淡红色。壳口卵圆形，内白色，周缘常有 1 条环行的红螺带。外唇内缘有锯齿状缺刻，环外缘常有 4 个大的花瓣状的棘刺，以上方的 1

个最发达，甚是漂亮，在人棘之间还有小棘刺；内唇光滑，向外翻卷。前水管沟较长，呈近封闭的管状，向背方扭曲，腹面右侧管壁上有 2-3 个棘刺；后水管沟小，呈缺刻状。厣角质，呈栗色，核位于下方。

标本测量（mm）

壳长 75.0

壳宽 40.5

生物学特性 暖水种；本种通常栖息于潮下带浅海水深 5-150m 岩礁质海底中。

地理分布 广布于印度-西太平洋海域，在我国见于台湾和南海；日本（奄美诸岛以南），菲律宾，印度尼西亚，马绍尔群岛，科科斯群岛，新不列颠，马尔代夫，留尼汪岛，毛里求斯，莫桑比克，塞舌尔群岛等地均有分布。

经济意义 贝壳造型美观，色彩艳丽，供观赏。

图 41 秀美棘螺 *Chicoreus* (*Triplex*) *saulii* (Sowerby)

(28) 紫红棘螺 *Chicoreus* (*Triplex*) *rossiteri* (Crosse, 1872)（图 42）

Murex rossiteri Crosse, 1872: 74, 218, pl. 13, fig. 2.

Chicoreus saltatrix Kuroda, 1964: 129, figs. 1-3; Houart, 1981: 7, fig. 1.

Chicoreus (*Chicoreus*) *saltatrix* Kuroda: Springsteen & Leobrera, 1986: 130, pl. 35, fig. 10, p. 154, text-fig. b (holotype); Jung, 1993: 5, fig. 6.

Chicoreus rossiteri (Crosse): Radwin & D'Attilio, 1976: 41, pl. 4, fig. 6; Houart, 1981: 8, text-fig.; Abbott & Dance, 1983: 137; Springsteen & Leobrera, 1986: 154, text-fig. a; Houart in Poppe, 2008: 148, pl. 369, figs. 1-3; Jung *et al.*, 2009: 49, figs. 20a-b.

Chicoreus (*Triplex*) *rossiteri* (Crosse): Houart, 1992: 102, figs. 56, 112-113, 138, 203, 212-214, 258, 395; Tsuchiya in Okutani, 2000: 369, pl. 183, fig. 23; Merle *et al.*, 2011: 382, pl. 69, figs. 6-14.

别名　紫红千手螺、蔷薇千手螺。

英文名　Rossiter's Murex。

模式标本产地　新喀里多尼亚。

标本采集地　台湾东北海域。

观察标本　1 个标本，台湾东北海域，水深 80-100m，礁石底质。采集信息由台湾赖景阳教授提供。

形态描述　贝壳中等大，修长，呈纺锤形；壳质结实。螺层约 9 层，胚壳约 3 层光，滑无肋，缝合线浅，稍凹。螺旋部高起，呈圆锥形，体螺层较大而稍膨圆。除近壳顶几层具有明显的细纵肋外，其余螺层上具有 3 条纵肿肋，其上生有稀疏而长短不等的棘刺，有些个体在贝壳的上半部棘刺较少或无棘刺，而下半部棘刺相对多一些，尤其是在外唇的边缘棘刺较发达。在 2 条纵肿肋之间通常具有 1 条圆而粗壮的纵肋，少数个体有 2 条。壳面雕刻有细密而精致的细螺肋，肋上雕刻有许多极微小的颗粒突起，一直延伸至两侧的纵肿肋上。壳面颜色有变化，呈橘黄色、橘红色、淡红色、金黄色或黄白色等。壳口卵圆形，内红色或淡红色，外唇内缘有齿状缺刻，外缘通常有 4-5 条棘刺，以 4 条者居多。内唇光滑，前水管沟较长，呈近封闭的管状，向背方扭曲，腹面右侧管壁上有 2 个棘刺；后水管沟小，呈小的缺刻状。厣角质，呈栗色或红褐色，多旋纹，核位于下方。

标本测量（mm）

　　壳长　　45.0

　　壳宽　　22.6

图 42　紫红棘螺 *Chicoreus* (*Triplex*) *rossiteri* (Crosse)

讨论　本种外形有变化，通常有两种类型，一种类型是螺旋部的纵肿肋上无棘刺，仅体螺层和外唇的下部至前水管沟上出现少量的棘刺；另一种类型是除近壳顶几层外，其余螺层的肩部和体螺层上均有棘刺。后一种类型与 C. (T.) aculeatus 比较相似，不同的是本种壳面上没有褐色细螺纹。

生物学特性 据 Okutani（2000）报道，本种通常栖息于水深 40-150m 岩礁质海底中。台湾提供的这个标本是渔船在台湾的东北海域水深 80-100m 处拖网采到的。

地理分布 分布于热带西太平洋海域，在我国见于台湾的东北海域；日本（纪伊半岛以南），菲律宾，苏禄海，巴布亚新几内亚，新喀里多尼亚等地均有分布。

经济意义 贝壳造型美观，可供观赏。

(29) 红刺棘螺 *Chicoreus* (*Triplex*) *aculeatus* (Lamarck, 1822)（图 43）

Murex aculeatus Lamarck, 1822: 163.

Chicoreus artemis Radwin & D'Attilio, 1976: 32, pl. 4, fig. 4; Houart, 1981: 8, text-fig.; Houart, 1981: 7, fig. 2.

Chicoreus aculeatus (Lamarck): Habe, 1961: 50, pl. 25, fig. 12; Cernohorsky, 1971: 188; Cernohorsky, 1985: 47, fig. 102; Springsteen & Leobrera, 1986: 154, text-fig. c; Lai, 1987: 63, pl. 30, fig. 30; Jung *et al.*, 2009: 49, figs. 21a-b.

Chicoreus (*Triplex*) *aculeatus* (Lamarck): Houart, 1992: 95, figs. 51, 139, 201, 204, 394, 397; Tsuchiya in Okutani, 2000: 369, pl. 183, fig. 22; Merle *et al.*, 2011: 382, pl. 69, figs. 1-5.

别名 红刺千手螺。

英文名 Pendant Murex。

模式标本产地 菲律宾。

标本采集地 东海（台湾东北部）。

观察标本 1 个标本，M38296，东海，水深 270m，1960.Ⅱ.采；1 个标本，M38295，东海，水深 144m，1960.Ⅱ.采，保存于中国科学院海洋生物标本馆；1 个标本，A0344，台湾东北部，保存于台湾博物馆。

形态描述 贝壳中等大，呈纺锤形；壳质结实。螺层约 9 层，胚壳 2½-3 层，光滑无肋，缝合线清晰，稍凹。螺旋部较高，体螺层大。各螺层上部形成 1 斜坡状的肩部，螺层上具有 3 条发达的纵肿肋，其上生有稀疏的枝叶状棘刺，棘刺在不同个体中有长有短，除各螺层的肩角上和外唇边缘上的棘刺相对较大以外，其余的棘刺通常较短小。在 2 条纵肿肋之间有 1 条较粗壮的纵肋并形成 1 个长的结节状突起，有的个体在粗肋左侧还有 1 条稍细的纵肋。壳面雕刻有细密而精致的螺肋，间隔有清晰而稍突出的红褐色细螺线。壳面颜色多样，呈淡黄色、橘黄色、淡褐色或淡红色等，近壳顶几层和前水管沟通常呈红色。此外，棘刺的颜色多数为红色或紫红色。壳口卵圆形，内呈淡红色，外唇内缘有齿列和缺刻，外缘通常有 4 条棘刺；内唇光滑，前水管沟稍长，呈近封闭的管状，向背方扭曲，腹面右侧管壁上通常有 2 个较长的棘刺；后水管沟小，呈小的缺刻状。厣角质，呈深褐色，核位于下方。

标本测量（mm）

壳长	49.5	47.9	47.5
壳宽	31.0	27.8	30.0

讨论 本种形态与高贵棘螺 *Chicoreus* (*T.*) *nobilis* 近似，因此，在以往的报道中常把高贵棘螺与本种混淆而出现鉴定错误，如 Springsteen 和 Leobrera（1986）及 Abbott 和 Dance（1983）的鉴定应是高贵棘螺 *Chicoreus* (*T.*) *nobilis*，而非本种，高贵棘螺的棘刺形状更优美，形似花瓣状。

此外，张福绥（1965）记述的 *Chicoreus aculetus* (Lamarck) 是误订，经研究发现是白棘螺 *Chicoreus* (*T.*) *cnissodus*，而非本种。

生物学特性 暖水种；通常栖息于水深 20-200m 的岩礁质海底中。

地理分布 在我国见于台湾（东部和东北部）和东海；日本（纪伊半岛以南），菲律宾，泰国和南非等地也有分布。

经济意义 肉可食用，贝壳造型美观，可供观赏。

图 43　红刺棘螺 *Chicoreus* (*Triplex*) *aculeatus* (Lamarck)

(30) 高贵棘螺 *Chicoreus* (*Triplex*) *nobilis* Shikama, 1977（图 44）

Chicoreus nobilis Shikama, 1977: 14, pl. 2, fig. 9, pl. 5, fig. 1.

Murex aculeatus Lamarck: Reeve, 1845: pl. 15, fig. 60 (non *Murex aculeatus* Lamarck, 1822).

Chicoreus aculeatus (Lamarck): Cernohorsky, 1967: 117, fig. 1, pl. 14, fig. 5; Abbott & Dance, 1983: 137; Springsteen & Leobrera, 1986: 154, text-figs. a-b (non *Murex aculeatus* Lamarck, 1822).

Chicoreus (*Chicoreus*) *artemis* Radwin & D'Attilio: Springsteen & Leobrera, 1986: 131, pl. 35, fig. 17 (non *Chicoreus artemis* Radwin & D'Attilio, 1976).

Chicoreus nobilis Shikama: Houart, 1981: 8, text-fig.; Lai, 2005: 189; Houart in Poppe, 2008: 148, pl. 369, figs. 4-7.

Chicoreus (*Chicoreus*) *nobilis* Shikama: Springsteen & Leobrera, 1986: 131, pl. 35, fig. 16.

Chicoreus (*Triplex*) *nobilis* Shikama: Houart, 1992: 100, figs. 55, 110-111, 137, 202, 208-211, 251; Tsuchiya in Okutani, 2000: 369, pl. 183, fig. 24; Merle *et al.*, 2011: 382, pl. 69, figs. 15-18.

别名　高贵千手螺。

英文名　Noble Murex。

模式标本产地　菲律宾。

标本采集地　南海。

观察标本　3 个标本，南海，2009.Ⅵ.10，尉鹏提供。

形态描述　贝壳中等大，呈纺锤形，壳质结实；螺层约 9 层，胚壳 2½-3 层，光滑，缝合线浅，稍凹。螺旋部高起，呈圆锥形，体螺层较大而稍膨圆。除近壳顶几层具有明显的细纵肋外，其余螺层上具有 3 条纵肿肋，其上生有形似花瓣状棘刺，末端上翘。有些个体在贝壳的上半部棘刺较少，而下半部棘刺相对多一些，尤其是在外唇的边缘棘刺较发达。在 2 条纵肿肋之间通常具有 2-3 条纵肋，其中 1 条较粗壮，在体螺层和次体螺层上形成结节。壳面雕刻粗细相间的螺肋，粗肋间还有几条细肋，通常粗肋突出壳面，颜色加深，有的肋上雕刻有许多极微小颗粒突起，一直延伸至两侧的棘刺上。壳面呈淡黄色、橘黄色、淡红色或黄白色等，棘刺的颜色加深，多呈紫红色或红色。壳口卵圆形，内紫红色或淡红色，外唇内缘有齿状缺刻，外缘通常有 4-5 个棘刺；内唇平滑，向外翻卷。前水管沟较长，呈近封闭的管状，向背方或右侧扭曲，腹面右侧管壁上有 3 个花瓣状棘刺；后水管沟小，呈小的缺刻状。厣角质，呈红褐色，多旋纹，核位于下方。

标本测量（mm）

　　　壳长　57.0　50.5　50.5
　　　壳宽　35.0　32.0　30.0

生物学特性　暖水种；栖息于潮下带水深 10-100m 的砂或岩礁质海底中。

地理分布　在我国见于台湾（恒春半岛）和南海（中国近海）；日本，越南和菲律宾等热带西太平洋海区也有分布。

经济意义　贝壳造型美观，可供收藏。

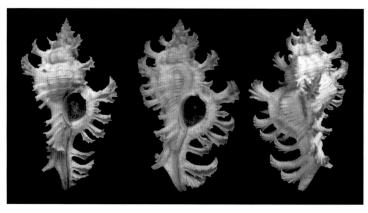

图 44　高贵棘螺 *Chicoreus* (*Triplex*) *nobilis* Shikama

3) 翼棘螺亚属 *Chicopinnatus* Houart, 1992

Chicopinnatus Houart, 1992: 35.

Type species: *Pterynotus orchidiflorus* Shikama, 1972.

特征 纵肿肋上生有翼状棘，在 2 条纵肿肋之间常有 2-3 条明显的纵肋。壳口小，卵圆形，外唇边缘具缺刻，内缘有齿状雕刻。前水管沟较细，中等长，其上生有棘刺。

暖水性较强的种类；通常生活在潮下带水深 15-150m 的砂砾、岩礁或珊瑚礁质海底中。

本亚属种类较少，目前，在中国沿海报道 1 种。

(31) 兰花棘螺 *Chicoreus* (*Chicopinnatus*) *orchidiflorus* (Shikama, 1973)（图 45）

Pterynotus orchidiflorus Shikama, 1973: 5, pl. 2, figs. 7-8.

Chicoreus subtilis Houart, 1977: 13, figs. 1-5.

Pterynotus cerinamarumai Kosuge, 1980b: 53, pl. 14, figs. 3, 5-9, pl. 15, figs. 1-2; Kosuge, 1985: 57.

Chicoreus orchidiflorus (Shikama): Houart, 1986: 763, figs. 9-9b; Houart in Poppe, 2008: 180, pl. 385, figs. 1-3; Jung *et al.*, 2009: 53, fig. 35.

Chicoreus (*Chicoreus*) *orchidiflorus* (Shikama): Springsteen & Leobrera, 1986: 130, pl. 30, fig. 11; Houart, 1985c: 429, pl. 4, fig. 15.

Pterynotus orchidiflorus Shikama: Lan, 1980: 71, pl. 29, figs. 63-65; Abbott & Dance, 1983: 138.

Chicoreus (*Chicopinnatus*) *orchidiflorus* (Shikama): Houart, 1992: 114, figs. 77-78, 129, 223, 262, 406-410; Tsuchiya in Okutani, 2000: 371, pl. 184, fig. 26; Houart & Heros, 2008: 445; Merle *et al.*, 2011: 338, pl. 47, figs. 1-12.

别名 兰花骨螺。

英文名 Orchid Murex。

模式标本产地 不详。

标本采集地 台湾东北部。

观察标本 1 个标本，SQ0904，台湾东北海域；1 个标本，A0345，台湾东北海域。这 2 个标本均保存于台湾博物馆。

形态描述 贝壳较小，呈纺锤形；壳质较薄脆。螺层约 9 层，胚壳 2-2½层，光滑无肋，缝合线明显，稍凹。贝壳上生有 3 条纵肿肋，其上生有薄片状的翼，边缘不整齐，尤其是体螺层的纵肿肋上薄翼较宽大，形似蝶翅或鱼鳍状。在 2 条纵肿肋之间的壳面上具有 2-3 条粗细不均的纵肋，螺肋明显，突出壳面。壳面呈红褐色、粉红色、黄色和黄白色等多种颜色。壳口小，卵圆形，外唇内缘具有齿列和锯齿状缺刻，外缘具有宽大的翼状棘向外扩展；内唇平滑，边缘滑层竖起，似领状。前水管沟细而较长，呈封闭的管状，末端明显向背部和腹面右侧弯曲，管壁两侧有发达的棘刺；后水管沟小，缺刻状。

标本测量（mm）

　　壳长　33.0　20.5

壳宽　23.3　15.5

生物学特性　暖水种；因我们未采集到本种的标本，故对其生活习性了解甚少。据 Merle 等（2011）报道，本种通常生活在浅海水深 20-150m 的岩礁或珊瑚礁质海底中。

地理分布　在我国见于台湾的东北海域（Lan, 1980）；日本（冲绳岛以南），菲律宾，新喀里多尼亚，波利尼西亚，斐济群岛和汤加，以及印度洋的留尼汪岛和毛里求斯等地也有分布。

经济意义　贝壳造型美观，可供观赏。

图 45　兰花棘螺 *Chicoreus* (*Chicopinnatus*) *orchidiflorus* (Shikama)

4) 根棘螺亚属 *Rhizophorimurex* Oyama, 1950

Rhizophorimurex Oyama, 1950: 35.

Type species: *Murex capuchirus* Lamarck, 1822.

特征　贝壳小或中等大，纺锤形；螺层上有 3-4 条形似脊柱状的纵肿肋，肋上有皱褶或短小的棘刺。壳面呈栗色或黑褐色。壳口卵圆形，前水管沟较宽短。

本亚属在中国沿海发现 1 种。

(32) 柄棘螺 *Chicoreus* (*Rhizophorimurex*) *capucinus* (Lamarck, 1822)（图 46）

Murex capucinus Lamarck, 1822: 164.

Murex quadrifroms Lamarck, 1822: 170.

Murex lignarius A. Adams, 1853a: 268.

Naquetia capucina (Lamarck): Radwin & D'Attilio, 1976: 80, pl. 15, fig. 13.

Chicoreus banksii (Sowerby): Abbott & Dance, 1983: 136 (non *Murex banksii* Sowerby, 1841).

Chicoreus (*Naquetia*) *capucinus* (Lamarck): Springsteen & Leobrera, 1986: 135, pl. 36, fig. 15.

Chicoreus capucinus (Lamarck): Cernohorsky, 1967: 118, pl. 14, fig. 7; Abbott & Dance, 1983: 136; Wilson, 1994: 27, pl. 3, figs. 12a-b; Houart in Poppe, 2008: 154, pl. 372, fig. 1; Jung *et al.*, 2010: 106, fig. 54.

Chicoreus (*Rhizophorimurex*) *capucinus* (Lamarck): Houart, 1992: 106, figs. 36, 105, 217-218, 369-375;

Merle *et al.*, 2011: 97-99, text-fig. 39.

别名　红树林骨螺。

英文名　Mangrove Murex。

模式标本产地　不详。

标本采集地　福建沿海（金门岛）。

观察标本　1 个标本，金门岛，2006 年夏天，李俊龙采。标本图片由台湾赖景阳教授提供。

形态描述　贝壳中等大，呈纺锤形；壳质厚而坚实。螺层约 8 层，胚壳 2 层，光滑无肋。缝合线浅且清晰，稍凹。螺旋部稍高，体螺层大。贝壳的螺层上有 3-4 条粗壮的纵肿肋，肋上有皱褶或小棘刺。各螺层中部形成肩角，本种不同个体其肩部有的突出较明显，有的稍圆。表面雕刻有较粗的螺肋，粗肋间还有细肋；纵肋较粗而低平，有的在肩部形成结节，纵肋通常在螺旋部上较明显。壳面呈栗色或黑褐色，螺肋的颜色加深。壳口略圆，多呈卵圆形，内黄褐色或肉色。外唇内缘具齿列，外侧边缘有短棘或皱褶；内唇平滑，弧形，内唇滑层向外翻卷。前水管沟半管状，稍长，微向背方弯曲；后水管沟小，缺刻状。厣呈栗色或黑褐色，核位于下端。

标本测量（mm）

　　壳长　41.0

　　壳宽　24.0

生物学特性　生活于潮间带低潮线附近的砂、泥沙、岩礁质海底或红树林根的基部。

图 46　柄棘螺 *Chicoreus* (*Rhizophorimurex*) *capucinus* (Lamarck)

地理分布　暖海产；在我国见于福建（金门岛）附近海域；菲律宾，新加坡，所罗门群岛，斐济群岛，巴布亚新几内亚和澳大利亚（西北部至昆士兰）等地也有分布。

经济意义　肉可食用，贝壳供观赏。

5. 拟棘螺属 *Chicomurex* Arakawa, 1964

Chicomurex Arakawa, 1964: 361.

Type species: *Murex superbus* Sowerby, 1889.

特征　贝壳较胖圆，纺锤形；壳质厚而结实。螺旋部低圆锥形，表面具有 3 条粗圆的纵肿肋，其上具有重叠排列的叶片状棘或短刺，纵肋发达，常形成结节突起；螺肋细密，其上有小鳞片或小粒状突起。壳口圆或卵圆形，外唇宽厚，内缘有小缺刻。前水管沟中等长。

分布于热带和亚热带暖海区；栖息于浅海至较深的岩礁或珊瑚礁质海底，本属动物通常栖水深度为 30-300m。在我国主要分布于东、南部海域。

本属在中国沿海已发现 5 种。

种 检 索 表

1. 内唇呈紫红色或紫色 ···紫唇拟棘螺 *C. laciniatus*
   内唇非紫色 ···2
2. 体螺层上螺带宽而明显 ···荣耀拟棘螺 *C. gloriosus*
   体螺层螺带窄或不明显 ···3
3. 螺旋部高，壳面棘刺少 ···蓝氏拟棘螺 *C. lani*
   螺旋部低圆锥形，壳面棘刺多 ···4
4. 表面具有密集而断续的褐色细螺线 ···华丽拟棘螺 *C. superbus*
   表面具有不规则的褐色斑块或斑点 ·····································爱丽丝拟棘螺 *C. elliscrossi*

(33) 蓝氏拟棘螺 *Chicomurex lani* Houart, Moe & Chen, 2014（图 47）

Chicoreus superbus Sowerby: Habe, 1961: 50, pl. 25, fig. 14 [non *Chicomurex superbus* (Sowerby, 1889)].

Murex superbus Sowerby: Lan, 1981: 12, fig. 6 (non Sowerby, 1889).

Chicomurex superbus Sowerby: Houart, 1992: 121, figs. 67, 124-125, 227, 231, 424; Tsuchiya in Okutani, 2000: 371, pl. 184, fig. 30; Robin, 2008: 249, fig. 1; Zhang, 2008a: 170; Jung *et al.*, 2009: 48, fig.17; Merle *et al.*, 2011: 42, 106, 109-110, pl. 77, figs. 1-5 (non Sowerby, 1889).

Murex (Chicoreus) supersus (sic) Shikama, 1963b: 70, pl. 54, fig. 8 (non Sowerby, 1889).

Naquetia superbus Sowerby: Fair, 1976: 79, pl. 14, fig. 174 (non Sowerby, 1889).

Phyllonotus superbus Sowerby: Radwin & D'Attilio, 1976: 92, pl. 6, fig. 2 (non Sowerby, 1889).

Chicomurex lani Houart, Moe & Chen, 2014: 5, figs. 2, 4-6, 7-13.

别名　华丽千手螺、华丽骨螺。

模式标本产地　台湾。

标本采集地　东海（东南部和浙江外海）。

观察标本　2 个标本，M2008-001，东海（东南部），水深 120-140m，沙和碎石块，2008.Ⅹ.12，尉鹏采；5 个标本，M2010-001，东海（浙江外海），水深 200m，砂质底，2010.Ⅱ.25，张素萍收集。

形态描述　贝壳呈纺锤形；壳质坚固。螺层约 9 层，胚壳约 3 层，光滑无肋，缝合线明显，稍凹。螺旋较高，呈圆锥形，体螺层高大。各螺层上部形成明显的肩角，近壳顶几层具有细密而均匀的纵肋，螺层上具有 3 条纵肿肋，其上生有短而小的半管状棘刺或鳞片。在 2 条纵肿肋之间通常具有 2-3 条明显的纵肋，在肩部纵肋与粗螺肋的交织处形成角状或结节状突起。壳面不平滑，螺肋粗细相间，螺肋上雕刻有许多大小不等的微小颗粒突起，一直延伸至两侧的纵肿肋上。壳面呈白色或略带粉色，除壳顶部为红色外，其余壳面密布红色或红褐色的小雀斑或小斑块，并隐约可见红色的螺带，这种螺带在各螺层上有 1 条，体螺层上有 3 条。壳口卵圆形或近圆形，内白色，周缘竖起，呈片状，外唇缘上有浅的小缺刻，外缘宽厚，有重叠的片状棘；内唇光滑，前水管沟为近封闭的管状，向背方扭曲，腹面右侧管壁上有 2-3 个半管状棘刺；后水管沟小，呈小缺刻状。厣角质，栗色。

标本测量（mm）

壳长　79.0　72.3　69.0　60.7　59.5

壳宽　39.0　38.0　39.8　33.5　31.3

讨论　在以往很多文献中都把本种鉴定为华丽拟棘螺 *Chicomurex superbus* Sowerby，但真正的华丽拟棘螺，螺层肩部圆，无肩角，表面棘刺多，具有紫褐色断续的细螺线，壳口小；而本种螺旋部较高，表面常有结节突起，棘刺少，具有不规则的褐色斑块，壳口较大。另外，二者壳色也有不同。鉴于上述差异，Houart 等（2014）以台湾蓝子樵先生的姓氏，定名本种为蓝氏拟棘螺 *Chicomurex lani*。

图 47　蓝氏拟棘螺 *Chicomurex lani* Houart, Moe & Chen

生物学特性　暖水种；栖息于水深 80-400m 的砂、石块或岩礁质海底中；属较常见种。

地理分布　在我国见于台湾、东海和香港；日本（伊豆诸岛和纪伊半岛以南），菲律宾，新喀里多尼亚，斐济群岛和澳大利亚等地也有分布。

经济意义　肉可食用，贝壳可供观赏。

(34) 华丽拟棘螺 *Chicomurex superbus* (Sowerby, 1889)（图 48）

Murex superbus Sowerby, 1889: 565, pl. 28, figs. 10-11.

Phyllonotus superbus problematicus Lan, 1981: 11, figs. 1-4 (*Murex problematicus* on the plate).

Chicoreus (*Chicomurex*) *superbus problematicus* (Lan): Springsteen & Leobrera, 1986: 151.

Siratus superbus (Sowerby): Abbott & Dance, 1983: 133, text-fig.; Okutani, 1983: 24, fig. 10.

Chicoreus superbus problematicus (Lan): Lai, 1987: 63, pl. 30, fig. 2.

Chicomurex problematicus (Lan): Houart, 1992: 119, figs. 229, 266; Houart, 1994a: 81, pl. 11, fig. 75; Tsuchiya in Okutani, 2000: 371, pl. 184, fig. 32; Thach, 2005: 113, pl. 34, fig. 16; Robin, 2008: 248, fig. 8; Jung *et al.*, 2009: 48, figs. 16a-16b; Merle *et al.*, 2011: 108, 110, pl. 77, figs. 6-7.

Chicomurex problematica (Lan): Houart, 2008: 144, pl. 367, fig. 4.

Chicomurex superbus (Sowerby): Wilson, 1994: 27, pl. 2, figs. 17a-b; Houart in Poppe, 2008: 144, pl. 367, fig. 5 (only), 146, pl. 368, fig. 6 (only); Houart *et al.*, 2014: 7, figs. 1, 3, 14-24.

别名　疑问骨螺、问题骨螺。

英文名　Superbus Murex。

模式标本产地　香港。

标本采集地　东海（浙江外海），台湾东北部。

观察标本　2 个标本，M2010-002，南海，2010.IX.10，张素萍收集；1 个标本，M2010-003，东海（浙江外海），2010.II.25，张素萍收集。

形态描述　贝壳呈纺锤形；形态与蓝氏拟棘螺较近似，但体形较胖圆，壳质坚固。螺层约 9 层，壳顶处呈红色，胚壳小而尖，约 2 层，光滑，呈红色。缝合线细，稍凹。螺旋部比蓝氏拟棘螺矮，呈低圆锥形，体螺层较膨大。各螺层之间排列拥挤，螺层圆，在上部形成稍倾斜的肩部，各螺层上具有 3 条较发达的纵肿肋，其上生有半管状小棘刺和重叠排列的鳞片状雕刻。在 2 条纵肿肋之间具有 2 条圆而粗壮的纵肋。壳面不平滑，雕刻有密集的细螺肋，肋上具有许多微小的颗粒状突起，一直延伸至两侧的纵肿肋上。壳面呈白色、微黄色至浅褐色，其上密布横向的褐色线纹，其色彩断续不连接，形成密集的褐色小斑点，在各螺层的缝合线下方有深褐色的斑块，在各螺层上有 1 条、体螺层上有 2 条深褐色的螺带。壳口卵圆形或近圆形，内白色，周缘竖起，呈片状，外唇内缘上有浅的小缺刻，外缘宽厚，有密集而重叠排列的片状棘刺，一直可延伸至前水管沟的末端；内唇光滑，滑层外翻。前水管沟为封闭的管状，向背方弯曲；后水管沟小，呈小的缺刻状。厣角质，红褐色或栗色。

标本测量（mm）

　　壳长　65.0　45.8　32.3
　　壳宽　32.2　26.4　20.0

讨论　Houart 等（2014）通过研究发现，Lan（1981）定名的问题拟棘螺 *Chicomurex superbus problematicus* (Lan) 的形态特征与本种完全吻合，确认二者实为同种，问题拟棘螺是本种的同物异名。

生物学特性　暖水产；生活在潮下带水深 80-200m 的岩石或粗砂质海底中。

地理分布　在我国见于东海（浙江外海）、台湾东北部至钓鱼岛海域和南海；日本，菲律宾和澳大利亚等地也有分布。

经济意义　贝壳造型美观，可供观赏。

图 48　华丽拟棘螺 *Chicomurex superbus* (Sowerby)

(35) 荣耀拟棘螺 *Chicomurex gloriosus* (Shikama, 1977)（图 49）

Chicoreus gloriosus Shikama, 1977: 14, pl. 2, fig. 8.

Chicomurex gloriosus (Shikama): Houart *et al*., 2015 :11, figs. 5D-J.

Chicoreus (*Chicomurex*) *venustulus* Rehder & Wilson: Houart, 1981: 10, text-fig. p. 7; Springsteen & Leobrera, 1986: 132, pl. 36, fig. 3 [non *Chicoreus* (*Chicomurex*) *venustulus* Rehder & Wilson, 1975].

Chicoreus superbus (Sowerby): Lai, 1987: 63, pl. 30, fig. 1 (non *Murex superbus* Sowerby III, 1889).

Chicomurex venustulus Rehder & Wilson: Houart, 1992: 124 (in part), figs. 265, 268 (holotype of *C. gloriosus*), 428; Tsuchiya in Okutani, 2000: 371, pl. 184, fig. 31; Lai, 2005: 191; Thach, 2005: 113, pl. 36, fig. 3; Houart, 2008: 146, pl. 368, figs. 2-4; Robin, 2008: 249, fig. 2; Jung *et al*., 2009: 48, figs. 18b-c; Merle *et al*., 2011: pl. 77, figs. 10-13, 15, 17-18 (only) [non *Chicoreus* (*Chicomurex*) *venustulus* Rehder & Wilson, 1975].

别名　可爱骨螺。

模式标本产地　菲律宾（宿务岛附近）。

标本采集地　台湾（东部、恒春半岛），南海。

观察标本　1 个标本，采自台湾东部清水，水深 60m 岩礁海底，标本图片与采集信息由台湾的钟柏生先生提供；1 个标本，M2011-004，南海，2011.IX.10，张素萍收集。

形态描述　贝壳呈纺锤形；壳质结实。螺层约 9 层，壳顶处呈红色，胚壳约 3 层，光滑，缝合线明显，稍凹。螺旋部较高，呈圆锥形，体螺层高大。各螺层上部突出，形成稍倾斜的肩角，螺层上具有 3 条较发达的纵肿肋，其上生有半管状的小棘刺和重叠排列的薄片状雕刻。在 2 条纵肿肋之间具有 2-3 条粗壮的纵肋，纵肋在次体螺层和体螺层的肩部形成较大的结节突起。壳面雕刻有粗细不均的螺肋，2 条粗肋间还有 1 条细肋和细螺纹，肋上具有许多微小的颗粒状突起，一直延伸至两侧的纵肿肋上，在前水管沟的背面有强壮的粗肋。本种壳面颜色和螺带有多种变化，呈微黄白色、黄褐色、浅红色或橘色等，但以黄白色居多，在每一螺层上通常具有 1 条或宽或窄的红褐色螺带，多数个体在体螺层的中部有 1 条宽螺带，有的螺带界限不清晰或模糊。此外，螺肋上常有不连续的褐色小斑点。壳口卵圆形或近圆形，内白色，周缘竖起成片状，外唇内缘上有浅的微小缺刻，边缘宽厚，有密集而重叠排列的片状棘刺，一直可延伸至前水管沟的末端；内唇光滑，前水管沟为封闭的管状，向背方和腹面右侧弯曲；后水管沟小，呈小的缺刻状。厣角质，褐色。

标本测量（mm）

　　　壳长　60.2　48.6
　　　壳宽　30.2　27.2

　　讨论　1981 年，瓦尔（Houart）首次将本种描述为可爱拟棘螺 Chicomurex venustulus (Rehder & Wilson, 1975)，之后发现是误订。Houart 等（2015）对这两种标本进行了仔细观察比较，发现这两个物种存在着一些稳定性的不同特征。与可爱拟棘螺 *Chicomurex venustulus* 相比，本种的成体贝壳更大，壳长可达到 60mm 以上；而可爱拟棘螺壳形较矮短，成体壳长只有 40.5mm。本种的水管沟较长，在体螺层上部有发达的结节突起，且二者螺带也有明显差别。可爱拟棘螺 *Chicomurex venustulus* 目前仅知分布于马克萨斯群岛（Marquesas Islands）；而分布于日本、中国和菲律宾等地的应是本种。

　　生物学特性　为热带和亚热带暖水种；栖息于浅海水深 45-100m 的岩礁质海底。

图 49　荣耀拟棘螺 *Chicomurex gloriosus* (Shikama)

地理分布　　分布于印度-西太平洋海域；在我国见于台湾东部、南部和南海；日本，菲律宾，越南，印度尼西亚，巴布亚新几内亚和印度洋的马达加斯加，留尼汪岛及毛里求斯等地也有分布。

经济意义　　贝壳造型美观，可供观赏。

(36) 紫唇拟棘螺 *Chicomurex laciniatus* (Sowerby, 1841)（图 50）

Murex laciniatus Sowerby, 1841: pl. 187, fig. 59.

Murex scabrosus Sowerby, 1841: pl. 189, fig. 73.

Chicoreus (Chicomurex) laciniatus (Sowerby): Houart, 1986: 762, fig. 4; Springsteen & Leobrera, 1986: 132, pl. 36, fig. 2.

Chicoreus laciniatus (Sowerby): Habe, 1961: 50, pl. 25, fig. 16; Cernohorsky, 1967: 119, fig. 3, pl. 4, fig. 9; Cernohorsky, 1978: 65, pl. 18, fig. 3.

Phyllonotus laciniatus (Sowerby): Radwin & D'Attilio, 1976: 89, pl. 6, fig. 3.

Siratus laciniatus (Sowerby): Abbott & Dance, 1983: 133.

Chicomurex laciniatus (Sowerby): Houart, 1992: 117, figs. 71, 120-121, 226, 228, 267, 421-423; Wilson, 1994: 27, pl. 2, fig. 18; Lai, 2005: 192; Jung *et al.*, 2009: 48, fig. 15; Merle *et al.*, 2011: 396, pl. 76, figs. 4-10.

别名　　紫唇骨螺。

英文名　　Lachiniate Murex。

模式标本产地　　菲律宾。

标本采集地　　南海。

观察标本　　1 个标本，M2011-005，南海，2011.IX.10，张素萍收集。

形态描述　　贝壳中小型，略呈菱形；壳质坚固。螺层约 8 层，胚壳约 2 层，光滑，缝合线浅而明显。螺旋部稍低，呈低圆锥形，体螺层高大。各螺层上部形成稍倾斜的肩部，体螺层上部肩角明显。螺层上具有 3 条较发达的纵肿肋，其上生有小刺和重叠排列而密集的小鳞片。在 2 条纵肿肋之间具有 2-3 条明显的纵肋，在肩部常常形成结节突起。壳面不平滑，雕刻有粗细不均匀的螺肋，螺肋上具有皱褶或小鳞片，在贝壳基部和体螺层腹面的螺肋上鳞片尤为明显，一直延伸至两侧的纵肿肋上。壳面呈黄褐色，并略显橘红色，有的个体近壳顶几层为淡红色，表面可见深褐色或栗色螺带，有的个体纵肿肋颜色加深，呈黑褐色。壳口卵圆形或近圆形，内白色，周缘竖起，呈片状，外唇内缘上有浅的小缺刻，外缘宽厚，有密集而重叠排列的鳞片状棘，一直可延伸至腹面前水管沟的末端；内唇光滑，呈紫红色或紫色。前水管沟为封闭的管状，向背方扭曲；后水管沟小，呈小的缺刻状。厣角质，红褐色。

标本测量（mm）

壳长　58.3

壳宽　27.8

生物学特性　　为热带和亚热带暖水种；栖息于浅海 25-200m 的岩礁、珊瑚礁或沙质海底中。

地理分布　在我国见于台湾南部和南海；日本（南部），菲律宾，印度尼西亚，马绍尔群岛，巴布亚新几内亚，新喀里多尼亚，斐济群岛和澳大利亚的北部，以及印度洋的斯里兰卡，塞舌尔群岛和南非等地均有分布。

经济意义　贝壳可供观赏。

图 50　紫唇拟棘螺 *Chicomurex laciniatus* (Sowerby)

(37) 爱丽丝拟棘螺 *Chicomurex elliscrossi* (Fair, 1974)（图 51）

Chicoreus elliscrossi Fair, 1974: 1, text-fig. 2; Ekawa, 1990: 38-44.

Naquetia cf. *laciniatus* (Sowerby): D'Attilio, 1966: 4, fig. 2 (non *Murex laciniatus* Sowerby, 1841).

Siratus elliscrossi (Fair): Abbott & Dance, 1983: 133.

Phyllonotus superbus (Sowerby): Radwin & D'Attilio, 1976: 92, pl. 6, fig. 1 (non *Murex superbus* Sowerby, 1879).

Chicomurex elliscrossei (Fair): Rippingale, 1987: 11, fig. 28; Houart, 1992: 116, figs. 224, 269; Tsuchiya in Okutani, 2000: 371, pl. 184, fig. 33; Jung *et al*., 2009: 49, fig. 19; Merle *et al*., 2011: 396, pl. 76, figs. 11-14.

别名　爱丽丝骨螺。

英文名　Ellis Cross's Murex。

模式标本产地　日本。

标本采集地　台湾东北部。

观察标本　1 个标本，台湾东北海域，礁石质海底。标本图片由台湾的钟柏生先生提供。

形态描述　贝壳呈纺锤形；中等大，壳长可达 78.0mm。形态与华丽拟棘螺较近似，但本种体螺层的肩部更宽，表面结节更发达。壳质坚固，螺层约 8 层，壳顶处呈红色，胚壳约 2 层，光滑，缝合线明显，稍凹。螺旋部呈低圆锥形，体螺层高而膨大，肩部宽。螺层之间排列拥挤，在螺层上具有 3 条较发达的纵肿肋，其上生有小棘刺和重叠排列的鳞片状雕刻。在 2 条纵肿肋之间具有 2-3 条圆而粗壮的纵肋，在肩部常形成结节。壳面不平滑，雕刻有粗细相间的螺肋，粗肋间还有细螺肋或细螺纹，肋上具有许多微小的颗粒状突起和小鳞片，一直延伸至两侧的纵肿肋上。壳面呈乳白色或微带淡黄褐色，具有不规则的褐色斑点或斑块，也有的个体形成断续的细螺带。壳口较大，卵圆形或近圆形，内白色，周缘竖起，呈片状；外缘较宽厚，上方有尖刺，下部有重叠排列的薄片状翼；内唇滑层较发达，并向体螺层上扩张。前水管沟为封闭的管状，向背方扭曲，管壁上有 2-3 个枝状刺；后水管沟小，呈小的缺刻状。厣角质，咖啡色。

标本测量（mm）

　　壳长　65.0

　　壳宽　37.0

生物学特性　　据 Houart（1992）记载，本种通常栖息于浅海水深 50-100m 的礁石质海底中。因大陆沿海未采到标本，故对其生活习性了解较少。

地理分布　　在我国分布于台湾的东北海域；日本（房总半岛以南）和新喀里多尼亚等地也有分布。

经济意义　　肉可食用，贝壳可供观赏。

图 51　爱丽丝拟棘螺 *Chicomurex elliscrossi* (Fair)

6. 褶骨螺属 *Naquetia* Jousseaume, 1880

Naquetia Jousseaume, 1880: 335.

Type species: *Murex triqueter* Born, 1778.

特征：贝壳修长，多呈纺锤形；螺旋部高。表面纵肋细弱，螺肋细密，具螺带或色斑。螺层上有 3 条翼状或圆形纵肿肋。壳口卵圆形，外唇宽，边缘具薄片状或百褶状翼，内缘具或强或弱的小齿。前水管沟稍宽或细，中等长，呈封闭的管状。

本属种类以往曾被放在芭蕉螺属 *Marchia* 内，现已确认属于褶骨螺属 *Naquetia*，因此，中文名称也进行了修订。

本属在台湾地区共报道 2 种。

种 检 索 表

前水管沟宽 ·· 三角褶骨螺 *N. triqueter*
前水管沟细长 ·· 巴氏褶骨螺 *N. barclayi*

(38) 巴氏褶骨螺 *Naquetia barclayi* (Reeve, 1858)（图 52）

Murex barclayi Reeve, 1858: 209, pl. 38, fig. 2.

Pteronotus annandalei Preston, 1910: 119, fig. 3.

Naquetia annandalei (Preston): Rao, 2003: 231, pl. 54, fig. 7.

Chicoreus (*Naquetia*) *barclayi* (Reeve): Houart, 1985a: 8, figs. 1-4, 6.

Chicoreus (*Naquetia*) *annandalei* (Preston): Springsteen & Leobrera, 1986: 130, pl. 35, fig. 6.

Naquetia barclayi (Reeve): Radwin & D'Attilio, 1976: 80, pl. 15, fig. 8; Abbott & Dance, 1983: 133, text-fig.; Houart, 1994: 126, figs. 58, 234-237, 434; Wilson, 1994: 34, pl. 2, figs. 14A, 14B; Tsuchiya in Okutani, 2000: 373, pl. 185, fig. 37; Houart in Poppe, 2008: 172, pl. 381, figs. 5-7; Jung *et al*., 2009: 55, figs. 40a-40b; Merle *et al*., 2011: 404, pl. 80, figs. 1-10.

别名 巴克莱骨螺、巴克莱芭蕉螺。

英文名 Barclay's Murex。

模式标本产地 毛里求斯近海。

标本采集地 台湾（基隆、宜兰）。

观察标本 1 个标本，台湾东部近海，水深 80m 岩礁海底。标本图片和采集信息由台湾赖景阳教授提供。

形态描述 贝壳呈纺锤形；壳质结实。螺层约 9 层，胚壳 3½ 层，光滑。缝合线稍凹。螺旋部高，圆锥形，体螺层高大。螺层上有 3 条纵肿肋，在螺旋部呈圆形，而在体螺层上形成薄片状翼。在 2 条纵肿肋之间通常雕刻有粗细不太均匀的螺肋，粗肋与纵肋交叉处形成大小不等的角状结节突起，在螺层的中部和体螺层的上部结节突起较大。而且本种有的个体贝壳较宽，有的较长。壳面呈淡褐色或红褐色，近壳顶几层呈红色，贝壳上具有界限不太清晰的深褐色螺带或不规则斑点，在体螺层上通常有 3 条螺带。壳口卵圆形，内淡紫色。内唇平滑，弧形，滑层竖起，并向上扩张；外唇内缘具小的缺刻，外缘有较宽的褶皱状翼，一直可延伸至前水管沟近末端的 2/3 处。前水管沟呈封闭的管状，细，中等长；后水管沟小而明显，呈"U"字形凹槽。厣角质，红褐色。

标本测量（mm）

　　壳长　83.0

　　壳宽　36.0

生物学特性　据 Houart（1992）记载，本种通常栖息于浅海水深 70-100m 处。钟柏生等（2009）报道，台湾的标本采自水深 80m 的礁石质海底。

地理分布　分布于印度-西太平洋暖水区，在我国见于台湾的东部和南部海域；日本南部，菲律宾，澳大利亚，印度，孟加拉湾，安达曼海，留尼汪岛，毛里求斯，莫桑比克和南非等地也有分布。

经济意义　肉可食用，贝壳可供观赏。

图 52　巴氏褶骨螺 *Naquetia barclayi* (Reeve)

(39) 三角褶骨螺 *Naquetia triqueter* (Born, 1778)（图 53）

Murex triqueter Born, 1778: 288.

Purpura cancellata Röding, 1798: 143.

Purpura variegate Röding, 1798: 143.

Pterynotus trigonulus (Lamarck): Jung, 1993: 4-5, fig. 7.

Naquetia trigonulus (Lamarck): Habe, 1961: 50, pl. 25, fig. 13.

Pterynotus (Naquetia) triqueter (Born): Cernohorsky, 1967: 124, pl. 15, fig. 15, text-fig. 6.

Chicoreus (Naquetia) triqueter (Born): Houart, 1985a: 12, figs. 8-10; Houart, 1986: figs. 3-3b; Springsteen & Leobrera, 1986: 132, pl. 36, fig. 7.

Pterynotus (Naquetia) triquetra (Born): Cernohorsky, 1967: 124, pl. 15, fig. 15; Wilson & Gillett, 1974: 88, pl. 59, figs. 5-5a [= *Naquetia cumingii* (A. Adams, 1953)].

Naquetia triqueter (Born): Radwin & D'Attilio, 1976: 82; Abbott & Dance, 1983: 133, text-fig.; Houart, 1992: 131, figs. 59, 128, 240, 446-447; Wilson, 1994: 34, pl. 2, fig. 16; Tsuchiya in Okutani, 2000:

373, pl. 185, fig. 36; Rao, 2003: 232, pl. 54, fig. 11; Jung *et al.*, 2009: 55, fig. 39.

别名　百褶芭蕉螺、长百褶骨螺。

英文名　Three Angled Murex。

模式标本产地　印度。

标本采集地　台湾东部海域。

观察标本　1 个标本，台湾东部近海，水深 50m 岩礁海底。标本采集信息由台湾赖景阳教授提供。

形态描述　本种的贝壳比巴氏褶骨螺明显瘦长，壳质厚而坚固。螺层约 11 层，壳顶小而尖，胚壳 3½ 层，光滑。缝合线清晰，稍凹。螺旋部高起，体螺层瘦长。螺层稍扭曲，其上有 3 条具鳞片的纵肿肋。在 2 条纵肿肋之间通常雕刻有 2-3 条，偶尔也会出现 4 条纵肋，在肩部常形成小结节突起，螺肋细密。壳面呈淡黄褐色或灰白色，近壳顶几层呈红色，具有深褐色或栗色螺带和斑块，本种螺带的宽窄和颜色在不同个体中有变化，有的很宽，有的窄，有的在纵肿肋和外唇边缘很清晰，而在壳面上界限不清晰，体螺层上通常有 3 条螺带。壳口卵圆形，内白色；内唇平滑，弧形；外唇宽，边缘具有由密集的小鳞片重叠排列的皱褶状翼和短刺，一直可延伸至前水管沟的末端。前水管沟呈封闭的管状，较宽短或中等长；后水管沟小而明显，缺刻状。厣角质，栗色。

标本测量（mm）

　　壳长　83.0

　　壳宽　37.0

生物学特性　大陆未采到本种的标本，据台湾的钟柏生等（2009）报道，台湾的标本采自东部海域水深 50m 左右的礁石质海底。

图 53　三角褶骨螺 *Naquetia triqueter* (Born)

地理分布　广布于印度-西太平洋暖水区，在我国见于台湾的东部海域；日本南部，菲律宾，巴布亚新几内亚，马歇尔群岛，萨摩亚群岛，土阿莫土群岛，澳大利亚，马鲁古群岛（摩鹿加），印度，孟加拉湾，马尔代夫，留尼汪岛，毛里求斯，莫桑比克和南非等地均有分布。

经济意义　贝壳可供观赏。

7. 链棘螺属 *Siratus* Jousseaume, 1880

Siratus Jousseaume, 1880, 1: 335.

Type species: *Murex senegalensis* (Gmelin, 1791).

特征　贝壳大或中等大，壳质结实。螺旋部高，体螺层宽大。各螺层的纵肿肋上有鱼鳍状翼或三角形短刺，各螺层的肩角上有 1 条发达的棘刺。

目前，本属在中国沿海发现 2 种。

种 检 索 表

纵肿肋上生有半透明，形似鱼鳍状的翼··岩石链棘螺 *S. alabaster*

纵肿肋上生有短刺，无鱼鳍状的翼··褶链棘螺 *S. pliciferoides*

(40) 褶链棘螺 *Siratus pliciferoides* (Kuroda, 1942)（图 54）

Murex pliciferus Sowerby, 1841, pl. 195, fig. 101 (not Bivona-Bernardi, 1832).

Chicoreus pliciferoides Kuroda, 1942: 81; Houart in Poppe, 2008: 174, pl. 382, figs. 1-4; Jung *et al.*, 2009: 53, figs. 34a-d.

Chicoreus (Siratus) pliciferoides Kuroda: Lai, 1988: 87, fig. 228; Houart, 1992: 110, figs. 75, 114-115, 220, 416-420; Houart & Heros, 2008: 446, fig. 2A.

Siratus pliciferoides (Kuroda): Kira, 1962: 61, pl. 23, fig. 16; Kuroda *et al.*, 1971: 140, 214, pl. 41, fig. 7; Radwin & D'Attilio, 1976: 107, pl. 17, fig. 17; Abbott & Dance, 1983: 134; Springsteen & Leobrera, 1986: 132, pl. 36, fig. 4; Wilson, 1994: 37, pl. 2, fig. 6; Tsuchiya in Okutani, 2000: 371, pl. 184, fig. 28; Lai, 2005: 193; Zhang, 2008a: 171; Merle *et al.*, 2011: 298, pl. 27, figs. 5-12.

别名　岩棘千手螺、岩棘骨螺。

英文名　Japanese Spike Murex。

模式标本产地　中国。

标本采集地　东海（中国近海）。

观察标本　1 个标本，M2005-1，东海（中部），细沙质底，2005.Ⅳ，尉鹏提供；1 个标本，M2011-6，东海（浙江外海），泥沙质底，2011.Ⅴ.13，张素萍收集。

形态描述　贝壳大，呈纺锤形；壳质坚实。螺层约 10 层，胚壳 2½层，光滑无肋。缝合线较深凹。螺旋高，呈塔形，体螺层高大，各螺层中部形成稍圆的肩角。贝壳上有 3 条弱的纵肿肋，其上具有大小不等的棘刺，以各螺层肩角上的 1 条较粗壮，其余棘刺较小。在 2 条纵肿肋之间有 2-3 条粗细不均的纵肋（多数为 2 条），纵肋在肩部常形成结节。生长纹粗糙而曲折，螺肋密集，粗细不均匀。壳面为淡黄褐色或黄白色，具有界限不太清晰的褐色螺带，这种螺带在体螺层通常有 3 条，有的个体表面常有似壳皮的污垢。壳口近圆形，内白色，周缘竖起，外唇内缘有小缺刻和齿纹，外缘具角状短棘；内唇厚而平滑。前水管沟细而长，呈封闭的管状，其上有 2 个枝状棘，末端翘向背方。厣角质，褐色。

图 54　褶链棘螺 *Siratus pliciferoides* (Kuroda)

标本测量（mm）

　　壳长　122.0　118.3

　　壳宽　66.3　69.0

　　生物学特性　本种通常生活在水深 30-200m 的细砂质或石砾质海底中；据 Houart（1992）记载，在澳大利亚西部海域，本种栖水深度可达 500m。

　　地理分布　分布于印度-太平洋海区，在我国见于台湾海峡和东海（中国近海）；日本（房总半岛以南），菲律宾，新喀里多尼亚，所罗门群岛，斐济群岛和澳大利亚等地也有分布。

　　经济意义　肉可食用，贝壳可供观赏。

(41) 岩石链棘螺 *Siratus alabaster* (Reeve, 1845)（图 55）

Murex alabaster Reeve, 1845: pl. 10, fig. 39.

Chicoreus (Siratus) alabaster (Reeve): Lai, 1987: 57, pl. 27, fig. 3; Houart, 1992: 109, figs. 74, 219, 414-415.

Chicoreus alabaster (Reeve): Jung *et al.*, 2009: 54, figs. 37a-b.

Siratus alabaster (Reeve): Radwin & D'Attilio, 1976: 103, pl. 17, fig. 10; Abbott & Dance, 1983: 134; Springsteen & Leobrera, 1986: 130, pl. 35, fig. 7; Lai, 2005: 194; Houart in Poppe, 2008: 174, pl. 382, fig. 5; Merle *et al.*, 2011: 298, pl. 27, figs. 1-4.

别名　岩石芭蕉螺。

英文名　Alabaster Murex。

模式标本产地　菲律宾（卡加延群岛）。

标本采集地　台湾宜兰外海，南海。

观察标本　1 个标本，SQ2027，台湾，水深 200m，泥沙质，由台湾博物馆保存；1 个标本，M2008-1，南海，2008.III，张素萍收集。

形态描述　贝壳较大，呈纺锤形；壳质薄，但结实。螺层约 10 层，胚壳 2½层，光滑无肋。缝合线明显。螺旋高，呈塔形，体螺层宽大，各螺层中部突出形成肩部，从缝合线至肩角处有 1 斜的平面。贝壳表面有 3 片状纵肿肋，其上生有半透明的、形似鱼鳍状的翼，在各螺层肩角上有 1 条发达的棘刺。2 条纵肿肋之间有 2-3 条纵肋，纵肋在肩部常形成结节。生长纹细密，具有粗细相间的螺肋，通常在肩角以下，尤其是在体螺层肩部以下的螺肋尤为明显，而在肩部的斜坡上螺肋较细密而平滑。壳面为纯白色或略带淡黄褐色，有的个体表面常附有污垢。壳口卵圆形，内白色，外唇缘上有细的褶皱，外缘有片状翼，中上方有 1 个发达的长刺；内唇厚而平滑。前水管沟细而长，呈封闭的管状，其上有枝状棘，末端向背方微翘。厣角质，栗色。

标本测量（mm）

　　壳长　　154.4　　112.5
　　壳宽　　86.4　　　80.2

图 55　岩石链棘螺 *Siratus alabaster* (Reeve)

生物学特性　由于收集的标本不多，故对其生活习性了解甚少。据 Merle 等（2011）

记载，本种栖水较深，通常生活在水深 50-500m 的海底中。钟柏生等（2009）报道，台湾的标本产自宜兰外海水深 200-300m 的泥砂质海底中。

　　地理分布　在我国见于台湾和南海；日本和菲律宾也有报道。

　　经济意义　贝壳造型美观，可供收藏。

8. 芭蕉螺属 *Pterymarchia* Houart, 1995

Pterymarchia Houart, 1995, 10(4): 127-136.

Type species: *Murex tripterus* Born, 1778.

　　特征　贝壳中等大，壳质厚。壳表纵肿肋呈翼状或枝状，且常出现在体螺层上，而在螺旋部较弱或消失。壳口小，轴唇上和外唇内缘具有颗粒状小齿。

　　本属动物为暖水性较强的种类，主要分布于热带海区，除 1 种台湾报道以外，其余 3 种全部采自海南岛南部。栖息在潮间带至浅海砂、岩礁和珊瑚礁质海底中。

　　目前，本属在中国沿海已发现 4 种。

种 检 索 表

1. 壳面具方格状雕刻 ·· 窗格芭蕉螺 *P. martinetana*
   壳表无方格状雕刻 ·· 2
2. 贝壳较宽，螺旋部具纵肿肋 ·· 宽翼芭蕉螺 *P. triptera*
   贝壳较瘦长，螺旋部无纵肿肋 ··· 3
3. 壳面多呈紫褐色或褐色 ·· 巴克莱芭蕉螺 *P. barclayana*
   壳面呈白色 ··· 小犁芭蕉螺 *P. bipinnata*

(42) 小犁芭蕉螺 *Pterymarchia bipinnata* (Reeve, 1845)（图 56）

Murex bipinnatus Reeve, 1845: pl. 2, fig. 6.

Marchia bipinnata (Reeve): Radwin & D'Attilio, 1976: 57, pl. 9, fig. 11; Abbott & Dance, 1983: 141; Tsuchiya in Okutani, 2000: 373, pl. 185, fig. 41; Lai, 2005: 195, text-fig.; Zhang, 2008a: 171.

Pterynotus bipinnatus (Reeve): Springsteen & Leobrera, 1986: 128, pl. 35, fig. 5; Wilson, 1994: 35, pl. 2, fig. 7.

Pterynotus (*Pterymarchia*) *bipinnatus* (Reeve): Merle *et al*., 2011: 430, pl. 93, figs. 11-15.

Pterymarchia bipinnata (Reeve): Houart in Poppe, 2008: 176, pl. 383, fig. 5; Jung *et al*., 2009: 55, fig. 4.

　　英文名　Pinnacle Murex。

　　模式标本产地　不详。

　　标本采集地　海南（三亚小东海、鹿回头）。

　　观察标本　1 个标本，MBM258409，海南三亚，1981.Ⅹ.8，马绣同采；1 个标本，标-81-57，2765，三亚鹿回头，1981.Ⅳ.16 采（标本保存于中国科学院南海海洋生物标本馆，广东）。

形态描述　贝壳瘦长，近纺锤形；壳质厚而结实。螺层约 8 层，壳顶钝，胚壳约 1½ 层，光滑无肋。缝合线浅，但明显。螺旋部高，呈圆筒形，体螺层稍大。各螺层中部略膨胀，形成弱的肩部。贝壳表面具有 3 条翼状纵肿肋，仅出现在体螺层上，而在螺旋部消失，体螺层上的 3 条纵肿肋以壳口外缘的 1 条较宽，而另外 2 条通常较弱，呈片状。壳面较粗糙，具有较强的纵肋和细密的螺肋，螺肋上覆盖有小鳞片，通常在体螺层背部的螺肋变得较粗而明显。壳面呈白色。壳口小，呈三角卵圆形，壳口内及前水管沟内为紫红色。外唇曲，内缘有 1 列颗粒状小齿，唇缘上有锯齿状缺刻，外唇边缘有发达的翼状棘，一直可延伸至前水管沟的末端；内唇光滑，轴唇上有 4 枚粒状小齿。前水管沟较长，呈半管状。厣角质，褐色。

标本测量（mm）

　　　壳长　　42.0　　33.5
　　　壳宽　　18.2　　14.0

讨论　本种原属于 *Marchia* 属，较新分类系统已把本种归属于芭蕉螺属 *Pterymarchia* 内，且目前已被大家所接受。因此，在编写本志时把本种的学名修订为 *Pterymarchia bipinnata* (Reeve, 1845)。

生物学特性　暖海产；通常栖息于潮间带至浅海岩礁质海底中。少见种。

地理分布　分布于印度-西太平洋海域，在我国见于台湾和海南沿海；日本（纪伊半岛以南），菲律宾，澳大利亚北部，留尼汪岛和莫桑比克等地也有分布。

经济意义　贝壳可观赏。

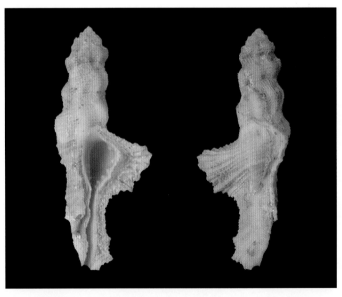

图 56　小犁芭蕉螺 *Pterymarchia bipinnata* (Reeve)

(43) 宽翼芭蕉螺 *Pterymarchia triptera* (Born, 1778)（图 57）

Murex tripterus Born, 1778: 287; Born, 1780: 291, pl. 10, figs. 18-19.

Marchia triptera (Born): Radwin & D'Attilio, 1976: 60, pl. 9, fig. 12; Lai, 1977: 36, fig. 7; Tsuchiya in
　　Okutani, 2000: 373, pl. 185, fig. 44.

Pterynotus tripterus (Born): Abbott & Dance, 1983: 140; Springsteen & Leobrera, 1986: 128, pl. 35, fig.
　　1; Wilson, 1994: 35, pl. 2, fig. 11.

Pterynotus (*Naquetia*) *tripterus* (Born): Cernohorsky, 1967: 124, pl. 15, fig. 14.

Pterynotus (*Pterymarchia*) *tripterus* (Born): Merle *et al.*, 2011: 426, pl. 91, figs. 1-6.

Pterymarchia triptera (Born): Houart in Poppe, 2008: 176, pl. 383, fig. 6; Jung *et al.*, 2009: 55, figs.
　　42a-b.

别名　宽叶芭蕉螺。

英文名　Three-winged Murex。

模式标本产地　印度尼西亚（雅加达）。

标本采集地　海南三亚。

观察标本　1 个标本，90M-314，海南三亚，1990.XI.23，马绣同、李孝绪采；1 个
标本，2008M-074-6，海南三亚小东海，2008.III.23，张素萍采。

形态描述　贝壳中等大，近纺锤形；壳质厚而结实。螺层约 9 层。缝合线浅，界线
不太明显。螺旋部中等高，体螺层宽大。每一螺层上生有 3 条略扭曲的翼状纵肿肋，在
2 条纵肿肋中间的螺层上有 1 条较粗的纵肋，在中部常形成结节状突起。整个壳面雕刻
有粗细相间的螺肋，在 2 条粗肋之间还有细的间肋，这种螺肋可一直延伸至翼状纵肿肋
上，肋间具小鳞片。壳面呈黄白色。壳口小，卵圆形，内黄色或杏黄色。外唇宽厚，内
缘具发达的小齿约 7 枚，唇缘上有锯齿状缺刻，外缘有宽的翼状棘，可延伸至前水管沟
的末端；内唇滑层较厚，上部与外唇相连，其上有数枚小齿组成的齿列。前水管沟细，
稍延长，呈半管状。厣角质，褐色。

图 57　宽翼芭蕉螺 *Pterymarchia triptera* (Born)

标本测量（mm）

  壳长 45.2 44.0

  壳宽 24.3 26.3

讨论 以往报道（Radwin & D'Attilio, 1976；赖景阳，1977）把本种归于 *Marchia*，目前，较新分类系统已把本种转入芭蕉螺属 *Pterymarchia* 内。因此，在编写本志时把本种的学名修订为 *Pterymarchia triptera* (Born, 1778)。

生物学特性 暖水种；通常生活在潮下带浅海水深 5-30m 的泥沙、岩礁或珊瑚礁质海底中。据 Merle 等（2011）报道，此种栖息水深可达 200m。

地理分布 分布于太平洋海域,在我国见于台湾和海南沿海；日本（纪伊半岛以南），菲律宾，印度尼西亚，新喀里多尼亚，波利尼西亚，斐济群岛和澳大利亚等地也有分布。

(44) 窗格芭蕉螺 *Pterymarchia martinetana* (Röding, 1798)（图 58）

Purpura martinetana Röding, 1798: 141.

Murex fenestratus Dillwyn, 1817: 716.

Marchia martinetana (Röding): Radwin & D'Attilio, 1976: 59, pl. 9, fig. 1; Lai, 1977: 36, fig. 8; Abbott & Dance, 1983: 139; Tsuchiya in Okutani, 2000: 373, pl. 185, fig. 45.

Pterynotus martinetana Röding: Springsteen & Leobrera, 1986: 148, pl. 41, fig. 5, p. 152, text-fig. a.

Pterynotus (*Pterymarchia*) *martinetana* Röding: Merle *et al.*, 2011: 428, pl. 92, figs. 1-14.

Pterymarchia martinetana (Röding): Houart in Poppe, 2008: 176, pl. 383, figs. 7-9; Robin, 2008: 261, fig. 2; Jung *et al.*, 2009: 56, figs. 43a-b.

别名 窗格骨螺。

英文名 Fenestrate Murex。

模式标本产地 不详。

标本采集地 南海。

观察标本 2 个标本，M2011-008，南海，2011.X.11，张素萍收集；1 个标本，MBM286210，海南岛，2016.XI，张均龙采。

形态描述 贝壳小到中等大，呈纺锤形；壳质较厚。螺层约 8 层，胚壳小。缝合线浅，不明显。螺旋部较高，体螺层宽大。各螺层中部突出，形成肩部。贝壳上有 5 条纵肿肋，仅出现在体螺层和次体螺层上，螺旋部其他螺层上纵肿肋消失，肋上生有枝状棘，尤其是在体螺层的纵肿肋上棘刺较长。表面凹凸不平，雕刻有较强的纵肋和由数条细螺肋组成的粗肋并突出于壳面，二者交织形成窗格状，螺肋上具有小鳞片，并有纵行的细丝状曲折螺纹，在肩部和纵肿肋上尤为明显。壳面呈白色、黄褐色或淡黄色，方格状雕刻的凹陷处呈紫褐色或深咖啡色，枝状棘多为桃红色，也有的个体为橘黄色。壳口小，内黄色、淡红色或白色，不同个体壳口的颜色有变化。外唇较宽，内缘有数枚颗粒状的齿，唇缘上有锯齿状缺刻，外唇的边缘常有薄片状的翼，中部有 2 个发达的分枝状棘刺；内唇光滑，轴唇上有小齿列。前水管呈红色或黄色，半管状，略延长。

标本测量（mm）

　　壳长　38.2　22.2　20.0

　　壳宽　23.3　12.4　16.0

生物学特性　暖海产；生活于潮间带至浅海岩礁、砾石或珊瑚礁质海底中。少见种。

地理分布　分布于印度-西太平洋海域，在我国见于台湾（基隆、台北、小琉球）和南海（海南岛南部）；日本（纪伊半岛以南），越南，菲律宾，印度尼西亚，波利尼西亚，夏威夷群岛，留尼汪岛，毛里求斯，莫桑比克，红海，以及印度洋西南部等地均有分布。

经济意义　贝壳造型美观，可供观赏。

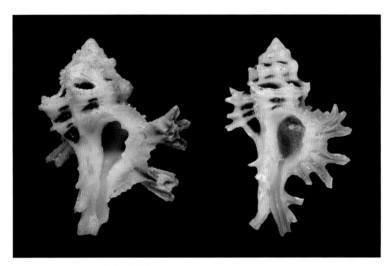

图 58　窗格芭蕉螺 *Pterymarchia martinetana* (Röding)

(45) 巴克莱芭蕉螺 *Pterymarchia barclayana* (H. Adams, 1873)（图 59）

Coralliophila barclayana H. Adams, 1873: 205, pl. 23, fig.1.

Murex lineardi Crosse, 1873: 284.

Marchia barclayana (H. Adams): Radwin & D'Attilio, 1976: 57, pl. 9, fig. 9.

Pterynotus barclayanus (H. Adams): Azuma, 1973: 9-17, pl. 1, fig. 6; text-fig. 3; Springsteen & Leobrera, 1986: 140, pl. 38, fig. 3; Taishi, 1990, 15: 20, fig. 1.

Pterynotus (Pterymarchia) barclayana (H. Adams): Merle *et al.*, 2011: 426, pl. 91, figs. 11-16.

Pterynotus purpureus Azuma: Tsuchiya in Okutani, 2000: 374, pl. 186, fig. 47.

Pterymarchia barclayana (H. Adams): Houart in Poppe, 2008: 176, pl. 383, figs. 2-3; Jung *et al.*, 2010: 106, fig. 53.

　　别名　小巴克莱骨螺。

　　模式标本产地　毛里求斯。

　　标本采集地　台湾东北部。

　　观察标本　1 个标本，台湾东北部，水深 120m，岩礁质底，2010.Ⅴ，尉鹏提供。

形态描述　贝壳中小型，瘦长；壳质结实。螺层约 7 层，壳顶小而钝，常腐蚀。缝合线浅，在螺旋部常不清晰。螺旋部较高，呈圆锥形，体螺层高而稍瘦。螺旋部雕刻有较粗而圆的纵肋，体螺层上通常有 3 条鱼鳍状的纵肿肋，两纵肿肋间常有 1 条纵肋；螺肋细密，粗细相间，排列密集，肋上和肋间具有纵行的小鳞片。壳面多呈紫褐色或褐色，在贝壳的基部颜色较深，壳顶部颜色淡。壳口较小，长卵圆形，呈紫色或紫红色；外唇宽厚，内缘具颗粒状小齿，外缘有鱼鳍状或翅状翼，一直可延伸至前水管沟的末端；内唇平滑，周缘滑层竖起，呈领状，轴唇上有 3 枚肋状齿或褶襞。前水管沟中等长，有开口，呈半封闭的管状。厣角质，黄褐色或褐色。

图 59　巴克莱芭蕉螺 *Pterymarchia barclayana* (H. Adams)

标本测量（mm）
　　壳长　28.5
　　壳宽　5.7
　　生物学特性　暖水性较强的种类；据 Merle 等（2011）记载，本种见于浅海水深 15-140m 处，通常栖息于岩礁、珊瑚礁或珊瑚砂质海底中。
　　地理分布　在我国见于台湾东北部和南部；日本，菲律宾，所罗门群岛，新喀里多尼亚和斐济群岛，印度洋的毛里求斯和莫桑比克等地也有分布。
　　经济意义　贝壳造型美观，可供观赏。

9. 翼螺属 *Pterynotus* Swainson, 1833

Pterynotus Swainson, 1833: pl. 122.

Type species: *Murex pinnatus* Swainson, 1822 (=*Purpura alata* Röding, 1798).

特征　贝壳小至中等大，壳质较薄。螺层上具有 3 条发达的翼状纵肿肋，形似蝶翅或鱼鳍状。表面具细螺肋，在 2 条纵肿肋之间常有结节突起。壳口小，外唇内缘具颗粒状的齿列。前水管沟细长或中等长。

本属动物属暖水性较强的种类，栖息于潮下带浅海至较深的泥沙、石砾、岩礁或珊瑚礁质海底。在我国见于台湾及东、南部海域。

目前，本属在中国沿海已报道 5 种。

种 检 索 表

1. 壳形宽，呈橘红色或褐色⋯⋯⋯⋯⋯⋯⋯⋯⋯⋯⋯⋯⋯⋯⋯⋯**艳红翼螺 P. loebbeckei**
   壳形窄，呈白色、浅黄色或肉色⋯⋯⋯⋯⋯⋯⋯⋯⋯⋯⋯⋯⋯⋯⋯⋯⋯⋯⋯⋯⋯2
2. 螺层上有叶片状分枝⋯⋯⋯⋯⋯⋯⋯⋯⋯⋯⋯⋯⋯⋯⋯⋯⋯**大犁翼螺 P. elongatus**
   螺层上无叶片状分枝⋯⋯⋯⋯⋯⋯⋯⋯⋯⋯⋯⋯⋯⋯⋯⋯⋯⋯⋯⋯⋯⋯⋯⋯⋯⋯3
3. 翼上有分枝和尖刺⋯⋯⋯⋯⋯⋯⋯⋯⋯⋯⋯⋯⋯⋯⋯⋯⋯**蝙蝠翼螺 P. vespertilio**
   翼的边缘较整齐，无尖棘⋯⋯⋯⋯⋯⋯⋯⋯⋯⋯⋯⋯⋯⋯⋯⋯⋯⋯⋯⋯⋯⋯⋯⋯4
4. 外唇边缘翼延伸至前水管沟的末端⋯⋯⋯⋯⋯⋯⋯⋯⋯⋯⋯**轻纱翼螺 P. pellucidus**
   外唇边缘翼未延伸至前水管沟的末端⋯⋯⋯⋯⋯⋯⋯⋯⋯⋯⋯⋯**翼螺 P. alatus**

(46) 翼螺 *Pterynotus alatus* (Röding, 1798)（图 60）

Purpura alatus Röding, 1798: 144.

Murex pinnatus Swainson, 1822: 17.

Murex pinnatus Wood, 1828: pl. 5, fig. 20b.

Pterynotus pinnatus (Wood): Yen, 1942: 223.

Pterynotus pinnatus (Swainson): Zhang, 1965: 16, pl. 2, fig. 3; Wilson, 1994: 35, pl. 2, fig. 9; Houart in Poppe, 2008: 184, pl. 387, fig. 3; Robin, 2008: 258, fig. 9; Jung *et al.*, 2009: 57, fig. 46; Merle *et al.*, 2011: 416, pl. 86, figs. 5-8.

Pterynotus alatus (Röding): Radwin & D'Attilio, 1976: 98, pl. 9, fig. 6; Abbott & Dance, 1983: 140; Qi *et al.*, 1983, 2: 73; Tsuchiya in Okutani, 2000: 373, pl. 185, fig. 38; Lai, 2005: 193; Zhang, 2008a: 172.

别名　芭蕉螺。

英文名　Pinnate Murex。

模式标本产地　印度。

标本采集地　广东（粤西），海南（三亚、南沙群岛），南海（中国近海）和北部湾。

观察标本　1 个标本，MBM258384，广东（粤西），1954.Ⅴ采；1 个标本，MBM258114，海南三亚，1959.Ⅻ，中苏考察团采；1 个标本，MBM258425，海南三亚，静生生物调查所采；1 个标本，MBM207687，北部湾（6264），水深 66m，泥沙，1960.Ⅶ.10，范振刚采；2 个标本，MBM207605，北部湾（6262），水深 49.6m，泥沙，1960.Ⅶ.07，范振刚采；1 个标本，MBM207598，北部湾（6265），水深 63m，泥沙，1960.Ⅹ.24 采；1 个标本，MBM207583，北部湾（6285），水深 12m，泥沙，1960.Ⅹ.20，沈寿彭采；1 个标本，

MBM207601，北部湾（7104），水深 32m，细沙，1960.Ⅹ.20 采；1 个标本，MBM258762，南沙群岛，水深 62m，软泥，1990.Ⅵ.09，任先秋、李锦和等采。

形态描述　贝壳中等大，壳形修长，略呈稍扭曲的三棱形；壳质较薄，但结实。螺层约 10 层，壳顶小而尖，约 2 层，光滑无肋。缝合线细，呈线状。螺旋部高，体螺层宽大。每一螺层上生有 3 条翼状的纵肿肋，在 2 条纵肿肋中间有 1 个明显的瘤状突起。整个壳面雕刻有粗细相间的螺肋，在粗肋间还有几条精致的细螺肋，这种螺肋一直延伸至翼状纵肿肋上，几条螺肋排列一起，呈放射状，肋间具小鳞片。螺肋上还具有纵走的细螺纹，二者交织成布纹状。壳面为白色。壳口小，卵圆形，内白色。外唇稍宽，内缘具小缺刻和小齿，外缘有宽的翼状棘，可延伸至前水管沟的中下部；内唇光滑，上部与外唇相连。前水管沟长，向腹面右侧弯曲。厣角质，褐色。

标本测量（mm）

　　壳长　78.4　71.5　63.2　62.5　62.0
　　壳宽　37.6　36.5　29.0　32.4　28.7

讨论　目前有不少学者（Houart, 2008; Jung *et al.*, 2009 等）使用 *Pterynotus pinnatus* (Swainson, 1822) 学名，但依据国际命名法规及定名先后的原则，著者认为应采用 *Pterynotus alatus* (Röding, 1798)。

生物学特性　暖水种；生活在潮下带浅海数十米至百米以内的细沙或泥沙质海底。在全国海洋综合调查和中越北部湾联合调查时采到一些生活标本；为南海常见种。

地理分布　在我国见于台湾和广东以南沿海；日本（纪伊半岛以南），越南，菲律宾，印度等地也有分布。

经济意义　肉可食用，贝壳可供观赏。

图 60　翼螺 *Pterynotus alatus* (Röding)

(47) 大犁翼螺 *Pterynotus elongatus* (Lightfoot, 1786)（图 61）

Murex elongatus Lightfoot, 1786: 65.

Murex clavus Kiener, 1842: 111 (non Michelotti, 1841).

Marchia elongata (Lightfoot): Radwin & D'Attilio, 1976: 57, pl. 9, fig.10; Tsuchiya in Okutani, 2000: 373, pl. 185, fig. 40; Lai, 2005: 194.

Pterynotus elongatus (Lightfoot): Abbott & Dance, 1983: 141; Springsteen & Leobrera, 1986: 128, pl. 35, fig. 2; Wilson, 1994: 35, pl. 2, fig. 8; Houart in Poppe, 2008: 184, pl. 387, figs. 5-7; Jung *et al.*, 2009: 57, fig. 47; Merle *et al.*, 2011: 416, pl. 86, figs. 9-15.

别名 大犁芭蕉螺。

英文名 Club Murex。

模式标本产地 不详。

标本采集地 台湾东部，海南三亚。

观察标本 1 个标本，M2008-191，海南三亚，2008.III.23，张素萍收集。

图 61 大犁翼螺 *Pterynotus elongatus* (Lightfoot)

形态描述 贝壳中等大，壳形较瘦长，呈长纺锤形；壳质较薄，但结实。螺层约 10 层，缝合线浅，明显。螺旋部细而长，体螺层较高。每一螺层上生有 3 条棱角状的纵肿肋，在纵肿肋上生有 1 个较发达的枝叶状翼，其上具有明显皱褶，末端向上伸展，形如展翅，翼的大小、形态在不同个体中常有变化，有的个体翼状棘在螺旋部较小或消失，仅在体螺层上和外唇边缘较发达。在 2 条纵肿肋中间有 1-2 条突出的且粗细不等的纵肋，在中部常形成弱的结节，也有的个体纵肋不明显或具有一些细的纵走螺纹。整个壳面雕刻有细弱的螺肋，一直延伸至翼状棘上。壳面呈白色、黄白色、黄褐色或浅红褐色。壳口小，卵圆形，周缘竖起，内桃红色或白色。外唇内缘具齿列，边缘有锯齿状缺刻，外缘有宽的翼状棘，一直可延伸至前水管沟的末端；内唇光滑，上部与外唇相连。前水管沟延长，呈近封闭的管状。厣角质，红褐色。

标本测量（mm）

　　壳长　70.4

　　壳宽　27.5

生物学特性　暖水种；栖息于潮下带浅海水深 3-100m 的岩礁、石砾或珊瑚礁内。

地理分布　分布于印度-太平洋海域，见于台湾东部、海南和南海海域；日本（纪伊半岛以南），菲律宾，斐济群岛，夏威夷群岛，澳大利亚北部，印度洋，留尼汪岛，马达加斯加和阿拉伯东部等地均有分布。

经济意义　贝壳造型美观，可供观赏。

(48) 轻纱翼螺 *Pterynotus pellucidus* (Reeve, 1845)（图 62）

Murex pellucidus Reeve, 1845, 3: pl. 14, fig. 54.

Marchia pellucida (Reeve): Radwin & D'Attilio, 1976: 60, pl. 9, fig. 7.

Pterynotus pellucidus (Reeve): Abbott & Dance, 1983: 140; Springsteen & Leobrera, 1986: 128, pl. 35, fig. 4; Tsuchiya in Okutani: 2000: 373, pl. 185, fig. 43; Houart in Poppe, 2008: 184, pl. 387, figs. 1-2; Jung *et al.*, 2009: 56, figs. 45a-b; Merle *et al.*, 2011: 418, pl. 87, figs. 1-5.

别名　轻纱芭蕉螺。

英文名　Pellucid Murex。

模式标本产地　菲律宾。

标本采集地　台湾东部。

观察标本　1 个标本，台湾东部，岩礁底，2013.Ⅴ，尉鹏提供。

形态描述　贝壳修长；壳质较薄，但结实。螺层约 8 层，壳顶小而尖，胚壳光滑。缝合线细，呈线状。螺旋部高，呈稍扭曲的三棱形，体螺层较大。每一螺层上生有 3 条纵肿肋，其上生有蝶翅状翼，尤其是在外唇边缘的翼翅特宽大，半透明，其上具网状鳞片和小褶皱。在 2 条纵肿肋中间的壳面上有 1 条突出的纵肋，有的形成结节突起。螺肋精致，粗细相间，在粗肋间还有几条细的间肋，肋上密布小鳞片，这种螺肋一直延伸至纵肿肋的翅状翼上。壳面为白色，或淡黄褐色。壳口小，卵圆形，内白色，周缘竖起，呈领状。外唇内缘具小缺刻和小齿列，外缘有宽大的翅状翼，一直可延伸至前水管沟的末端；内唇光滑发达，上部与外唇相连。前水管沟中等长，未封闭，有开口，末端向背方翘起。厣角质，褐色。

标本测量（mm）

　　壳长　48.5

　　壳宽　26.8

生物学特性　暖水性的种类；栖息于潮间带至浅海水深 80m 左右的礁石或珊瑚礁质

海底中。为少见种。

地理分布 在我国见于台湾的东部海域；日本南部，菲律宾，印度尼西亚，以及印度洋的毛里求斯和留尼汪岛等地也有分布。

经济意义 贝壳造型美观，可供观赏。

图 62 轻纱翼螺 *Pterynotus pellucidus* (Reeve)

(49) 蝙蝠翼螺 *Pterynotus vespertilio* (Kuroda in Kira, 1959)（图 63）

Ceratostoma (*Pteropurpura*) *vespertilio* Kuroda in Kira, 1959: 48, pl. 24, fig. 10.

Pteropurpura vespertilio (Kira) (sic!): Kira, 1978: 61, pl. 24, fig. 10.

Pteropurpura (*Pteropurpura*) *vespertilio* (Kira) (sic!): Tsuchiya in Okutani, 2000: 389, pl. 193, fig. 121.

Pterynotus (*Pteropurpura*) *vespertilio* (Kira) (sic!): Jung *et al.*, 2009: 57, figs. 48a-b.

Timbellus vespertilio (Kuroda in Kira): Merle *et al.*, 2011: 460, pl. 108, figs. 1-10.

Pterynotus vespertilio (Kira) (sic!): Radwin & D'Attilio, 1976: 101, pl. 9, fig. 2; Abbott & Dance, 1983: 141; Houart in Poppe, 2008: 186, pl. 388, figs. 9-10; Robin, 2008: 259, fig. 2; Jung *et al.*, 2009: 57, figs. 48a-b.

别名 蝙蝠骨螺。

英文名 Butterfly Murex。

模式标本产地 日本。

标本采集地 东海（浙江外海）。

观察标本 3 个标本，M2011-007，东海（浙江外海），水深 200-260m，沙质海底，2011.V.12，张素萍收集。

形态描述 贝壳小，中部宽，两端尖，近菱形；壳质较薄，半透明，但结实。螺层约 8 层，胚壳约 2 层，光滑。缝合线明显，稍凹。螺旋部小而修长，阶梯状，体螺层宽大。螺层较圆，具有弱肩部。表面平滑，有光泽，雕刻细弱，可见稀疏的螺肋，一直可延伸至两侧的翼状纵肿肋上，在每一螺层的肩角上有 1 条光滑而较粗的螺肋，生长纹细密。螺层上生有 3 条翼状的纵肿肋，形似鱼鳍，翼上常有分枝和尖刺，半透明，类似玻璃纸，这种翼状纵肿肋在体螺层和次体螺层上较发达，而在螺旋部其他螺层较弱。在 2 条纵肿肋中间常有 1 个明显的瘤状突起。壳面呈白色、肉色或淡黄褐色，有的个体具有褐色螺带或条纹。壳口小，卵圆形或长卵圆形。外唇的边缘有发达的翼状棘，可延伸至前水管沟的中下部或近末端；内唇滑层较厚，向体螺层上翻卷，上部与外唇相连。前水管沟长，半封闭的管状，向背方和腹面右侧弯曲。厣角质，褐色。

标本测量（mm）

　　　壳长　29.3　27.0　20.5

　　　壳宽　17.5　16.3　10.5

讨论　有关本种的归属问题一直不确定，Kira（1959，1978）和 Okutani（2000）把本种放在刍秣螺亚科 Ocenebrinae 翼紫螺属 *Pteropurpura* 中；Merle 等（2011）认为本种应属于 *Timbellus*；在编写本志时，著者依据海洋贝类物种信息库（WoRMS）中的分类系统把本种归属于骨螺亚科翼螺属 *Pterynotus* 内。但当完成本志编写已定稿后，发现本种又归属于 *Timbellus* 内，学名为：*Timbellus vespertilio* (Kuroda in Kira, 1959)。

生物学特性　本种通常生活于较深的沙或石砾质海底。据 Merle 等（2011）报道，其栖水深度为 20-300m。我们的标本采自东海水深 200-260m 的砂质海底。

地理分布　分布于西太平洋海域，在我国见于台湾和东海（浙江外海）；日本（南部），菲律宾和新喀里多尼亚等地也有分布。

经济意义　贝壳可供观赏。

图 63　蝙蝠翼螺 *Pterynotus vespertilio* (Kuroda in Kira)

(50) 艳红翼螺 *Pterynotus loebbeckei* **(Kobelt, 1879)**（图 64）

Murex (Pteronotus) loebbeckei Kobelt, 1879, 6: 78.

Marchia loebbeckei (Kobelt): Tsuchiya in Okutani, 2000: 373, pl. 185, fig. 42.

Pterynotus loebbeckei (Kobelt): Radwin & D'Attilio, 1976: 99, pl. 9, fig. 14; Abbott & Dance, 1983: 140; Lan, 1980: 73, figs. 66-68; Springsteen & Leobrera, 1986: 130, pl. 35, fig. 9; Houart in Poppe,

2008: 182, pl. 386, figs. 4-6; Robin, 2008: 258, fig. 5; Jung *et al.*, 2009: 56, fig. 44; Merle *et al.*, 2011: 420, pl. 88, figs. 4-10.

别名　艳红骨螺、艳红芭蕉螺。

英文名　Loebbeck's Murex。

模式标本产地　Indo-Chinese Seas（Merle *et al.*, 2011）。

标本采集地　台湾东北海域。

观察标本　1 个标本，台湾东北海域，水深 100m 左右。标本采集信息由台湾赖景阳教授提供；1 个标本，台湾澎湖，照相标本由台湾柯富钟先生提供。

形态描述　贝壳中等大，壳形宽；壳质厚而坚固。螺层约 9 层，壳顶小而尖，胚壳约 2 层，光滑无肋。缝合线浅。螺旋部较高，体螺层宽大。螺层上生有 3 条片状纵肿肋，其上生有极发达的鱼鳍状翼，向上并向四周伸展，一直可延伸至前水管沟的末端。螺层较膨圆，表面雕刻有细密而精致的螺肋，一直延伸至两侧鱼鳍翼状的纵肿肋上，在 2 条纵肿肋之间有 2 条粗壮的纵肋，形成发达的瘤状突起。壳面通常呈橘红色，有的个体为淡黄色或黄褐色。壳口小，卵圆形。外唇内缘有 1 列小齿，唇缘上具缺刻，外缘宽厚，有发达的翼状棘；内唇滑层宽厚，并向外翻卷，上部与外唇相连，轴唇上有褶襞或小齿。前水管沟中等长，近封闭的管状，向背方和腹面右侧弯曲。厣角质，褐色。

标本测量（mm）

　　壳长　66.0　69.0

　　壳宽　44.5　38.0

生物学特性　暖海产；通常栖息于水深 50-200m 的岩礁质海底中。

地理分布　在我国见于台湾的东北部和澎湖海域；日本南部，菲律宾，印度尼西亚，波利尼亚西，澳大利亚和留尼汪岛等地也有分布。

经济意义　贝壳造型美观，可供观赏。

图 64　艳红翼螺 *Pterynotus loebbeckei* (Kobelt)

10. 叶状骨螺属 *Phyllocoma* Tapparone-Canefri, 1880

Phyllocoma Tapparone-Canefri, 1880: 44.

Type species: *Phyllocoma* (*Phyllocoma*) *convoluta* (Broderip, 1833).

特征　螺旋部高而尖，螺层明显收缩，体螺层突然增宽增大。在螺层的不同方位出现纵肿肋。表面雕刻有细密的纵、横螺肋，通常螺肋更显著，纵肋弱，纵、横螺肋常交织成网目状。壳口大，周缘滑层发达，并向四周扩张，外唇宽厚。前水管沟稍短，半管状。

讨论　本属原属于爱尔螺亚科，依据较新的分类系统，参考海洋贝类物种信息库（WoRMS）中的分类系统，现归属于骨螺亚科。因此，在编写本志时对其进行了调整。目前本属已知有 3 种，在中国沿海仅发现 1 种。

(51) 细雕叶状骨螺 *Phyllocoma convoluta* (Broderip, 1833)（图 65）

Triton convolutus Broderip, 1833, 1: 7; Reeve, 1844: pl. 19, fig. 92.

Phyllocoma (*Phyllocoma*) *convolutum* (Broderip): Thiele, 1929: 294.

Phyllocoma convoluta (Broderip): Abbott & Dance, 1983: 149; Tsuchiya in Okutani, 2000: 381, pl. 189, fig. 89; Lee, 2002: 35, fig. 37; Jung *et al*., 2010: 110, fig. 70; Houart in Poppe, 2008: 206, pl. 398, fig. 5.

别名　细雕骨螺。

英文名　Convolutel False Triton。

模式标本产地　不详。

标本采集地　台湾（恒春半岛）和南沙群岛。

观察标本　1 个标本，台湾恒春半岛，采集信息和图片由台湾李彦铮博士提供；1 个标本，南沙群岛，2017.Ⅹ，张素萍收集。

形态描述　贝壳呈纺锤形；壳质薄。螺层约 9 层，壳顶小，常破损。缝合线细而较深。螺旋部高而尖，明显收缩，体螺层突然增宽增大。各螺层上部具有 1 个斜坡状的肩角，表面具有细密的纵、横螺肋，通常螺肋明显，纵肋弱，尤其是在体螺层上螺肋更显著，在螺旋部纵、横螺肋交织成网目状。体螺层上有 2 条细的肋骨状纵肿肋。螺旋部各螺层多少有些扭曲，其纵肿肋出现在螺层的不同方位，肋上有小刺和缺刻。壳面呈白色或土黄色。壳口大，呈长卵圆形，周缘滑层发达，并向四周扩张，尤其是内唇滑层宽厚，明显向体螺层和壳轴上翻卷；外唇宽，边缘有排列整齐的粗螺肋，内缘有弱的小齿列或皱褶。前水管沟稍短，半管状，末端向背方曲；后水管沟小。厣角质，褐色。

标本测量（mm）

　　壳长　26.0

　　壳宽　12.0

生物学特性　暖水性较强的种类；栖息于潮下带浅海至稍深的岩礁质海底中。

地理分布　分布于热带印度-西太平洋海区，在我国见于台湾的南部（绿岛、恒春半岛、屏东小琉球）和南沙群岛；日本（纪伊半岛以南），菲律宾，澳大利亚，巴布亚新几内亚，南非和红海等地也有分布。

图 65　细雕叶状骨螺 *Phyllocoma convoluta* (Broderip)

11. 皮翼骨螺属 *Dermomurex* Monterosato, 1890

Dermomurex Monterosato, 1890: 181.

Type species: *Murex scalarinus* Bivona-Bernardi, 1832.

Hexachorda Cossmann, 1903a: 47.

Type species: *Murex tenellus* Mayer, 1869.

特征　贝壳小，呈纺锤形或圆筒形；螺旋部高。螺层上通常有 3-6 条纵肿肋，在缝合线和纵肿肋处常有凹坑，具粗细不均的螺肋或小麻点状雕刻。壳口卵圆形，外唇内缘具小齿列。前水管沟短，并向背方弯曲。

本属在中国沿海发现 2 种。

种 检 索 表

贝壳宽，呈菱形··枯木皮翼骨螺 *D. neglecta*

贝壳窄，呈圆柱形··皮翼骨螺属（未定种）*D. sp.*

(52) 枯木皮翼骨螺 *Dermomurex neglecta* (Habe & Kosuge, 1971)（图 66）

Phyllocoma neglecta Habe & Kosuge, 1971a: 7.

Dermomurex (*Dermomurex*) *neglecta* (Habe & Kosuge): Tsuchiya in Okutani, 2000: 375, pl. 186, fig. 51.

Dermomurex (*Trialatella*) *neglecta* (Habe & Kosuge): Merle *et al.*, 2011: 600, pl. 178, figs. 5-10.

Dermomurex neglecta (Habe & Kosuge): Robin, 2008: 260, fig. 6; Jung *et al.*, 2010: 130, fig. 155.

别名　枯木骨螺。

模式标本产地　南海。

观察标本　1个标本，台湾龟山岛海域，水深100m左右。标本图片和采集信息由钟柏生先生提供。

形态描述　贝壳形态较宽，呈菱形；壳质厚而结实。螺层约8层。缝合线深。螺旋部稍低，体螺层宽大。壳面较粗糙，雕刻有线纹状的细螺肋和发达的片状纵肿肋。在缝合线处2条纵肿肋之间有1个明显的凹坑。壳面呈灰白色。壳口卵圆形，内白色，内唇滑层较厚；外唇宽厚，内缘平滑；外缘纵肿肋宽，一直延伸至前水管沟末端，呈扇形。前水管沟细小，半管状；无后水管沟。厣角质，栗色。

标本测量（mm）

　　壳长　19.0

　　壳宽　11.0

生物学特性　据Tsuchiya（2000）报道，此种生活于潮下带水深10-100m的浅海；台湾的标本采自水深100m左右的泥沙质海底。

地理分布　在我国见于台湾；日本和菲律宾等地也有分布。

图66　枯木皮翼骨螺 *Dermomurex neglecta* (Habe & Kosuge)

(53) 皮翼骨螺属（未定种）*Dermomurex* sp.（图67）

标本采集地　广东沿岸。

观察标本　1个标本，广东雷州半岛，红树林区外，岩石或珊瑚礁缝隙间，2011年，刘毅采。

形态描述　贝壳较小，呈圆柱状；壳质厚而坚实。螺层约7层。缝合线清晰。螺旋部高，体螺层中等大。贝壳上具有6条粗壮而斜行的纵肿肋，每一螺层的缝合线处、2条纵肿肋之间有1个明显凹坑；螺肋明显，在螺肋间雕刻有环行麻点状小凹坑。壳面呈白色，略带青灰色。壳口卵圆形，内白色。内唇弧形，光滑；外唇较厚，内缘具小齿列。前水管沟细，稍短，末端翘向背方。

标本测量（mm）

　　　壳长　22.8
　　　壳宽　11.2

讨论　据报道（Merle *et al.*, 2011），本属由于贝壳外部可鉴别的特征少，物种鉴定比较困难，因此，很少有学者关注此类群，国际上对此研究还远远不够。在我国除台湾钟柏生等（2010) 报道了 1 种外，以往大陆沿海从未采到过此属标本。2011 年，刘毅在进行红树林生态调查时，在广东沿岸采到 1 个标本。由于对本属动物研究的相关文献资料缺乏，对其生态习性了解甚少，且仅有 1 个标本。因此，暂定皮翼骨螺属（未定种）*Dermomurex* sp.。

生物学特性　栖息于潮间带红树林外围的岩礁和珊瑚礁质海底中。

地理分布　目前仅知在我国的广东雷州半岛、徐闻沿岸有分布。

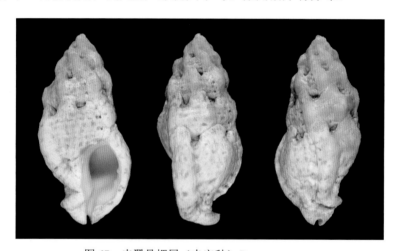

图 67　皮翼骨螺属（未定种）*Dermomurex* sp.

12. 楯骨螺属 *Aspella* Mörch, 1877

Aspella Mörch, 1877: 24.

Type species: *Ranella anceps* Lamarck, 1822.

特征　贝壳较瘦长，扁平，呈矛状；壳顶常破损，壳质较厚而结实。螺旋部高，体螺层低。在贝壳的两侧各有 1 条纵肿肋，在 2 条纵肿肋之间的壳面上，通常还有 1-2 条纵肋，有的具雕刻和螺肋，也有的平滑无肋。在缝合线处有凹坑和突起。壳口卵圆形，前水管沟短。

本属动物通常生活在潮间带低潮线附近至数米或数十米的浅海，在数百米的深海也有分布。

讨论　在我国对本属的分类研究较少，我们仅在海南三亚采到过 1 个标本。台湾的施乃普（1975）在"绿岛小形贝壳"一文中曾记录了 2 种，*Aspella anceps* (Lamarck)和 *Aspella lamellosa* (Dunker)，文中有简单的描述，但无图；巫文隆和李彦铮（2005）记录了产自恒春半岛的 1 种，即 *Aspella mauritiana* Radwin & D'Attilio，有图，无形态描述；钟柏生等（2009）报道了 *Aspella media* Houart、*Aspella anceps* (Lamarck)、*Aspella producta* (Pease)和 *Aspella* sp.共 4 种，有图和简单的形态描述。

著者查阅了相关文献资料发现，台湾零星报道的上述几种，有的是同物异名，有的存在着鉴定错误，有的贝壳磨损而无法确认鉴定是否正确。在编写本志时，著者曾与台湾赖景阳教授联系，试图进一步了解这些标本的相关信息，他回复说："因这些标本没有统一管理，散落在个人手中，他并无标本"，他发给著者部分标本图片。赖景阳教授承认台湾有关楯骨螺属 *Aspella* 的研究，由于文献和标本的缺乏，仅做了粗略的初步研究，问题很多。鉴于此，著者把台湾已报道的本属几个物种名录列出，供读者参考，因种名鉴定存在问题，所以无法进行形态描述。

台湾已报道的楯骨螺属 *Aspella* 名录如下。

（1）双楯骨螺 *Aspella anceps* (Lamarck, 1818)，台湾报道（钟柏生等，2009）的这个种，据瓦尔（Houart）博士鉴定，认为可能是 *Aspella producta*，因为 *Aspella anceps* 产自地中海。

（2）长楯骨螺 *Aspella producta* (Pease, 1861)=*Aspella lamellosa* (Dunker, 1863)，有关这个种，据钟柏生等（2009）报道，Radwin 和 D'Attilio（1976）记载此种在台湾有分布，但他们没有标本。

（3）光滑楯骨螺 *Aspella mauritiana* Radwin & D'Attilio, 1976，台湾的标本图片与模式标本形态不符。

（4）中间楯骨螺 *Aspella media* Houart, 1987，台湾的标本图片与 Houart（1987）记载的模式标本形态不符。

目前，我们在海南三亚沿海采到本属 1 种，仅 1 个标本，描述如下。

(54) 长楯骨螺 *Aspella producta* (Pease, 1861)（图 68）

Ranella producta Pease, 1861: 397.

Ranella lamellosa Dunker, 1863: 240.

Aspella anceps (Lamarck): Jung *et al*., 2009: 58, fig. 50 (non Lamarck, 1818).

Aspella producta (Pease): Robin, 2008: 259, fig. 9; Merle *et al*., 2011: 566, pl. 161, figs. 8-15.

模式标本产地　Sandwich Islands。

标本采集地　海南（三亚大东海）。

观察标本　1 个标本,三亚大东海,潮下带水深 1m 左右,砂和岩礁质海底,2014.Ⅶ.30,陈希采。

形态描述　贝壳小，瘦长，背腹略扁平；壳质结实。螺层约 8 层，壳顶钝，常破损。缝合线凹，清晰。螺旋部高，体螺层低而稍宽，基部收缩。贝壳两侧各有 1 条发达的呈圆弧状的纵肿肋，其在缝合线处呈交错排列状，在两纵肿肋之间的壳面上还有 2 条稍弱的纵肋，螺层表面雕刻有低平的螺肋纹。在缝合线处的两纵肋之间具有 1 个小的凹坑。壳面呈淡黄色。壳口小，卵圆形，外唇宽厚，内缘有小齿列；内唇平滑。前水管沟较短而细，末端向背方翘起。厣角质，薄，呈黄褐色。

标本测量（mm）

　　壳长　19.0

　　壳宽　　7.2

生物学特性　本种通常生活在潮下带浅海水深 100m 以内。研究用标本采自潮下带水深 1m 左右的砂和岩礁质海底。

地理分布　分布于印度-西太平洋热带海域，在我国见于台湾和海南岛；菲律宾，所罗门群岛，澳大利亚，夏威夷群岛，波利尼西亚，马克萨斯群岛，东非沿岸，留尼汪岛，莫桑比克和红海等地均有分布。

经济意义　贝壳可供收藏。

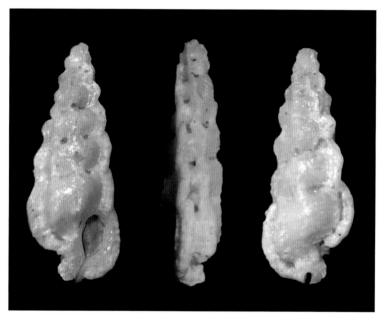

图 68　长楯骨螺 *Aspella producta* (Pease)

（二）刺骨螺亚科 Muricopsinae Radwin & D'Attilio, 1971

Muricopsinae Radwin & D'Attilio, 1971: 64.

Type genus: *Muricopsis* Bucquoy, Dautzenberg & Dollfus, 1822.

特征　贝壳小或中等大，多呈纺锤形或锥形；壳质厚或稍薄。螺层上通常有 3-5 条纵肿肋，其上常具有长短不等的棘刺或皱褶，有的种类在纵肿肋上有发达的喇叭状或鸭蹼状棘。壳面较粗糙，常凹凸不平，具有粗细不均的螺肋和纵肋，肋上具棘刺或小鳞片。贝壳颜色较丰富，有白色、黄色、红色、橙色和褐色等。壳口通常较小，呈圆形或卵圆形，外唇多宽厚，边缘具棘刺或重叠排列的鳞片。前水管沟或长或短。厣角质，褐色或红褐色，核位于近末端（下端）。

　　本亚科动物主要为热带和亚热带种，通常栖息于低潮带至潮下带浅海或稍深的海域，以及水深 0-300m 的砂、泥砂、石砾、岩礁或珊瑚礁质海底。见于我国的东、南部沿海。

　　本亚科有关属和亚属的分类以往比较混乱，种的归属常有变化。在编写本志时参考了 Houart（2008）相关文献，未采用亚属。据海洋贝类物种信息库（WoRMS）记录，世界产的刺骨螺亚科动物大约有 20 属，但在中国沿海发现的种类较少，目前共发现 3 属。

属 检 索 表

1. 外唇边缘具 2 条发达的喇叭状或鸭蹼状棘 ·······················光滑眼角螺属 *Homalocantha*
   外唇边缘无喇叭状或鸭蹼状棘 ···2
2. 表面粗糙，有皱褶或凹坑，前水管沟较短 ·······························蜂巢螺属 *Favartia*
   表面无皱褶或凹坑，前水管沟较长 ·································刺骨螺属 *Murexsul*

13. 刺骨螺属 *Murexsul* Iredale, 1915

Murexsul Iredale, 1915: 417.

Type species: *Murex octogonus* Quoy & Gaimard, 1833.

　　特征　贝壳小或中等大，多呈纺锤形；壳质稍薄。胚壳有 1-1½层。各螺层上部形成或强或弱的肩角，壳面常雕刻有较粗的螺肋，粗肋通常是由 2-3 细肋组成，肋上有小鳞片或小刺；体螺层上具有 5-8 条纵肿肋，其上生有长短不等的棘刺或薄片，通常在肩角上的棘刺较长。前水管沟中等长。

　　本属动物通常栖息于潮间带低潮区浅海至水深 200m 左右的砂或砂砾质海底中，见于东海和南海。

　　目前，在中国沿海共发现 2 种。

种 检 索 表

贝壳各螺层上具有 1 条褐色螺带 ·································· 褐带刺骨螺 *M. zonata*
贝壳各螺层上无褐色螺带 ·································· 德米刺骨螺 *M. tokubeii*

(55) 褐带刺骨螺 *Murexsul zonata* Hayashi & Habe, 1965（图 69）

Murexsul zonata Hayashi & Habe, 1965, 24(1): 11, pl. 1, fig. 3; Radwin & D'Attilio, 1976: 164, pl. 28, fig. 7, text-fig. 105.

Muricopsis (*Murexul*) *zonata* (Hayashi & Habe): Tsuchiya in Okutani, 2000: 377, pl. 187, fig. 60; Jung *et al.*, 2010: 107, fig. 57.

别名　褐带多刺骨螺。

模式标本产地　日本。

标本采集地　东海（27°30′N，126°E），东海（东北部）。

观察标本　1 个标本，V469B，东海，水深 162m，细砂质底，1975.Ⅹ.10，徐凤山采；1 个标本，东海（东北部），水深 200m，标本图片和采集信息由尉鹏提供。

形态描述　贝壳小，近纺锤形；壳质较薄，结实。螺层约 7 层，胚壳 1½-2 层，光滑无肋。缝合线明显。螺旋部较高，体螺层宽大。各螺层上部突出形成宽的肩部，呈阶梯状。壳面具有较强的纵肿肋，在各螺层约有 8 条纵肿肋，其上生有密集的鳞片和长短不等的半管状棘刺，以体螺层的上部和各螺层中部的肩角上棘刺较发达，并向上翘起。在 2 条粗的纵肋之间还有细的纵行螺纹和较粗的螺肋。壳面呈黄白色或淡褐色，在各螺层的缝合线下方，以及体螺层的中部有 1 条较宽的褐色螺带。壳口卵圆形，外唇边缘有数条长短不等的棘刺，一直到延伸至前水管沟的中部。内缘上有缺刻；内唇近直，平滑。前水管沟中等长，半管状，向背方稍弯曲。角质厣，褐色。

标本测量（mm）

　　　壳长　20.0　17.0

　　　壳宽　13.8　11.0

生物学特性　栖息于浅海细砂或砂砾质海底中。研究用标本分别采自东海水深 162m 和 200m 的细砂与砂砾质海底。

地理分布　在我国见于东海（大陆架）和台湾东北部；日本（相模湾以南）和菲律宾等地也有报道。

经济意义　肉可食用，贝壳可供观赏。

图 69　褐带刺骨螺 *Murexsul zonata* Hayashi & Habe

(56) 德米刺骨螺 *Murexsul tokubeii* Nakamigawa & Habe, 1964（图 70）

Murexsul tokubeii Nakamigawa & Habe, 1964: 26, pl. 2, fig. 4; Lai, 1977: 31-40; Lan, 1980: 75, figs. 69, 69a-b.

Muricopsis tokubeii (Nakamigawa & Habe): Jung *et al.*, 2010: 107, fig. 58.

Muricopsis (*Murexsul*) *tokubeii* (Nakamigawa & Habe): Tsuchiya in Okutani, 2000: 377, pl. 187, fig. 61.

别名　德米骨螺。

模式标本产地　日本。

标本采集地　东海和台湾西南部海域。

观察标本　2 个标本，M2011-009，东海，水深 200-260m，砂质底，2011.Ⅴ.13，张素萍收集。

形态描述　贝壳呈纺锤形；壳质稍薄，结实。螺层约 8 层，缝合线稍凹，胚壳约 2 层，光滑无肋，呈淡红色或褐色。螺旋部高，体螺层大。各螺层中部突出形成明显的肩部，壳面雕刻有纵、横螺肋，纵肋较强，排列稀疏，体螺层上有 5-6 条，肋上有短棘。螺肋粗细相间，各螺层通常有 2 条，体螺层上具 5 条较粗的螺肋，肋上雕刻有纵螺纹，形成小颗粒状突起，纵、横螺肋交叉处有棘刺和结节突起，棘刺在各螺层的肩部较长，呈半管状。壳面白色，并略带粉红色或淡黄褐色，壳顶和前水管沟的末端常有染色。壳口卵圆形，内白色，外唇内缘有颗粒状的小齿，边缘有发达的棘 5-6 条，内唇光滑。前水管沟较长，近管状，向背方略弯曲。

标本测量（mm）

　　壳长　14.5　13.0

　　壳宽　8.0　　7.0

生物学特性　据 Tsuchiya（2000）报道，本种通常生活在水深 50-200m 的砂质海底中。研究用的标本采自东海东北部水深 200-260m 的砂质海底。

地理分布　在我国见于东海（中国近海）和台湾的西南部海域；日本，菲律宾和南非等地也有报道。

图 70　德米刺骨螺 *Murexsul tokubeii* Nakamigawa & Habe

14. 蜂巢螺属 *Favartia* Jousseaume, 1880

Favartia Jousseaume, 1880: 335.

Type species: *Murex breviculus* Sowerby, 1834.

特征 贝壳小型；多数个体壳长为 10.0-30.0mm。螺层上通常具有 5-7 条较发达的纵肿肋，其上有半管状的棘刺和鳞片，有的形成皱褶或凹坑。表面较粗糙，在纵肿肋之间的壳面上常雕刻有突出的螺肋，有的具有细微的纵行螺纹。贝壳色彩和雕刻较丰富。壳口小，近圆形或卵圆形，前水管沟短或稍延长，呈封闭的管状。厣角质，褐色。

本属动物生活在热带和亚热带的潮间带至浅海砂砾、岩礁或珊瑚礁质海底中。主要发现于我国的东、南部沿海，黄、渤海没有分布。

本志共描述 7 种。

种 检 索 表

1. 贝壳瘦长型，体螺层不宽大 ·· 红花蜂巢螺 *F. crouchi*
   贝壳非瘦长型，体螺层宽大 ·· 2
2. 表面粗糙，外唇边缘呈鱼鳍状 ·· 3
   表面不粗糙，外唇边缘非鱼鳍状 ·· 4
3. 贝壳上半部为红色 ·· 半红蜂巢螺 *F. cyclostoma*
   贝壳上半部非红色 ·· 粗布蜂巢螺 *F. rosamiae*
4. 肩部的纵肿肋上具长刺 ·· 义刺蜂巢螺 *F. judithae*
   肩部的纵肿肋上无长刺 ·· 5
5. 壳顶和前水管沟呈灰紫色或灰色 ·· 玫瑰蜂巢螺 *F. rosea*
   壳顶和前水管沟非灰紫色 ·· 6
6. 纵肿肋上有密集的花瓣状小棘刺 ·· 斑点蜂巢螺 *F. maculata*
   纵肿肋上无花瓣状小棘刺 ·· 黑田蜂巢螺 *F. kurodai*

(57) 玫瑰蜂巢螺 *Favartia rosea* Habe, 1961（图 71）

Favartia rosea Habe, 1961: 49, pl. 25, fig. 8; Emerson & D'Attilio, 1979: 3, figs. 5-6.

Favartia (Murexiella) rosea Habe: Tsuchiya in Okutani, 2000: 379, pl. 188, fig. 75.

模式标本产地 日本。

标本采集地 东海。

观察标本 1 个标本，东海，水深 110-120m，沙质底，2011.VI，尉鹏提供。

形态描述 贝壳呈纺锤形；壳质较厚而结实。螺层约 8 层，胚壳约 1½层。缝合线清晰，稍凹。螺旋部高，体螺层较大。各螺层中部形成弱的肩角。体螺层上有 5-6 条突出的纵肿肋，肋上有皱褶和小棘；壳表雕刻有明显的螺肋，在体螺层 2 条纵肿肋之间的壳面上螺肋较弱或不明显，而在纵肿肋上螺肋变得较粗，粗肋通常由 2-3 条细肋组成，上有覆瓦状排列的鳞片，生长纹明显。壳面呈黄褐色或淡红色，近壳顶几层和前水管沟处为灰紫色或灰色。壳口卵圆形，内唇平滑，边缘竖起，呈薄片状；外唇宽厚，内缘有缺刻，外缘有半管状短翼。前水管沟稍延长，呈半管状，绷带明显。厣角质，红褐色。

标本测量（mm）

　　壳长　16.3
　　壳宽　　9.4

生物学特性　生活于潮间带至浅海砂质和岩礁质海底中；我们的 1 个标本采自水深110-120m 的砂质底。

地理分布　在我国见于东海（中国近海）；日本（纪伊半岛至九州）和菲律宾等地也有分布。

经济意义　贝壳可供观赏。

图 71　玫瑰蜂巢螺 *Favartia rosea* Habe

(58) 义刺蜂巢螺 *Favartia judithae* D'Attilio & Bertsch, 1980（图 72）

Favartia judithae D'Attilio & Bertsch, 1980: 177, figs. 3d, 4a-d; Houart in Poppe, 2008: 188, pl. 389, figs. 3-4.

Murexiella judithae (D'Attilio & Bertsch): Jung *et al.*, 2010: 108, fig. 62.

别名　义刺骨螺。

模式标本产地　菲律宾。

标本采集地　台湾东部和南海。

观察标本　2 个标本，M2011-010，南海，珊瑚礁，2011.Ⅹ.11，张素萍收集；1 个标本，台湾东部，标本图片和采集信息由台湾钟柏生和赖景阳教授提供。

形态描述　贝壳小型，呈纺锤形；壳质结实。螺层约 7 层，胚壳约 2½层，光滑。缝合线清晰。螺旋部较高，体螺层宽大。各螺层中部形成肩角。每一螺层上有 5-7 条纵肿肋，其上生有较发达的半管状棘刺，其末端有分叉，尤其是在体螺层肩部的 1 列最为强大，而在螺旋部近壳顶几层棘刺弱或消失。壳表雕刻较粗的螺肋，肋上有密集的小鳞片或小刺，可延伸至两侧的纵肋上。壳面黄褐色或淡橘黄色，棘刺的颜色稍淡。壳口卵圆形，周缘竖起，呈领状，内唇平滑；外唇宽厚，边缘有小缺刻，外缘有发达的棘刺和小刺，在外唇上部的 1 条棘最长。前水管沟稍延长，呈封闭的管状，两侧有分枝，曲向背方；厣角质，褐色。

标本测量（mm）

　　　壳长　23.3　21.5　17.0
　　　壳宽　16.7　17.0　17.0

生物学特性　暖水产；栖息于浅海岩礁或珊瑚礁质海底中。

地理分布　分布于西太平洋海区，在我国见于台湾东部和南海；菲律宾等地也有分布。

经济意义　贝壳可供观赏。

图 72　义刺蜂巢螺 *Favartia judithae* D'Attilio & Bertsch

(59) 斑点蜂巢螺 *Favartia maculata* (Reeve, 1845)（图 73）

Murex maculatus Reeve, 1845: pl. 29, fig. 136, pl. 33. fig. 123.

Murex (*Ocinebra*) *salmonea* Melvill & Standen, 1899: 162, pl. 10, fig. 2.

Favatia dorothyaa Emerson & D'Attilio, 1979: 5, figs. 3-4, 15-16; Abbott & Dance, 1983: 144; Jung *et al*., 2010: 108, fig. 64.

Favartia (*Murexiella*) *maculata* (Reeve): Tsuchiya in Okutani, 2000: 379, pl. 188, fig. 74.

Favartia maculata (Reeve): Houart & Heros, 2008: 455; Houart in Poppe, 2008: 190, pl. 390, figs. 3-9.

Murexiella maculata (Reeve): Jung *et al*., 2010: 108, figs. 63a-63c.

别名　花斑骨螺、桃花骨螺。

模式标本产地　不详。

标本采集地　台湾的东部海域。

观察标本　1 个标本，台湾的东部海域。标本图片由台湾钟柏生先生提供。

形态描述　贝壳小，近菱形；壳质结实。螺层约 7 层，壳顶小而尖，光滑无肋。缝合线清晰，稍凹。螺旋部较高，体螺层宽大。各螺层中部突出，常形成 1 个斜坡。壳表雕刻有纵肋和螺肋，在体螺层上通常有 7 条发达的纵肿肋，其上生有密集的花瓣状小棘刺，有的棘刺末端有分叉，而且棘刺的长短在不同个体中有变化，有的稍长，有的较短。螺旋部每一螺层上有 2-3 条，体螺层上有数条较突出的螺肋，肋间还有细肋，粗肋上生有长短不等的倒卷状棘刺。壳面颜色有变化，有红色、白色、粉色、黄色、褐色或淡橘黄色等多种，而且棘刺末端的颜色通常变得较深。壳口近圆形，周缘竖起，呈片状，内唇平滑，外唇宽厚，边缘有小缺刻，外缘有长短不等的花瓣状小棘刺。前水管沟细，呈管状，曲向背方；厣角质，红褐色。

标本测量（mm）

　　壳长　30.0

　　壳宽　18.0

讨论　台湾钟柏生等（2010）报道的花斑骨螺 *Murexiella maculata* 和桃花骨螺 *Favartia dorothyaa* 是同一种，后者是前者的同物异名。

生物学特性　生活在浅海岩礁或珊瑚礁质海底中。较少见种。

地理分布　在我国见于台湾东部海域；日本（纪伊半岛以南），菲律宾等地也有分布。

经济意义　贝壳可供观赏。

图 73　斑点蜂巢螺 *Favartia maculata* (Reeve)

(60) 粗布蜂巢螺 *Favartia rosamiae* D'Attilio & Myers, 1985（图 74）

Favartia (Murexiella) rosamiae D'Attilio & Myers, 1985: 58, figs. 1-6; Jung *et al.*, 2010: 107, fig. 59.

Murexiella rosamiae (D'Attilio & Myers): Houart, 1994: 86, fig. 148.

Favartia rosamiae D'Attilio & Myers: Houart in Poppe, 2008: 194, pl. 392, figs. 1-3.

别名　粗布骨螺。

模式标本产地 菲律宾。

标本采集地 台湾东部。

观察标本 1 个标本，台湾东岸。标本图片由台湾钟柏生和赖景阳教授提供。

形态描述 贝壳小，壳形宽短，呈菱形；壳质结实。螺层 6-7 层，胚壳 2½-3 层，光滑。缝合线清晰。螺旋部稍高，体螺层宽大。螺旋部各层上部形成肩角，以体螺层上部的肩角最突出。体螺层上通常具有 4-5 条较强的纵肿肋，肋上具有网格状或近似鱼鳍状的翼。壳面粗糙，螺肋粗细不均，肋上有蜂窝状雕刻或鳞片。壳面呈灰白或黄褐色，体螺层有 4 条窄的褐色螺带，从壳口内观察更清晰。壳口小，呈卵圆形；外唇宽厚，唇缘上具有小的缺刻，外缘具有发达的似鱼鳍状的翼和 6-7 条粗壮的扁棘，可延伸至前水管沟；内唇滑层发达，向外翻卷。前水管沟宽短，末端向背方曲。

标本测量（mm）

    壳长   12.0

    壳宽   8.3

生物学特性 因大陆未采到此种标本，故对其生活习性了解甚少。据台湾钟柏生等（2010）报道，本种生活在水深 40m 左右的礁石质海底中。D'Attilio 和 Myers（1985）记述的模式标本产自菲律宾宿务岛水深 75-100m 处。

地理分布 在我国见于台湾的东部海域；日本和菲律宾等地也有分布。

图 74 粗布蜂巢螺 *Favartia rosamiae* D'Attilio & Myers

(61) 半红蜂巢螺 *Favartia cyclostoma* (Sowerby, 1841)（图 75）

Murex cyclostomus Sowerby, 1841: pl. 194, fig. 95.

Murex nucula Reeve, 1845: pl. 29, fig. 131.

Favartia cyclostoma (Sowerby): Radwin & D'Attilio, 1976: 147, pl. 24, fig. 11; Tsuchiya in Okutani, 2000: 377, pl. 187, fig. 66; Jung *et al.*, 2010: 130, fig. 156.

别名　半红骨螺。

模式标本产地　菲律宾。

标本采集地　台湾。

观察标本　1 个标本，台湾礁石潮间带，陈景林先生采集。标本图片由台湾钟柏生先生提供。

形态描述　贝壳小型，呈纺锤形或菱形；壳质结实。螺层 6-7 层。缝合线细。螺旋部稍高起，收缩，体螺层增宽增大。体螺层上通常具有 4-5 条较强的纵肿肋，在贝壳两侧的纵肿肋发达，其上具有网格状或近似鱼鳍状的翼。壳面粗糙，凹凸不平，螺肋粗细不均，肋上有蜂窝状雕刻和鳞片。壳面呈灰白色，贝壳的上半部为红色，前水管沟的末端和绷带处有的也呈红色，下半部为白色。壳口小，呈卵圆形；内唇滑层向外翻卷；外唇宽厚，边缘具有发达的似鱼鳍状的翼或扁棘，可延伸至前水管沟末端；前水管沟宽短，末端向背方曲。

标本测量（mm）

　　壳长　17.0

生物学特性　栖息于潮下带岩礁质海底中。

地理分布　在我国见于台湾近海；日本，菲律宾，以及红海，坦桑尼亚，莫桑比克等东非沿岸也有分布。

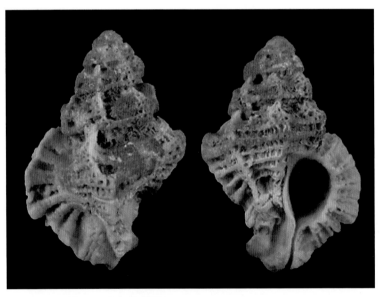

图 75　半红蜂巢螺 *Favartia cyclostoma* (Sowerby)

(62) 黑田蜂巢螺 *Favartia kurodai* **Nakamigawa & Habe, 1964**（图 76）

Favartia kurodai Nakamigawa & Habe, 1964: 25, pl. 2, fig. 2; Jung *et al.*, 2010: 108, fig. 61.

Favartia (Pygmaeptery) kurodai Nakamigawa & Habe: Tsuchiya in Okutani, 2000: 377, pl. 187, fig. 70.

模式标本产地　日本。

标本采集地　东海（浙江外海、东海东南部）。

观察标本　1 个标本，东海（东南部），水深 120-130m，砂质底，2005.Ⅴ，尉鹏提供；1 个标本，东海，水深 200m，泥沙底质，2011.Ⅴ.13，张素萍收集。

形态描述　贝壳小，呈纺锤形；壳稍厚而结实。螺层约 6 层，胚壳 1-1½ 层，光滑无肋。缝合线清晰，凹，呈浅沟状。螺旋部较高，体螺层高大。各螺层上有 5-6 条短翼状纵肿肋，肋上有皱褶或小棘；在 2 条纵肿肋之间的壳面上雕刻有较明显而稀疏的螺肋，粗肋间还有细肋，并有细密而稍曲折的纵肋纹，二者交织成小颗粒突起。生长纹明显，较粗糙。壳面呈黄褐色或淡黄色，皱褶上有不规则的斑块。壳口长卵圆形；外唇宽厚，边缘有片状短翼，内缘具颗粒状小齿 5-6 枚；内唇平滑，染有褐色。前水管沟稍延长，呈半管状，绷带明显。厣未见。

标本测量（mm）

　　壳长　10.5　9.6

　　壳宽　5.5　4.9

生物学特性　栖息于潮下带浅海至水深 200m 左右的砂、泥沙或岩礁质海底中。较少见种。

地理分布　在我国见于东海（浙江外海）和台湾；日本伊豆半岛至纪伊半岛和九州等地也有分布。

图 76　黑田蜂巢螺 *Favartia kurodai* Nakamigawa & Habe

(63) 红花蜂巢螺 *Favartia crouchi* (Sowerby, 1894)（图 77）

Murex crouchi Sowerby, 1894, 1(2): 41-44.

Favartia guamensis Emerson & D'Attilio, 1979: 4, figs. 11-12; Tsuchiya in Okutani, 2000: 377, pl. 187, fig. 68; Chen & Lee, 2007: 157; Jung *et al.*, 2010: 107, fig. 60.

Favartia (*Favartia*) *crouchi* (Sowerby): Houart, 1994a: 130, pl. 4, fig. 27.

别名　关岛骨螺、塔形骨螺。

标本采集地　海南（三亚小东海）。

观察标本　1 个标本，M81-263，海南三亚小东海，1981.Ⅹ.08，马绣同采。

形态描述　贝壳小，瘦长型；壳质厚而结实。螺层约 7 层，壳顶钝，常被磨损。缝合线清晰，凹。螺旋部高，体螺层不宽大，基部明显收缩。壳面粗糙不平，各螺层上有5-6 条纵肿肋，肋上有界限不清的短棘刺和突起；在纵肿肋之间还有细的纵螺纹和粗细相间的螺肋，粗肋由 2-3 条珠状细肋组成，可延伸至纵肿肋的短棘上，肋间沟较宽。壳面呈紫红色或玫瑰红色，外唇边缘的翼状棘上颜色较淡。壳口卵圆形，内红色；外唇宽厚，边缘有宽的翼状棘；内唇弧形，平滑。前水管沟稍延长，为封闭的管状，向背方弯曲。厣未见。

标本测量（mm）

　　壳长　8.5

　　壳宽　4.5

生物学特性　栖息于潮间带低潮区至浅海岩石或珊瑚礁间。

地理分布　分布于热带印度-西太平洋海区，在我国见于台湾（恒春半岛、屏东），海南岛；日本（奄美大岛以南），波利尼西亚和印度洋等地也有分布。

图 77　红花蜂巢螺 *Favartia crouchi* (Sowerby)

15. 光滑眼角螺属 *Homalocantha* Mörch, 1852

Homalocantha Mörch, 1852, 1: 95.

Type species: *Murex scorpio* Linnaeus, 1758.

特征 贝壳中等大（大的个体壳长达 70.0mm），缝合线处有凹坑，各螺层通常有 5 条发达的纵肋，其上具有长短不等的枝状或扇形棘状突起。壳口小，卵圆形。外唇突出，内缘有齿状突起，外缘扩张，向外延伸数个棘刺状突起，其中 2 个特别发达，呈喇叭形或鸭蹼状。

本属在中国沿海已知有 2 种。

种 检 索 表

贝壳较宽，边缘有 2 个鸭蹼状的宽棘··鸭蹼光滑眼角螺 *H. anatomica*
贝壳较瘦长，边缘有 2 个喇叭状的长棘··然氏光滑眼角螺 *H. zamboi*

(64) 鸭蹼光滑眼角螺 *Homalocantha anatomica* (Perry, 1811)（图 78）

Hexaplex anatomica Perry, 1811: pl. 8, fig. 2.

Murex rota Mawe, 1823: 131.

Murex pele Pilsbry in Pilsbry & Bryan, 1918: 99, pl. 9, figs. 9, 12.

Homalocantha anatomica (Perry): Cernohorsky, 1968: 126, pl. 15, fig. 16, text-fig. 9; Radwin & D'Attilio, 1976: 52, pl. 8, figs. 6-10; Qi *et al.*, 1983, 2: 73; Abbott & Dance, 1983: 139, text-fig.; Springsteen & Leobrera, 1986: 131, pl. 35, fig. 18; Wilson, 1994: 37, pl. 6, fig. 32; Tsuchiya in Okutani, 2000: 375, pl. 186, fig. 53; Lai, 2005: 199; Wu & Lee, 2005: 77, fig. 331; Jung *et al.*, 2010: 106, figs. 55a-f.

别名 银杏螺。

英文名 Anatomical Murex。

模式标本产地 不详。

标本采集地 海南。

观察标本 1 个标本，MBM258383，海南，1981.X.9，马绣同采；1 个标本，MBM114219，海南（三亚大东海），1975.IV.6，马绣同采；1 个标本，HBRM007-2325-11，海南（三亚小东海），2007.XII.15，张素萍采。

形态描述 贝壳中等大，略呈纺锤形；壳质坚厚。螺层约 5 层，胚壳 2-2½层，螺层之间有缺刻。缝合线处界限不明显，有凹坑。螺旋部较低，体螺层较大而长。表面凹凸不平，各螺层有 5 条纵肿肋，其上具有长短不等的薄片或扇形的棘状突起，纵肋从肩部向上呈片状延伸，与上面的螺层相连接，螺肋细弱，外部常附着一些石灰质或石灰藻而看不清表面雕刻。壳面为白色或略呈淡黄色。壳口较小，卵圆形，内白色或淡褐色，外唇宽厚，内缘有齿状突起，外缘扩张，向外延伸数个棘状突起，其中 2 个特别发达，形似鸭蹼状；内唇光滑。前水管沟延长，后部封闭，前端部分开口，水管的右侧有 2-3 个较强的棘状突起。厣角质，褐色。

标本测量（mm）

壳长	58.0	49.5	40.5
壳宽	40.0	25.0	28.0

生物学特性　暖水种；生活在潮间带低潮线附近至浅海 30m 左右的岩礁间。较少见种。

地理分布　分布于印度洋和整个西太平洋海区，在我国见于台湾和海南沿海；日本（纪伊半岛以南），菲律宾，夏威夷群岛，澳大利亚及东非和印度洋等地也有分布。

经济意义　贝壳可供观赏。

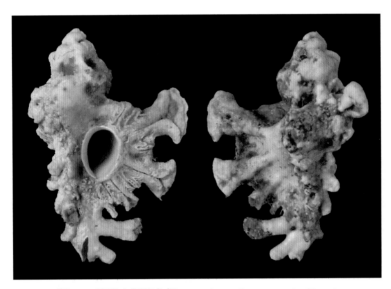

图 78　鸭蹼光滑眼角螺 *Homalocantha anatomica* (Perry)

(65) 然氏光滑眼角螺 *Homalocantha zamboi* (Burch & Burch, 1960)（图 79）

Murex anatomica var. *zamboi* Burch & Burch, 1960: 7.

Homalocantha zamboi (Burch & Burch): Radwin & D'Attilio, 1976: 55, pl. 8, fig. 3; Abbott & Dance, 1983: 139; Springsteen & Leobrera, 1986: 131, pl. 35, fig. 19; Lai, 2005: 199, text-fig.; Tsuchiya in Okutani, 2000: 375, pl. 186, fig. 54; Wu & Lee, 2005: 77, fig. 332; Robin, 2008: 262, fig. 6; Jung *et al.*, 2010: 106, figs. 56a-b.

别名　然氏银杏螺。

英文名　Zambo's Murex。

模式标本产地　不详。

标本采集地　台湾北部和海南。

观察标本　1 个标本，M2008-192，海南三亚，2008.III.13，张素萍收集。

形态描述　贝壳近似于前种，壳形较鸭蹼光滑眼角螺瘦，棘刺较鸭蹼光滑眼角螺细长。壳质稍薄，结实。螺层约 6 层，壳顶小而尖。缝合线处有凹坑，且界限不清晰。螺旋部稍高，体螺层稍大。壳面平滑，雕刻细弱。具有 5 条较发达的纵肿肋，其上生有长而发达的形似鹿角的棘状突起，在棘刺的末端有分叉，纵肋从肩部向上呈片状延伸，与上面的螺层相连接。壳面呈淡粉色或白色。壳口近圆形，内红色或粉红色，外唇内缘平滑，外缘向外延伸有 2 个特别发达、呈喇叭状的长棘；内唇光滑。前水管沟长，呈封闭的管状，仅在前部有开口，管壁上生有长短不等的枝状棘或短刺。

标本测量（mm）

    壳长　40.4

    壳宽　38.5

生物学特性　暖水种；生活在潮下带浅海岩礁质海底中。较少见种。

地理分布　在我国见于台湾北部海域；日本，菲律宾和印度尼西亚等地均有分布。

经济意义　贝壳造型独特，可供观赏。

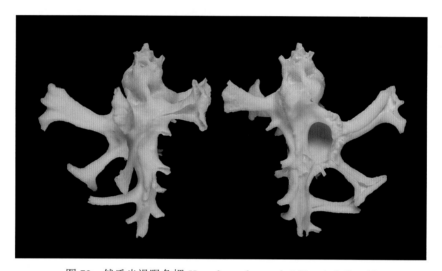

图 79　然氏光滑眼角螺 *Homalocantha zamboi* (Burch & Burch)

（三）爱尔螺亚科 Ergalataxinae Kuroda, Habe & Oyama, 1971

Ergalataxinae Kuroda, Habe & Oyama, 1971: 149, 229.

Type genus: *Ergalatax* Iredale, 1931.

特征　贝壳小或中等大，多数个体较小，呈纺锤形或菱形；壳质结实。胚壳光滑，有的多达 3-4 个螺层。螺旋部较高，多呈圆锥形。壳表雕刻有明显的纵肋和细螺肋，有的常形成格子状，螺肋上具有覆瓦状排列的小鳞片或短刺。螺层中部常形成肩角。壳口卵圆形、卵三角形或稍狭长。外唇内缘具小齿列，有些种类轴唇上有褶襞或小齿。前水管沟中等长或短，半管状，通常具有 1 个缺刻状的后水管沟。厣角质，卵圆形，核位于下方。

本亚科动物主要为暖水性较强的种类，分布于印度-西太平洋热带或亚热带暖海区，栖息于潮间带至浅海水深 5-200m 的岩礁、砂、泥沙或砂砾质海底中。在我国主要分布于东、南部沿海，多数见于福建以南。

目前，本亚科动物在中国沿海已报道 11 属。

属 检 索 表

16. 爱尔螺属 *Ergalatax* Iredale, 1931

Ergalatax Iredale, 1931: 231.

Type species: *Ergalatax recurrens* Iredale, 1931=(*Buccinum contractum* Reeve, 1846).

特征　贝壳呈纺锤形；中等大或小，壳质坚实。螺旋部呈低圆锥形，各螺层多少有些膨胀。壳面雕刻有纵肋和细螺肋，交织点常形成小结节突起，且螺肋上常具有覆瓦状排列的小鳞片，有的具螺带。壳口卵圆形，外唇内缘具齿列。前水管沟短或稍长。

爱尔螺属动物通常生活于潮间带至潮下带浅海砂、砂砾、岩礁或珊瑚礁质海底中，见于浙江以南沿海。

目前，中国沿海已知有 2 种。

种 检 索 表

(66) 爱尔螺 *Ergalatax contracta* (Reeve, 1846)（图 80）

Buccinum contractum Reeve, 1846: pl. 8, fig. 53.

Murex calcarius Dunker, 1860: 230.

Urosalpinx smithi Schepman, 1911: 351, pl. 21, fig. 5.

Urosalpinx bandana Schepman, 1911: 351, pl. 21, fig. 6.

Ergalatax recurrens Iredale, 1931: 231.

Cronia contracta (Reeve): Wilson, 1994: 22, pl. 5, figs. 29a-b.

Cronia (*Ergalatax*) *contracta* (Reeve): Springsteen & Leobrera, 1986: 144, pl. 39, fig. 15; Rao, 2003: 236, pl. 56, fig. 4.

Ergalatax contracta (Reeve): Kuroda, 1941: 109; Kuroda *et al.*, 1971: 150, pl. 43, figs. 12-13; Radwin & D'Attilio, 1976: 48, pl. 2, figs. 10-12, text-fig. 24; Chinese Shell-name Committee, 1987: 34, fig. 61; Lai, 1988: 95, figs. 252A-C; Tsuchiya in Okutani, 2000: 383, pl. 190, fig. 94; Houart, 1995: 251, figs. 8, 56, 59-61; Rao, 2003: 236, pl. 56, fig. 4; Zhang, 2007: 545; Houart in Poppe, 2008: 198, pl. 394, figs. 7-9; Jung *et al.*, 2010: 111, figs. 74a-b.

别名　粗肋结螺。

英文名　Contracted rock shell。

模式标本产地　菲律宾。

标本采集地　浙江（平阳），福建（厦门、崇武、东山），广东（南澳、深圳宝安、大亚湾），广西（涠洲岛、白龙尾），海南（新村），香港，南海。

观察标本　4 个标本，浙江平阳，1979.Ⅹ.4 采；8 个标本，MBM258410，厦门，1957.Ⅳ.05 采；15 个标本，MBM114468，福建东山，1957.Ⅳ.16 采；20 个标本，广东宝安，MBM114485，1963.Ⅶ.13，张福绥采；3 个标本，MBM114472，广东大亚湾，1976.Ⅴ.24，王祯瑞、楼子康采；6 个标本，MBM114487，广西白龙尾，1978.Ⅴ.29，马绣同采；2 个标本，MBM114489，海南新村，1958.Ⅳ.18，马绣同采；3 个标本，MBM114471，香港 1980.Ⅳ.20，林光宇采；6 个标本，MBM114482，南海（6153），水深 55m，中砂，1962.Ⅱ.10，刘继兴采。

形态描述　贝壳呈纺锤形；壳质稍厚而结实。螺层约 8 层，缝合线浅而明显。螺旋部较高，呈圆锥形，体螺层大，前端收缩。各螺层中部突出形成肩部，在肩角上具有弱的结节突起。壳表具有稀疏而发达的纵肋，在体螺层有 8-9 条，肋间沟较宽。螺肋细密，粗细不太均匀，在肩角上和贝壳基部螺肋较粗，肋上布满密集的小鳞片。壳面为土黄色或黄褐色等，具有不太规则的褐色或紫褐色的螺带或螺纹，有的个体色带较窄，有的较宽。壳口长卵形，内白色，外唇加厚，内缘具有颗粒状小齿列（幼体外唇薄，内缘常无齿列）；内唇平滑，轴唇具细弱褶襞。前水管沟较短，向背方弯曲，后水管沟小。有假脐。厣角质，褐色。

标本测量（mm）

壳长	42.0	31.0	30.8	24.0	20.0
壳宽	16.3	16.0	15.5	11.5	13.2

生物学特性　本种通常生活于潮间带至潮下带浅海水深 5-60m 的中砂、砂砾或岩礁质海底中。

地理分布　分布于热带和亚热带印度-西太平洋海域，在我国见于台湾和浙江平阳以南沿海；朝鲜半岛，日本（房总半岛以南），菲律宾，新喀里多尼亚，澳大利亚，印度和东非等地均有分布。

图 80　爱尔螺 *Ergalatax contracta* (Reeve)

(67) 德川爱尔螺 *Ergalatax tokugawai* **Kuroda & Habe, 1971**（图 81）

Ergalatax tokugawai Kuroda & Habe in Kuroda *et al.*, 1971: 151, 231, pl. 43, fig. 17; Tsuchiya in
　Okutani, 2000: 382, pl. 190, fig. 95; Houart, 1998b: 107, figs. 38-39; Zhang, 2007: 543, fig. b.

模式标本产地　日本（相模湾）。

标本采集地　东海（浙江外海），南沙群岛（56 站）。

观察标本　1 个标本，东海，水深 200m，岩礁质底，2012.Ⅴ，尉鹏提供；1 个标本，东海，水深 260m，泥砂质，2011.Ⅴ.15，张素萍收集；1 个标本，南沙群岛，水深 135m，珊瑚砂，1999.Ⅶ.11，唐质灿采。

形态描述　贝壳修长，呈纺锤形；壳质结实。螺层约 8 层，胚壳 3-3½层，光滑。缝合线清晰，稍凹。螺旋部较高，体螺层大。在各螺层缝合线的下方有 1 斜坡状的肩部，肩角上有 1 条粗肋与纵肋交叉形成的角状突起。壳面具有稀疏而粗壮的纵肋，肋间距宽，体螺层上有纵肋约 7 条；螺肋明显，粗细相间，在 1 条突出的粗肋中间有数条细肋，肋上具小棘刺，在各螺层中部通常有 2 条明显的粗壮螺肋突出于壳面。壳面呈黄白色或淡褐色，在每一螺层缝合线的上方和体螺层的中部有 1 条褐色的螺带（有的个体或老的贝壳标本，色带不明显）。壳口长卵圆形，内淡黄白色。外唇边缘加厚，内缘具细齿列；内唇平滑。前水管沟稍延长，向背方弯曲；后水管沟缺刻状。厣未见。

标本测量（mm）

　　　壳长　19.0　18.9　13.5
　　　壳宽　10.0　8.5　7.2

生物学特性 暖海产；据 Okutani（2000）报道，本种通常生活在水深 50-200m 的砂砾质海底中。研究用的标本分别采自东海水深 260m 的砂质底和南沙群岛水深 135m 的处珊瑚砂质海底。

地理分布 分布于印度-西太平洋水域，在我国见于东海（浙江外海）和南沙群岛；日本（相模湾），印度尼西亚等地也有分布。

图 81 德川爱尔螺 *Ergalatax tokugawai* Kuroda & Habe

17. 小结螺属 *Cytharomorula* Kuroda, 1953

Cytharomorula Kuroda, 1953b: 183.
Type species: *Cytharomorula vexillum* Kuroda, 1953.

特征 贝壳小型，瘦长或两端尖，呈长纺锤形或菱形；表面具有粗壮的纵肋，螺肋细，有的具细螺带或斑点。缝合线凹，肩部平，每一螺层的缝合线下方常形成 1 斜坡。壳口较长，呈长卵圆形，外唇内缘有齿列，多数有 4 个齿。前水管沟短，末端常染色。厣角质，红褐色。

本属在中国沿海发现 2 种。

种 检 索 表

螺层中部圆，壳面具有红褐色的螺线 ································· 旗瓣小结螺 *C. vexillum*
螺层中部有棱角，壳面无红褐色的螺线 ······················· 细肋小结螺 *C. paucimaculata*

(68) 旗瓣小结螺 *Cytharomorula vexillum* Kuroda, 1953（图 82）

Cytharomorula vexillum Kuroda, 1953b: 183, figs. 8, 11; Houart, 1994: 257, figs. 28, 74-76; Tsuchiya in Okutani, 2000: 381, pl. 189, fig. 86; Houart & Heros, 2008: 460, figs. 4K, 5A-B.

模式标本产地 日本（土佐湾）。

标本采集地　东海（东北部）。

观察标本　1个标本，东海东北部，水深250m，岩礁质底，2008.Ⅴ采，图片由尉鹏提供。

形态描述　贝壳呈纺锤形，两端尖，中部膨凸。壳质较厚，结实。螺层约8½层，胚壳光滑，约3½层（Houart, 1994）。缝合线凹。螺旋部高，体螺层较大。表面具有粗而圆的纵肋约8条，肋间沟深；螺肋细密而均匀。壳面呈黄白色或淡黄褐色，突出的螺肋呈红褐色或褐色，通常在纵横螺肋的交织处突出于壳面，其颜色更清晰，而在螺沟内颜色较淡或不明显，前水管沟处染色。壳口稍窄，内唇弧形，平滑；外唇宽厚，成体内缘有颗粒状的小齿。前水管沟稍宽，后水管沟小而明显。厣角质，栗色。

标本测量（mm）

　　壳长　21.1
　　壳宽　　9.1

生物学特性　本种栖息较深，通常生活在水深200m以上的岩礁质海底中。我们在东海收集的标本栖息于水深250m左右；但据Houart（1994）报道，本种在新喀里多尼亚海域生活的水深为230-610m。

地理分布　在我国见于东海的东北部海域；日本，菲律宾，新喀里多尼亚，汤加和南非等地也有分布。

图82　旗瓣小结螺 *Cytharomorula vexillum* Kuroda

(69) 细肋小结螺 *Cytharomorula paucimaculata* (Sowerby, 1903)（图83）

Pentadactylus paucimaculatus Sowerby, 1903: 496.

Cytharomorula paucimaculata (Sowerby): Houart & Heros, 2008: 459; Jung *et al*., 2010: 136, fig. 76.

别名　细肋结螺。

模式标本产地　日本。

标本采集地　台湾东部。

观察标本　1 个标本，台湾东部，浅海礁石质海底。标本图片由台湾赖景阳教授提供。

形态描述　贝壳小型，修长；壳质结实。螺层约 8 层，胚壳 2½-3 层，光滑。缝合线浅而明显。螺旋部高，体螺层高但不膨大。各螺层中部形成弱的肩角，从缝合线至肩角处有 1 小的斜坡。壳表具有较粗的纵螺肋，在体螺层上约有 10 条；螺肋细密。壳面呈黄白色、淡黄褐色，缝合线处和贝壳的基部常有 1 环细的褐色斑纹和小斑点，在体螺层中部有 1 条红褐色斑块组成的螺带，背部较清晰，腹面斑块变小或消失。壳口长，内白色或淡粉色，外唇内缘有 5-6 条肋状齿；内唇平滑。前水管稍长，向背方弯曲。

标本测量（mm）

　　壳长　10.2

　　壳宽　3.6

生物学特性　此种通常栖息于浅海数十米的砂或礁石质海底中。

地理分布　分布于印度-西太平洋暖海区，在我国见于台湾的东北部海域；日本，菲律宾，马来西亚，关岛，新喀里多尼亚，斐济群岛，印度洋和红海等地均有分布。

图 83　细肋小结螺 *Cytharomorula paucimaculata* (Sowerby)

18. 狸螺属 *Lataxiena* Jousseaume, 1883

Lataxiena Jousseaume, 1883: 187.

Type species: *Lataxiena lataxiena* Jousseaume, 1883 (=*Trophon fimbriatus* Hinds, 1844).

特征　贝壳中等大，壳质较厚而结实。各螺层中部突出形成肩角，其上具短棘、龙骨状或角状突起。壳面螺肋明显，有的个体肋上有棘刺或鳞片，纵肋较弱。壳口卵圆形或长卵圆形，内具有放射状螺肋，内缘有齿状突起。厣角质，褐色。

本属在中国沿海共发现 3 种。

种 检 索 表

(70) 纹狸螺 *Lataxiena fimbriata* (Hinds, 1844)（图 84）

Trophon fimbriatus Hinds, 1844b: 14, pl. 1, figs. 18-19.

Murex luculentus Reeve, 1845: 3, pl. 28, fig. 127.

Lataxiena lataxiena Jousseaume, 1883: 187; Kuroda, 1941: 109.

Lataxiena fimbriata (Hinds): Radwin & D'Attilio, 1976: 56, pl. 19, figs. 10-11; Lai, 1988: 94, figs. 250A-B; Wilson, 1994: 23, pl. 6, figs. 33a-b; Houart, 1995: 260, figs. 93-94; Tsuchiya in Okutani, 2000: 380, pl. 189, fig. 85; Zhang, 2007: 545; Houart in Poppe, 2008: 198, figs. 11-12.

别名 花篮骨螺。

英文名 Fimbriate false latiaxis。

模式标本产地 印度尼西亚（望加锡海峡）。

标本采集地 福建（厦门、东山），广东（硇洲岛），海南（新盈、三亚湾、南沙群岛），南海（中国近海、北部湾）。

观察标本 6 个标本，MBM114481，福建厦门，1957.Ⅳ.02 采；1 个标本，MBM258338，福建东山，1984.Ⅳ.17，马绣同采；1 个标本，MBM258335，广东硇洲岛，1976.Ⅶ.29，任先秋采；7 个标本，K138B-110，南海（6063），水深 39.5m，泥质粗砂，1960.Ⅱ.16，沈寿彭采；1 个标本，MBM258348，南沙群岛，水深 44m，砂泥质，1990.Ⅵ.09，任先秋等采；1 个标本，MBM114482，三亚湾，水深 3-10m 拖网，1981.Ⅹ.03 采；2 个标本，MBM207482，北部湾（6284），水深 20m，沙质泥，1960.Ⅹ.20，沈寿彭采。

形态描述 贝壳中等大，纺锤形；壳质稍厚而结实。螺层约 8 层。螺顶小而尖，约 2 层，光滑无肋。缝合线清晰。各螺层中部扩张，形成肩部，肩角上有短刺或结节。壳面雕刻有细而明显的纵肋，体螺层上 12-13 条；螺肋较粗，肋间沟宽，沟内还有 1 条细的间肋。螺肋在螺旋部每一螺层上有 2 条，体螺层有 9-10 条，纵、横螺肋交织成方格状。螺肋上有覆瓦状排列的鳞片，尤其在体螺层的背部，鳞片排列密集，有的个体鳞片发达，呈短棘状。壳面呈浅黄色或淡肉色，具有宽的红褐色螺带。壳口较大，呈卵圆形，内淡褐色，具放射状螺肋。外唇边缘有锯齿状缺刻；内唇光滑。前水管沟稍长，半管状，向背方弯曲，后水管沟小。绷带发达，具脐孔。厣角质，黄褐色。

标本测量（mm）

壳长	44.2	37.2	32.0	31.5	29.0
壳宽	24.0	20.3	19.0	18.5	17.0

生物学特性 暖水种；生活于潮间带低潮线至潮下带浅海岩礁、泥沙、细砂、砂砾或软泥质海底中。全国海洋综合调查时在南海水深 20-50m 的细砂或泥质粗砂底质中采到一些生活标本。

地理分布 在我国见于台湾和福建以南沿海；日本（房总半岛以南），越南，泰国，菲律宾，马来西亚，印度尼西亚，新喀里多尼亚和澳大利亚等地均有分布。

经济意义 肉可食用，贝壳可收藏。

图 84 纹狸螺 *Lataxiena fimbriata* (Hinds)

(71) 黄唇狸螺 *Lataxiena lutescena* Zhang & Zhang, 2015（图 85）

Lataxiena lutescena Zhang & Zhang, 2015, 33(2): 506-509, figs. a-b, f-h.
Lataxiena blosvillei Deshayes: Jung *et al.*, 2010: 122, fig. 122a (non Deshayes, 1832).

模式标本产地 中国（广东）。

标本采集地 广东（闸坡、硇洲岛、徐闻），海南（黎安）。

观察标本 2 个标本，54M-696，广东闸坡，1954.XI.17，马绣同采；1 个标本，54M-747，广东硇洲岛，1954.XII.29，马绣同采；1 个标本，76M-054，广东硇洲岛，1976.XI，蔡英亚采；1 个标本，M08-240-17，海南黎安，潮间带，珊瑚礁质砂，2008.III.27，张素萍采；8 个标本，广东徐闻，2011.IV.9，李永强采。

正、副模标本均保存于中国科学院海洋生物标本馆。

形态描述 贝壳呈纺锤形；个体较小，馆藏最大的 1 个标本壳长 33.5mm；壳质较厚，结实。缝合线凹。螺旋部高，各螺层中部突出，形成肩角。壳表雕刻有宽而低平的纵肋和粗细不均的螺肋，螺肋上有小鳞片，在每一螺层的肩部有 2 条间隔较宽的粗螺肋，与纵肋交叉形成角状突起，两粗肋之间雕刻有细螺纹。壳面呈灰褐色或栗色，在体螺层缝合线下方和中部各有 1 条浅色的螺带。壳口长卵圆形，周缘呈橘黄色；外唇厚，边缘有缺刻，内缘有 6 枚肋状齿；内唇平滑。前水管沟较短，开口，呈半管状；后水管沟小，呈"U"形。绷带发达，有假脐。厣角质，薄，黄褐色。

标本测量（mm）

　　壳长　33.5　28.4　24.0　22.0　16.0

　　壳宽　18.2　14.8　12.5　11.2　8.3

讨论　黄唇狸螺 *Lataxiena lutescena* 外形与锈狸螺 *Lataxiena blosvillei* 近似，在以往的鉴定中常混淆在一起，台湾的钟柏生等（2010）就把 2 种都鉴定为锈狸螺。经研究观察，发现二者外形是有明显差异的，黄唇狸螺体螺层的肩部有 2 条突出的螺肋，壳口为橘黄色，外唇厚，内缘具 6 枚肋状齿；而锈狸螺体螺层的肩部有 1 条突出的粗螺肋，壳口外唇薄，壳口内呈深褐色或灰黄褐色，外唇内缘有放射状条纹，边缘无肋状齿。

生物学特性　暖水种；生活在潮间带的岩礁间、石块下或珊瑚礁间。

地理分布　台湾（金门）、广东东部沿海和海南等地均有分布。

图 85　黄唇狸螺 *Lataxiena lutescena* Zhang & Zhang

(72) 锈狸螺 *Lataxiena blosvillei* (Deshayes, 1832)（图 86）

Fusus blosvillei Deshayes, 1832: 155; Reeve, 1847: pl. 6, figs. 25a-b.

Fusus heptagonalis Reeve, 1847, 4: pl. 7, fig. 26.

Bedeva blosvillei (Deshayes): Radwin & D'Attilio, 1976: 27, pl. 2, fig. 8; Springsteen & Leobrera, 1986: 145, pl. 40, fig. 6.

Lataxiena blosvillei (Deshayes): Wilson, 1994: 22, pl. 5, figs. 27a-b; Zhang, 2007: 543, fig. a; Jung *et al.*, 2010: 122, fig. 122b.

Bedeva blosvillei (Deshayes): Houart in Poppe, 2008: 198, pl. 394, fig. 10.

别名　耸肩岩螺。

英文名　Blosville's false latiaxis.

模式标本产地　菲律宾。

标本采集地　广东（汕头、宝安、大亚湾、澳头三门岛），香港。

观察标本　5 个标本，MBM258327，广东汕头，1980.XII.24，马绣同采；1 个标本，MBM114452，广东宝安，1963.VII.21，张福绥采；3 个标本，MBM114456，广东大亚湾，

1963.Ⅶ.8，张福绥采；6 个标本，MBM258905，广东宝安东山，1963.Ⅶ.22，张福绥采；2 个标本，MBM258329，广东大亚湾，1976.Ⅴ.30 采；2 个标本，广东大亚湾（22°35′N，114°33′E），水深 13m，泥沙质，2013.Ⅴ，李海涛采。

形态描述 贝壳中等大，呈纺锤形；壳质厚而坚实。螺层约 7 层，缝合线明显，稍凹。螺旋部高，呈塔形，体螺层大。各螺层中部突出形成 1 斜坡状肩部，肩上具有粗螺肋或角状突起。壳面雕刻有粗细相间的螺肋；纵肋较粗而稀疏，在螺旋部较明显，在体螺层上较弱。壳面为青灰色或灰褐色，肩角上的突起颜色较淡，呈土黄色。体螺层上有 2 条界限不太分明的深褐色螺带。壳口呈长卵圆形，内多呈深褐色或灰黄褐色，有放射状螺肋。外唇薄，内缘无齿，边缘具小的缺刻；内唇平滑。前水管沟稍延长；后水管沟短小。具假脐，角质厣，栗色。

标本测量（mm）

壳长	44.3	42.5	41.0	40.8	38.5
壳宽	22.5	22.5	22.8	22.0	21.2

讨论 目前，本种的分类地位存在分歧，有的学者认为本种应归属于锉骨螺亚科的 *Bedeva* (Houart, 2008)，著者查阅了海洋贝类物种信息库（WoRMS），认为本种仍属于爱尔螺亚科。

生物学特性 暖海产；生活于潮间带至浅海水深 10-20m 的岩礁间。

地理分布 在我国见于台湾、广东东部沿海和香港等地；菲律宾，马来西亚，澳大利亚和东印度洋等地也有分布。

图 86 锈狸螺 *Lataxiena blosvillei* (Deshayes)

19. 黄口螺属 *Pascula* Dall, 1908

Pascula Dall, 1908: 311.

Type species: *Trophon citricus* Dall, 1908.

特征 贝壳小，呈纺锤形或近菱形；壳面白色或黄白色，通常具有较发达的纵肋和螺肋，并具有结节突起或短棘。壳口卵圆形或半月形，内多为黄色，少数为白色。外唇内缘具齿列。

本属为典型的热带种类，栖息于潮间带至浅海珊瑚礁质海底中。在我国见于海南三亚至南沙群岛海域。

本属在中国沿海发现 3 种。

种 检 索 表

1. 贝壳较瘦长，表面有刺 ……………………………………………………… 尖角黄口螺 *P. lefevriana*
   贝壳较宽短，表面无刺 ………………………………………………………………………… 2
2. 体螺层上有褐色斑块 ………………………………………………………………… 黄口螺 *P. ochrostoma*
   体螺层上无褐色斑块 ……………………………………………… 刺面黄口螺 *P. muricata*

(73) 黄口螺 *Pascula ochrostoma* (Blainville, 1832)（图 87）

Purpura ochrostoma Blainville, 1832: 205, pl. 10, fig. 29.

Ricinula ochrostoma Blainville: Reeve, 1846: pl. 4, fig. 31.

Ricinula cavernosa Reeve, 1846: pl. 5, figs. 38a-b.

Drupa ochrostoma (Blainville): Zhang, 1976: 339, pl. 2, figs. 9-10.

Morula cavernosa (Reeve): Lai, 1987: 35, fig. 58; Chinese Shell-name Committee, 1987: 34, fig. 58.

Drupella ochrostoma (Blainville): Cernohorsky, 1969: 305, pl. 48, figs. 14-14a, text-fig. 9.

Cronia (*Pascula*) *ochrostoma* (Blainville): Springsteen & Leobrera, 1986: 144, pl. 39, fig. 13.

Cronia ochrostoma (Blainville): Cernohorsky, 1978: 70, pl. 20, fig. 7; Tsuchiya in Okutani, 2000: 383, pl. 190, fig. 92; Rao, 2003: 237, pl. 56, fig. 5.

Pascula ochrostoma (Blainville): Zhang, 2007: 545; Houart in Poppe, 2008: 204, pl. 397, fig. 6; Jung *et al.*, 2010: 111, fig. 73.

别名　黄口结螺、海绵结螺、黄口核果螺、黄口拟核果螺。

模式标本产地　不详。

标本采集地　海南（三亚、西沙群岛）。

观察标本　2 个标本，MBM258396，西沙的金银岛，1975.Ⅴ.28，马绣同采；1 个标本，MBM114090，西沙晋卿岛，1955.Ⅳ.27，楼子康、徐凤山采；1 个标本，MBM258227，海南三亚，1981.Ⅹ.9，马绣同采。

形态描述　贝壳小型，呈纺锤形；壳质结实。螺层约 7 层，缝合线浅而明显。螺旋部稍高，体螺层高大，约占贝壳长度的近 3/4。各螺层中部突出，形成肩角。壳面雕刻有稀疏而粗壮的纵肋，体螺层上约 7 条；螺肋较粗，排列不均匀，在螺旋部的每一螺层上有 2 条，体螺层上有 5-6 条，在肩部有 2 条，较发达，基部的 3 条排列紧密，与上面的 2 条分隔成两部分，肋间距较宽，背腹面的肋间常出现 2-3 个深褐色或红褐色的斑块或斑点。纵、横螺肋交织形成结节或短棘状突起，以体螺层肩部的 1 列较发达。壳面白色或黄白色。壳口近菱形，内橘黄色，外唇宽厚，内缘刻有 7 枚小齿；内唇弧形，平滑，轴唇上 3-4 个褶襞，但也有的种类不甚明显。前水管沟较短，后水管沟小而明显；具脐孔。厣角质，褐色。

标本测量（mm）

　　壳长　16.0　15.2　12.7　12.0

　　壳宽　10.0　9.3　7.5　7.5

讨论　关于本种的归属问题，在以往的分类中一直存在分歧，张福绥（1976）曾将其列入核果螺属 *Drupa*，台湾贝类中文订名组采用的是结螺属 *Morula*，菲律宾和日本等国学者 Springsteen 和 Leobrera（1986）及 Tsuchiya（2000）用的是拟结螺属 *Cronia*。依据 Houart（1995，2008）等分类文献，确定本种现归属于 *Pascula* 内。由于本种的分类地位一直不确定，中文名称也有多个，在编写本志时依据本属的特征，修订为黄口螺。

生物学特性　暖水性较强的种类；栖息于潮间带低潮区的珊瑚礁质海底中。

地理分布　广布于印度-西太平洋热带海域，在我国见于台湾、海南三亚、西沙群岛；日本，菲律宾，澳大利亚，印度洋，红海和地中海等地均有分布。

图 87　黄口螺 *Pascula ochrostoma* (Blainville)

(74) 刺面黄口螺 *Pascula muricata* (Reeve, 1846)（图 88）

Ricinula muricata Reeve, 1846: pl. 5, fig. 39.

Murex nitens A. Adams, 1854: 72.

Pascula muricata (Reeve): Houart, 1994: 275, figs. 23-24, 46, 143-153; Houart in Poppe, 2008: 204, pl. 397, figs. 4-5; Jung *et al.*, 2010: 112, fig. 8.

　　别名　果核结螺。

模式标本产地　不详。

标本采集地　西沙群岛和南沙群岛。

观察标本　1 个标本，MBM258229，西沙琛航岛，1975.Ⅴ.20，马绣同采；1 个标本，

MNM258738，南沙仁爱礁，1988.Ⅶ.21，唐质灿采；1 个标本，MBM258196，南沙南薰礁，1999.Ⅳ.17，唐质灿等采；1 个标本，南沙群岛，2002.Ⅴ.16，王洪发采。

　　形态描述　贝壳小型，呈纺锤形；壳质结实。外形与黄口螺相近，但不同的是本种体螺层背、腹面无褐色斑块或斑点。螺层约 7 层，缝合线浅，表面常覆盖 1 层石灰质的外皮而看不清缝合线或雕刻。螺旋部较高而尖，体螺层大。各螺层中部突出，形成稍弱的肩角。壳面雕刻有发达的纵、横螺肋，纵肋较粗，在体螺层上 7-8 条；纵、横螺肋交叉点形成角状或瘤状突起，在体螺层肩部的突起较发达。壳面白色或黄白色，体螺层的肋间无褐色斑块或斑点。壳口近菱形或半月形，内橘黄色，外唇较厚，内缘刻有小齿约 7 枚；内唇弧形，平滑，轴唇上常有褶襞，但也有的种类不甚明显。前水管沟短小，缺刻状，后水管沟小而明显；具脐孔。

　　标本测量（mm）

壳长	16.0	15.3	13.5	12.0
壳宽	9.6	9.0	7.5	6.5

　　讨论　以往我们把本种的一些标本与黄口螺混淆一起，均鉴定为黄口螺 *Pascula ochrostoma*，在编写本志时，参考了 Houart（1994，2008）的报道，并仔细观察了馆藏标本，发现馆藏的标本中存在 2 个不同的种，二者的主要区别为，黄口螺体螺层上具有褐色或黑褐色斑点，而本种体螺层上无斑点。

　　生物学特性　暖水性较强的种类；通常栖息于潮间带低潮区至浅海水深 40m 左右的岩礁或珊瑚礁质海底中。

　　地理分布　分布于印度-西太平洋热带和亚热带暖海区，在我国见于台湾、西沙群岛和南沙群岛；日本，菲律宾，波利尼西亚，以及从南非至红海等地均有分布。

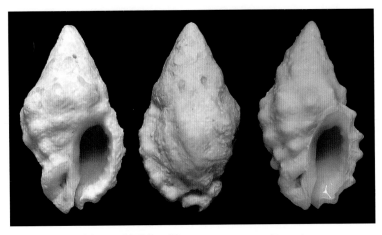

图 88　刺面黄口螺 *Pascula muricata* (Reeve)

(75) 尖角黄口螺 *Pascula lefevriana* (**Tapparone-Canefri, 1881**)（图 89）

Tritonidea lefevriana Tapparone-Canefri, 1881: 65, pl. 3, figs. 7-8.

Murex benedictus Melvill & Standen, 1895: 108, pl. 2, fig. 13.

Pentadactylus paucimaculatus Sowerby, 1903: 496.

Pascula lefevriana (Tapparone-Canefri): Houart, 1995: 274, fig. 142; Houart in Poppe, 2008: 204, pl. 397, fig. 1; Jung *et al.*, 2010: 137, figs. 82a-b.

别名　尖角结螺。

模式标本产地　毛里求斯。

标本采集地　台湾南部。

观察标本　1 个标本，台湾南部，杨翰动先生采集。标本图片由台湾赖景阳教授提供。

形态描述　贝壳微小型，壳长一般不超过 10mm。壳质较厚，结实。螺层约 7 层。缝合线浅，明显。各螺层上部突起，形成肩角。壳表雕刻有粗壮的纵肋，在体螺层上有纵肋 8 条左右；螺肋粗细相间，在 2 条粗肋还有数条细肋或细螺纹。粗肋与纵肋交叉点形成角状突起，在突起上生有棘刺（台湾的标本棘刺磨损）。壳面黄白色或黄褐色，在每一螺层的缝合线处有 1 环深褐色的斑点，体螺层上有褐色螺带或斑块，表面色带和颜色在不同个体中有变化。壳口狭长，内淡黄色，外唇内缘有小齿列，外缘宽，其上有角状突起和棘刺；内唇平滑。前水管沟短。

标本测量（mm）

壳长　8.0

壳宽　4.0

生物学特性　据钟柏生等（2010）报道，本种生活在潮下带的岩礁质海底中。

地理分布　在我国见于台湾南部海域；日本，波利尼西亚，关岛，新喀里多尼亚等地，以及在印度洋从毛里求斯至红海等地也有分布。

图 89　尖角黄口螺 *Pascula lefevriana* (Tapparone-Canefri)

20. 格螺属 *Muricodrupa* Iredale, 1918

Muricodrupa Iredale, 1918: 38.

Type species: *Purpura fenestrata* Blainville, 1832.

特征 贝壳中等大，壳质厚。壳面粗糙，凹凸不平，具发达的纵、横螺肋，二者交织成方格状。壳口内具颜色，外唇内缘有齿列。

目前，本属在中国沿海发现 2 种。

种 检 索 表

螺旋部高，壳口内呈橘黄色·······································**方格螺** *M. fenestrata*
螺旋部低，壳口内非橘黄色·······································**筐格螺** *M. fiscella*

(76) 方格螺 *Muricodrupa fenestrata* (Blainville, 1832)（图 90）

Purpura fenestrata Blainville, 1832: 221, pl. 10, fig. 11.

Purpura cancellata Quoy & Gaimard, 1832: 563, pl. 37, figs. 15-16.

Ricinual elongate (Blainville): Reeve, 1846: pl. 4, fig. 25.

Drupa cancellata (Quoy & Gaimard): Zhang, 1976: 343, pl. 2, fig. 11.

Drupella fenestrata (Blainville): Cernohorsky, 1978: 68, pl. 19, fig. 10.

Conia (*Muricodrupa*) *fenestrata* (Blainville): Springsteen & Leobrera, 1986: 144, pl. 39, fig. 12.

Morula (*Cronia*) *cariosa* (Wood): Chinese Shell-name Committee, 1987: 34, fig. 55.

Muricodrupa fenestrata (Blainville): Houart, 1995: 264, fig. 96; Tsuchiya in Okutani, 2000: 383, pl. 190, fig. 100; Zhang, 2007: 545; Houart in Poppe, 2008: 200, pl. 395, figs. 12-13; Jung *et al.*, 2010: 112, fig. 78.

别名 方格核果螺、窗结螺。

模式标本产地 汤加。

标本采集地 海南（三亚）。

观察标本 1 个标本，M57-1028，海南三亚大洲，潮间带，1957.VI.12，马绣同采。

形态描述 贝壳呈纺锤形，壳质厚而结实。螺层约 8 层，缝合线浅而不明显。螺旋部高，呈圆锥形，体螺层较高大。在各螺层的上部稍突出，形成弱的肩角。壳面为黄白色或淡黄色，胚壳磨损，表面雕刻发达的纵、横螺肋，纵肋较宽，螺肋稍细，且螺肋粗细不均匀，在各螺的肩部有 1 条粗肋，是由几条细肋组成（因馆藏的 1 个老壳标本，外部磨损严重，已看不清雕刻）。体螺层上有宽而粗壮的纵肋 9 条，螺肋约 5 条，二者交织成方格状，并形成明显的凹陷。壳口长卵圆形，内淡橘黄色，外唇内缘具 4-5 枚结节状的齿，上方的 2 枚较大。前水管沟短，后水管沟缺刻状；具假脐，厣角质，栗色。

标本测量（mm）

　壳长　40.0
　壳宽　21.2

讨论　张福绥（1976）曾把本种放入核果螺属 *Drupa* 内，但根据 Houart（1995，2008）和 Tsuchiya（2000）等报道，它应属于格螺属 *Muricodrupa*。

生物学特性　栖息于热带和亚热带暖水区；通常生活在低潮线附近至浅海的珊瑚礁间的环境中。

地理分布　在我国见于台湾和海南岛；日本（伊豆诸岛以南），菲律宾，波利尼西亚，夏威夷群岛，新喀里多尼亚和南非等地也有分布。

图 90　方格螺 *Muricodrupa fenestrata* (Blainville)

(77)　筐格螺 *Muricodrupa fiscella* (Gmelin, 1791)（图 91）

Murex fiscellum Gmelin, 1791: 3552, no. 160; Reeve, 1845: pl. 27, fig. 124.

Murex funiculus Wood, 1828: 15, fig. 17.

Murex decussates Reeve, 1845: pl. 31, fig. 153.

Drupa fiscella (Gmelin): Zhang, 1976: 343, pl. 2, fig. 7.

Drupa (Morula) fiscellum (Gmelin): Kuorda, 1941: 110.

Morula (Cronia) fiscella (Gmelin): Cernohorsky, 1969, 11(4): 311, pl. 49, fig. 25, text-fig. 19.

Cronia (Muricodrupa) funiculus (Wood): Springsteen & Leobrera, 1986: 144, pl. 39, fig. 19.

Muricodrupa jacobsoni Emerson & D'Attilio, 1981: 78, figs. 1-4; Wilson, 1994: 24, pl. 6, fig. 21.

Muricodrupa fiscella (Gmelin): Wilson, 1994: 24, pl. 6, figs. 25, 26; Houart, 1995: 264, figs. 13, 97; Tsuchiya in Okutani, 2000: 383, pl. 190, fig. 98; Zhang, 2007: 545; Houart in Poppe, 2008: 200, pl. 395, figs. 9-10; Jung *et al.*, 2010: 111, fig. 77.

别名　筐核果螺、小篮结螺。

英文名　Little basket drupe。

模式标本产地　不详。

标本采集地　海南（陵水新村、排港、三亚）。

观察标本　2 个标本，M04865，海南新村，1957.Ⅶ.11 采；15 个标本，MBM258204，海南三亚，1981.Ⅹ.9，马绣同采；5 个标本，MBM114029，海南排港，1957.Ⅶ.14 采；3 个标本，海南三亚，1958.Ⅲ.25 采；1 个标本，MBMB114032，海南三亚，1955.Ⅴ.9，马绣同采。

形态描述　贝壳的形态常有变化，但多呈菱形；壳质厚而结实。螺层约 6 层，壳顶常被磨损。缝合线浅或不明显。螺旋部较低小，体螺层宽大。各螺层中部扩张，呈阶梯状，体螺层形成宽的肩部。壳面具有宽而粗壮的纵肋和粗细不等的螺肋，每条粗肋均由 2-4 条细肋组成，这种突出的粗肋通常在螺旋部各螺层的缝合线上方有 1 条，而在体螺层上有 4-5 条，每条粗螺肋和纵肋交织成方格状，形成凹凸不平的小坑。壳面粗糙，肋上有密集的小鳞片。贝壳呈灰白色，方格状的螺肋突出处为灰白色，凹陷处颜色较深，呈紫褐色、灰褐色，也有的个体呈黄褐色等，不同个体颜色有变化。壳口为长卵圆形，内紫色，少数为淡红色，外唇宽厚，边缘有排列密集的小鳞片，唇缘上有小缺刻，内缘具 6-7 个齿列；内唇轴略直，轴唇前端常有 2-3 个小的褶襞。前水管沟较短，后水管沟小，缺刻状。厣角质，褐色。

标本测量（mm）

壳长	25.8	25.0	23.1	22.0	20.0
壳宽	16.0	17.0	15.0	14.8	13.2

讨论　本种分布较广，外部形态有变化。因此，同物异名较多，张福绥（1976）曾把本种归属于核果螺属 *Drupa*。作者依据较新的分类系统，并参考了 Houart（1995，2008）和 Tsuchiya（2000）等文献，认为本种应归属于格螺属 *Muricodrupa*。

生物学特性　暖水性较强的种类；栖息于潮间带低潮区的珊瑚礁或岩礁质海底中。

地理分布　广布于印度-太平洋海域，在我国见于台湾和海南沿海；日本，菲律宾，马来西亚，澳大利亚，斐济群岛，夏威夷群岛等太平洋中部诸岛，印度洋，非洲南部，红海等地均有分布。

图 91　筐格螺 *Muricodrupa fiscella* (Gmelin)

21. 结螺属 *Morula* Schumacher, 1817

Morula Schumacher, 1817: 68.

Type species: *Morula papillosa* Schumacher, 1817=*Drupa uva* Röding, 1798.

特征 贝壳小，多数个体壳长为 10.0-25.0mm，有的小于 10.0mm，呈卵圆形、菱形或近纺锤形。壳面具纵、横螺肋，肋上通常具结节、瘤状小颗粒突起和棘刺。螺肋粗细不均或粗细相间，纵肋较弱。壳口狭窄或近半圆形，内唇轴和外唇内缘具齿列或褶襞。厣角质，褐色。

本属动物全部为暖水性较强的种类，主要分布于南海。栖息于潮间带至浅海岩礁或珊瑚礁质海底中，是珊瑚礁生物群落中的一个重要组成部分。

本属包含 2 亚属。

亚属检索表

表面有结节和颗粒突起 ·· 结螺亚属 *Morula*

表面有棘刺和粗鳞片 ······················ 优美结螺亚属 *Habromorula*

5) 结螺亚属 *Morula* Schumacher, 1817

Morula Schumacher, 1817: 68.

Type species: *Morula papillosa* Schumacher, 1817=*Drupa uva* Röding, 1798.

特征 贝壳小型，呈卵圆形、菱形或近纺锤形；壳面具纵、横螺肋，肋上通常具结节或小颗粒突起。壳口狭窄或近半圆形，内唇轴和外唇内缘具齿列或褶襞。

本亚属在中国沿海已知有 9 种。

种 检 索 表

1. 壳口内或口缘呈紫色 ··· 2
   壳口内或口缘非紫色 ··· 4
2. 贝壳卵球形，壳口狭窄 ································· 草莓结螺 *M. (M.) uva*
   贝壳呈菱形，壳口半圆形 ··· 3
3. 壳表具白色瘤状突起 ······················· 紫结螺 *M. (M.) purpureocincta*
   壳表具黑褐色链状结节 ······················· 索结螺 *M. (M.) funiculata*
4. 壳表具橘黄色的螺带 ························· 刺猬结螺 *M. (M.) echinata*
   壳表无橘黄色的螺带 ··· 5
5. 壳表具黑、褐相间的圆珠状结节 ··············· 镶珠结螺 *M. (M.) musiva*
   壳表无黑、褐相间的圆珠状结节 ··· 6
6. 体螺层上有 1 条白色螺带 ··················· 台湾结螺 *M. (M.) taiwana*

(78) 粒结螺 *Morula* (*Morula*) *granulata* (**Duclos, 1832**)（图 92）

Purpura granulata Duclos, 1832, 26: 111, pl. 2, fig. 9.

Purpura tuberculata Blainville, 1832, 1: 204, pl. 9, fig. 3.

Drupa (*Morula*) *granulata* (Duclos): Kuroda, 1941: 110.

Tenguella granulata (Duclos): Habe & Kosuge, 1967: 69, pl. 27, fig. 4.

Drupa granulata (Duclos): Zhang, 1976: 347, pl. 1, fig. 1; Qi *et al.*, 1983, 2: 72; Qi *et al.*, 1991: 113.

Morula (*Morula*) *granulata* (Duclos): Zhang, 2006: 111, figs. 1-2.

Mourla granulata (Duclos): Cernohorsky, 1969, 11(4): 308, pl. 49, fig. 19, text-figs. 15-16; Springsteen &
　　Leobrera, 1986: 146, pl. 40, fig. 8; Chinese Shell-name Committee, 1987: 16; Wilson, 1994: 44, pl. 5,
　　figs. 2a-b; Tsuchiya in Okutani, 2000: 390, pl. 194, fig. 134; Houart, 2002a: 97, fig. 58; Rao, 2003:
　　239, pl. 56, figs. 8-9; Houart in Poppe, 2008: 210, pl. 400, figs. 1-2; Jung *et al.*, 2010: 116, figs. 96a-b.

别名　　结螺、粒核果螺。

英文名　　Granular drupe。

模式标本产地　　Nouvelle-Hollande。

标本采集地　　海南（海口、排港、沙苇、新村、三亚、西沙群岛和南沙群岛）。

观察标本　　30 个标本，MBM113931，海南排港，1957.Ⅶ.14 采；17 个标本，MBM258182，海南沙苇，1990.Ⅺ.07，马绣同采；10 个标本，MBM113945，海南三亚，1955.Ⅴ.9 采；5 个标本，MBM113928，海南新村，1958.Ⅳ.19 采；76 个标本，MBM258156，西沙永兴岛，1980.Ⅲ.15，马绣同采；1 个标本，南沙半路礁，1988.Ⅶ.19，陈锐球采。

形态描述　　贝壳呈卵圆形或纺锤形，不同个体形态有变化；壳质坚厚。螺层约 6 层，壳顶常被磨损。缝合线浅。螺旋部高低不等，有的个体较高，但多数较低矮，体螺层较大。壳面为灰白色或暗褐色，壳顶灰白色。表面具有较发达的黑色或黑褐色结节状突起，这种突起在体螺层上通常有 6 行，贝壳基部的 1 行较弱，结节间雕刻有细螺纹。壳口小，狭窄，内灰白色或褐色，外唇厚，外缘有突起，内缘具 4-5 个白色的齿，通常上部的 1 枚较强；内唇上部凹，中部凸，轴唇上具 2-3 个褶襞。前水管沟短，后水管沟小。厣角质，褐色。

标本测量（mm）

　　　　壳长　25.8　24.6　23.0　21.0　17.3

　　　　壳宽　19.0　17.2　17.0　16.8　14.2

讨论　　本种贝壳的形态有变异，有的个体壳形较宽短，有的较瘦长，表面结节和外唇内缘齿的大小也有差异。壳口的大小也不同，通常贝壳较瘦长的标本，壳口较大。

生物学特性　　暖水产；通常生活于低潮线附近的岩礁及珊瑚礁质海底中。为海南诸岛常见种。

地理分布 此种广泛分布于印度-西太平洋热带海域，在我国见于台湾及海南岛以南各岛礁；日本（伊豆诸岛，九州西岸以南），菲律宾，马来半岛，泰国湾，澳大利亚，斐济群岛，夏威夷等太平洋中部诸岛，以及马达加斯加岛，塞舌耳群岛，红海，斯里兰卡等印度洋海域均有分布。

图 92 粒结螺 *Morula* (*Morula*) *granulata* (Duclos)

(79) 草莓结螺 *Morula* (*Morula*) *uva* (Röding, 1798)（图 93）

Drupa uva Röding, 1798: 56, no. 703; Zhang, 1976: 344, pl. 1, fig. 7; Qi *et al.*, 1991: 112.

Ricinula nodus Lamarck, 1816: pl. 395, figs. 6a-b.

Drupa (*Morula*) *uva* Röding: Kuroda, 1941: 110.

Morula (*Morula*) *uva* (Röding): Springsteen & Leobrera, 1986: 144, pl. 39, fig. 16; Zhang, 2006: 111, fig. 3.

Morula uva (Röding): Cernohorsky, 1969, 11(4): 310, pl. 49, figs. 23-23a, text-fig. 18; Chinese Shell-name Committee, 1987: 16; Kool, 1993: 191, fig. 12; Tsuchiya in Okutani, 2000: 391, pl. 194, fig. 140; Houart, 2002a: 98, fig. 48; Rao, 2003: 241, pl. 57, fig. 1; Houart in Poppe, 2008: 210, pl. 400, fig. 3; Jung *et al.*, 2010: 117, figs. 102a-b.

别名 葡萄核果螺。

英文名 Grape Drupe。

模式标本产地 不详。

标本采集地 海南（三亚、西沙群岛和南沙群岛）。

观察标本 1 个标本，MBM113917，三亚大洲，1957.VI.12，马绣同采；30 个标本，MBM113847，西沙石岛，1975.V.8，马绣同、庄启谦采；65 个标本，MBM258156，西沙永兴岛，1980.III.15，马绣同采；7 个标本，MBM258729，南沙仙娥礁，1987.IV.29，陈锐球采；3 个标本，MBM258730，南沙信义礁，1987.V.2，陈锐球采。

形态描述 贝壳多呈卵球形或长卵圆形；壳质厚而坚实，螺层约 6 层；缝合线浅，不明显。螺旋部凸起，体螺层较膨圆。壳表具有 5-6 条排列较整齐的角状或瘤状结节的突起，结节突起的颜色有黑色和白色 2 种（馆藏的标本主要为白色结节），在突起凹陷处通常有 1 条，有的个体有 2 条较粗而明显的螺肋。壳面为白色，壳顶处为褐色，表面常覆盖 1 层白色石灰质。壳口狭长，内呈紫色，外唇内缘具 3-5 枚齿，以上方的 2 个较发达；内唇上部凹，下部突出，轴唇上有 2-4 个肋状褶襞。前水管沟短，缺刻状；后水管沟小。厣顿点形，红褐色，厣核位于外缘中下方。

标本测量（mm）

    壳长　26.0　22.8　21.2　19.6　17.9

    壳宽　19.0　18.0　17.5　14.5　14.0

生物学特性　暖水产；栖息于潮间带低潮区至浅海的岩礁或珊瑚礁间。

地理分布　为印度-西太平洋广布种，常见于我国的台湾及海南各岛礁；日本（伊豆诸岛以南），菲律宾，马来半岛，澳大利亚，以及太平洋中部诸岛的社会群岛，土阿莫土群岛，夏威夷群岛，密克罗尼西亚和印度洋的印度，纳塔尔，马达加斯加，毛里求斯群岛，塞舌尔群岛和红海等地均有分布。

图 93　草莓结螺 *Morula* (*Morula*) *uva* (Röding)

(80) 镶珠结螺 *Morula* (*Morula*) *musiva* (Kiener, 1835)（图 94）

Purpura musiva Kiener, 1835: 58, pl. 9, fig. 22; Reeve, 1846: pl. 11, fig. 52.

Drupa musiva (Kiener): Zhang, 1976: 346, pl. 2, fig. 8; Qi *et al*., 1983, 2: 72; Qi *et al*., 1991: 112.

Morulina musiva (Kiener): Habe & Kosuge, 1967: 69, pl. 27, fig. 11.

Morula (*Morula*) *musiva* (Kiener): Zhang, 2006: 111, fig. 4.

Morula musiva (Kiener): Yen, 1935: 39; Springsteen & Leobrera, 1986: 146, pl. 40, fig. 9; Chinese Shell-name Committee, 1987: 16; Tsuchiya in Okutani, 2000: 391, pl. 194, fig. 135; Houart, 2002a: 97, fig. 59; Houart in Poppe, 2008: 210, pl. 400, fig. 4; Jung *et al*., 2010: 116, fig. 97.

别名　镶珠核果螺、斑结螺。

英文名　Musical Drupe。

模式标本产地　不详。

标本采集地　福建（东山岛），广东（海门、海丰、澳头、深圳、上川岛、闸坡、硇洲岛），广西（白龙尾、涠洲岛），海南（海口、排港、新盈、莺歌海和南沙群岛）。

观察标本　1 个标本，MBM113596，福建东山，1957.Ⅳ.13 采；35 个标本，MBM113584，广东澳头，1980.Ⅻ.26 采；20 个标本，MBM113609，广东深圳，1981.Ⅰ.05，马绣同采；25 个标本，MBM113605，广西白龙尾，1978.Ⅴ.26，马绣同采；13 个标本，MBM113588，海南新盈，1958.Ⅴ.02；1 个标本，南沙车轮礁，1988.Ⅶ.23，陈锐球采。

形态描述　贝壳略呈纺锤形；壳质结实。螺层 7-8 层，胚壳约 2½ 层，光滑无肋。缝合线浅，尚清晰。螺旋部较高而尖，体螺层大。壳面呈灰白色或淡黄褐色，其上具有排列较规则的黑、褐两色相间的圆珠状结节，体螺层上通常有 4 列黑色珠和 2 列褐色珠，通常黑珠稍大而较低平，褐珠较圆而凸出，整个壳表雕刻有细密的螺肋。壳口近半圆形，内灰黄色或淡蓝紫色，外唇较薄，内缘具 4-5 枚小齿；内唇近直，唇轴上具褶襞。前水管沟短小，后水管沟明显。厣角质，呈顿点形，红褐色，厣核位于外缘中部。

标本测量（mm）

　　　壳长　24.5　24.0　22.2　21.2　19.5
　　　壳宽　14.6　13.5　13.2　12.0　11.5

生物学特性　本种为西太平洋暖水种；通常栖息于潮间带的岩礁和珊瑚礁间。

地理分布　在我国的台湾和福建的南部（东山岛），以及广东以南沿海数量较多；日本（房总半岛以南），越南，菲律宾，马来半岛，斐济群岛等地也有分布。

图 94　镶珠结螺 *Morula* (*Morula*) *musiva* (Kiener)

(81) 台湾结螺 *Morula* (*Morula*) *taiwana* Lai & Jung, 2012（图 95）

Morula taiwana Lai & Jung, 2012: 1-5.

模式标本产地　台湾桃园。
标本采集地　台湾西北部海岸、桃园。

观察标本　1 个标本，台湾西北部海岸，桃园，潮间带岩礁，2010-2011 年，钟柏生采集。标本图片由台湾赖景阳教授提供。正模标本保存于台湾博物馆。

形态描述　贝壳小，呈纺锤形；壳质坚实。螺层约 6 层，螺旋部较高，缝合线浅。表面雕刻有强弱不等的螺肋和低平的纵肋，并有许多纵行的细螺纹，各螺层具有 1 个倾斜的肩部，肩角上具有圆形结节突起。壳面呈暗褐色，壳顶颜色较淡，在体螺层中间 2 条主要螺肋之间有 1 条明显的白色螺带。壳口呈长卵圆形，内暗褐色，外唇边缘有白斑，内缘具小齿；内唇灰褐色，平滑。前水管沟短，半管状，后水管沟小。

标本测量（mm）
　　壳长　21.0
　　壳宽　11.0

生物学特性　本种生活在潮间带低潮线附近的岩礁间。

地理分布　目前仅知分布于台湾的西北部海岸。

图 95　台湾结螺 *Morula* (*Morula*) *taiwana* Lai & Jung

(82) 白瘤结螺 *Morula* (*Morula*) *anaxares* (Kiener, 1835)（图 96）

Purpura anaxares Kiener, 1835: 26, pl. 7, fig. 17; Reeve, 1846: pl. 12, fig. 61.

Purpura cancellata Kiener, 1835: 25, pl. 7, figs. 16a-b.

Drupa (*Morula*) *anaxares* (Kiener): Kuroda, 1941: 110.

Drupa anaxares (Kiener): Zhang, 1976: 347, pl. 1, fig. 11.

Morula (*Morula*) *anaxares* (Kiener): Zhang, 2006: 111, fig. 5.

Morula anaxeres (Kiener): Cooke, 1918: 105; Cernohorsky, 1969: 307, pl. 48, figs. 17-17a; Cernohorsky, 1972: 126, pl. 35, fig. 10; Lai, 1987: 16; Springsteen & Leobrera, 1986: 150, pl. 41, fig. 7; Chinese Shell-name Committee, 1987: 16; Tsuchiya in Okutani, 2000: 391, pl. 194, fig. 136; Houart, 2002a: 97, fig. 61; Houart in Poppe, 2008: 212, pl. 401, fig. 3; Jung *et al.*, 2010: 116, fig. 98.

别名　小核果螺。

模式标本产地　瓦努阿图。

标本采集地　海南（三亚小东海、三亚鹿回头、西沙群岛、南沙群岛）。

观察标本　1 个标本，CJ97M-8，三亚小东海，1997.Ⅱ.23 采；1 个标本，MBM11406，三亚鹿回头，1990.Ⅺ.24，马绣同、李孝绪采；1 个标本，MBM258232，西沙羚羊礁，1975.Ⅴ.28 采；6 个标本，MBM114027，西沙永兴岛，1980.Ⅲ.15，马绣同采。

形态描述　贝壳小，呈长卵圆形；壳质结实。螺层约 8 层，壳顶常被磨损。缝合线浅，界限不明显。螺旋部稍高起，体螺层宽大。壳面呈黑褐色或灰褐色，白色瘤状结节与褐色瘤状结节上下交替排列，白色结节大而突出，在螺旋部各螺层上有 1 列，在体螺层上通常有 3 列，以肩部的 1 列最发达；褐色结节小而不突出。整个壳面雕刻有细密的螺肋，一些老的贝壳雕刻不明显。壳口狭小，内紫褐色或黑褐色，外唇厚，内缘具有 4 个褐色的齿状突起；内唇上方向内微作弧形凹陷，轴唇下方常有 2 个小的颗粒突起。前水管沟短，后水管沟小。厣角质，呈顿点形，黄褐色。

标本测量（mm）

壳长	15.5	15.0	12.3	11.0	9.0
壳宽	10.8	10.0	9.2	8.2	5.8

生物学特性　暖水性较强的种类；栖息于低潮线附近的石砾间、礁石下或珊瑚礁质海底中。

地理分布　分布于印度-西太平洋暖水区，见于我国的台湾和海南诸岛；日本南部及琉球群岛，菲律宾，马来半岛，澳大利亚，斐济群岛和夏威夷群岛等太平洋中部诸岛，以及非洲东岸的纳塔尔，马达加斯加，印度等地均有分布。

图 96　白瘤结螺 *Morula* (*Morula*) *anaxares* (Kiener)

(83) 刺猬结螺 *Morula (Morula) echinata* **(Reeve, 1846)**（图 97）

Ricinula echinata Reeve, 1846: pl. 6, fig. 54.

Engina monilifera Pease, 1860: 142.

Morula parva Reeve: Cernohorsky, 1969: 309, pl. 49, fig. 21; Cernohorsky, 1972: 127, pl. 36, fig. 4.

Morula (Morula) echinata (Reeve): Houart, 2002a: 102, figs. 4, 27-31; text-fig. B; Zhang, 2006: 109, fig. 6.

Morula echinata (Reeve): Tsuchiya in Okutani, 2000: 391, pl. 194, fig. 137; Houart in Poppe, 2008: 212, fig. 2; Jung *et al.*, 2010: 116, fig. 99.

别名　彩斑结螺。

模式标本产地　菲律宾。

标本采集地　南沙群岛的火艾礁。

观察标本　1 个标本，SSFJ6-14，南沙火艾礁，水深 1-3m，1990.Ⅴ.24，任先秋等采，是 1 个完好的生活标本。

形态描述　贝壳小，两端尖，呈纺锤形；壳质结实。螺层约 8 层，胚壳 3-3½层，光滑。缝合线浅而明显。螺旋部高，体螺层较大。壳面雕刻有明显而粗壮的纵、横螺肋，二者交叉处形成结节突起，通常是三角形的扁棘和结节突起交替排列，各螺层上通常有 2 列扁棘和 1 列橘色小突起。壳面为白色，各螺层沿缝合线下方有 1 条褐色和橘黄色小结节突起组成的螺带，这种螺带在体螺层上通常有 2 条，其中 1 条位于体螺层的上部，另 1 条在中下部。壳口小，狭长，内白色或淡紫色，外唇内缘中部凸出，其上具有 4 枚小齿，中部 2 枚较大，外缘具 4-5 条短棘；内唇近直，轴唇上有弱的褶襞。前水管沟稍延长，后水管沟短小。

图 97　刺猬结螺 *Morula (Morula) echinata* (Reeve)

标本测量（mm）

　　壳长　8.5

　　壳宽　4.5

生物学特性　暖水种；生活在潮间带至浅海的岩礁或珊瑚礁间；馆藏的 1 个标本采自水深 1-3m 的珊瑚礁质海底。

地理分布　广布于印度-西太平洋暖海区，在我国见于台湾的南部和南沙群岛；日本（奄美诸岛以南），菲律宾，斐济群岛和夏威夷群岛等太平洋诸岛，以及印度洋海域均有分布。据 Houart（2002a）报道，本种从非洲的马达加斯加向东可分布到夏威夷群岛。

(84) 索结螺 *Morula* (*Morula*) *funiculata* (Reeve, 1846)（图 98）

Ricinula funiculata Reeve, 1846: pl. 3, fig. 16.

Morula (*Morula*) *funiculata* (Reeve): Zhang, 2006: 111, fig. 9.

Morula funiculata (Reeve): Tsuchiya in Okutani, 2000: 392, pl. 195, fig. 145; Houart, 2002a: 114, fig. 52; Jung *et al.*, 2010: 118, fig. 107.

别名　黑瘤结螺、黑疣结螺。

模式标本产地　不详。

标本采集地　海南（陵水新村、三亚）。

观察标本　1 个标本，海南新村，1955.IV.采；5 个标本，81M-204，三亚东洲，1981.IX.26，马绣同采；2 个标本，81M-283，三亚小东海，1981.X.07，马绣同采。

形态描述　贝壳小型，近菱形；壳质坚固。螺层约 7 层，缝合线浅，不太明显。螺旋部稍高，体螺层较大。壳表雕刻有较粗的纵肋和螺肋，在粗肋间还有细肋。壳面为白色或灰白色，通常在各螺层上有 1 条，体螺层上有 3-5 条由长方形的黑褐色瘤状小结节突起组成的螺带，有的个体在 2 条黑褐色的结节之间，还有 1 条白色的小结节或细的黑褐色螺肋（本种的贝壳表面常被有 1 层厚的石灰质，而看不清表面雕刻）。壳口近半卵圆形，内呈紫色，外唇较厚，内缘具有 5-6 枚白色小齿，外缘具深褐色斑；内唇轴上有 2-3 枚肋状齿。前水管沟短，缺刻状；后水管沟短小。

标本测量（mm）

　　壳长　15.5　15.0　13.2　12.9　12.3

　　壳宽　9.5　　9.2　　8.0　　7.8　　7.7

讨论　本种外形与黑斑结螺 *Morula* (*M.*) *nodicostata* (Pease) 很近似，但不同的是本种的壳口近半卵圆形，内呈紫色，外唇内缘有 5-6 枚大小一致的齿；而 *M. nodicostata* 壳口狭小，内为紫色或白色，具褐色螺带。外唇内缘中部有 2 枚较大齿，上述特征可区分二者。

生物学特性　暖水种；我们的标本主要采自三亚沿岸的潮间带，其栖息于潮间带低潮区及浅海 10m 左右的岩礁或珊瑚礁间。

地理分布　在我国见于台湾、东沙群岛和海南岛；日本（南部）和菲律宾等地也有分布。

图 98　索结螺 *Morula* (*Morula*) *funiculata* (Reeve)

(85) 黑斑结螺 *Morula* (*Morula*) *nodicostata* (Pease, 1868)（图 99）

Engina nodicostata Pease, 1868: 274, pl. 23, fig. 8; Johnson, 1994: 18, pl. 23, fig. 8.

Morula parvissima Cernohorsky, 1987: 90, figs. 14-15; Trondle & Houart, 1992: 103, fig. 78; Tsuchiya
　　in Okutani, 2000: 391, pl. 194, fig. 138; Jung *et al.*, 2010: 117, fig. 100.

Morula parva Pease: Springsteen & Leobrera, 1986: 140, pl. 38, fig. 7.

Morula (*Morula*) *nodicostata* (Pease): Houart, 2002a: 103, figs. 8, 14-17.

Morula nodicostata (Pease): Jung *et al.*, 2010: 118, fig. 105.

别名　黑项链结螺。

模式标本产地　图阿莫图群岛。

标本采集地　台湾东部和南部。

观察标本　1 个标本，台湾东部，浅海岩礁底。标本图片由台湾赖景阳教授提供。

形态描述　贝壳小，壳长 8.0-11.0mm，两端尖，呈菱形；壳质结实。螺层约 5 层。缝合线不清晰。螺旋部圆锥形，体螺层高。壳表具有白色的瘤状突起，凹陷处呈黑褐色，螺肋细。本种形态有变化，有的个体大的白色瘤状突起与小的黑褐色突起交替排列。壳口狭长，内通常为紫色或白色，外唇宽厚，上部弯曲，中部突出，内缘 4-5 枚齿状突起，上方的 2 枚较发达；内唇近直，轴唇上具褶襞。前水管沟短，缺刻状；后水管沟小。

标本测量（mm）

　　壳长　8.3

　　壳宽　5.1

讨论　台湾钟柏生等（2010）报道的 *Morula parvissima* Cernohorsky, 1987 是本种的同物异名。

生物学特性　大陆未采到标本，对其生活习性了解甚少。据报道，本种通常栖息于潮下带浅海岩礁质海底中。

地理分布　在我国见于台湾的西北部、东部和南部沿岸；日本及西太平洋海域有分布。

图 99　黑斑结螺 *Morula* (*Morula*) *nodicostata* (Pease)

(86) 紫结螺 *Morula* (*Morula*) *purpureocincta* (Preston, 1909)（图 100）

Engina purpurecincta Preston, 1909, 3(2): 136, pl. 22, fig. 13.

Morula nodicostata (Pease): Cernohorsky, 1969, 11(4): 309, pl. 49, fig. 20, text-fig. 17; Cernohorsky, 1972: 127, pl. 36, fig. 5; Wilson, 1994: 44; Houart, 1996a: 388 (non *Engina nodicostata* Pease, 1868).

Morula purpureocincta (Preston): Tsuchiya in Okutani, 2000: 391, pl. 194, fig. 139; Houart in Poppe, 2008: 212, pl. 401, figs. 4-5; Jung *et al.*, 2010:117, fig. 101.

Morula (*Morula*) *purpureocincta* (Preston): Houart, 2002a: 106, figs. 3, 10, 41-43; Zhang, 2006: 109, figs. 7-8.

别名　小瘤结螺。

模式标本产地　斯里兰卡。

标本采集地　海南（三亚、西沙群岛、南沙群岛）。

观察标本　21 个标本，81M-204，三亚东洲，1981.IX.26，马绣同采；16 个标本，81M-232，三亚小东海，1981.IX.29，马绣同采；5 个标本，MBM114027，西沙永兴岛，1980.III.15，马绣同采；1 个标本，75M-231，西沙石岛，1975.V.09，马绣同采；1 个标本，SSFJ6-25，南沙火艾礁，1990.V.24，任先秋等采。

形态描述　贝壳微小，呈菱形；在馆藏的近 40 个标本中，最大的个体壳长 11.2mm；壳质坚固。螺层约 7 层；缝合线不明显。螺旋部圆锥形，体螺层上部宽大，基部收缩。贝壳呈白色，但表面常被有 1 层厚的石灰质而常看不清贝壳的颜色。雕刻有突出的纵肋和细螺肋，两肋交错形成乳白色的结节突起，在突起的凹陷处为淡紫色或紫褐色，在体螺层的上部突起较大，由数条细螺肋组成，向贝壳的基部结节变小。壳口半圆形或略呈长圆方形，内淡紫褐色与白色相间，外唇加厚，内缘具 5-6 枚小齿，内唇轴上近前水管沟处有 2-3 个褶襞；在内唇的上部近后水管沟处通常有 1 枚小齿。前水管沟较短，后水管沟短小。

标本测量（mm）

　　壳长　11.2　11.1　10.8　9.8　8.6
　　壳宽　7.3　　7.0　　6.5　6.2　6.0

生物学特性　　暖水性较强的种类；本种通常生活在潮间带低潮区及浅海岩礁或珊瑚礁间。

地理分布　　在我国分布于海南岛、西沙群岛和南沙群岛等地；日本（纪伊半岛以南），印度尼西亚，马来西亚，新喀里多尼亚，斐济群岛，澳大利亚和东印度洋等地均有分布，为印度-西太平洋广布种。

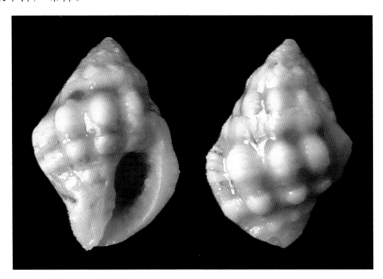

图 100　紫结螺 *Morula* (*Morula*) *purpureocincta* (Preston)

6) 优美结螺亚属 *Habromorula* Houart, 1994

Habromorula Houart, 1994: 22.

Type species: *Purpura biconica* Blainville, 1832.

特征　　贝壳表面纵肋突出，螺肋细密，肋上具有覆瓦状排列的小鳞片。各螺层的中部常形成肩角，在肩角和体螺层上生有长短不等的棘刺或三角形扁棘。壳口狭窄而长，外唇内缘具齿，轴唇上具褶襞。

　　本属种类主要分布于热带印度-西太平洋海区；栖息于潮间带至浅海岩礁或珊瑚礁间，仅有少数种生活在潮下带水深 30-80m 的海底中。

讨论　　本亚属中的种类原属于结螺属 *Morula*，依据形态特征，Houart（1994）建立了新属：优美结螺属 *Habromorula*。新的分类系统把优美结螺属降格为结螺属的 1 个亚属。此亚属的主要特征是肋上具有较发达的鳞片和棘刺。

　　本属在中国沿海发现 5 种。

种 检 索 表

(87) 优美结螺 *Morula* (*Habromorula*) *biconica* (Blainville, 1832)（图 101）

Purpura biconica Blainville, 1832, 1: 203, pl. 9, fig. 1.

Ricinula bicatenata Reeve, 1846: pl. 6, fig. 48.

Morula biconica (Blainville): Chinese Shell-name Committee, 1987: 16; Rao, 2003: 239, pl. 57, fig. 6.

Morula (*Spindrupa*) *dumosa* (Blainville): Wilson, 1994: 45, pl. 6, fig. 26.

Morula (*Habromorula*) *biconica* (Blainville): Houart, 2004: 102, figs. G, 43, 45, 64, 110-111; Zhang, 2006: 111, fig. 10.

Habromorula biconica (Blainville): Houart, 1994: 23, fig. 1; Houart, 1996b: 31, fig. T40; Robin, 2008: 269, fig. 4; Houart in Poppe, 2008: 210, pl. 400, fig. 10; Jung *et al.*, 2010: 119, fig. 109.

别名　双锥棘结螺。

英文名　Biconic rock shell。

模式标本产地　不详。

标本采集地　海南（三亚，西沙群岛的永兴岛、灯擎岛、金银岛，南沙群岛）。

观察标本　1 个标本，81M-286，海南三亚，1981.Ⅹ.09，马绣同采；1 个标本，75M-356，西沙金银岛，1975.Ⅴ.28，马绣同采；1 个标本，75M-376，西沙永兴岛，1975.Ⅴ.10，马绣同采；1 个标本，02I (A1)-8，南沙群岛，水深 1-3m，2002.Ⅴ.14，王洪发采。

形态描述　贝壳修长，略呈纺锤形；壳质结实。螺层约 7 层，壳顶常被腐蚀，缝合线浅，尚清晰。螺旋部较高，其上常覆盖 1 层石灰质，而看不清壳色，体螺层较高大。壳表雕刻有较粗而低平的纵肋和粗细较均匀的螺肋，在每一螺层上有 1 条，体螺层上有 3 条突出的白色结节或短棘，通常螺旋部上的结节较弱，而体螺层肩部的 1 列最发达。壳色有变化，呈橘黄色、深褐色或黄褐色等，通常螺肋的颜色较深。壳口窄小而狭长，内多呈紫色，有的个体呈肉红色，外唇较厚，边缘有 3 个短刺，内缘通常有 4-5 枚齿，以上方 1 枚较强大；轴唇上有弱的褶襞。前水管沟短，后水管沟小。厣角质。

标本测量（mm）

壳长	14.0	13.5	13.0	9.3
壳宽	8.0	7.5	8.5	5.0

讨论　台湾钟柏生等（2010）报道的双锥棘结螺 *Morula biconica* (Blainville) 是本种，

而张福绥（1976）报道大陆产的双锥核果螺 *Drupa biconica* 是棘优美结螺 *Morula* (*H.*) *spinosa*。

生物学特性　暖水性较强的种类；生活在低潮线附近及浅海的珊瑚礁质海底中。

地理分布　分布于印度-西太平洋海域，在我国见于台湾、西沙群岛和南沙群岛；日本，菲律宾，澳大利亚和太平洋中部诸岛及印度洋也有分布。

图 101　优美结螺 *Morula* (*Habromorula*) *biconica* (Blainville)

(88) 条纹优美结螺 *Morula* (*Habromorula*) *striata* (Pease, 1868)（图 102）

Engina striata Pease, 1868: 275, pl. 23, fig. 18.

Morua biconica (Blainville): Cernohorsky, 1969: 308, pl. 48, fig. 18; Cernohorsky, 1972: 127, pl. 35, fig. 11; Wilson, 1994: 45, pl. 6, fig. 26 [non *Morula biconica* (Blainville, 1832)].

Drupa aspera (Lamarck): Zhang, 1976: 344, pl. 1, fig. 4 (non *Ricinula sapera* Lamarck, 1816).

Moruls striata (Pease): Lee, 2002: 35, fig. 55; Houart in Poppe, 2008: 210, pl. 400, fig. 5.

Habromorula sp. Jung *et al.*, 2010: 119, fig. 112.

Habromorula striata (Pease): Houart, 1996b: 33, figs. T, 46; Tsuchiya in Okutani, 2000: 393, pl. 195, fig. 147; Robin, 2008: 269, fig. 7; Jung *et al.*, 2010: 118, fig. 108.

Morula (*Habromorula*) *striata* (Pease): Houart, 2004: 113, figs. P, 33, 40-42, 88, 91-92, 112-113; Zhang, 2006: 111, figs. 12-13.

别名　糙核果螺、紫口结螺。

英文名　Striate rock shell。

模式标本产地　土阿莫土群岛。

标本采集地　海南（陵水新村、三亚、西沙群岛和南沙群岛）。

观察标本　1 个标本，MBM258421，海南三亚，1981.10.02 采；2 个标本，MBM258169，西沙灯擎岛，1958.Ⅴ.04 采；1 个标本，MBM258183，西沙赵述岛，1980.Ⅳ.07 采；1 个

标本，SSFJ7-45，南沙蒙自礁，水深 1-3m 珊瑚礁质底，1990.Ⅴ.25，任先秋等采；1 个标本，02I48AD-13，南沙群岛，2002.Ⅴ.21，王洪发采。

形态描述 贝壳略呈纺锤形或近菱形；壳质较厚而结实。螺层约 7 层，胚壳光滑无肋，呈紫红色或褐色。缝合线浅。螺旋部低圆锥形，体螺层较宽大。壳表具纵肋和排列密集的细螺肋，肋上有覆瓦状小鳞片。在每一螺层的缝合线上方有 1 条突出的由 2-3 条细肋组成的白色宽螺肋，肋上通常有结节状或短棘状突起。在两条白色突起的螺肋间，具有纵行的褐色斑块，通常是白褐相间排列。这种白、褐相间的螺带在体螺层上白色有 3 条，而褐色有 3-4 条，本种的外形与颜色常有变化。壳面为白色或淡黄色，并具纵行的红褐或黑褐色螺带。壳口窄长，内呈紫色，外唇边缘有短刺，内缘有 4-5 枚肋齿，以上方 2 枚较发达；内唇略直，轴唇上有褶襞。前水管沟短。厣角质，小，呈褐色。

标本测量（mm）

| 壳长 | 20.0 | 19.5 | 15.8 | 15.0 | 9.5 |
| 壳宽 | 14.0 | 13.0 | 10.2 | 10.5 | 7.0 |

讨论 本种外部形态有变异，表面雕刻在不同个体也存在着差异，因此，鉴定中常有混乱现象。台湾的钟柏生等（2010）报道的 *Habromorula* sp.和张福绥（1976）鉴定的糙核果螺 *Drupa aspera* (Lamarck)，根据 Houart（2004，2008）的报道，经研究发现均为本种。

关于台湾的散瘤结螺 *Morula aspera* (Lamarck)，Kuroda（1941）和贝类中文订名组（1987）均以目录形式报道台湾有分布，但未见有关该种形态描述和图片等方面的记录，该种名是否正确，尚待进一步确认。

生物学特性 暖水性较强的种类；通常生活在潮间带及浅海水深 1-20m 的岩礁和珊瑚礁环境中。

地理分布 在我国见于台湾（东北部、兰屿和澎湖）及海南岛、西沙群岛和南沙群岛诸岛礁；日本，越南，菲律宾，斐济群岛，澳大利亚，新喀里多尼亚，巴布亚新几内亚等太平洋诸岛均有分布。

图 102 条纹优美结螺 *Morula (Habromorula) striata* (Pease)

(89) 石优美结螺 *Morula* (*Habromorula*) *lepida* (Houart, 1994)（图 103）

Habromorula lepida Houart, 1994: 29, fig. 23; Houart, 1996b: 32, fig. T. 47; Tsuchiya in Okutani, 2000: 393, pl. 195, fig. 148; Houart in Poppe, 2008: 210, pl. 400, fig. 7.

Morula biconica (Blainville): Cernohorsky, 1969: 308, pl. 48, fig. 13 (non *M. biconica* Blainville, 1932).

Drupa spinosa (H. & A. Adams): Qi *et al.*, 1991: 114, text-fig. 1 (non *M. spinosa* H. & A. Adams).

Morula (*Habromorula*) *lepida* (Houart): Houart, 2004: 108, figs. M, 29, 37-39, 82-83, 120-122; Zhang, 2006: 111, figs. 12-13.

模式标本产地　　新喀里多尼亚（21°15′ S，165°46′ E）。

标本采集地　　海南（三亚大东海、南沙群岛诸岛礁）。

观察标本　　1 个标本，75M-200，三亚大东海，1980.Ⅳ.30，马绣同采；1 个标本，SSFJ1020，南海永暑礁，水深 3m，珊瑚礁底，1990.Ⅴ.17，任先秋等采；1 个标本，南沙南薰礁，水深 40m，珊瑚礁底，1990.Ⅴ.21，任先秋等采。

形态描述　　贝壳两端收缩，呈橄榄形；壳质结实。螺层约 8 层，胚壳 3-3½层，光滑无肋。缝合线浅，但明显。螺旋部较高，体螺层高大，上部收缩，常形成 1 个斜坡，中部膨突。壳面雕刻有明显的纵肋和细密且较均匀的螺肋，贝壳基部的螺肋上有覆瓦状排列的小鳞片或小刺。在每一螺层的缝合线上方有 1 条突出的白色螺肋（螺肋的粗细在不同个体中有变化），这种螺肋在体螺层上有 3-4 条，凸出，有的呈扁三角状，有的呈短棘状。壳面为褐色、黄褐色或土黄色，在基部纵肋的侧面颜色较深。壳口狭长，内紫色、浅红色或淡黄色，外唇内缘具 5 个小齿，上方的 2 个较大；内唇轴上通常具有 2-3 个褶状襞。前水管沟短，末端颜色加深；后水管沟小。角质厣，褐色。

标本测量（mm）

　　　壳长　18.6　13.5　11.7
　　　壳宽　12.2　8.0　5.8

图 103　石优美结螺 *Morula* (*Habromorula*) *lepida* (Houart)

生物学特性 热带太平洋暖水种；生活于低潮线附近至浅海 40m 左右的珊瑚礁或岩礁质海底中。

地理分布 在我国见于海南岛和南沙群岛；日本，菲律宾，澳大利亚，巴布亚新几内亚，新喀里多尼亚，夏威夷等太平洋诸岛也有分布。

(90) 白优美结螺 *Morula* (*Habromorula*) *ambrosia* (Houart, 1994)（图 104）

Habromorula ambrosia Houart, 1994: 24, figs. 3, 17-19; Tsuchiya in Okutani, 2000: 393, pl. 195, fig. 153; Houart in Poppe, 2008: 210, pl. 400, fig. 6; Jung *et al.*, 2010: 119, fig. 111.

Drupa borealis (Pilsbry): Zhang, 1976: 345, pl. 2, fig. 4 (non *Ricinula borealis* Pilsbry, 1904).

Morula (*Habromorula*) *ambrosia* Houart: Houart, 2004: 98, figs. D, 4, 25, 56-59, 101-106; Zhang, 2006: 111, fig. 14.

别名 北方核果螺、红口结螺。

模式标本产地 夸贾林环礁，卡隆岛附近（西太平洋马绍尔群岛一环状珊瑚小岛）。

标本采集地 西沙群岛的北礁、树岛、晋卿岛。

观察标本 1 个标本，MBM258199，西沙的北礁，1958.Ⅳ.06，徐凤山采；3 个标本，MBM258202，西沙的树岛，1958.Ⅴ.03，徐凤山采；2 个标本，MBM258389，西沙的北礁，1958.Ⅳ.06，徐凤山采。

图 104 白优美结螺 *Morula* (*Habromorula*) *ambrosia* (Houart)

形态描述 贝壳中等大，呈纺锤形；壳质结实。螺层 8 层，胚壳约 3 层，光滑无肋。缝合线浅，明显。螺旋部较高，体螺层大。各螺层中部突出形成肩角。壳面雕刻有较粗壮的纵肋，体螺层上 7-8 条；螺肋细密，肋上具覆瓦状小鳞片和短刺，在每一螺层的肩部有 1 条，体螺层上 4-5 条较发达的粗螺肋，其上具有长短不等的棘刺，以体螺层上部的肩角上的棘刺最长。壳面呈白色或淡粉色，通常棘刺和壳顶呈淡红色。壳口狭长，内粉红色或紫红色。内唇平滑，呈领状；外唇边缘具缺刻和棘刺，内缘具 1 列小齿。前水管沟稍长，半管状；后水管沟小。

标本测量（mm）

　　壳长　24.8　21.5　15.0　12.8　11.5

　　壳宽　14.5　19.0　10.7　10.0　　7.6

　　讨论　张福绥（1976）曾把此种鉴定为北方核果螺 *Drupa borealis* (Pilsbry)，参考 Houart（1994）的报道，结合观察馆藏标本的形态特征，确认该标本应为 *Morula (H.) ambrosia* Houart。本种壳面为白色或淡粉色，具较长的棘刺。

　　生物学特性　暖水性较强的种类；生活于潮间带至浅海的岩礁间或珊瑚礁间。

　　地理分布　分布于热带西太平洋海域，在我国见于台湾东部和西沙群岛；日本的伊豆半岛以南，菲律宾，新喀里多尼亚和马绍尔群岛等地也有分布。本种的模式标本产自马绍尔群岛。

(91)　棘优美结螺 *Morula* (*Habromorula*) *spinosa* (H. & A. Adams, 1853)（图 105）

Pentadactylus (*Sistrum*) *spinosus* H. & A. Adams, 1853: 130.

Ricinula chrysostoma Deshayes: Reeve, 1846: pl. 2, fig. 12b.

Morula ambusta Dall, 1924: 304; Habe, 1980: 51, pl. 26, fig. 5.

Morula spinosa (H. & A. Adams): Cernohorsky, 1969, 11(4): 309, pl. 49, figs. 22-22a; Cernohorsky, 1972: 128, pl. 36, fig. 6; Chinese Shell-name Committee, 1987: 16; Lai, 1988: 95, figs. 253A-B; Wilson, 1994: 45, pl. 6, figs. 30A-B.

Morula borealis (Pilsbry): Lai, 1988: 95, fig. 254 (non *Ricinula borealis* Pilsbry, 1904).

Drupa biconica (Blainville): Zhang, 1976: 344, pl. 2, figs. 5-6 (non *Purpura biconica* Blainville, 1832).

Cronia biconica (Blainville): Abbott & Dance, 1983: 145.

Habromorula spinosa (H. & A. Adams): Houart, 1996b: 33, figs. T, 45; Tsuchiya in Okutani, 2000: 393, pl. 195, fig. 150; Houart in Poppe, 2008: 210, pl. 400, figs. 8-9; Jung *et al.*, 2010: 119, figs. 110a-c.

Morula (*Habromorula*) *spinosa* (H. & A. Adams): Houart, 2004: 112, figs. O, 30-31, 44, 84-85, 90, 126-128; Zhang, 2006: 111, fig. 15.

　　别名　棘结螺、双锥核果螺。

　　英文名　Spinose rock shell。

　　模式标本产地　菲律宾。

　　标本采集地　广东（深圳），广西（涠洲岛），海南（海口、陵水新村、三亚），香港。

　　观察标本　1 个标本，MBM258208，广东沿岸，1974.Ⅸ.10，蔡英亚采；1 个标本，MBM258221，海口，静生生物调查所采；1 个标本，MBM258203，陵水新村，静生生物调查所采；5 个标本，78M-132，广西涠洲岛，1978.Ⅳ.29，马绣同采；3 个标本，75M-200，三亚大东海，1975.Ⅳ.30，马绣同采；5 个标本，81M-294，三亚鹿回头，1981.Ⅹ.11，马绣同采；1 个标本，MBM258218，香港，1980.Ⅴ.02，齐钟彦采。

　　形态描述　贝壳呈纺锤形，为本属中个体较大者；壳质较厚。螺层约 7 层，胚壳 3-3½ 层。缝合线浅，不太明显。螺旋部较高而尖，壳顶常覆盖 1 层石灰质，体螺层高大。壳表雕刻有密集且均匀的细螺肋，纵肋较宽而低平。各螺层中部形成肩角，其上生有棘刺，在每螺层上有 1 条，体螺层上有 3 条生有棘刺的螺肋，不同的个体棘刺的长度有变化，有的较长，也有的较短。壳面为褐色、黄褐色或黑褐色（我们的标本壳色有 2 种），通常贝壳的基部和棘刺的颜色较深，有的个体壳面有不规则的白斑。壳口狭长，内紫色或淡紫色。外唇边缘有长短不等的棘刺，内缘有 4-6 枚小齿，以中上方的 2 枚较强壮；内唇平滑，褶襞弱。前水管沟稍长；后水管沟小。

标本测量（mm）

　　壳长　31.0　26.6　23.5　20.2　17.8

　　壳宽　20.0　15.0　16.0　15.0　10.2

讨论　张福绥（1976）曾把本种误订为 *Drupa biconica* (Blainville)，根据 Tsuchiya（2000）和 Houart（2004，2008）的报道，同时观察我们所收藏的十余个标本，确认应是本种。此外，赖景阳（1988）报道台湾产的紫口棘结螺 *Morula borealis* (Pilsbry)也是本种。

生物学特性　暖水种；栖息于潮间带至潮下带浅海岩礁或珊瑚礁质海底中。

地理分布　在我国见于台湾和广东以南沿海；日本，菲律宾，澳大利亚，斐济群岛和新喀里多尼亚和红海等地均有分布。

图 105　棘优美结螺 *Morula* (*Habromorula*) *spinosa* (H. & A. Adams)

22. 奥兰螺属 *Orania* Pallary, 1900

Orania Pallary, 1900: 285.

Type species: *Pseudomurex spadae* (Libassi, 1859) (=*Murex fusulus* Brocchi, 1814).

特征　贝壳多小型，壳表雕刻有纵、横螺肋，肋上常有小鳞片或小尖刺。胚壳光滑，有 2½-3½个螺层。外唇内缘具齿列，唇轴上常有齿列或褶襞。前水管沟宽短，后水管沟小而明显。

　　除少数种类外，本属动物多数栖息于潮下带 150m 以内的浅海软泥、砂或泥砂质海底。分布于我国的东、南部沿海。

　　目前在中国沿海已发现 9 种。

种 检 索 表

1. 壳面灰褐色或黑褐色，纵肋呈棱角状 ························· 铅色奥兰螺 *O. livida*
   壳面不呈灰褐色或黑褐色，纵肋不呈棱角状 ····················· 2
2. 贝壳修长，壳面常有褐色颗粒状突起 ···················· 旋奥兰螺 *O. gaskelli*
   壳面无褐色颗粒状突起 ····························· 3
3. 缝合深，呈沟状 ································ 4
   缝合线浅，非沟状 ······························ 5
4. 内唇轴上有 4 条发达的肋状齿 ·················· 褐肋奥兰螺 *O. fischeriana*
   内唇轴上有 3-4 条弱的褶襞 ··················· 连接奥兰螺 *O. adiastolos*
5. 纵肋弱而平，螺肋细 ····················· 无花果奥兰螺 *O. ficula*
   纵肋突出，螺肋粗 ······························ 6
6. 壳面褐色，无肩角 ······················· 迟奥兰螺 *O. serotina*
   壳面黄褐色，有肩角 ···························· 7
7. 纵、横螺肋交织成长方形结节 ················ 肋奥兰螺 *O. pleurotomoides*
   纵、横螺肋交织未形成长方形结节 ······················ 8
8. 前水管沟和胚壳呈红褐色 ·················· 太平洋奥兰螺 *O. pacifica*
   前水管沟和胚壳非红褐色 ·················· 融合奥兰螺 *O. mixta*

(92) 肋奥兰螺 *Orania pleurotomoides* (Reeve, 1845)（图 106）

Murex pleurotomoides Reeve, 1845: 3, pl. 34, fig. 173.

"*Murex*" *pleurotomoides* (Reeve): Radwin & D'Attilio, 1976: 216, pl. 25, fig. 7.

Orania pleurotomoides (Reeve): Houart, 1995: 270, figs. 125-126; Zhang, 2007: 543, fig. c; Houart in Poppe, 2008: 204, pl. 397, fig. 14.

模式标本产地　不详。

标本采集地　南海（北部湾）和南沙群岛。

观察标本　1 个标本，K293B-47，北部湾（6273），水深 46m，沙质泥，1960.Ⅹ.25，沈寿彭采；1 个标本，MBM207369，北部湾（6267），水深 35m，软泥，1960.Ⅱ.09，孙福增采；1 个标本，MBM207368，北部湾（7102），水深 31m，粗粉砂，1962.Ⅰ.22，孙福增采；2 个标本，MBM207354，北部湾（6277），水深 35m，软泥，1960.Ⅱ.11，范振刚采；2 个标本，MBM207361，北部湾（7802），水深 67m，粉砂质软泥，1962.Ⅳ.10，孙福增采；1 个标本，标本号 SSB5-4，南沙群岛，41 号站，水深 93m，1994.Ⅸ.17，唐质灿等采。

形态描述　贝壳小（馆藏的标本中最大的个体壳长 17.0mm），近菱形；壳质结实。螺层约 9 层，胚壳约 3 层，光滑无肋。缝合线浅，沟状。螺旋部呈圆锥形，体螺层大。壳表雕刻有强壮的纵、横螺肋，二者交织处形成长方形的小结节。在螺旋部上通常有 2 条，体螺层上有数条较粗的螺肋，在两条螺肋之间还有 1 条细的间肋，肋上具有密集的小鳞片。体螺层上有纵肋约 10 条。各螺层中部形成肩角，肩角上具有小棘刺。壳面为黄白色或黄褐色，在体螺层上隐约可见有褐色螺带。壳口呈长卵圆形，外唇边缘雕刻有小缺刻，内缘有 1 列小齿；内唇光滑，轴唇上有 4-5 枚肋状齿。前水管沟半管状，翘向背方；后水管沟明显，呈"U"字形缺刻。有小脐孔。

标本测量（mm）

壳长	17.0	15.0	14.9	14.5	13.5
壳宽	9.3	9.0	8.8	8.5	7.6

生物学特性　暖海产；据 Radwin 和 D'Attilio（1976）记载，本种通常生活在水深 40-130m 的海底中。我们在中越北部湾联合调查和南沙群岛及其海域底栖生物调查时采到了数十个标本，其中大部分为生活个体。主要栖息于水深 30-93m 的细沙、粗粉砂、软泥或泥质砂海底中。

地理分布　在我国见于南海的北部湾和南沙群岛；菲律宾，澳大利亚等地也有分布。

图 106　肋奥兰螺 *Orania pleurotomoides* (Reeve)

(93) 褐肋奥兰螺 *Orania fischeriana* (Tapparone-Canefri, 1882)（图 107）

Latirus fischerianus Tapparone-Canefri, 1882: 33, pl. 2, figs. 8-9.

Nassaria mordica Hedley, 1909: 462, pl. 44, fig. 100.

Orania fischeriana (Tapparone-Canefri): Houart, 1995: 269, figs. 15-16, 38-39, 112-120; Zhang, 2007: 544, fig. d.

模式标本产地　新喀里多尼亚。

标本采集地　南海（北部湾）。

观察标本　2 个标本，E4B-3，北部湾（6280），水深 23.6m，泥质沙，1960.Ⅴ.13，范振刚采；1 个标本，X31B-8，北部湾（6272），水深 41.5m，泥沙，1959.Ⅻ.09，张宝琳采。

形态描述　贝壳小，近长卵圆形或纺锤形；壳质坚实。螺层 7-8 层，胚壳 2½层，光滑无肋。缝合线凹，呈浅沟状。螺旋部尖，呈锥形，体螺层大而圆。肩部不明显。壳面具有稀疏而发达的纵肋，肋间距较宽，体螺层约 8 条；螺肋粗细相间，肋上密布小鳞片。纵、横螺肋交织点形成长方形的结节突起。壳面黄白色或染有褐色，通常螺旋部颜色较淡，体螺层上的颜色较深，螺肋和结节突起处呈红褐色或橘红色。壳口长卵圆形，内为白色。外唇内缘具肋状齿 6-7 条；内唇轴上有 4 条发达的肋状齿。前水管沟宽，半管状，向背方弯曲；后水管沟小而稍深，缺刻状。具脐孔。

标本测量（mm）

　　壳长　11.5　10.2　10.0

　　壳宽　6.2　6.0　6.0

生物学特性　暖海产；生活于低潮附近至浅海 10-60m 水深的砂、泥砂或砂砾质海底中。

地理分布　在我国见于南海的北部湾海域；澳大利亚，新喀里多尼亚及印度洋的莫桑比克等地也有分布。

图 107　褐肋奥兰螺 *Orania fischeriana* (Tapparone-Canefri)

(94) 连接奥兰螺 *Orania adiastolos* Houart, 1995（图 108）

Orania adiastolos Houart, 1995: 265, figs. 14, 35-37, 54, 102-111; Zhang, 2007: 544, fig. E.

模式标本产地　新喀里多尼亚。

标本采集地　南海（北部湾海域）。

观察标本　1 个标本，X31B-8，北部湾（6270），水深 41.5m，泥砂，1959.ⅩⅡ.09，马绣同采；2 个标本，X274，北部湾（7701），水深 28m，中砂，1962.Ⅹ.11 采；1 个标本，Q282B-58，北部湾（6249），水深 31m，沙质底，1960.Ⅺ.17，张宝琳采。

形态描述　贝壳呈纺锤形；近似于褐肋奥兰螺 *Orania fischeriana*，但壳形较前种瘦长，轴唇上的齿较弱；壳质结实。螺层约 7 层，胚壳约 1½ 层，光滑无肋。缝合线深，呈沟状。螺旋部较高，体螺层大。各螺层具有弱的肩部，呈斜坡状。其余壳表雕刻有较发达的纵、横螺肋，在每一螺层的中部具有 2 条，体螺层上有 5-6 条粗壮的螺肋，与纵肋相交处形成结节突起。纵肋较稀疏，体螺层上约有 8 条。壳面白色，略带褐色，体螺层上螺肋和结节突起处颜色加深，呈黄褐色。壳口长卵圆形，内淡褐色，外唇内缘具放射状肋齿；内唇轴上有 3-4 个弱的褶襞。前水管沟半管状；后水管沟小，缺刻状，脐部明显，有脐孔。

标本测量（mm）

　　壳长　12.0　10.2　10.0
　　壳宽　6.2　6.0　6.0

生物学特性　暖海产；生活于潮下带的浅海区域。据 Houart（1995）报道，本种栖水深度通常为 33-60m。中越北部湾联合调查时在北部湾海区采到的标本，栖息于水深为 28-41.5m 的泥砂质、中砂和砂质海底中。

地理分布　在我国见于南海北部湾海域；新喀里多尼亚和南非等地也有分布。

图 108　连接奥兰螺 *Orania adiastolos* Houart

(95) 融合奥兰螺 *Orania mixta* Houart, 1995（图 109）

Orania mixta Houart, 1995: 269, figs. 17-18, 41, 123-124; Zhang, 2007: 544, fig. f; Houart in Poppe, 2008: 201, pl. 396, figs. 2-6.

模式标本产地　菲律宾。

标本采集地　广东珠江口，南沙群岛。

观察标本　1个标本，NS9B-3，南沙群岛，水深96m，细砂碎贝壳，1993.Ⅻ.15，任先秋等采；1个标本，SSB13-2，南沙群岛，水深142m，砂泥质，1994.Ⅸ.24，唐质灿采；1个标本，珠江口，水深12.2m，泥沙质，2013.Ⅳ.21，李海涛采。

形态描述　贝壳外形与褐肋奥兰螺和连接奥兰螺较近似，但壳形较这两种瘦长，近纺锤形；壳质结实。螺层约9层，胚壳小而尖，约3½层，光滑无肋。缝合线浅而明显。螺旋部较高，体螺层宽大。各螺层中部突出形成肩部，在体螺层和次体螺层的肩部形成1个明显的斜坡，在肩角的螺肋上具有小刺。壳表具有发达的纵肋，体螺层上有纵肋约8条；螺肋细密，粗细相间，肋上具有密集的小鳞片，有肩部的斜坡上常有纵行的小鳞片。壳面为黄褐色，肩角上的螺肋呈白色，在体螺层上隐约可见有红褐色螺带。壳口呈长卵圆形，外唇缘上雕刻有小缺刻，内缘有1列小齿；内唇光滑，无小齿。前水管沟半管状，向背方弯曲；后水管沟小，缺刻状。有小脐孔。

标本测量（mm）

　　　壳长　19.4　18.5　16.5
　　　壳宽　10.0　10.0　　8.5

生物学特性　暖海产；通常生活于潮下带的浅海砂或砂泥质海底中。据Houart（1995）记载，本种的栖水深度通常为50-150m。2013年，李海涛在珠江口海域12.2m采到1个生活标本，另外2个标本分别于1993年和1994年在南沙群岛海域水深96m和142m处的砂碎贝壳及沙泥质海底采到。

地理分布　在我国见于广东沿海和南沙群岛；菲律宾群岛等地也有分布。

图109　融合奥兰螺 *Orania mixta* Houart

(96) 太平洋奥兰螺 *Orania pacifica* (Nakayama, 1988)（图 110）

Marula pacifica Nakayama, 1988: 251, fig. 103.

Orania pacifica (Nakayama): Houart, 1995: 272, figs. 19, 43, 98-101; Tsuchiya in Okutani, 2000: 385, pl. 191, fig. 102; Houart in Poppe, 2008: 202, pl. 396, figs. 7-8.

模式标本产地　日本（纪伊）。

标本采集地　东海。

观察标本　1 个标本，东海（浙江外海），水深 120-150m，岩礁和泥砂质底，2012. V，尉鹏采；3 个标本，东海（26°10′N，123°12′E），水深 125m，石砾底质，2013.Ⅶ.09，张树乾采。

形态描述　贝壳小型，纺锤形；壳质较厚，结实。螺层约 9 层，胚壳约 3 层，光滑，多呈红褐色。缝合线浅，但清晰。螺旋部稍高，体螺层大。各螺层上部形成肩角，壳表雕刻较粗的纵肋，螺肋细，在肩部有 1 条粗螺肋，肋上具有鳞片和小刺。壳面为黄白色或淡黄褐色，前水管沟末端和绷带处呈红褐色，在体螺层中部隐约可见有 1 条宽的黄褐色螺带，体螺层的下部颜色变淡。壳口呈长卵圆形，内淡褐色。外唇厚，边缘有锯齿状小缺刻，内缘有 1 列小齿；内唇光滑，近直，轴唇上有 3-4 枚肋状齿。前水管沟稍短，半管状，翘向背方；后水管沟小而浅。绷带明显。

标本测量（mm）

　　壳长　15.0　14.4　14.0　13.2

　　壳宽　7.9　7.5　7.8　7.5

生物学特性　本种通常栖息于浅海水深 30-160m 的泥砂或岩礁质海底中。

地理分布　在我国见于东海（中国近海）；日本（纪伊半岛、伊豆诸岛以南），菲律宾，印度尼西亚，新喀里多尼亚，波利尼西亚和南非等地也有分布。

图 110　太平洋奥兰螺 *Orania pacifica* (Nakayama)

(97) 无花果奥兰螺 *Orania ficula* (Reeve, 1848)（图 111）

Fusus ficula Reeve, 1848: pl. 19, fig. 73.

Lataxiena pholidota (Watson): Cernohorsky, 1978: 71, pl. 21, figs. 2-2d.

Lataxiena ficula (Reeve): Wilson, 1994: 23, pl. 6, figs. 18a-b.

Orania ficula (Reeve): Zhang, 2007: 544, fig. g; Houart in Poppe, 2008: 202, pl. 396, fig. 708.

模式标本产地　菲律宾。

标本采集地　福建（平潭）。

观察标本　1 个标本，MBM259736，福建平潭，1984.Ⅴ.02，马绣同采；1 个标本，84M-124，福建平潭山边，1984.Ⅴ.02，马绣同采。

形态描述　贝壳呈纺锤形；壳质较厚，结实。螺层约 7 层（馆藏的标本壳顶已磨损），缝合线浅而明显。螺旋部较高，体螺层大，各螺层上部具有弱的肩角。壳表雕刻有粗而较低平的纵肋，在体螺层上通常有 8-9 条；具有粗细相间的螺肋，粗肋突出于壳面，肋上常有小鳞片。壳面呈深褐色或黄褐色，不同个体颜色有变化。壳口长卵圆形，雕刻有放射状螺纹和肋状齿，外唇边缘具小缺刻；内唇光滑。前水管沟半管状，末端的颜色加深，并向背方稍曲，后水管沟小而宽，缺刻状。脐部明显。

标本测量（mm）

壳长	18.5	17.5
壳宽	9.6	8.5

生物学特性　暖水种；生活于潮间带至浅海的泥砂质海底中。

地理分布　分布于印度-西太平洋海区，在我国见于东南沿海；越南，菲律宾和澳大利亚等地也有分布。

图 111　无花果奥兰螺 *Orania ficula* (Reeve)

(98) 迟奥兰螺 *Orania serotina* (A. Adams, 1853)（图 112）

Murex serotinus A. Adams, 1853: 268.
Orania serotina (A. Adams): Zhang, 2007: 545, fig. h; Houart in Poppe, 2008: 204, pl. 397, figs. 7-9.

模式标本产地　不详。

标本采集地　南海（北部湾）。

观察标本　3 个标本，K265A-10，北部湾（6221），水深 21m，泥质中砂，1960.Ⅹ.18，孙克志采；1 个标本，X286B-19，北部湾（7402），水深 33m，粗粉砂，1962.Ⅹ.13 采；1 个标本，X199B-21，北部湾（7607），水深 20m，软泥底，1962.Ⅳ.12 采；1 个标本，X58-31，北部湾（6276），水深 28.5m，泥沙质，1960.Ⅱ.08，范振刚采。

形态描述　贝壳较小，呈纺锤形；壳质稍薄，结实。螺层约 8 层，壳顶小而尖，胚壳 2-2½层，光滑无肋。缝合线浅。螺旋部高，呈圆锥形，体螺层大。螺层较圆，肩部弱或不明显。壳表纵肋低平，较宽圆，体螺层上通常 8 条；螺肋粗细相间，粗肋在每一螺层上有 2 条，体螺层上有 7 条。在 2 条宽肋之间，还有 2-3 条更细的间肋，肋上密布小鳞片。在粗肋与纵肋交错点常形成长方形的结节突起。本种有 1 个明显的特征，即在每一螺层的缝线下方常形成 1 个明显的缢褶或 1 个突出的螺肋，使得缝合线与螺层间的界限不清晰。壳面为褐色或略带红褐色。壳口卵圆形，内褐色，外唇内缘具齿列，唇缘上有小缺刻；内唇平滑，滑层外翻。前水管沟较宽短，后水管沟小。厣角质。

标本测量（mm）

壳长	17.3	15.5	14.6	11.6	10.0
壳宽	8.0	7.4	7.0	6.0	5.0

生物学特性　暖海产；生活于潮下带浅海至稍深的海底中。据 Houart（2008）报道，菲律宾的标本采自 40-120m 水深处。馆藏的 6 个标本，是在中越北部湾联合调查时，采自水深 20-33m 的粗砂、软泥或泥砂质海底中。

地理分布　分布于西太平洋海区，在我国见于南海的北部湾海域；菲律宾，马来西亚，文莱，印度尼西亚和澳大利亚等地也有分布。

图 112　迟奥兰螺 *Orania serotina* (A. Adams)

(99) 铅色奥兰螺 *Orania livida* (Reeve, 1846)（图 113）

Buccinum livieum Reeve, 1846: pl. 11, fig. 87.

Buccinum bimucronatum Reeve, 1846: pl. 11, fig. 88.

Ricinula carbonaria Reeve, 1845, 3: pl. 4, fig. 22.

Bedeva livida (Reeve): Radwin & D'Attilio, 1976: 216, pl. 2, fig. 4.

Orania livida (Reeve): Tsuchiya in Okutani, 2000: 385, pl. 191, fig. 104; Zhang, 2007: 545, fig. I; Jung et al., 2010: 136, fig. 112.

别名　灰结螺。

模式标本产地　菲律宾。

标本采集地　福建（平潭），广东（徐闻），海南（铺前、三亚）。

观察标本　1 个标本，84M-124，福建平潭，1984.Ⅴ.02，潮间带采集；30 个标本，广东徐闻，2011.Ⅳ.12，李永强采；3 个标本，M08-08-2，海南铺前，潮间带，2008.Ⅲ.13，张素萍采；7 个标本，海南铁炉港，2008.Ⅲ.02，张素萍采。

形态描述　贝壳近纺锤形；壳质厚而结实。螺层约 7 层，胚壳常破损；缝合线浅，不甚明显。螺旋部稍高，体螺层较大。壳表雕刻有稀疏而发达的纵肋，常呈棱角状，在体螺层上约 8 条；螺肋粗壮，且粗细不均匀。各螺层的中部突出形成肩角，在肩角上常有 1 条粗螺肋，与纵肋交叉形成结节或角状突起。壳面呈灰褐色或黑褐色，外部常被有 1 层污垢，尤其是在螺旋部的表面雕刻均看不清楚。壳口较长，近半月形，内灰褐色或略呈紫褐色，外唇内缘具 1 列粒状小齿，约 8 枚，唇缘上有锯齿状缺刻；内唇光滑，轴唇略直。前水管沟短，微向背方弯曲；后水管沟小，缺刻状。绷带明显，具假脐；厣角质。

标本测量（mm）

壳长	28.1	27.8	26.5	26.5	19.0
壳宽	15.0	14.0	14.5	14.5	9.5

图 113　铅色奥兰螺 *Orania livida* (Reeve)

生物学特性　暖水产；生活于潮间带的礁石间或砂砾质海底中。

地理分布　分布于西太平洋海域，在我国见于台湾、福建和海南沿海；日本（冲绳诸岛以南），菲律宾，马来西亚，印度尼西亚和所罗门群岛等地也有分布。

经济意义　经济意义不大。

(100)　旋奥兰螺 *Orania gaskelli* (Melvill, 1891)（图 114）

Pisania gaskelli Melvill, 1891: 406, pl. 2, fig. 5.

Trachypollia neglecta Sowerby: Tsuchiya in Okutani, 2000: 385, pl. 191, fig. 108; Jung *et al.*, 2010: 129, fig. 154.

Orania gaskelli (Melvill): Houart in Poppe, 2008: 202, pl. 396, figs. 12-13; Robin, 2008: 285, fig. 7; Jung *et al.*, 2010: 112, figs. 80a-b.

别名　纺锤结螺、旋结螺。

模式标本产地　不详。

标本采集地　东海（浙江外海），台湾龟山岛。

观察标本　2 个标本，M2011-12，东海，水深 200m，砂和泥砂质底，2011.Ⅴ.13，张素萍采。

图 114　旋奥兰螺 *Orania gaskelli* (Melvill)

形态描述　贝壳较瘦长，纺锤形。壳质稍厚而结实。螺层约 8 层，壳顶小而尖，胚壳约 2 层，光滑无肋。缝合线清晰，稍凹。螺旋部高，呈圆锥形，体螺层高大。螺层圆，有的个体具弱的肩部。壳表雕刻有纵、横螺肋，螺肋粗细不均匀，通常是 2 条粗肋间还有几条细螺肋，粗肋与纵肋交叉点形成小颗粒状凸起。本种表面雕刻有变化，有的个体纵肋较弱或不明显，螺肋突出，有的表面未形成颗粒状突起。壳面为褐色或咖啡色，颗粒突起和前水管沟颜色加深。壳口长卵圆形，内淡褐色或灰白色，外唇内缘具放射状螺肋或齿列，唇缘上有小缺刻；内唇平滑。前水管沟较宽，稍延长，微向腹面左侧弯曲；后水管沟小，缺刻状。厣角质，褐色。

标本测量（mm）

  壳长　29.5　23.0

  壳宽　13.4　10.0

讨论　台湾钟柏生等（2010）把本种分别鉴定为 *Trachypollia neglecta* Sowerby, 1880 和 *Orania gaskelli* (Melvill, 1891)，经研究发现二者为同一个种，前者为后者的同物异名。

生物学特性　据钟柏生等（2011）报道，台湾的标本采自水深 50-100m 的海底。我们从东海（浙江外海）采集的 2 个标本栖息于水深在 200m 左右的砂或泥沙质海底中。

地理分布　在我国见于台湾的东北部和东海（浙江外海）；日本，菲律宾，印度尼西亚，所罗门群岛，瓦努阿图，巴布亚新几内亚等太平洋岛屿均有分布。

经济意义　贝壳可供观赏。

23. 比德螺属 *Bedevina* Habe, 1946

Bedevina Habe, 1946, 14: 198.

Type species: *Trophon birileffi* Lischke, 1871.

特征　贝壳小，纺锤形；螺旋部呈圆锥状，体螺层高大。各螺层中部突出形成肩角。在上下螺层的缝合线处有 1 绳索状环肋。壳表具有较发达的纵肋和明显的螺肋，肋上具小鳞片。壳面黄褐色或褐色。厣角质，卵形。

生活于潮下带浅海泥沙质海底。在我国分布于福建以南沿海。

目前，本属在中国沿海发现 1 种。

(101) 双比德螺 *Bedevina birileffi* (Lischke, 1871)（图 115）

Trophon birileffi Lischke, 1871: 39.

Fusus pachyraphe Smith, 1879: 205, pl. 20, figs. 37a-b.

Lepsiella (Bedeva) birileffi (Lischke): Jung *et al.*, 2010: 110, fig. 71.

Bedeva birileffi (Lischke): Radwin & D'Attilio, 1976: 27, pl. 2, fig. 6; Tsuchiya in Okutani, 2000: 380; pl. 189, fig. 90; Zhang, 2007: 546.

Bedevina birileffi (Lischke): Habe, 1946, 14: 198, fig. 5; Habe, 1964: 84, pl. 27, fig. 10; Kuroda *et al.*, 1971: 150, pl. 43, figs. 10-11.

别名　笼目结螺。

模式标本产地　日本（九州）。

标本采集地　福建，东海，南海（中国近海、北部湾）。

观察标本 2 个标本，M84-098，福建，1984.Ⅳ.17 采；2 个标本，H20B-5，东海（4043），水深 42.5m，泥质砂，1959.Ⅻ.10，程丽仁、曲敬祚采；4 个标本，SⅢ37B-39，南海（6008），水深 15m，泥质沙，1959.Ⅶ.21，张伟权采；1 个标本，K138B-116，南海水深 39.5m，泥质粗砂，1960.Ⅱ.16，沈寿彭采；4 个标本，MBM 207434，北部湾（6285），水深 12.3m，泥质沙，1960.Ⅱ.11，范振刚采；1 个标本，R312B-9，北部湾（6234），水深 30m，泥质沙，1960.Ⅺ.13，张伟权采。

形态描述 贝壳呈纺锤形；壳质稍薄，但结实。螺层约 9 层，胚壳约 2 层，光滑无肋。缝合线浅，沿每一螺层的缝合线处有 1 绳索状环肋。螺旋部呈塔状，体螺层高大。各螺层中部突出形成肩角，从缝合线至肩角处常形成 1 个斜坡。壳表具有较发达的纵肋，体螺层上有 8-9 条；螺肋除肩角上的 1 条稍粗外，其余粗细较均匀，排列密集，肋上具有细密的小鳞片。壳面多呈黄褐色或褐色。壳口长卵圆形，内为淡黄褐色，具有放射状螺肋，外唇缘上具细小的缺刻；内唇光滑，有的个体内唇轴上有 2-3 个弱的肋状齿。前水管沟延长，半管状，向背方微曲，并具有 1 个小的后水管沟，缺刻状，脐孔小。

标本测量（mm）

| 壳长 | 24.2 | 23.5 | 23.3 | 22.1 | 20.0 |
| 壳宽 | 12.2 | 12.0 | 11.2 | 11.2 | 9.6 |

讨论 有关本种的分类地位常变来变去，比较混乱。张素萍（2007）参考了 Radwin 和 D'Attilio（1976）、Tsuchiya（2000）等文献，把本种归属于 *Bedeva*；台湾钟柏生等（2010）把本种放在锉骨螺亚科 Haustrinae 的 *Lepsiella* (*Bedeva*) 属内。本研究参考了海洋贝类物种信息库（WoRMS）中的分类系统，现已归属于比德螺属 *Bedevina*。

图 115 双比德螺 *Bedevina birileffi* (Lischke)

生物学特性 暖海产；生活于潮下带至浅海水深 30m 左右的泥沙质、粗砂、砂质泥、砂砾质海底中。在全国海洋综合调查和中越北部湾联合调查时，在东海、南海和北部湾海域采到了数十号标本，栖水深主要为 10-30m。

地理分布　在我国见于台湾、福建和南海；日本（本州、九州和相模湾）和菲律宾也有分布。

24. 小斑螺属 *Maculotriton* Dall, 1904

Maculotriton Dall, 1904: 136.

Type species: *Triton bracteata* Hinds, 1844 (=*Buccinum serriale* Deshayes in Laborde & Linant, 1834).

特征　贝壳小型，瘦长，呈指状；螺旋部高，壳表雕刻有细的纵、横螺肋，二者交叉处常形成颗粒状小斑点。壳口较大，长卵圆形，外唇内缘通常有粒状小齿。

本属目前在中国沿海发现 2 种。

种 检 索 表

壳面具褐色斑点组成的螺带 ··· 锯齿小斑螺 *M. serriale*
壳面无褐色斑点组成的螺带 ··· 指形小斑螺 *M. digitale*

(102) 锯齿小斑螺 *Maculotriton serriale* (Deshayes, 1833)（图 116）

Buccinum serriale Deshayes, 1833: 66, figs. 32-34.

Drupa (*Maculotriton*) *serrialis longa* (Pilsbry & Vanatta): Kuroda, 1941: 110.

Maculotriton serriaris longus Pilsbry & Vanatta: Habe, 1964: 83, pl. 27, fig. 4.

Maculotriton serriale serriale (Deshayes): Zhang, 2007: 546.

Maculotriton serriale (Deshayes): Cernohorsky, 1972: 129, pl. 36, fig. 11; Springsteen & Leobrera, 1986: 141, pl. 38, fig. 13; Houart, 1995: 263, fig. 87; Zhang, 2007: 546; Tsuchiya in Okutani, 2000: 385, pl. 191, fig. 110; Rao, 2003: 235, pl. 56, figs. 1-2; Houart in Poppe, 2008: 200, pl. 395, fig. 1.

别名　小斑骨螺、秀峰结螺。

模式标本产地　红海。

标本采集地　海南（三亚小东海、西沙群岛、南沙群岛）。

观察标本　24 个标本，M81-265，三亚小东海，1981.Ⅹ.08，马绣同采；4 个标本，MBM114466，西沙永兴岛，1958.Ⅴ.20，徐凤山采；2 个标本，MBM114465，西沙珊瑚岛，1980.Ⅴ.21 采；2 个标本，南沙五方礁，水深 1-4m，珊瑚礁，1990.Ⅴ.06，任先秋等采；2 个标本，南沙群岛，2002.Ⅴ.14，王洪发采。

形态描述　贝壳微小型，修长；馆藏的标本中最大的个体壳长 13.6mm；壳质稍厚，结实。螺层约 8 层，缝合线凹，胚壳 3 层，光滑无肋，多呈紫红色。螺旋部高，圆锥形，体螺层高大，占贝壳长度的 3/5。壳表雕刻有细螺肋和较突出的纵肋，纵肋在体螺层上约有 13 条，二者交叉处形成小颗粒突起。壳面为灰白色，在每一螺层的缝合线上方和体螺层上具有 2-3 列由深褐色斑点组成的螺带和不规则的斑点，这种螺带在体螺层上通常有

2-3 条。壳口长卵圆形，内白色，外唇增厚，内缘通常具 6-8 枚小齿。前水管沟短，缺刻状，后水管沟小。

标本测量（mm）

　　　壳长　13.6　13.5　13.0　12.1　11.0

　　　壳宽　5.5　　5.5　　5.0　　5.0　　4.5

生物学特性　暖水种；栖息于潮下带至浅海岩礁或石砾质海底中。

地理分布　在我国见于台湾、海南岛和南沙群岛；日本，巴基斯坦，缅甸，菲律宾，马来西亚，印度尼西亚，新喀里多尼亚，以及印度，东非沿岸和红海等印度-西太平洋热带海域均有分布。

图 116　锯齿小斑螺 *Maculotriton serriale* (Deshayes)

(103) 指形小斑螺 *Maculotriton digitale* (Reeve, 1844)（图 117）

Triton digitale Reeve, 1844: pl. 19, fig. 86.

Triton lativaricosus Reeve, 1844, 2: pl. 19, fig. 90.

Drupa (*Maculotriton*) *digitalis* (Reeve): Kuroda, 1941: 110.

Maculotriton serriale digitalis (Reeve): Tsuchiya in Okutani, 2000: 385, fig. 111.

Maculotriton serriale digitale (Reeve): Zhang, 2007: 546.

别名　淡色结螺。

模式标本产地　菲律宾。

标本采集地　海南（三亚和西沙群岛）。

观察标本　8 个标本，M81-265，海南三亚，1981.Ⅹ.08，马绣同采；1 个标本，MBM114458，西沙群岛永兴岛，1958.Ⅴ.20，徐凤山采。

形态描述　贝壳外形与锯齿小斑螺近似，但壳形稍肥胖，呈指状；个体微小型，馆藏的标本中最大的个体壳长 12.6mm；壳质结实。螺层约 8 层，胚壳约 3 层，光滑无肋，呈淡褐色。各螺层中部略膨胀，缝合线浅，压缩。壳表具有排列紧密而略突出的纵肋，肋间沟浅；螺肋细密，稍曲折。纵、横螺肋交织近似于布目状，交叉点形成小颗突起。壳面为黄白色，在贝壳的基部或体螺层的中下部染有褐色小斑或断续的细螺带。壳口呈长卵形，内白色，外唇厚，内缘具 1 列小齿，5-7 枚；内唇平滑，在唇轴近前水管沟处常有 2 枚小齿。前水管沟短，微向背方翘起；后水管沟小，缺刻状。

标本测量（mm）

壳长	12.6	12.5	12.3	11.0	10.2
壳宽	5.5	5.5	5.3	5.0	4.5

讨论　本种与锯齿小斑螺外形非常近似，日本学者 Tsuchiya（2000）曾把本种作为前者的 1 个亚种 *Maculotriton serriale digitalis* 进行报道，但多数学者认为它们应是 2 个不同的种。在编写本志时，著者参考了海洋贝类物种信息库（WoRMS）资料，将其作为 1 个独立的种进行了描述，但在完成本志的编写定稿后，又有学者认为本种是锯齿小斑螺的同物异名。

生物学特性　暖水种；栖息于潮下带至浅海岩礁或石砾质海底中。

地理分布　分布于印度-西太平洋暖水区，在我国见于台湾、海南岛和西沙群岛；日本，菲律宾，新喀里多尼亚及东非沿岸均有分布。

图 117　指形小斑螺 *Maculotriton digitale* (Reeve)

25. 锥骨螺属 *Phrygiomurex* Dall, 1904

Phrygiomurex Dall, 1904: 137.

Type species: *Triton sculptilis* Reeve, 1844.

特征　贝壳小型；螺旋部高，壳顶常破损。壳面雕刻有螺肋和纵肋，并出现纵肿肋。缝合线凹，环缝合线有 1 周方形凹坑。壳口长卵圆形，厣角质，褐色。

目前，本属在我国沿海仅知有 1 种。

(104) 网目锥骨螺 *Phrygiomurex sculptilis* (Reeve, 1844)（图 118）

Triton sculptilis Reeve, 1844: pl. 18, fig. 76.

Phrygiomurex sculptilis (Reeve): Wilson, 1994: 25, pl. 6, fig. 12; Tsuchiya in Okutani, 2000: 384, pl. 191, fig. 109; Jung *et al.*, 2010: 113, fig. 83; Robin, 2008: 284, fig. 8.

别名　网目结螺。

英文名　Sculptured rock shell。

标本采集地　台湾西南部，小琉球屿。

观察标本　1 个标本，台湾西南部，潮间带低潮线附近，岩礁质海底。标本图片由台湾赖景阳教授提供。

形态描述　贝壳小，瘦长型；壳质较厚。螺层约 6 层，螺旋部高，圆柱状，壳顶常破损，体螺层高大。缝合线清晰，稍凹，环缝合线有 1 周方形凹坑。壳面具有宽而低平纵肋和突出的粗螺肋，粗肋间还有细肋和纵行细螺纹，壳面形成网目状结构。在体螺层上常出现纵肿肋。壳面白色或黄白色，在缝合线处和体螺层上具有细的紫褐色螺线，有的标本紫褐色螺线清晰，也有的不清晰。壳口大，狭长，呈长卵圆形，内唇滑层较厚，平滑，向体螺层上扩张；外唇宽厚，内缘有细齿状雕刻。前水管沟宽短，后水管沟小而明显。厣角质，褐色。

图 118　网目锥骨螺 *Phrygiomurex sculptilis* (Reeve)

标本测量（mm）
　　壳长　21.0
　　壳宽　9.3
生物学特性　通常生活在潮间带低潮线附近至浅海的石块下或岩礁间。
地理分布　在我国见于台湾的西南部；日本，菲律宾，东澳大利亚等印度-太平洋海域有分布。

26. 瑞香螺属 *Daphnellopsis* Schepman, 1913

Daphnellopsis Schepman, 1913: 449.

Type species: *Daphnellopsis lamellosa* Schepman, 1913.

　　特征　贝壳小型，呈纺锤形；壳质结实。螺旋部呈圆锥状。壳表雕刻有薄片状的纵肋，肋上常形成褶皱，螺肋细，二者交叉常呈格子状。壳口长卵圆形。外唇宽厚，内缘具细小齿列。前水管沟较宽短。

　　本属在中国沿海已知有 3 种。

种 检 索 表

1. 表面片状纵肋竖起，螺肋细 ···································· 纵褶瑞香螺 *D. fimbriata*
　 表面片状纵肋与螺肋粗细均匀，二者交织成方格状 ································· 2
2. 体螺层宽大，雕刻粗糙 ······································ 细褶瑞香螺 *D. hypselos*
　 体螺层不宽大，雕刻精致 ···································· 薄片瑞香螺 *D. lamellosus*

(105) 薄片瑞香螺 *Daphnellopsis lamellosus* Schepman, 1913（图 119）

　　Daphnellopsis lamellosus Schepman, 1913: 449, pl. 30, figs. 10a-c; Powell, 1966: 140, pl. 23, figs. 16, 17; Houart, 1985c: 433, pl. 5, figs. 21, 21A-C; Houart, 1995: 259, figs. 31, 81-83; Houart & Heros, 2008: 462, fig. 5D.

　　模式标本产地　印度尼西亚（萨武海）。
　　标本采集地　南海（海南岛的南部）。
　　观察标本　1 个标本，N149B-32，南海（17°45′N，109°30′E），水深 90m，砂质泥，1960.III.11，沈寿彭采。
　　形态描述　贝壳微小型，较瘦长；壳质厚而结实。螺层约 6 层，胚壳 1½层，光滑无肋。缝合线浅，明显。螺旋部较高，呈圆锥形，体螺层高大。壳面具有细密的纵肋，在缝合线处纵肋竖起形成折叠的薄片状；螺肋粗细均匀，与纵肋交叉形成格子状雕刻。壳面淡褐色或土黄色。壳口较大，橄榄形，内褐色。外唇弧形，上部形成 1 个棱角，边缘宽厚，其上有缺刻，内缘有齿列；内唇光滑。前水管沟稍宽短；后水管沟小。厣未见。

标本测量（mm）

　　壳长　7.0

　　壳宽　2.8

　　生物学特性　栖息于浅海至水深 250m 左右的海域；全国海洋综合调查时，在海南岛的南部，水深 90m 的砂泥质海底采到 1 个标本。

　　地理分布　在我国见于南海（海南岛附近海域）；目前仅知印度尼西亚和斐济群岛等地也有分布。本种在中国沿海为首次报道。

图 119　薄片瑞香螺 *Daphnellopsis lamellosus* Schepman

(106) 纵褶瑞香螺 *Daphnellopsis fimbriata* (Hinds, 1843)（图 120）

Clavatula fimbriata Hinds, 1843: 43.

Lataxiena fimbriata (Hinds): Jung *et al.*, 2010: 146, fig. 170.

Daphnellopsis fimbriata (Hinds): Houart, 1995: 258, figs. 29, 52, 79-80; Houart in Poppe, 2008: 206, pl. 398, figs. 1-4.

　　别名　细皱骨螺。

　　模式标本产地　新几内亚。

　　标本采集地　台湾东北部。

　　观察标本　1 个标本，台湾东北部，水深 100 余米，砂质底，陈景林采。标本图片由台湾钟柏生先生提供。

　　形态描述　贝壳微小型，修长；壳质稍薄，但结实。螺层约 7½ 层，胚壳 1½ 层，光滑无肋。缝合线清晰，稍凹。螺旋部高，体螺层高大。壳面具有竖起的薄片状纵肋，肋上有皱褶和小棘；螺肋细密。壳面呈淡黄色或白色。壳口橄榄形，外唇宽厚，其上形成花边状雕刻，内缘有弱的小齿列；内唇光滑，滑层向体螺层上扩张。前水管沟稍宽短，开口，呈半管状；后水管沟小。

标本测量（mm）

　　壳长　10.0

　　生物学特性　目前，大陆沿海尚未采到此种标本，据钟柏生等（2010）报道，台湾的标本采自浅海 100m 左右的砂质海底。Houart（2005）及 Houart 和 Heros（2008c）报道，本种栖息水深从浅海 40m 至深海 600 余米处均有发现。

　　地理分布　在我国见于台湾东北部；菲律宾，新几内亚和斐济群岛等地均有分布。

图 120　纵褶瑞香螺 *Daphnellopsis fimbriata* (Hinds)

(107) 细褶瑞香螺 *Daphnellopsis hypselos* Houart, 1995（图 121）

Daphnellopsis hypselos Houart, 1995: 258, figs. 30, 77–78.

Daphnellopsis sp. Jung *et al.*, 2010: 129, fig. 153.

　　别名　细褶骨螺。

　　模式标本产地　苏门答腊岛（印度尼西亚）。

　　标本采集地　东沙群岛附近。

　　观察标本　1 个标本，东沙附近海域，水深 300m。标本图片由台湾钟柏生先生提供。

　　形态描述　贝壳小，呈纺锤形；壳质较厚而结实。螺层约 7 层，胚壳 1½层，光滑无肋。缝合线稍凹，清晰。螺旋部圆锥形，体螺层宽大。壳面具有细密的片状纵肋，在缝合线处纵肋竖起形成薄片状皱褶；螺肋细而曲折，呈波状，与纵肋交叉形成格子状，交叉点形成小刺或小点状雕刻。壳面呈黄白色或土黄色。壳口长卵圆形，外唇上部形成 1 个棱角，边缘宽厚，其上有弱的缺刻；内唇光滑。前水管沟宽短，半管状；后水管沟小。

标本测量（mm）

　　壳长　13.0

　　讨论　台湾钟柏生等（2010）鉴定的 *Daphnellopsis* sp.种，后经研究确认应是 Houart（1995）定名的新种 *Daphnellopsis hypselos*。

　　生物学特性　栖息于浅海至较深的砂质海底中。据 Houart（1995）记载，模式标本采自苏门答腊岛海域水深 37m 处；菲律宾的标本采自水深 99m 处。钟柏生等（2010）报道，台湾的标本采自水深 300m 的砂质海底。

　　地理分布　在我国见于台湾西南部海域；菲律宾和印度尼西亚等地也有分布。本种在中国沿海为首次报道。

图 121　细褶瑞香螺 *Daphnellopsis hypselos* Houart

（四）管骨螺亚科 Typhinae Cossmann, 1903

Typhinae Cossmann, 1903: 11.

Type genus: *Typhis* Montfort, 1810.

　　特征　贝壳小型或微小型，多数个体壳长为 10.0-20.0mm，仅有少数种类个体壳长达到 20.0-40.0mm。贝壳多呈纺锤形；壳质结实。缝合线较深或明显。胚壳光滑，呈乳头状。螺层上通常有 4-5 个纵肿肋，多数呈片状，肋上常具有长短不等的棘、钩状刺或皱褶，最突出的特征是在各螺层的肩部生有发达的圆筒状突出物，尤其是在体螺层背部左侧肩角上的 1 个圆筒最为粗壮和发达。壳面通常为白色或略带褐色。壳口小，近圆形，周缘滑层较厚，有的外翻，有的呈领口状。前水管沟细长、中等长或稍短，略曲。厣角质，褐色。

本亚科动物主要分布于热带和亚热带海域,大多数种类栖息于水深 100-500m 的砂、泥沙和石砾质海底中,少数种类栖息于潮间带至浅海。在我国见于东、南部沿海。

据报道(Keen, 1944; D'Attilio & Hertz, 1988),管骨螺亚科 Typhinae 动物现生种不少于 61 种,而化石种达 90 种。

目前,本亚科在中国沿海发现 3 属。

属 检 索 表

1. 前水管沟特长 ·· 畸形管骨螺属 *Monstrotyphis*
   前水管沟中等长或短 ··· 2
2. 纵肿肋上有长短不等的棘刺 ································· 管骨螺属 *Typhis*
   纵肿肋上无棘刺 ··································· 虹管骨螺属 *Siphonochelus*

27. 管骨螺属 *Typhis* Montfort, 1810

Typhis Montfort, 1810: 614.

Type species: *Typhis tubifer* Bruguiére, 1792.

特征 贝壳小,纺锤形;纵肿肋上密生有长短不等的棘刺和倒钩状小刺,在各螺层的肩部和 2 条纵肿肋之间生有较粗短的圆管状的棘。前水管沟稍短。

目前,本属在中国沿海仅发现 1 种。

(108) 分枝管骨螺 *Typhis ramosus* Habe & Kosuge, 1971(图 122)

Typhis ramose Habe & Kosuge, 1971: 82, figs. 1-2; Jung *et al.*, 2010: 109, fig. 66.

Typhina ramosa (Habe & Kosuge): Radwin & D'Attilio, 1976: 209, pl. 32, fig. 4; Lan, 1980: 69, fig. 61.

Typhis (*Typhis*) *ramosus* Habe & Kosuge: Tsuchiya in Okutani, 2000: 379, pl. 188, fig. 77.

别名 丛枝骨螺。

模式标本产地 南海。

标本采集地 台湾和南海。

观察标本 1 个标本,台湾的西南部,2017.Ⅷ,尉鹏提供。

形态描述 贝壳呈纺锤形;本种为管骨螺属 *Typhis* 中个体较大者。壳质较厚而结实。螺层 6-6½层,胚壳 2½-3 层,光滑无肋。缝合线清晰,稍凹。螺旋部稍高,圆锥形,体螺层宽大。各螺层上有弱的肩部。每一螺层上有 5 条片状纵肿肋,其上生有长短不等或略弯曲的棘刺,有的呈倒钩状。在各螺层的肩部,2 条片状纵肿肋之间生有圆管状短棘,以体螺层肩部的管状棘较大,在体螺层背部左侧的 1 条最为粗壮。表面平滑,生长纹细密。壳面呈黄褐色或淡紫褐色。壳口小,近圆形,周缘竖起,呈领状;外唇加厚,边缘有短刺,有的向上或向下弯曲,呈钩状;内唇光滑,前水管沟稍短,呈封闭的管状,向腹面右侧略弯曲,腹面右侧的管壁上有小刺。

标本测量（mm）

　　壳长　16.5

　　壳宽　10.2

　　生物学特性　暖水种；模式标本产自南海，但未记载水深和底质。因标本较少，故对其生活习性了解不多。少见种。

　　地理分布　目前仅知分布于我国台湾（西南部）和南海。

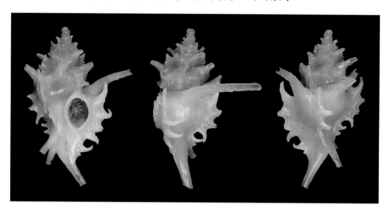

图 122　分枝管骨螺 *Typhis ramosus* Habe & Kosuge

28. 畸形管骨螺属 *Monstrotyphis* Habe, 1961

Monstrotyphis Habe, 1961: 19.

Type species: *Typhis* (*Typhinellus*) *tosaensis* Azuma, 1960.

　　特征　贝壳小型；各螺层有 4-5 条片状纵肿肋，肋上有棘刺或褶皱，在肩角上具有发达的圆管状棘，在背部左侧通常有 1 个特长的圆筒状后水管。壳口小，呈近圆形或卵形。前水管沟细长，略弯曲，呈圆筒状。

　　本属在中国沿海发现 2 种。

种 检 索 表

贝壳修长，壳面呈灰白色或淡紫色···土佐畸形管骨螺 *M. tosaensis*

贝壳较宽短，壳面呈黄褐色···单管畸形管骨螺 *M. montfortii*

(109) 土佐畸形管骨螺 *Monstrotyphis tosaensis* (Azuma, 1960)（图 123）

Typhis (*Typhinellus*) *tosaensis* Azuma, 1960: 99.

Typhis (*Monstrotyphis*) *tosaensis* (Azuma): Habe, 1961: 53, pl. 27, fig. 1; Tsuchiya in Okutani, 2000: 379, pl. 188, fig. 80.

Typhis tosaensis Azuma: Jung *et al.*, 2010: 109.

Monstrotyphis tosaensis (Azuma): Radwin & D'Attilio, 1976: 196, pl. 31, fig. 2; Lan, 1980: 69, fig. 62; Houart, 2002b: 154, fig. 23; Houart *et al.*, 2012: 138, figs. 1A-C.

别名　刺管骨螺。

模式标本产地　日本。

标本采集地　台湾东南海域和南海。

形态描述　贝壳小，形态瘦长；壳质结实。螺层约 7 层，胚壳约 2 层，光滑无肋。缝合线浅，明显。螺旋部高，体螺层不膨胀，但较长而大。各螺层上生有 4 条片状纵肿肋，其上具有长短不等的棘刺和花瓣状雕刻，每一螺层的肩部位于 2 条片状纵肿肋之间，生有发达的圆管状棘，通常每一螺层上有 4 条，以体螺层背部左侧 1 条特长，并向外伸展。壳面平滑，生长纹细密。贝壳呈灰白色或淡紫色，尤其是前水管沟的颜色较紫。壳口小，近圆形，周缘竖起向外翻卷，呈领状；外唇宽厚，边缘有 4 条棘刺，其长短在不同个体中有变化，有的较强，有的较弱，有的呈花瓣状雕刻；内唇光滑，前水管沟长，呈封闭的管状，在腹面右侧的管壁上生有 1 个棘刺。厣角质，褐色。

标本测量（mm）

　　壳长　26.8
　　壳宽　15.6

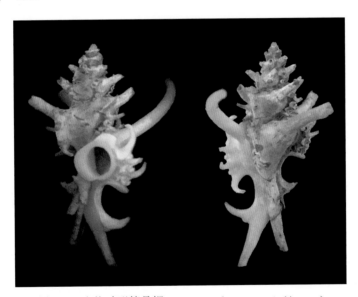

图 123　土佐畸形管骨螺 *Monstrotyphis tosaensis* (Azuma)

生物学特性　暖水种；台湾的蓝子樵（1980）未对本种的生活习性进行记载。据 Tsuchiya（2000）报道，本种栖息于潮下带水深 200m 左右的砂质海底中。

地理分布　在我国见于台湾（东南和东北海域）及南海；目前仅知日本（纪伊半岛-高知县）也有分布。

(110) 单管畸形管骨螺 *Monstrotyphis montfortii* (A. Adams, 1863)（图 124）

Typhis montfortii A. Adams, 1863: 374; Sowerby, 1866: 319, figs. 18-19.

Typhis (Typhinellus) montfortii (A. Adams): Kuroda *et al*., 1971: 142, pl. 41, fig. 2; Tsuchiya in Okutani,

2000: 379, pl. 188, fig. 78.

Typhinellus montfortii (A. Adams): Habe & Kosuge, 1967: 69, pl. 27, fig. 9.

Typhina montfortii (A. Adams): Radwin & D'Attilio, 1976: 207, pl. 32, fig. 5.

Typhina nitens Hinds: Radwin & D'Attilio, 1976: 208, pl. 29, fig. 8 (non *Typhis nitens* Hinds, 1843).

Monstrotyphis montfortii (A. Adams): Houart, 2002b: 153, figs. 1, 7, 16-19; Houart in Poppe, 2008: 206, pl. 398, figs. 6-7; Houart & Heros, 2008: 469, fig. 61; Houart *et al.*, 2012: 139, figs. 2A-I, 4.

模式标本产地　日本。

标本采集地　南海（20°00′N，113°00′E）。

观察标本　1 个标本，MBM258381，南海，水深 117m，泥质沙，1959.IX.11，马绣同采。

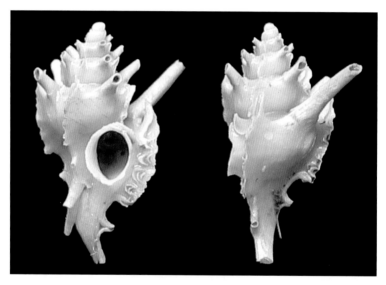

图 124　单管畸形管骨螺 *Monstrotyphis montfortii* (A. Adams)

形态描述　贝壳小，呈纺锤形；壳质结实。螺层 6-7 层，胚壳约 2 层，光滑无肋。缝合线明显，稍凹。螺旋部稍高，体螺层宽大。各螺层上部扩张，在缝合线处形成一个小的平面，呈阶梯状。每一螺层上有 5 条片状纵肿肋，使其形成 4 个立体的平面，在纵肿肋的棱角上有皱褶或鳞片，在螺层的肩部位于 2 条片状纵肿肋之间，共生有 4 条发达的圆筒状后水管，以体螺层背部左侧 1 条最大最长。壳面光滑，体螺层可见稀疏的平滑螺肋，生长纹细密。贝壳呈黄褐色或褐色。壳口小，近圆形，周缘竖起，呈领状；外唇加厚，边缘有花瓣状雕刻；内唇光滑，前水管沟延长，呈封闭的管状（馆藏的 1 个标本前水管沟有破损），略弯曲。厣角质，褐色。

标本测量（mm）

　　壳长　8.6

　　壳宽　5.0

生物学特性　暖水种；栖息于潮下带，据记载，通常生活在水深 50-200m 的海底中；

馆藏的 1 个标本采自南海水深 117m 的泥质砂海底。少见种。

地理分布　分布于印度-西太平洋海域，在我国见于东海和南海（中国近海）；日本（房总半岛以南），菲律宾，斐济群岛，新西兰，纳塔尔和南非等地也有分布。

29. 虹管骨螺属 *Siphonochelus* Jousseaume, 1880

Siphonochelus Jousseaume, 1880: 35.

Type species: *Typhis avenatus* Hinds, 1844 (=*Typhis arcuatus* Hinds, 1943).

特征　贝壳小型；壳面平滑，有光泽。螺层上具有 4-5 个较弱的纵肿肋，且平滑或具弱的皱褶。各螺层肩部的圆筒状管状棘短或中等长。壳口圆形或卵圆形，前水管沟短。本属在中国沿海发现 2 种。

种 检 索 表

肩部和基部有螺带或条纹 ······································ 日本虹管骨螺 *S. japonicus*
肩部和基部无螺带或条纹 ······································ 尼邦虹管骨螺 *S. nipponensis*

(111) 日本虹管骨螺 *Siphonochelus japonicus* (A. Adams, 1863)（图 125）

Typhis japonicus A. Adams, 1863: 374.

Typhis (Lyrotyphis) japonicus A. Adams: Habe, 1964: 83, pl. 27, fig. 2.

Siphonochelus japonicus (A. Adams): Kuroda *et al.*, 1971: 143, pl. 109, fig. 12; Radwin & D'Attilio, 1976: 198, pl. 32, fig. 1; Tsuchiya in Okutani, 2000: 381, pl. 189, fig. 82; Jung *et al.*, 2010: 109, fig. 67; Houart in Poppe, 2008: 206, pl. 398, figs. 8a-b; Houart & Heros, 2008: 469, figs. 6H, K.

别名　日本管骨螺。

模式标本产地　日本（东京湾）。

标本采集地　东海（浙江外海）。

观察标本　2 个标本，M2011-011，东海，水深 200m，泥砂质底，2011.Ⅴ.13，张素萍采；1 个标本，东海，水深 200m，砂质底，2010.Ⅴ，尉鹏提供。

形态描述　贝壳小，呈纺锤形；壳质结实。螺层约 6 层，胚壳光滑无肋，呈乳头状，1-1½层。缝合线明显。螺旋部高，呈阶梯状，体螺层中等大。各螺层上部扩张，形成肩部。壳面平滑，有光泽，生长纹细密。每一螺层上有 5 条略呈扁棱状的纵肿肋，肋上光滑无雕刻。在螺层的肩部位于 2 条纵肿肋之间，生有 1 个短的圆管状棘，管的末端向上，并有开口，边缘不整齐。壳面呈橘黄色或黄褐色，贝壳顶部、前水管沟和管状棘的颜色较淡，并在肩部和贝壳的基部隐约可见宽的螺带。壳口小，卵圆形，内褐色，周缘竖起，呈领状；外唇加厚，边缘光滑；内唇平滑，前水管沟短，呈封闭的管状，略弯曲。

标本测量（mm）

壳长　10.0　8.5　8.0
壳宽　5.0　3.8　4.0

生物学特性　暖水种；本种通常息于潮下带水深 100-200m 的砂或泥砂质海底中，但有的个体栖水较深。据 Houart 和 Heros（2008c）记载，分布于汤加的标本，栖水深度可达到 356-367m。本种在东海较常见。

地理分布　分布于西太平洋海域，在我国见于台湾的东北部和东海（浙江外海）；日本（相模湾以南），菲律宾，印度尼西亚，斐济群岛，汤加和澳大利亚等地也有分布。

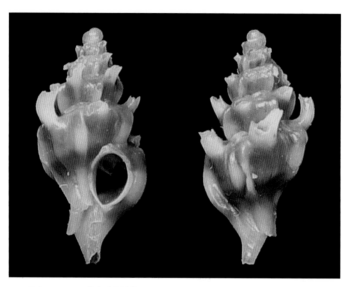

图 125　日本虹管骨螺 *Siphonochelus japonicus* (A. Adams)

(112) 尼邦虹管骨螺 *Siphonochelus nipponensis* Keen & Campbell, 1964（图 126）

Siphonochelus nipponensis Keen & Campbell, 1964: 46-57; Tsuchiya in Okutani, 2000: 381, pl. 189, fig. 81; Lee, 2002: 33, fig. 59.

别名　日本管骨螺。

模式标本产地　日本。

标本采集地　台湾龟山岛。

观察标本　1 个标本，台湾龟山岛，水深 100-200m。标本图片由台湾李彦铮博士提供。

形态描述　贝壳小，呈纺锤形；壳质结实。螺层约 6 层，胚壳光滑无肋，呈乳头状，1-1½层，白色或呈红褐色。缝合线较深。螺旋部高，呈阶梯状，体螺层较宽而高大，基部收缩。各螺层上部扩张，形成肩部。壳面平滑，生长纹细密。体螺层上有 4-5 条纵肿肋。在螺层的肩部位于 2 条纵肿肋之间，生有 1 个短的管状棘，管的末端有开口。据 Tsuchiya（2000）描述，壳面呈褐色，而台湾提供的标本图片是 1 个空壳，已褪色，呈黄白色，无色带。壳口小，卵圆形；外唇加厚，边缘光滑；内唇平滑，前水管沟短，呈管状（图片上前水管沟有破损）。

标本测量（mm）

　　壳长　8.2

讨论　本种的外形与日本虹管骨螺 *Siphonochelus japonicus* 近似，因此，两种不易区分，通过查阅相关文献和观察标本发现，二者区别主要在于日本虹管骨螺 *S. japonicus* 的肩部和基部有螺带或条纹，而本种没有。

因为 2 个种学名都是"日本"的意思，台湾把 2 个种的中文名称都称为日本管骨螺。为了便于区分，在编写本志时，著者把前者叫日本虹管骨螺，后者叫尼邦虹管骨螺。

生物学特性　本种在台湾有报道，大陆未采到标本。据日本的 Tsuchiya（2000）报道，本种生活在水深 20-100m 的砂底。台湾的标本采自龟山岛水深 100-200m 处。

地理分布　分布于西太平洋海区，在我国见于台湾的东北部；日本等地也有分布。

图 126　尼邦虹管骨螺 *Siphonochelus nipponensis* Keen & Campbell

（五）红螺亚科 **Rapaninae Gray, 1853**

Rapaninae Gray, 1853: 126.

Type genus: *Rapana* Schumacher, 1817.

特征　红螺亚科动物除少数种类（红螺属 *Rapana*）个体较大外，多数贝壳中等大或较小。贝壳呈纺锤形、卵球形、圆方形或梨形等；壳质较厚而结实。贝壳表面雕刻有纵、横螺肋及结节或瘤状突起，有少数种类贝壳的螺层上具短棘；壳面常有色斑或螺带。壳口卵圆形、半圆形或狭窄，内、外唇常有齿列。有的个体轴唇滑层较发达，有的外唇边缘有缺刻，前水管沟通常较短，后水管沟小。厣角质，褐色，偏核或侧核。

　　本亚科动物除少数暖温性种类外，多数为热带和亚热带种类，栖息于潮间带至浅海砂、泥沙、软泥、岩礁或珊瑚礁质海底中。

　　讨论　长期以来红螺亚科的分类比较混乱，其种类组成及各属之间的关系一直不太清楚。Claremont 等（2013）利用 4 个基因（28S rRNA、12S rRNA、16S rRNA 和 COI）对红螺亚科中 27 属（共 31 属）中的 80 个物种进行了分子生物学研究，建立了贝叶斯系统发育树。这也是目前对存在分类混乱的红螺亚科最彻底的系统发育学研究，他们对红螺亚科的分类系统进行了修订，承认了 28 个有效属。研究结果认为，大多数基于形态特征而建立的属是有效的，但其中有些属被重新修订，并移出了一些种。在编写本志时，参考了他们的研究结果。

　　目前，红螺亚科在中国沿海共发现 7 属。

属 检 索 表

1. 贝壳大（壳长 60-170mm）···红螺属 *Rapana*
   贝壳中等大或小（60mm 以下）··2
2. 壳口小，狭窄形或半月形···3
   壳口较大，卵圆形或长卵圆形···4
3. 贝壳呈卵球形或半球形，螺旋部低小·····································核果螺属 *Drupa*
   贝壳非球形或半球形，螺旋部较高······························小核果螺属 *Drupella*
4. 外唇缘上具褐色镶边···5
   外唇缘上无褐色镶边···6
5. 壳形较宽圆，螺旋部低···紫螺属 *Purpura*
   壳形较瘦长，螺旋部高···蓝螺属 *Nassa*
6. 表面具螺肋或结节突起···荔枝螺属 *Thais*
   表面平滑无雕刻···橄榄螺属 *Vexilla*

30. 红螺属 *Rapana* Schumacher, 1817

Rapana Schumacher, 1817: 214.

Type species: *Buccinum bezoar* Linnaeus, 1758 (designated by Gray, 1847).

　　特征　贝壳大，壳质厚重，呈卵球形、拳头形或梨形；螺旋部较小，体螺层宽大，各螺层中部形成肩角，其上有结节、棘状突起或具有耸起的鳞片。壳口大，呈卵圆形，绷带发达，常形成假脐。厣角质，褐色。

　　本属种类较少，目前在我国沿海已知有 3 种，除脉红螺主要分布于黄海和渤海，向南可到福建沿海外，其余 2 种分布于东、南沿海热带和亚热带海域。栖息于潮下带浅海软泥、泥沙、岩石或珊瑚礁质海底中。

种 检 索 表

(113) 红螺 *Rapana bezoar* (Linnaeus, 1767)（图 127）

Buccinum bezoar Linnaeus, 1767: 1204.

Purpura bezoar (Linnaeus): Kiener, 1836: 65, pl. 17, fig. 49.

Pyrula bezoar (Linnaeus): Reeve, 1847, pl. 4, fig. 15b.

Rapana bulbosa Hirase, 1907: 170, pl. 7, fig. 63.

Rapana bezoar (Linnaeus): H. & A. Adams, 1858: 134, pl. 14, figs. 4-4c; Yen, 1933: 11; Yen, 1942: 221; King & Ping, 1936: 136, fig. 19; Tchang *et al.*, 1962: 52, text-fig. 34; Kuroda *et al.*, 1971: 143, pl. 42, fig. 2; Zhang, 1980: 113, pl. 1, figs. 1-4; Qi *et al.*, 1983: 65; Tsuchiya in Okutani, 2000: 398, pl. 198, fig. 188; Lai, 2005: 197; Zhang, 2008a: 178; Jung *et al.*, 2010: 127, fig. 146.

别名　小皱岩螺、皱红螺。

英文名　Bezaoar rapa whelk。

模式标本产地　不详。

标本采集地　浙江（象山、舟山、宁海、玉环、金乡），福建（连江、长乐、平潭、厦门、东山岛），广东（南澳、汕头、海门、甲子、碣石、平海、澳头、宝安、珠海、上川岛、广海、东平、硇洲岛、外罗），海南（邻昌礁、三亚、陵水新村），香港，东海和南海。

观察标本　1 个标本，MBM258765，舟山沈家门，2008.Ⅶ.采；1 个标本，MBM258081，福建平潭，1957.Ⅲ.21，马绣同采；3 个标本，MBM258088，广东南澳，1957.Ⅴ.1 采；8 个标本，MBM070738，南海（6009），水深 23m，泥质砂，1960.Ⅳ.24，曲敬祚采；1 个标本，MBM071484，南海（6058），水深 35.5m，细砂，1959.Ⅲ.18，张伟权采；4 个标本，MBM070740，南海（6015），水深 40m，泥质砂，1959.Ⅶ.20 采；7 个标本，MBM071485，南海（6004），水深 35m，泥质砂，1960.Ⅰ.10 采；2 个标本，HBR-M007-0180-5，海南邻昌礁，2007.Ⅺ.29，张素萍采。

形态描述　贝壳中等大，略呈卵方形；壳质坚厚。螺层 6-7 层，缝合线浅，稍凹。螺旋低小，约占整个壳长的 1/3，体螺层特宽大，基部收缩。壳面雕刻有细而稍凸出的螺肋，肋上常形成一些翘起的皱褶，呈鳞片状。生长纹明显，在各螺层的中部和体螺层的上部扩张，形成明显的肩角，肩角上常有角状突起或短棘，肩部斜平，上面耸起一些皱褶和鳞片。在体螺层的下部有 3-4 条粗壮的螺肋，肋上有覆瓦状排列的小结节或鳞片。贝壳呈黄褐色或灰褐色。壳口大，卵圆形，内淡黄色或黄白色，具放射状螺纹。外唇内缘具强的褶襞，边缘有浅的缺刻；内唇光滑，滑层较厚。前水管沟短，曲向背方；后水管沟不明显。绷带发达，假脐宽大，呈漏斗状。厣角质，呈褐色。

标本测量（mm）

　　　壳长　95.5　93.0　77.0　67.0　60.2
　　　壳宽　70.2　74.0　58.0　58.0　49.5

　　生物学特性　暖水种；栖息于浅海水深 10-50m 的砂泥质海底中，幼体常生活在低潮线附近。

　　地理分布　分布于印度-太平洋海域，在我国见于浙江以南沿海，常见于东海和南海（中国近海）；日本，菲律宾和越南海域，印度洋，波斯湾，南非和加利福尼亚等地也有分布。

　　经济意义　本种具有较高的食用价值，为我国东南沿海重要的经济螺类。其足部肌肉发达，味鲜美，可清热明目；贝壳能化痰软坚，并是贝雕的原材料；厣可清热解毒。为肉食性动物，对滩涂贝壳养殖有害。

图 127　红螺 *Rapana bezoar* (Linnaeus)

(114) 脉红螺 *Rapana venosa* (Valenciennes, 1846)（图 128）

Purpura venosa Valenciennes, 1846: 22, pl. 7, fig. 1.

Purpura marginata Valenciennes, 1846: 22, pl. 7, fig. 3.

Rapana thomasiana Crosse, 1861: 176, pls. 9-10; Yen, 1936: 241, pl. 21, figs. 54-54a.

Pyrula bezoar (Linnaeus): Reeve, 1847: pl. 4, figs. 15a-c (non Linnaeus, 1767).

Rapana bezoar thomasiana Crosse: Yen, 1941: 222.

Rapana bezoar japonica Dunker, 1882: 42.

Rapana peichiliensis Grabau & King, 1928: 202, pl. 8, fig. 62; Yen, 1936: 243, pl. 22, fig. 55; Tchang *et al.*, 1955: 19, pl. 4, figs. 1-3, text-fig. 15.

Rapana venosa peichkliensis Grabau & King: Jung *et al.*, 2010: 128, figs. 147a-b.

Rapana thomasiana Crosse: Kira, 1962: 63, pl. 24, fig. 13; Kira, 1978: 59, pl. 23, fig. 13; Tchang *et al.*, 1962: 53, text-fig. 5.

Rapana venosa (Valenciennes): Habe, 1969: 110, figs. 1-2; Kuroda *et al.*, 1971: 143, pl. 42, figs. 4-5; Zhang, 1980: 118, pl. 2, figs. 1-8; Zhao *et al.*, 1982: 55, pl. 2, fig. 34, pl. 6, fig. 6; Qi *et al.*, 1983: 65;

Qi *et al*., 1989: 55, pl. 2, fig. 6; Lai, 2005: 198; Zhang, 2008a: 178; Jung *et al*., 2010: 127, fig. 144; Zhang *et al*., 2016: 98, text-fig. 111.

别名　红皱岩螺、强棘红螺、角皱岩螺。

英文名　Thomas's rapa whelk。

模式标本产地　不详。

标本采集地　辽宁（大东沟、庄河、石城岛、小长山岛、金州、大连、长兴岛、复县、盖平、海洋岛、葫芦岛），河北（秦皇岛、北戴河、涧河、塘沽），山东（莱州、蓬莱、烟台、长岛、砣矶岛、威海、东楮岛、乳山、青岛），江苏（连云港、如东），浙江（泗礁、嵊山、舟山、石浦、洞头、玉环、温州平阳），福建（连江、厦门），黄海、渤海和东海海域。

观察标本　1 个标本，56M-1110，大连海洋岛，1956.Ⅸ.23，马绣同采；3 个标本，51M-4553，北戴河，1951.Ⅹ.21，马绣同采；3 个标本，MBM258771，山东（东楮岛），1952.Ⅶ.16，马绣同采；1 个标本，MBM258767，青岛胶州湾，1954.Ⅵ.24 采；3 个标本，MBM071502，渤海（1047），水深 22m，软泥，1959.Ⅶ.22 采；1 个标本，MBM112828，浙江玉环，1953.Ⅵ.13，马绣同采；1 个标本，MBM112764，东海（4111），水深 28m，泥质砂，1959.Ⅹ.25，程丽仁采；2 个标本，MBM071490，东海（4026），水深 31m，泥质砂，1959.Ⅳ.03，朱谨钊采；1 个标本，MBM112771，厦门，1957.Ⅲ.31 采。中国科学院海洋生物标本馆收藏着本种大量的标本。

形态描述　贝壳大，拳头形；个体大者壳长可达 170-180m，壳质坚厚。形态近似于红螺，但表面常有红棕色或紫褐色螺带、花纹或斑点。螺层约 6 层，缝合线浅而清晰；螺旋部低，稍高起，占贝壳长度的 1/4，体螺层特宽大，基部收缩。壳面雕刻有粗细略均匀的螺肋。在各螺层的中部和体螺层的上部具有明显的肩角，肩角上有结节或棘状突起，棘和结节突起的强弱在不同个体中常有变化。体螺层上有 4 条较粗壮的螺肋，以肩部的 1 列最强大，肋上具有结节突起，不同个体突起大小同样也有变化。贝壳呈黄褐色，通常具有紫褐色或红棕色花纹或斑点。壳口大，长卵圆形，内橘黄色或杏红色。外唇边缘有棱角，内缘有褶襞；内唇弧形，滑层厚并向外扩展，与发达的绷带共同形成假脐。前水管沟宽短。厣角质，褐色，卵三角形，核位于外侧。

标本测量（mm）

| 壳长 | 170.0 | 105.0 | 90.0 | 89.0 | 87.2 |
| 壳宽 | 130.5 | 78.2 | 71.5 | 70.6 | 70.0 |

讨论　本种不同个体的外形常有差异，贝壳肩角的棘和结节突起的强弱在不同个体中有变化，通过观察发现，黄、渤海外海生长的个体肩角上的棘通常较弱小，而在青岛胶州湾、北戴河、鸭绿江口等地生长的个体棘较强，故结论为湾内生长的个体棘状突起显著，外海生长的个体棘不显著。因此推测本种形态变异可能与栖息环境有关。

此外，台湾钟柏生等（2009）报道的亚种角皱岩螺 *R. venosa pechiliensis* 是本种贝壳上结节突起较强的一个变化型。

生物学特性　为暖温性种类；生活在数米或 20 余米的浅海泥沙、软泥或碎贝壳质海底中，幼体时常见于潮间带的岩礁间。通常 5-8 月产卵，卵子包裹于卵鞘内，许多卵鞘黏连在一起，形似菊花状，附着在岩石或其他物体上。本种为黄、渤海习见种。

地理分布　在我国见于辽宁至福建沿海，南限为福建厦门，但数量较少；日本北部，朝鲜半岛和俄罗斯远东海，以及红海和黑海等地也有分布。

经济意义　本种具有很高的经济价值，是北方沿海重要的经济螺类，其足部肌肉肥大，味鲜美；贝壳可化痰软坚；靥可清热解毒，同时，贝壳还可作为贝雕的工艺材料。为肉食性动物，对滩涂贝壳养殖有害。

图 128　脉红螺 *Rapana venosa* (Valenciennes)

(115) 梨红螺 *Rapana rapiformis* (Born, 1778)（图 129）

Murex rapiformis Born, 1778: 306.

Buccinum bulbosum Dillwyn, 1817, 2: 631.

Pyrula bulbosa Dillwyn: Reeve, 1847, pl. 4, fig. 14.

Rapana rapiformis (Born): Yen, 1941: 222; Cernohorsky, 1972: 124, pl. 35, fig. 6; Zhang, 1980: 118, pl. 2, fig. 108; Qi *et al.*, 1983: 66; Springsteen & Leobrera, 1986: 146, pl. 147, fig. 13; Tsuchiya in Okutani, 2000: 398, pl. 198, fig. 189; Rao, 2003: 236, pl. 56, fig. 3; Zhang, 2008a: 179; Houart in Poppe, 2008: 220, pl. 405, figs. 5-7; Jung *et al.*, 2010: 127, figs. 145a-b.

别名　白皱岩螺。

英文名　Turnip-shaped rapa。

模式标本产地　不详。

标本采集地　广东（南澳），广西（白龙尾），海南（邻昌礁、保平港、新村、三亚、莺歌海），南海（中国近海和北部湾）。

观察标本　1 个标本，57M-966，广东南澳，1957.Ⅴ.01 采；1 个标本，MBM258921，广西白龙尾，1978.Ⅴ.29，马绣同采；2 个标本，MBM112800，南海（6140），水深 32m，细沙，1960.Ⅳ.08，刘继兴采；1 个标本，MBM112763，海南三亚，1957.Ⅵ.30，马绣同

采；6 个标本，57M-1200，海南三亚，1957.Ⅵ.30，马绣同采；1 个标本，57M-1354，陵水新村，1957.Ⅶ.14，马绣同采；4 个标本，HBR-M08-303，海南新村，2008.Ⅲ.29，张素萍采；3 个标本，HBR-M08-345，海南莺歌海，2008.Ⅳ.05，张素萍采。

形态描述 贝壳大，膨凸，呈梨形；壳质较红螺和脉红螺稍薄。螺层约 6 层，壳顶小而尖。缝合线深陷，呈沟状。螺旋部低小，体螺层中上部特大而膨圆，基部收缩明显。壳表雕刻有细密的螺肋，在各螺层的中部和体螺层的上部扩张形成 1 个稍有斜度的平面，肩部圆，其上有 1 列较发达的半管状短棘或突起，除体螺层上有 3 条较粗的螺肋外，其余螺肋较细密。在体螺层的缝合线下方具有纵走的短褶襞，生长纹细而明显，呈细鳞状。壳面褐色或紫褐色，也有的个体呈黄褐色，有时壳色深浅交替分布，常有纵行曲折的深褐色螺带。壳口广大，内有细的放射纹，周缘红褐色或橘红色，内呈灰白色。外唇呈弧形，内缘具有小齿刻；内唇平滑。绷带发达，脐部宽大而深。前水管沟较红螺和脉红螺长，末端具有三角形扁棘；无后水管沟。厣角质，深褐色，核位于外侧中央。

标本测量（mm）

| 壳长 | 82.2 | 82.0 | 81.5 | 74.5 | 65.0 |
| 壳宽 | 66.5 | 60.5 | 62.5 | 57.4 | 55.2 |

生物学特性 暖水性较强的种类；通常栖息于低潮线至潮下带浅海泥砂质海底中。

图 129 梨红螺 *Rapana rapiformis* (Born)

地理分布 在我国主要分布于台湾、海南及南海（中国近海和北部湾），在广东的南澳岛仅采到过 1 个空壳标本。据钟柏生等（2010）报道，该种在台湾东北部和宜兰外海有分布，大陆从未在东海（中国近海）采到过梨红螺的标本；日本，菲律宾，澳大利亚，印度洋的印度，巴基斯坦，以及非洲南部，马达加斯加和红海等地也有分布。

经济意义 本种个体大，具有较高的经济价值，肉可食用，贝壳可供观赏。

31. 紫螺属 *Purpura* Bruguiére, 1789

Purpura Bruguiére, 1789: 15.

Type species: *Purpura persica* (Linnaeus, 1758).

特征 贝壳中等大，卵球形；螺旋部低小，体螺层宽大而膨圆。壳表具结节或螺带。壳口广大，外唇边缘常具有深褐色镶边和锯齿状小缺刻。前水管沟宽短，后水管沟小或深。

本属动物为暖水性较强的种类，主要分布在热带和亚热带海域，栖息于潮间带至低潮线附近的浅海岩礁质海底中。在我国见于台湾、广东南部至海南各岛礁。

本属在中国沿海共发现 3 种。

种 检 索 表

1. 壳面螺肋细，具白色线纹 ··· 桃紫螺 *P. persica*
   壳面螺肋粗，具白色斑块 ··· 2
2. 贝壳长卵圆形或橄榄形，内唇白色或淡肉色 ················· 白斑紫螺 *P. panama*
   贝壳卵球形，内唇橘黄色 ··· 蟾蜍紫螺 *P. bufo*

(116) 白斑紫螺 *Purpura panama* (Röding, 1798)（图 130）

Thais panama Röding, 1798: 54.

Purpura rudolphi Lamarck, 1822: 235; Reeve, 1846: pl. 2, fig. 10; Qi *et al.*, 1983, 2: 81.

Purpura panama (Röding): Springsteen & Leobrera, 1986: 148, pl. 40, fig. 19; Tsuchiya in Okutani, 2000: 399, pl. 198, fig. 185; Rao, 2003: 242, pl. 58, fig. 2; Lai, 2005: 200; Zhang, 2008a: 183; Jung *et al.*, 2010: 126, fig. 142.

别名 白斑荔枝螺、罗螺。

英文名 Rudolph's purpura。

模式标本产地 菲律宾。

标本采集地 广东（徐闻），海南（三亚、新海村、藤桥、新村）。

观察标本 1 个标本，广东徐闻，2011.Ⅳ.10，李永强采；1 个标本，MBM113331，海南三亚，1958.Ⅲ.19 采；2 个标本，MBM113438，海南新村，1960.Ⅰ.21，马绣同采；3 个标本，HBR-M007-0200-1，海南新海村，2007.Ⅻ.09，张素萍采；1 个标本，HBR-M08-285，海南新村，2008.Ⅲ.29，张素萍采；1 个标本，HBR-M08-219，海南藤桥，2008.Ⅲ.24，张素萍采。

形态描述 贝壳中等大，呈长卵圆形或橄榄形；壳质结实，螺层约 6 层，缝合线浅，不太明显。螺旋低小，体螺层大而膨圆。壳表较粗糙，雕刻有粗细不同的 2 种螺肋，生长纹细密。在每一螺层的中部有 1 条，体螺层上有 5 条较粗的螺肋，其中以体螺层上方的 2 条比较发达，肋上有结节突起。壳面呈深棕色或紫褐色，粗肋的颜色加深，其上布有白色的斑点或斑块。壳口大，长卵圆形，内青灰色或淡黄色，具有放射状细螺纹。外唇缘稍薄，边缘有黑褐色的镶边和细齿状缺刻；内唇略直，多呈白色或淡肉色，内唇滑层较发达。前水管沟宽短，呈缺刻状；后水管沟小而明显。厣角质，深褐色，核位于中央外侧。

标本测量（mm）

　　壳长　64.0　61.2　51.0　49.2　43.2
　　壳宽　42.2　42.0　32.0　31.5　30.0

生物学特性　暖水性较强的种类；生活在潮间带低潮线附近的岩礁间。

地理分布　在我国见于台湾（东北部、花莲、宜兰、高雄等），广东，海南岛，东沙群岛和南沙群岛；日本，菲律宾，以及东印度洋，阿拉伯半岛和红海等地也有分布。

经济意义　肉可食用，贝壳可供观赏。

图 130　白斑紫螺 *Purpura panama* (Röding)

(117) 桃紫螺 *Purpura persica* **(Linnaeus, 1758)**（图 131）

Buccinum persicum Linnaeus, 1758: 738.

Purpura inerma Reeve, 1846: pl. 5, fig. 20.

Purpura persica (Linnaeus): Reeve, 1846: pl. 2, fig. 8; Wilson & Gillett, 1971: 94, pl. 62, fig. 1;
　　Cernohorsky, 1972: 124, pl. 35, fig. 1; Wilson & Gillett, 1974: 94, pl. 62, fig. 1; Kool, 1993: 207-210,
　　figs. 18A-G; Springsteen & Leobrera, 1986: 148, pl. 40, fig. 20; Tsuchiya in Okutani, 2000: 399, pl.
　　198, fig. 186; Rao, 2003: 242, pl. 58, fig. 3; Lai, 2005: 200; Houart in Poppe, 2008: 218, pl. 404, fig. 9;
　　Jung *et al.*, 2010: 127, fig. 143.

别名　桃罗螺。

英文名　Persian purpura。

模式标本产地　O. Asiatico。

标本采集地　台湾和南海。

观察标本　2 个标本，A0380-1，A0380-2，台湾。标本保存于台湾博物馆。

形态描述　贝壳大，呈卵球形；壳质厚而结实。螺层约 6 层，缝合线浅。螺层部低矮，体螺层特高大，且膨圆。壳表较平滑，雕刻有细密的螺肋，生长纹细而明显，每一螺层上有 2 条，体螺层上有 6 条突出的螺肋，肋上常形成小结节突起。壳面呈栗色或棕黄色，体螺层上 6 条突出的螺肋上形成白褐相间的细螺带，有的个体 2 条白线间还有更细的白线。壳口大，黄白色或橘黄色（不同个体颜色多少有变化），具有放射状的细螺线。外唇边缘有棕色或褐色的镶边和细齿状缺刻；内唇近直，多呈橘黄色，滑层较厚，上方常有 1 褐色斑块。前水管沟宽短，呈缺刻状；后水管沟小。厣角质，深褐色，核位于中央外侧。

标本测量（mm）

　　　　壳长　66.8　66.2
　　　　壳宽　48.1　42.2

讨论　本种在台湾有报道（Lai, 2005; Jung *et al.*, 2010），大陆海岸尚未采到标本。它的外形与白斑紫螺较近似，但不同的是，本种贝壳更膨圆，表面螺肋更加细密；白斑紫螺体螺层上有 5 条具有白斑的粗螺肋；而本种具 6 条细的白褐相间的细螺带。

生物学特性　暖水种；栖息于潮间带至浅海的岩礁质海底中。较少见种。

地理分布　分布于热带印度-西太平洋海域，在我国见于台湾东岸和南端；日本，菲律宾，澳大利亚北部，印度洋从印度，毛里求斯至南太平洋等地均有分布。

经济意义　肉可食用，贝壳可供观赏。

图 131　桃紫螺 *Purpura persica* (Linnaeus)

(118) 蟾蜍紫螺 *Purpura bufo* Lamarck, 1822（图 132）

Purpura bufo Lamarck, 1822: 239, no. 13; Reeve, 1846: pl. 2, fig. 7; Houart in Poppe, 2008: 216, pl. 403, fig. 11; Jung *et al.*, 2010: 122, fig. 123.

Mancinella bufo (Lamarck): Cernohorsky, 1972: 123, pl. 34, fig. 9; Lai, 2005: 203; Tsuchiya in Okutani, 2000: 395, pl. 196, fig. 162; Zhang, 2008a: 182.

Thais (Mancinella) bufo (Lamarck): Springsteen & Leobrera, 1986: 146, pl. 147, fig. 11.

Thais bufo (Lamarck): Kuroda, 1941: 112; Qi *et al.*, 1983, 2: 80; Lai, 1987: 31, fig. 33; Lai, 2005: 203; Zhang & Zhang, 2005: 78, pl. 2, fig. 7.

别名　蟾蜍荔枝螺、台湾岩螺。

英文名　Toad purpura。

模式标本产地　印度洋。

标本采集地　广东（平海），海南（海口、陵水新村、莺歌海、三亚）。

观察标本　5 个标本，MBM258341，海南三亚，静生生物调查所采；2 个标本，MBM258339，海南新村，1955.Ⅳ.24，马绣同采；2 个标本，MBM258340，海南新村，1958.Ⅳ.19，徐凤山采；17 个标本，113415，海南莺歌海，1957.Ⅵ.25 采。

形态描述　贝壳较桃紫螺宽短，中等大，呈卵球形；壳质厚重而坚实。螺层约 6 层，缝合线浅。螺旋部低小，体螺层特宽大，占整个贝壳的极大部分。体螺层上部形成肩角。壳面膨圆，雕刻有均匀的细螺肋，生长纹较粗糙，在体螺层上有 4 条结节突起，以上方的 2 条突起较发达，呈角状，向下逐渐变弱成粗螺肋。壳面为紫褐色，在 2 列结节突起处具有黄白色的斑块，斑块在背部较规则，腹面变得不太规则。壳口广大，卵圆形，内呈橘黄色或肉红色，外唇边缘具有褐色与白色相间的镶边，并具有细齿状缺刻；内唇弧形，滑层极发达，呈橘黄色，并向壳口上部和体螺层上扩张，后水管沟处常有 1 肿胀的胼胝。前水管沟短而深；后水管沟明显，缺刻状。厣角质，红褐色。

标本测量（mm）

壳长	66.2	61.0	58.2	56.6	56.0
壳宽	54.0	48.5	46.8	44.2	44.0

图 132　蟾蜍紫螺 *Purpura bufo* Lamarck

讨论　Lamarck（1822）在定名本种时，归属于紫螺属 *Purpura*，后来学者陆续把本种转属于荔枝螺属 *Thais* 和 *Mancinella* 内。著者通过形态特征和齿舌结构的分类研究，在编写本志时依据 Houart（2008）等较新的分类系统，把本种重新归属于紫螺属 *Purpura* 内。

生物学特性　暖水产；生活在潮间带及潮下带浅海的岩礁间。

地理分布　分布于印度-西太平洋海域，在我国见于台湾南部、广东和海南岛；日本

（奄美诸岛以南），越南，菲律宾，印度尼西亚，澳大利亚，印度和南非等地也有分布。

经济意义 肉可食用，贝壳可供观赏。

32. 蓝螺属 *Nassa* Röding, 1798

Nassa Röding, 1798: 132.

Type species: *Nassa picta* Röding, 1798 (=*Buccinum sertum* Bruguiére, 1789).

Iopas H. & A. Adams, 1853: 128.

Type species: *Nassa serta* (Bruguiére, 1789).

特征 贝壳两端尖，中部膨圆，呈橄榄形；螺旋部高，壳表雕刻有或粗或细的螺肋，生长纹明显。壳面呈红褐色或紫褐色，有云斑，壳顶常呈黑褐色。壳口为长卵圆形，周缘常染色，外唇边缘有褐色镶边。前水管沟短。

本属为暖水性较强的种类，在我国主要分布于海南岛南部和西沙群岛各岛礁。

Houart（1996）曾记录本属在印度-西太平洋海域共有 4 种。目前，在中国沿海仅发现 1 种。

(119) 鹧鸪蓝螺 *Nassa serta* (Bruguiére, 1789)（图 133）

Buccinum sertum Bruguiére, 1789: 262, pl. 397, fig. 2.

Buccinum coronatum Gmelin, 1791: 3486.

Nassa picta Röding, 1798: 132, no. 1655.

Jopas sertum Tryon, 1880: 180 (in part), pl. 55, fig. 189.

Nassa francolina (Bruguiére): Kira, 1962: 205, pl. 70, fig. 9; Springsteen & Leobrera, 1986: 146, pl. 40, fig. 15; Qi *et al.*, 1983, 2: 84; Tsuchiya in Okutani, 2000: 395, pl. 195, fig. 154; Lai, 2005: 199; Zhang, 2008a: 183 [non *Nassa francolina* (Bruguiére, 1789)].

Nassa serta (Bruguiére): Cernohorsky, 1969: 313, pl. 49, fig. 29; Abbott & Dance, 1983: 150; Springsteen & Leobrera, 1986: 146, pl. 40, fig. 14; Houart, 1996: 53, figs. 2, 5, 13-21; Rao, 2003: 241, pl. 57, fig. 9; Houart in Poppe, 2008: 214, pl. 402, fig. 12; Jung *et al.*, 2010: 120, fig. 113.

别名 橄榄螺。

英文名 Wreath Jopas。

模式标本产地 不详。

标本采集地 海南（新村、三亚和西沙群岛各岛礁）。

观察标本 8 个标本，MBM258325，三亚鹿回头，1981.Ⅹ.11，马绣同采；1 个标本，75M-431，西沙东岛，1975.Ⅵ.12，马绣同采；2 个标本，75M-318，西沙琛航岛，1975.Ⅴ.20，马绣同采；5 个标本，MBM258328，西沙中建岛，1975.Ⅴ.13，马绣同采；2 个标本，58M-6363，西沙晋卿岛，1958.Ⅴ.01，楼子康采；3 个标本，58M-0285，海南三亚，1958.Ⅳ.06，马绣同采；1 个标本，MBM258330，海南新村，1958.Ⅳ.2 采。

形态描述 贝壳中等大，呈橄榄形；壳质结实，螺层约 7 层，胚壳螺层较多，约 3½

层，光滑。缝合线浅，明显。螺旋部高起，呈圆锥形，体螺层高大，近缝合线处有明显的收缩。壳面雕刻有较粗的螺肋，生长纹明显，常形成一些纵行的浅沟纹。体螺层上通常为 1 条粗肋和 1 条细肋相间排列，上面生有小结节突起。壳顶几层为黑褐色，壳面呈红褐色或紫褐色，具有黄白色的云斑和色带，斑纹有变化，通常在体螺层的中部有 1 条宽的黄白色螺带。壳口长卵圆形，内黄褐色。外唇稍薄，边缘具深褐色与淡色相间镶边，并具有细缺刻，外唇近前水管沟处有 1 突出的纵行肋；内唇滑层较发达，由后水管沟向前端延伸至轴唇处为深褐色。前水管沟为 1 宽的缺刻，曲向背方；后水管沟小，在后水管沟两侧各有 1 个明显的褶襞（强齿）。厣角质，深褐色，核位于偏中央外侧。

标本测量（mm）

壳长　68.0　64.5　58.0　46.5　41.2

壳宽　30.8　32.5　26.5　23.0　22.2

讨论　齐钟彦等（1983）和张素萍（2008a）在以往的相关研究中，曾把本种鉴定为 *Nassa francolina* (Bruguiére, 1789)，认为 *Nassa francolina* (Bruguiére, 1789) 和 *Nassa serta* (Bruguiére, 1789) 是同物异名。在编写本志时，著者参考了海洋贝类物种信息库（WoRMS）和 Houart（1996，2008）的报道，发现二者是 2 个不同的种，*Nassa francolina* 表面螺肋细密，主要分布于印度洋，向东至印度尼西亚和澳大利亚的西部；而 *Nassa serta* 表面螺肋较粗糙，主要分布于热带太平洋，向西至印度洋的科科斯群岛。

生物学特性　暖水性种类；生活在潮间带低潮线附近的砂或有岩礁或珊瑚礁的环境中。为较常见种类。

图 133　鹧鸪蓝螺 *Nassa serta* (Bruguiére)

地理分布　本种主要分布于热带太平洋海域，在我国见于台湾、海南岛南部和西沙群岛；日本，菲律宾，巴布亚新几内亚，新喀里多尼亚，夏威夷群岛和澳大利亚北部，向西至印度洋的印度，科科斯群岛等地均有分布。

经济意义　贝壳可供观赏，有一定的收藏价值。

33. 橄榄螺属 *Vexilla* Swainson, 1840

Vexilla Swainson, 1840: 300.
Type species: *Vexilla picta* Swainson, 1840.
Provexillum Hedley, 1918: 93.
Type species: *Strombus vexillum* Gmelin, 1791.

特征　贝壳呈橄榄形；壳质厚而结实。螺旋部极低小，体螺层膨圆而高大，约占壳长的 95%。表面光滑或具细螺肋，具螺带。壳口长，外唇加厚，唇缘上常具齿列；内唇滑层发达。前水管沟短，缺刻状，后水管沟小。角质厣，红褐色。

目前，在台湾沿岸发现 1 种。

(120) 花橄榄螺 *Vexilla vexillum* (Gmelin, 1791)（图 134）

Strombus vexillum Gmelin, 1791, 13: 3520.
Vexilla picta Swainson, 1840: 300, fig. 67.
Vexilla vexillum (Gmelin): Cernohorsky, 1969: 313, pl. 49, fig. 28; Abbott & Dance, 1983: 150; Springsteen & Leobrera, 1986: 142, pl. 39, fig. 14; Tsuchiya in Okutani, 2000: 395, pl. 195, fig. 155; Rao, 2003: 245, pl. 57, fig. 10; Houart in Poppe, 2008: 218, pl. 404, figs. 8a-b; Jung *et al.*, 2010: 120, fig. 114.

英文名　Vexillate Jopas。
模式标本产地　印度洋。
标本采集　台湾东部和离岛。
观察标本　1 个标本，台湾东部，潮下带岩礁底。标本图片由台湾钟柏生先生提供；采集信息由赖景阳教授提供。
形态描述　贝壳呈橄榄形；壳质厚。螺层 5-6 层。缝合线细。螺旋部极低小，体螺层高大，约占整个壳长的 95%。壳面平滑，有光泽。贝壳通常呈黄褐色或淡黄色，具有红棕色的螺带，在体螺层上约有 8 条。螺口大而狭长，内淡黄色或黄白色，有时会映出表面的螺肋。外唇宽厚，唇缘上雕刻有肋状齿；内唇平滑，滑层较厚。前水管沟宽短，缺刻状；后水管沟小而窄。
标本测量（mm）
　　　壳长　22.0
　　　壳宽　12.5
生物学特性　通常生活于潮间带低潮区附近至潮下带的礁石质海底中。
地理分布　分布于热带印度-西太平洋海域，在我国见于台湾的东部及南部岛屿；日本，菲律宾，夏威夷群岛，以及印度和东非沿岸也有分布。
经济意义　贝壳可供观赏。

图 134　花橄榄螺 *Vexilla vexillum* (Gmelin)

34. 核果螺属 *Drupa* Röding, 1798

Drupa Röding, 1798: 55.

Type species: *Drupa morum* Röding, 1798.

特征　贝壳小或中等大，呈卵球形或半球形；螺旋部低，体螺层膨大而圆。壳表具有发达的瘤状或角刺状突起。壳口小而狭窄或呈半圆形，内外唇均有齿。

齿舌：本属动物的齿舌为 1·1·1，1 个中齿，2 个侧齿，中齿呈近长方形或矩形，其上通常有 3 个齿尖，中央齿尖细而长，两侧常有数个小齿尖；侧齿小，简单，多呈镰刀形。

本属为暖水性较强的热带种类，主要分布于南海（海南岛以南），栖息于潮间带至浅海珊瑚礁或岩礁质环境中。

目前，本属在中国沿海发现 5 种。

种 检 索 表

1. 壳口狭窄型 ·· 2
   壳口非狭窄型 ·· 4
2. 壳口呈橘黄色 ·· **刺核果螺 *D. grossularia***
   壳口非橘黄色 ·· 3
3. 壳口紫色，无色斑 ·· **核果螺 *D. morum***
   壳口白色，轴唇和外唇上有黄斑 ····························· **黄斑核果螺 *D. ricinus***

4. 壳面呈格子状，壳口内淡紫色 ·· **窗格核果螺 *D. clathrata***

 壳面非格子状，壳口内玫瑰红色 ·································· **球核果螺 *D. rubusidaeus***

(121) 核果螺 *Drupa morum* Röding, 1798（图 135）

> *Drupa morum* Röding, 1798: 55, no. 694; Cernohorsky, 1969, 11(4): 298, pl. 47, fig. 7, text-fig. 4;
> Zhang, 1976: 336, pl. 1, figs. 8-9; Qi *et al.*, 1983: 71; Abbott & Dance, 1983: 150; Lai, 1988: 92, figs.
> 241A-B; Qi *et al.*, 1991: 113; Houart in Poppe, 2008: 208, pl. 399, fig. 13; Zhang & Zhang, 2007: 62,
> pl. 1, fig. 1.
>
> *Canrcna neritoidea* Link, 1807: 126.
>
> *Ricinula horrida* Lamarck, 1816: 1, pl. 395, figs. 1a-b.
>
> *Ricinella violacea* Schumacher, 1817: 240.
>
> *Drupa clathrata* (Lamarck): Zhang, 1976: 338, pl. 1, fig. 10 (non Lamarck, 1816).
>
> *Drupa* (*Drupa*) *morum* Röding: Wilson, 1994: 41, pl. 4, fig. 2.
>
> *Drupa* (*Drupa*) *morum morum* Röding: Emerson & Cernohorsky, 1973: 15, pl. 2, figs. 1-3; pls. 10-11;
> Springsteen & Leobrera, 1986: 141, pl. 39, fig. 2; Tsuchiya in Okutani, 2000: 395, pl. 196, fig. 156;
> Rao, 2003: 234, pl. 55, figs. 5-6.
>
> *Drupa morum morum* Röding: Jung *et al.*, 2010: 120, fig. 115.

别名 紫口岩螺。

英文名 Purple pacific Drupe。

模式标本产地 不详。

标本采集地 海南（海棠头、新村、三亚、西沙群岛和南沙群岛）。

观察标本 1 个标本，MBM258310，海南新村，静生生物调查所采；1 个标本，MBM113859，海南海棠头，1957.Ⅶ.01 采；4 个标本，MBM258320，三亚大东海，1975.Ⅳ.26 采；3 个标本，MBM113890，西沙金银岛，1975.Ⅴ.24，马绣同、庄启谦采；20 个标本，MBM113861，西沙群岛，1957.Ⅳ.28，徐凤山采；2 个标本，MBM258754，南沙仁爱礁，1987.Ⅳ.25，陈锐球采；2 个标本，MBM258756，南沙永暑礁，1989.Ⅴ.16 采。

形态描述 贝壳腹面平，背部凸起，略呈半球形或卵球形；壳质厚重。缝合线不明显。螺旋部低小，体螺层膨大，其上具有环行而发达的瘤状结节突起或角状短棘 4-5 条，以中部的 1 列最强大。壳表粗糙，结节间具螺肋，肋上有鳞片，但多数个体常被石灰藻和一些杂质遮盖而看不清表面雕刻。壳面白色或灰白色，突起呈黑褐色。壳口狭窄而长，内面呈紫色，周缘为淡黄色。内、外唇滑层扩张，外唇厚，边缘有角状短刺 4-5 个，上方的第 1 个中部深凹，形成后水管沟；外唇内缘具有排列不规则的齿，以上方 1 个最大，其上有 3-4 个分叉，中部 1 枚有 2 个分叉，近前水管沟处分别有 2 枚独立的肋状齿；内唇滑层较厚，轴上有 4 枚肋状齿；前水管沟短，缺刻状；后水管沟小而细。具褐色角质厣。

标本测量（mm）

壳长　45.3　43.0　40.1　39.0　37.2

壳宽　42.3　39.5　39.3　39.7　35.3

讨论 张福绥（1976）记录的窗格核果螺 *Drupa clathrata* (Lamarck)是误订，根据

Kmerson 和 Cernohorsky（1973）报道，应是核果螺 *Drupa morum* Röding 的一种形态变异种。而窗格核果螺 *Drupa clathrata* (Lamarck)的贝壳呈长卵圆形，壳面结节不呈黑褐色。

生物学特性　生活于低潮线附近至浅海有藻类丛生的岩礁或珊瑚礁质海底中。常见种。

地理分布　广泛分布于印度-太平洋热带海域，在我国见于台湾、海南岛、西沙群岛和南沙群岛；日本南部，菲律宾，马来半岛，澳大利亚，新喀里多尼亚，夏威夷群岛等太平洋中部诸岛，以及印度洋的斯里兰卡，印度，马达加斯加，塞舌尔群岛，奎提维岛，毛里求斯等地均有分布。

经济意义　肉可食用，贝壳可供观赏。

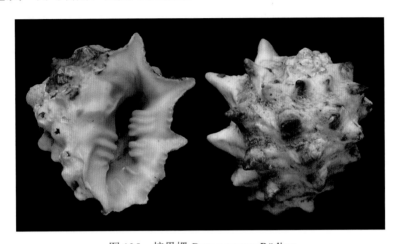

图 135　核果螺 *Drupa morum* Röding

(122) 黄斑核果螺 *Drupa ricinus* (Linnaeus, 1758)（图 136）

Murex ricinus Linnaeus, 1758: 750, no. 464.

Murex hystrix Linnaeus, 1758: 750, no. 468.

Drupa tribulus Röding, 1798: 55, no. 695.

Drupa rubuscaesius Röding, 1798: 55, no. 696.

Ricinula arachnoids Lamarck, 1816: 1, pl. 395, figs. 3a-b.

Ricinula ricinus (Linnarus): Tryon, 1880: 184, pl. 56, fig. 200, pl. 57, figs. 204, 206, 212.

Drupa (Drupa) ricinus ricinus (Linnaeus): Springsteen & Leobrera, 1986: 141, pl. 39, figs. 1a-b; Tsuchiya in Okutani, 2000: 395, pl. 196, fig. 157; Rao, 2003: 234, pl. 55, fig. 3.

Drupa ricina ricina (Linnaeus): Emerson & Cernohorsky, 1973: 19, pl. 2, figs. 6-8, pls. 14-16; Jung *et al.*, 2010: 120, figs. 116a-b; Zhang & Zhang, 2007: 62, pl. 1, figs. 2-3.

Drupa ricina (Linnaeus): Cernohorsky, 1969: 299, pl. 47, figs. 8-8a, text-figs. 5-6; Zhang, 1976: 336, pl. 1, fig. 2; Qi *et al.*, 1983: 70; Abbott & Dance, 1983: 150; Lai, 1987: 35, fig. 51; Zhang, 2008a: 175; Houart in Poppe, 2008: 208, pl. 399, figs. 8-9.

别名　黄齿岩螺。

英文名 Prickly pacific Drupe。

模式标本产地 O. Asiatico（Cernohorsky, 1969）。

标本采集地 海南（陵水新村、三亚、西沙群岛）。

观察标本 5 个标本，MBM258311，陵水新村，静生生物调查所采；1 个标本，MBM258407，海南三亚，1955.Ⅳ.09，马绣同采；50 个标本，MBM113561，三亚大洲，1957.Ⅵ.12 采；3 个标本，MBM258316，西沙金银岛，1975.Ⅴ.28，马绣同采；30 个标本，MBM113581，西沙东岛，1980.Ⅳ.31，马绣同采；32 个标本，MBM113554，西沙永兴岛，1980.Ⅲ.15，马绣同采。

形态描述 贝壳较核果螺小，呈卵球形；壳质较厚，坚实。螺层约 5 层。表面常附有石灰藻等杂物，缝合线和雕刻常被遮盖而看不清楚。螺旋部低小，体螺层膨大。壳表具较粗的纵、横螺肋和发达的棘刺与结节突起，在体螺层上通常有 5 横列这种棘刺或结节突起，以中部的 1 列较长，基部的 2 列较弱。贝壳为白色或黄白色，棘刺和突起呈紫褐色或黑褐色。壳口狭窄，稍弯曲，内淡黄色，内、外唇滑层扩张，在轴唇和环外唇上有橙黄色的斑块，外唇边缘有发达的长棘 4-5 条，内缘约具发达的齿 4 枚，齿间有缺刻，以上方的 1 枚最强大，顶端有 5 个分叉；第 2 枚呈臼齿状，其余 2 枚呈肋状。内唇上部平滑，中下部具有 3-4 个短齿。前水管沟短，缺刻状；后水管沟细长。厣角质，褐色。

标本测量（mm）

　　壳长　32.1　30.5　29.0　26.2　25.3
　　壳宽　32.5　32.0　30.0　27.8　26.0（包括刺长）

讨论 据报道，本种还有 1 亚种 *Drupa ricinus hadari* Emerson & Cernohorsky, 1973，产自红海。其外形与本种非常近似，主要区别为，贝壳呈淡褐色，壳口为白色，环壳口处无橙黄色斑块。新的研究发现此亚种是一个同物异名，故新的分类系统认为本种是一个独立的种，不再分亚种。

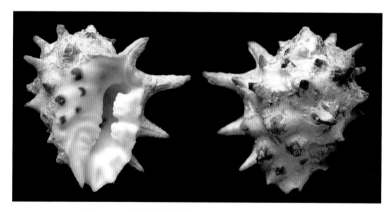

图 136　黄斑核果螺 *Drupa ricinus* (Linnaeus)

生物学特性 通常生活在潮间带低潮区及浅海水深 10m 至数十米的岩礁或珊瑚礁质海底中。

地理分布 本种广泛分布于印度-太平洋热带海域，在我国见于台湾和海南各岛礁；

日本南部，菲律宾，马来半岛，澳大利亚北部，向东至太平洋中部诸岛，如夏威夷，密克罗尼西亚及波利尼西亚群岛等，以及东非的纳塔尔，经马达加斯加，红海和印度洋等地均有分布；而且根据 Tryon（1880）等报道，在大西洋和东太平洋区的边缘海域也有分布。

(123) 窗格核果螺 *Drupa clathrata* (Lamarck, 1816)（图 137）

Ricinula clathrata Lamarck, 1816: 2, pl. 395, figs. 5a-b.

Purpura clathrata (Lamarck): Kiener, 1835: 15, pl. 3, fig. 5.

Pentadactylus clathratus (Lamarck): H. & A. Adams, 1853: 130.

Drupa rubuscaesium Röding: Kira, 1954, 1978: 58, pl. 23, fig. 9; Arakawa, 1965: 115, pl. 13, fig. 7 (non *D. rubuscaesius* Röding, 1798).

Drupa (Ricinella) rubuscaesium Röding: Habe & Kosuge, 1967: 70, pl. 27, fig. 29 (non *D. rubuscaesius* Röding, 1798).

Drupa (Ricinella) clathrata (Lamarck): Tsuchiya in Okutani, 2000: 395, pl. 196, fig. 160.

Drupa (Ricinella) clathrata clathrata (Lamarck): Springsteen & Leobrera, 1986: 142, pl. 39, fig. 4.

Drupa clathrata (Lamarck): Cernohorsky, 1969: 298, pl. 47, fig. 6; Abbott & Dance, 1983: 151; Jung *et al.*, 2010: 121, fig. 119; Houart in Poppe, 2008: 208, pl. 399, fig. 12.

Drupa clathrata clathrata (Lamarck): Emerson & Cernohorsky, 1973: 31, pl. 2, figs. 16-18, pls. 27-28.

别名　宽口岩螺。

英文名　Clathrate Drupe。

模式标本产地　不详。

标本采集地　台湾。

观察标本　1 个标本，A0387，台湾，由台湾博物馆收藏（标本表面覆盖 1 层厚的石灰杂质而看不清雕刻），文中用的标本图片由台湾钟柏生先生提供。

形态描述　贝壳呈卵球形；壳质厚重。螺层约 6 层。缝合线浅，界限不太明显。螺旋部低，体螺层大而膨圆。壳表雕刻有细螺肋和发达的尖瘤状结节突起，这种突起在体螺层上有 5 横列，纵肋宽而稍斜行，二者形成窗格状雕刻。壳面呈褐色或橘黄色，尖瘤状突起呈白色。壳口大，较长，内面呈淡紫色，周缘为分布不匀的橘黄色，齿列为白色。外唇内缘有 5 枚发达的齿，每个齿上常有 2-3 个分叉。外唇边缘有 5 个粗壮的短棘或突起，棘的长短在不同个体中有变化；内唇滑层较宽厚，轴上有 3-4 枚肋状褶襞；前水管沟短，缺刻状；后水管沟小而深。角质厣，褐色。

标本测量（mm）

　　壳长　40.7

　　壳宽　32.6

生物学特性　暖水性较强的种类；栖息于潮间带至潮下带浅海和礁石下与珊瑚礁间。

地理分布　本种主要分布于热带西太平洋、南太平洋海域，见于台湾南部；日本（伊豆诸岛和纪伊半岛以南），菲律宾，印度尼西亚，波利尼西亚，斐济群岛等太平洋诸岛均有分布。

图 137   窗格核果螺 *Drupa clathrata* (Lamarck)

(124) 球核果螺 *Drupa rubusidaeus* Röding, 1798（图 138）

Drupa rubusidaeus Röding, 1798: 55; Cernohorsky, 1969: 301, pl. 47, figs. 10-10a; Zhang, 1976: 337, pl. 1, fig. 3; Abbott & Dance, 1983: 151; Lai, 1987: 33, fig. 37; Emerson & Cernohorsky, 1973: 27, pl. 2, figs. 13-15, pls. 22-23; Houart in Poppe, 2008: 208, pl. 399, fig. 11; Jung *et al.*, 2010: 121, figs. 118a-b; Zhang & Zhang, 2007: 63, pl. 1, fig. 5.

Mancinella hystrix Link, 1807: 115.

Ricinula miticula Lamarck, 1822: 231.

Murex hippocastanum Wood, 1828: pl. 26, fig. 53 (non *Murex hippocastanum* Linnaeus, 1758).

Purpura spathulifera Blainville, 1832: 212, pl. 9, fig. 8.

Drupa spathulifera (Blainville): Habe & Kosuge, 1967: 70, pl. 27, fig. 24; Zhang, 1976: 338, pl. 1, fig. 6.

Drupa (Ricinella) rubusidaeus Röding: Springsteen & Leobrera, 1986: 142, pl. 39, fig. 5; Wilson, 1994: 41, pl. 4, figs. 1a-b; Tsuchiya in Okutani, 2000: 395, fig. 159; Rao, 2003: 235, pl. 55, fig. 4.

别名   玫瑰岩螺。

英文名   Strawberry Drupe。

模式标本产地   不详。

标本采集地   海南（三亚、西沙群岛、南沙群岛）。

观察标本   1 个标本，MBM113886，海南三亚，1957.VI.12，徐凤山采；3 个标本，MBM113883，西沙金银岛，1975.V.24，马绣同、庄启谦采；5 个标本，MBM113881，西沙中建岛，1958.IV.26，楼子康、徐凤山采；7 个标本，MBM113882，西沙永兴岛，1980.III.20，马绣同采；1 个标本，MBM113887，南沙仁爱礁，1988.VII.21，陈锐球采。

形态描述   贝壳近球形；壳质厚而坚实。螺层约 6 层，壳顶小而尖。缝合线浅，尚清晰。螺旋部低小，体螺层大而膨圆。各螺层上有 1 横列，体螺层上有 5 列排列规则而发达的半管状棘刺或角状突起；体螺层上有纵肋 8-9 条。壳表雕刻有细密的螺肋，肋上密布小鳞片，有的个体常被有 1 层石灰藻，而看不清细微雕刻。壳面黄白色或浅黄色。

壳口半卵圆形，呈玫瑰红色，周缘呈黄色。外唇较宽厚，边缘具有 5 个粗壮的短棘，内缘具有 1 列肋状小齿，8-9 个；内唇滑层宽厚，光滑，并向体螺层上扩张，轴唇下方具3-4 枚褶襞。前水管沟短而深；后水管沟细小。厣角质，半圆形，黄褐色，核位于外缘中部。

标本测量（mm）

　　壳长　45.0　38.6　38.0　37.2　34.2
　　壳宽　46.0　40.0　39.4　36.8　33.6

讨论　根据 Emerson 和 Cernohorsky（1973）的报道，发现张福绥（1976）记录的栉齿核果螺 *Drupa spathulifera* (Blainville)为本种的同物异名。

生物学特性　暖水性较强的种类；生活于潮间带低潮线附近至浅海珊瑚礁间或石块下。较常见种。

地理分布　广泛分布于热带印度-太平洋海区，在我国见于台湾南部、海南岛、西沙群岛和南沙群岛；日本南部，菲律宾，斐济群岛和澳大利亚，包括夏威夷群岛在内的太平洋中部诸岛，以及印度洋的马尔代夫，马达加斯加，毛里求斯，塞舌尔，莫桑比克和红海等地均有分布。

经济意义　肉可食用，贝壳可供收藏。

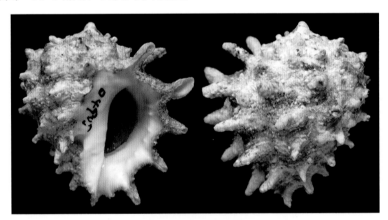

图 138　球核果螺 *Drupa rubusidaeus* Röding

(125) 刺核果螺 *Drupa grossularia* Röding, 1798（图 139）

Drupa grossularis Röding, 1798: 55, no. 700; Zhang, 1976: 339, pl. 1, fig. 12; Kira, 1978: 58, pl. 23, fig. 3; Qi *et al.*, 1983: 70; Lai, 1998: 74, fig. 190; Houart in Poppe, 2008: 208, pl. 399, fig. 10; Jung *et al.*, 2010: 121, fig. 120.

Ricinula digitata Lamarck, 1816: pl. 395, figs. 7a-b.

Drupina grossularia (Röding): Iredale, 1929: 290; Habe & Kosuge, 1967: 70, pl. 27, fig. 22; Cernohorsky, 1969: 303, pl. 48, fig. 11, text-fig. 7; Abbott & Dance, 1983: 150; Qi *et al.*, 1991: 113; Wilson, 1994: 42, pl. 5, fig. 10; Zhang & Zhang, 2007: 63, pl. 1, fig. 4.

Drupa (Drupina) grossularia Röding: Emerson & Cernohorsky, 1973: 35, pl. 2, figs. 23-24, pls. 31-32; Springsteen & Leobrera, 1986: 142, pl. 39, fig. 3; Tsuchiya in Okutani, 2000: 395, pl. 196, fig. 161.

别名　金口岩螺。

英文名　Digitate pacific Drupe.

模式标本产地　不详。

标本采集地　海南（三亚、西沙群岛、东沙群岛和南沙群岛）。

观察标本　9 个标本，MBM258315，海南三亚，1980.4.10，马绣同采；3 个标本，MBM113901，西沙群岛，1958.III.29，徐凤山等采；2 个标本，MBM113905，西沙广金岛，1975.V.15，马绣同、庄启谦采；7 个标本，MBM258314，东沙群岛，马廷英采；1 个标本，南沙牛车轮礁，1988.VII.23，陈锐球采。

形态描述　贝壳较小，背腹扁，近卵圆形；壳质坚固。螺层约 5 层。缝合线不明显。壳顶小而尖，微突出。螺旋部低小，体螺层宽大，其上具发达的螺肋约 5 条，以上方的 2 条较粗壮，肋上具结节突起和短刺，贝壳的基部 3 条螺肋较低平，肋上排列有小鳞片。表面粗糙，粗肋间还有细肋，肋上有褶皱和密集的小鳞片，并具低平的纵肋。壳面为淡黄色，常覆盖 1 层石灰质的杂物或常被腐蚀。壳口狭长，呈橙黄色，外唇内缘具有 1 列小齿，约 6 枚；外唇边缘具 5 个指状突起，上方的 2 条较发达，似蹼足状，先端呈截形，其中的第 1 条棘中央深凹成为后水管沟，其余 3 条较短；内唇滑层厚，向体螺层上扩张，上半部平滑，下半部有几个弱褶襞，绷带和内唇外侧常形成 1 个脐孔。前水管沟短，半管状；后水管沟长。厣角质，黄褐色，呈半圆形，核位于外侧中央。

标本测量（mm）

　　　壳长　31.4　30.5　28.7　27.8　25.7
　　　壳宽　28.7　29.0　28.2　27.1　26.2

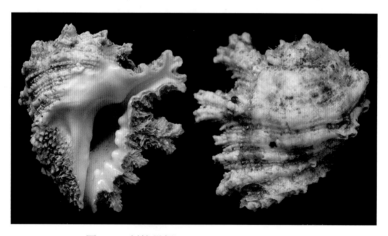

图 139　刺核果螺 *Drupa grossularia* Röding

生物学特性　本种为暖水性较强的种类；通常生活于低潮线附近至浅海珊瑚礁和岩礁质环境中。

地理分布　在我国见于台湾和海南岛以南海域；从日本南部，菲律宾，马来半岛，印度尼西亚，澳大利亚的东部至整个太平洋诸岛向东至夏威夷群岛和马克萨斯群岛，以及向西从澳大利亚的西部至印度洋的科科斯群岛等地均有分布。

经济意义 肉可食用，贝壳可供观赏。

35. 小核果螺属 *Drupella* Thiele, 1925

Drupella Thiele, 1925: 171.

Type species: *Drupa (Drupella) ochrostoma* (Blainville, 1832)=*Purpura ochrostoma* Blainville, 1832.

特征 贝壳呈纺锤形；螺旋部高，壳表通常具有颗粒状结节或角状突起，有的种在螺肋上有小鳞片。壳口小，半圆形，外唇内缘具小齿列，内唇轴上有 3-4 个齿状褶襞。

本属动物为暖水性较强的种类，在我国主要分布于台湾和海南诸岛。栖息于潮间带至浅海岩礁或珊瑚礁质海底中。

目前，本属在中国沿海已发现 4 种。

种 检 索 表

1. 壳面纯白色，具角状突起···角小核果螺 *D. cornus*
   壳面非纯白色，具念珠状或小结节突起···2
2. 螺肋上具密集的小鳞片···珠母小核果螺 *D. margariticola*
   螺肋上无密集的小鳞片···3
3. 贝壳较修长，壳口为黄白色或橘红色·······································环珠小核果螺 *D. rugosa*
   贝壳较宽短，壳口为白色或黄白色···莓实小核果螺 *D. fragum*

(126) 角小核果螺 *Drupella cornus* (Röding, 1798)（图 140）

Drupa cornus Röding, 1798: 56, no. 704; Qi *et al.*, 1991: 112.

Purpura nassoidea Blainville, 1832: 205.

Purpura elata Blainville, 1832: 207, pl. 11, fig. 1.

Drupa elata (Blainville): Zhang, 1976: 340, pl. 2, figs. 12, 13.

Drupella cornus (Röding): Cernohorsky, 1969: 304, pl. 48, figs. 12, 12a-b, text-fig. 8; Lai, 1987: 94, fig. 249; Wilson, 1993: 42, pl. 5, figs. 14a, b; Springsteen & Leobrera, 1986: 142, pl. 39, figs. 8a-b; Tsuchiya in Okutani, 2000: 389, pl. 194, fig. 1; Zhang & Zhang, 2007: 64, pl. 1, figs. 11-12; Houart in Poppe, 2008: 208, pl. 399, fig. 1; Jung *et al.*, 2010: 15, fig. 92.

别名 白结螺、高核果螺。

英文名 Horn Drupe。

模式标本产地 不详。

标本采集地 海南（三亚、西沙群岛、南沙群岛）。

观察标本 3 个标本，MBM258256，三亚大洲，1955.IV.08 采；19 个标本，MBM258257，三亚东洲，1981.IX.26，马绣同采；1 个标本，MBM258285，西沙永兴岛，1957.VI.14 采；28 个标本，MBM258294，西沙赵述岛，1980.IV.07，马绣同采；2 个标本，MBM258737，南沙赤瓜礁，1989.V.13 采；2 个标本，MBM258747，南沙五方礁，1990.V.06，任先秋

等采。

形态描述 贝壳呈长卵圆形或纺锤形；壳质厚而结实。螺层约 7 层；缝合线浅，不明显。螺旋部高起，体螺层大。各螺层中部形成弱的肩部，壳表生长纹明显，雕刻有粗而微斜的纵肋，纵肋稀疏，体螺层上多数个体有 7 条，少数为 8 条。壳面具有发达的角状或结节突起，这种突起在每一螺层上有 2 行（有的个体为 1 行），体螺层上有 4 行（少数个体为 2 行）。结节的大小在不同个体间有差异，而且形态也有差异，有的较宽短，有的较瘦长。在角状突起的间隙可见细的螺旋纹。壳面为白色或乳白色。壳口狭长，内白色，有的个体内呈淡黄色；外唇边缘有小突起，内缘有 5-8 个大小不等的齿，馆藏的标本有 2 种类型，一种外唇厚，内缘有齿列；另一种外唇薄，内缘无齿列或不发达；内唇滑层较厚，轴唇上有 3-4 枚肋状齿。前水管沟短，曲向背方，后水管沟小。厣角质，红褐色，核位于外缘中部。

标本测量（mm）

壳长	37.0	36.2	32.8	26.2	25.5
壳宽	20.5	21.5	18.8	17.2	15.5

生物学特性 暖水性较强的种类。通常生活在潮间带低潮线附近至浅海珊瑚礁间或岩礁质海底中。为我国热带海域常见种。

地理分布 广泛分布于热带印度-西太平洋海域，在我国见于台湾和海南诸岛；日本（房总半岛和九州西岸以南），菲律宾，马来半岛，澳大利亚北部和夏威夷等太平洋中部诸岛，以及印度洋的塞舌尔群岛，奎提维岛，印度，斯里兰卡，马达加斯加等地均有分布。

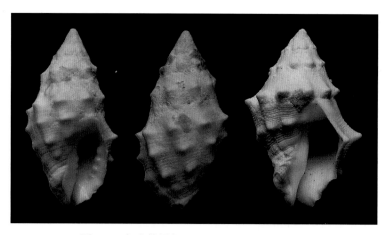

图 140 角小核果螺 *Drupella cornus* (Röding)

(127) 环珠小核果螺 *Drupella rugosa* (Born, 1778)（图 141）

Murex rugosus Born, 1778: 303.

Murex concatenates Lamarck, 1822, 7: 176.

Drupa concatenata (Lamarck): Zhang, 1976: 341, pl. 2, figs. 1-2.

Drupa rugosa (Born): Qi *et al*., 1991: 112.

Drupella concatenata (Lamarck): Lai, 1998: 68, figs. 168A-D; Tsuchiya in Okutani, 2000: 391, pl. 194, fig. 131; Rao, 2003: 235, pl. 55, fig. 7; Jung *et al*., 2010: 115, figs. 94a-b.

Drupella rugosa (Born): Cernohorsky, 1969, 11(4): 306, pl. 48, figs. 15, 15a, text-fig. 10; Wilson, 1993: 42, pl. 5, figs. 11a-c; Zhang & Zhang, 2007: 64, pl. 1, figs. 8-10; Zhang, 2008a: 176; Houart in Poppe, 2008: 208, pl. 399, figs. 2-5.

别名　粗糙核果螺、环珠核果螺、链结螺。

英文名　Harmonious Drupe。

模式标本产地　不详。

标本采集地　广西（涠洲岛），海南（海口、琼山、新盈、陵水新村、三亚、西沙群岛、南沙群岛）。

观察标本　7个标本，MBM258279，广西涠洲岛，1978.Ⅵ，马绣同采；1个标本，MBM258276，琼山曲口，1958.Ⅴ.17采；6个标本，MBM258287，海南新村，1955.Ⅳ.24，马绣同采；8个标本，MBM258284，三亚小东海，1981.Ⅹ.9，马绣同采；23个标本，MBM258414，海南三亚，1986.Ⅺ.24，马绣同采；3个标本，MBM258278，西沙永兴岛，1980.Ⅳ.19，甲壳组采；1个标本，02I18AD-17，南沙群岛（5号站），2002.Ⅴ.16，王洪发采。

形态描述　贝壳呈纺锤形；壳质结实。螺层约7层。缝合线浅而清晰。螺旋部高，体螺层较大，在体螺层和次体螺层的缝合线下方有明显的压缩。壳表雕刻有密集的细螺肋，每一螺层上有2列，体螺层上有4-5列念珠状结节突起，突起上也有细螺肋，在2列念珠状突起间的螺肋上有小鳞片。有些个体壳面常附着1层石灰质，而看不清颜色或雕刻。壳色有变化，呈白色、黄褐色等，结节突起的颜色较深，为深褐色或紫褐色。壳口较大，半卵圆形，周缘或壳口内多数为橘红色，少数为黄白色。外唇钝厚，内缘具5-7枚小齿；内唇平滑，轴唇上有2-3个弱的齿状褶襞。前水管沟短，向背方翘；后水管沟小。具假脐。厣角质，青褐色或褐色，核位于外缘中部。

图 141　环珠小核果螺 *Drupella rugosa* (Born)

标本测量（mm）

壳长 33.0 31.3 30.4 27.0 26.2

壳宽 18.0 18.4 17.5 15.8 14.2

生物学特性 生活于低潮线附近至浅海的珊瑚礁质海底或石块下。南海常见种。

地理分布 本种广泛分布于印度-西太平洋热带海域，在我国见于台湾、广西、香港和海南诸岛；日本南部及琉球群岛，菲律宾，马来半岛，澳大利亚北部，斐济群岛，夏威夷群岛等太平洋中部诸岛，以及印度，卡拉奇，马达加斯加，塞舌尔群岛，奎提维岛等地均有分布。

(128) 莓实小核果螺 *Drupella fragum* (Blainville, 1832)（图 142）

Purpura fragum Blainville, 1832: 203, pl. 9, fig. 4.

Drupella fragum (Blainville): Tsuchiya in Okutani, 2000: 191, pl. 194, fig. 132; Zhang & Zhang, 2007: 64, pl. 1, figs. 6-7; Jung *et al.*, 2010: 115, figs. 95a-b.

别名 小白链结螺。

模式标本产地 不详。

标本采集地 海南（三亚、西沙群岛和南沙群岛）。

观察标本 32 个标本，MBM258403，三亚小东海，1981.Ⅹ.08，马绣同采；1 个标本，75M-431，西沙东岛，1975.6.12，马绣同采；6 个标本，MBM258275，1981.Ⅺ.26；1 个标本，MBM258752，南沙渚碧礁，1989.Ⅴ.26 采；1 个标本，MBM258741，南沙火艾礁，1990.Ⅴ.24，任先秋采。

形态描述 贝壳近似于前种，但壳形比环珠小核果螺较宽短。壳质厚而结实，螺层约 6 层。缝合线浅，清晰。螺旋部圆锥形，体螺层宽大。各螺层较膨圆，在螺层的缝合线下方有明显的压缩。壳面雕刻有弱的纵肋，肋间沟浅，体螺层上有纵肋 11-12 条，有的个体纵肋在体螺层背面变得低平；螺肋较细，通常在 2 条稍粗的螺肋中间还有 2-3 条细的间肋，在贝壳的基部螺肋有小鳞片。表面颗粒突起较弱。壳面为淡黄色或白色，结节和突出的螺肋常呈淡红色或紫红色，有红褐色斑点组成的螺带。在馆藏的标本中，有的少数个体为白色。壳口半圆形，内白色；外唇加厚，内缘有 5 个弱的小齿；内唇光滑，轴唇下方有 2-3 个弱的褶襞。前水管沟短，缺刻状，后水管沟小。绷带明显，有假脐。厣角质，褐色。

标本测量（mm）

壳长 30.6 28.5 27.9 24.2 17.6

壳宽 17.2 15.6 15.5 14.0 11.0

讨论 本种外部形态与环珠小核果螺较近似，张福绥（1976）曾依据 Reeve（1846）和 Tryon（1880）的报道将二者合并，但著者观察了中国科学院海洋生物标本馆馆藏的一些标本，发现二者的外部形态和表面雕刻等特征均存在明显差异。因此，根据 Tsuchiya（2000）的报道，将二者分立。

生物学特性 生活于低潮线附近的珊瑚礁间或石砾下。

地理分布　在我国见于台湾和南海等地；日本，菲律宾，巴布亚新几内亚等地也有分布。

图 142　莓实小核果螺 *Drupella fragum* (Blainville)

(129) 珠母小核果螺 *Drupella margariticola* (Broderip, 1833)（图 143）

Murex margariticola Broderip, 1833: 177.

Ricinula fiscellums Reeve, 1846: pl. 4, fig. 28.

Purpura lineolata Blainville, 1832: 206.

Drupa (Cronia) margariticola (Broderip): Kuroda, 1941: 109.

Drupa margariticola (Broderip): Zhang, 1976: 342, pl. 2, fig. 3.

Morula (Cronia) margariticola (Broderip): Cernohorsky, 1969: 312, pl. 49, fig. 26; Springsteen & Leobrera, 1986: 144, pl. 39, fig. 11; Lai, 1987: 35, figs. 59a-b.

Cronia margariticola (Broderip): Chinese Shell-name Committee, 1987: 34, figs. 95A-B; Lai, 1988: 95, figs. 251A-C; Wilson, 1994: 22, pl. 5, figs. 23, a-d; Tsuchiya in Okutani, 2000: 381, pl. 189, fig. 91.

Ergalatax margariticola (Broderip): Houart, 1995: 252, figs. 6, 62; Zhang, 2007: 545; Houart in Poppe, 2008: 200, pl. 395, figs. 5-8; Jung *et al.*, 2010: 110, figs. 72a-72b.

Drupella margariticola (Broderip): Claremont *et al.*, 2011: 977-990.

别名　珠母爱尔螺、棱结螺。

模式标本产地　澳大利亚（豪勋爵岛）。

标本采集地　福建（厦门、东山），广东（深圳宝安、闸坡、徐闻、乌石），广西（北海、涠洲岛、白龙尾、防城港），香港，海南（琼山、新盈、美夏、莺歌海、陵水新村、三亚、西沙群岛）。

观察标本　12 个标本，M02564，福建东山，1957.Ⅳ.13，马绣同采；35 个标本，MBM258165，广东宝安，1963.Ⅶ.25，张福绥采；1 个标本，MBM258162，广东徐闻，

1954.Ⅻ.6 采；20 个标本，MBM258205，广西涠洲岛，1978.Ⅳ.29，马绣同采；2 个标本，MBM258160，海南新盈，1955.Ⅴ.12 采；22 个标本，MBM258181，海南美夏，1990.Ⅹ.12，马绣同采；5 个标本，MBM258172，海南三亚，1981.Ⅹ.10，马绣同采；3 个标本，MBM258154，西沙永兴岛，1967.Ⅴ，马绣同采；6 个标本，MBM258152，香港，1986.Ⅳ.09，林光宇采。

形态描述 贝壳呈纺锤形或近菱形；壳质厚而结实。螺层约 7 层，壳顶小，常磨损。缝合线浅而细。螺旋部呈圆锥形，体螺层较大，前端收缩。各螺层中部突出，形成肩部，在肩角有 1 环结节突起。壳表具有明显而低平的纵肋，肋间沟浅；具有排列密集的细螺肋，肋上密布覆瓦状排列的小鳞片，使得壳面显得很粗糙。壳面颜色和花纹有变化，通常为黑褐色、褐色或土黄色等，有的个体具有白色螺带或褐色斑块组成的螺带，不同个体其螺带的位置和宽窄不规则。壳口长卵形，内面颜色有紫色、灰褐色、浅紫红色或灰白色等。外唇加厚，内缘具有颗粒状小齿 5-6 枚；内唇近直，平滑，轴唇下方常有 3-4 枚小齿。前水管沟短，缺刻状，向背方翘；后水管沟小。有假脐。厣角质，褐色。

标本测量（mm）

| 壳长 | 32.2 | 31.0 | 30.5 | 28.5 | 26.0 |
| 壳宽 | 16.5 | 17.2 | 15.8 | 16.5 | 15.7 |

讨论 本种的分类地位一直有争议，不同的学者把它放入不同属内。张福绥（1976）曾放入核果螺属 *Drupa*；日本学者（Tsuchiya, 2000）和澳大利亚学者（Wilson, 1994）采用的是拟结螺属 *Cronia*；而新西兰和菲律宾学者又把它放入结螺属 *Morula*。Houart（1995，2008）依据本种的形态特征，认为其应归属于爱尔螺属 *Ergalatax*。Claremont 等（2011）通过分子生物学研究，发现本种与小核果螺属中的其他种类聚在一起，DNA 鉴定证明它们之间有更近的亲缘关系。因此，确认本种应归属于小核果螺属 *Drupella*。

图 143 珠母小核果螺 *Drupella margariticola* (Broderip)

生物学特性 暖水性较强的种类；生活在中潮带下方珊瑚礁或岩礁间，常与牡蛎及珠母贝等混生，是我国台湾和广东以南沿岸习见种。本种为肉食性动物，故对珍珠贝和牡蛎养殖有害。

地理分布　广布于热带和亚热带印度-西太平洋海域，在我国见于台湾和福建以南沿海；日本（房总半岛以南），菲律宾，新喀里多尼亚，澳大利亚至非洲东部等地均有分布。

36. 荔枝螺属 *Thais* Röding, 1798

Thais Röding, 1798: 54.

Type species: *Thais lena* Röding, 1798=*Nerita nodosa* Linnaeus, 1758.

特征　贝壳中等大或小，呈卵圆形、亚球形、拳头形或纺锤形；壳质坚实。壳面具螺肋、小结节、瘤状、角状突起或棘刺等雕刻。壳口较大，卵圆形或梨形，内通常具有放射状的螺肋或螺纹，有的外唇内缘具颗粒或肋状齿。前水管沟短。厣角质，褐色或红褐色。

本属动物主要生活在潮间带的岩石上或石砾间，在我国的南北沿海均有分布。它们中的一些种类具较高的经济价值，肉可食用；贝壳可入药。但因是肉食性动物，喜食牡蛎等幼贝，故对滩涂贝类养殖有害。

讨论　荔枝螺属的分类一直比较混乱，形态分类存在着一定的难度，相关分类系统也一直在变动。Claremont 等（2013a）利用分子生物学技术对红螺亚科进行了系统发育学研究，其中很多属被重新修订或有些种被移出或移入。尤其是大家熟悉的荔枝螺属 *Thais*，其种类被移出后仅剩 1 个种，之前已被大家承认的一些亚属全部提升为属，并建立 1 个新属（印度荔枝螺属 *Indothais*）。

在编写本志时，著者接受了 Claremont 等（2013a）对荔枝螺属的分类系统和建立的新属，但考虑到荔枝螺的中文名称已被大家广泛接受。所以，著者没有把亚属提升为属，而是采用把荔枝螺属下分成 6 个亚属进行描述。

亚属检索表

1. 壳表具网目或方格状结节 ······································新荔枝螺亚属 *Neothais*
   壳表无网目或方格状结节 ···2
2. 肩部有粗肋和龙骨状突起 ································印度荔枝螺亚属 *Indothais*
   肩部具发达的瘤状或角状突起 ···3
3. 内外唇上具褐色或黑色斑 ································角荔枝螺亚属 *Thalessa*
   内外唇上无褐色或黑色斑 ···4
4. 表面具白斑或纵行条斑 ·······················棘荔枝螺亚属 *Semiricinula*
   表面无白斑或纵行条斑 ···5
5. 贝壳宽短，呈卵圆形或亚球形 ···············宽荔枝螺亚属 *Mancinella*
   贝壳呈纺锤形或拳头形 ·····························瘤荔枝螺亚属 *Reishia*

7) 印度荔枝螺亚属 *Indothais* Claremont, Vermeij, Williams & Reid, 2013

Indothais Claremont, Vermeij, Williams & Reid, 2013: 98.
Type species: *Murex lacerus* Born, 1778.

　　特征　贝壳呈纺锤形或锥形；壳质结实。螺旋部较高，表面雕刻较明显的螺肋或条纹。肩部的螺肋发达，常形成龙骨状突起、扁角状结节突起或棘刺，有的种螺层多少有些压缩或游离。

　　分布于热带和亚热带印度-西太平洋海域，生活在潮间带至浅海岩礁或泥砂质海底。

　　Claremont 等（2013a）利用分子生物学技术建立了新属：印度荔枝螺属 *Indothais*。依据此文献，中国沿海分布的 5 种荔枝螺，现归属于此亚属。

种 检 索 表

1. 肩角上有棘刺 ·· 多皱荔枝螺 *T. (I.) sacellum*
   肩角上无棘刺 ·· 2
2. 螺层多少有压缩 ·· 3
   螺层不压缩 ·· 4
3. 体螺层与次体螺层之间呈游离状态 ······················· 可变荔枝螺 *T. (I.) lacera*
   体螺层与次体螺层之间非游离状态 ······················· 蛎敌荔枝螺 *T. (I.) gradata*
4. 壳口内灰褐色或黑灰色 ································· 淡红荔枝螺 *T. (I.) rufotincta*
   壳口内淡黄色或黄褐色 ··································· 爪哇荔枝螺 *T. (I.) javanica*

(130) 可变荔枝螺 *Thais (Indothais) lacera* (Born, 1778)（图 144）

Murex lacerus Born, 1778: 308.
Purpura lacerus Born: Küster, 1858: 147, pl. 24a, figs. 7-8.
Purpura carinifera Lamarck, 1822: 73; Reeve, 1846: pl. 6, fig. 26; Küster, 1858: 97, pl. 17, figs. 3, 6, 7, pl. 18, fig. 3.
Thais mustabilis (Link): Kuroda, 1941: 112; Habe, 1980: 52, pl. 26, fig. 18; Qi *et al.*, 1983: 78.
Cymia mustabilis (Link): Lai, 1987: 33, fig. 45.
Thais lacerus (Born): Zhang & Zhang, 2005: 75, pl. 1, fig. 3.
Thais lacera (Born): Tan, 2000: 499; Rao, 2003: 244, pl. 58, fig. 5; Jung *et al.*, 2010: 126, fig. 141.

　　别名　细腰岩螺、可变波螺。
　　英文名　Carinate rock shell。
　　标本采集地　浙江（玉环坎门、洞头），福建（厦门），广东（南澳、上川、闸坡、硇洲岛、乌石），广西（涠洲岛、北海、防城企沙、白龙尾），海南（海口、北港、新盈、琼山、莺歌海、三亚）。
　　观察标本　1 个标本,53M-752,浙江洞头,1953.VI.17,马绣同采;6 个标本,57M-791,

福建厦门，1957.Ⅳ.02 采；2 个标本，54M-747，广东硇洲岛，1954.Ⅺ.29 采；20 个标本，MBM258723，广西北海，1978.Ⅴ.02，马绣同采；2 个标本，MBM258696，广西涠洲岛，1954.Ⅻ.1 采；3 个标本，MBM258717，海南北港，1958.Ⅴ.24 采；8 个标本，MBM258707，海南莺歌海，1955.Ⅴ.06 采；4 个标本，MBM258705，海南三亚，1955.Ⅳ.16 采。

形态描述　贝壳呈低纺锤形或卵圆形；壳质坚厚。螺层约 7 层。缝合线细，明显，在体螺层与次体螺层之间的缝合线加深，呈浅沟状，使这二层之间多少形成游离状态。螺旋部稍高，体螺层宽大。在每一螺层的中部扩张，形成 1 个龙骨状的肩部，以体螺层中部的肩角突出最明显，形成 1 个斜的平面，肩角上常有 1 列明显的扁角状突起，这种突起在体螺层的中部最发达。贝壳表面雕刻有粗细不均而较粗糙的螺肋和生长纹，螺肋由覆瓦状小鳞片叠成。壳面为黄褐色或略带黄紫色。壳口较大，卵圆形，内淡黄褐色，外唇边缘有锯齿状小缺刻；内唇略直，滑层较厚，向外翻卷，与发达的绷带形成较大的假脐。前水管沟较短，呈缺刻状，向背方弯曲；后水管沟明显。厣角质，黄褐色，多旋，核位于近中央的外侧。

标本测量（mm）

| 壳长 | 56.8 | 49.5 | 42.0 | 40.5 | 37.2 |
| 壳宽 | 34.0 | 32.8 | 32.0 | 32.2 | 26.0 |

生物学特性　暖水种；本种通常生活在中、低潮线附近的岩礁间。

地理分布　分布于印度-西太平洋海域，在我国见于台湾和浙江以南至海南岛沿岸；日本，东南亚地区，澳大利亚，印度，南非，红海和地中海等地也有分布。

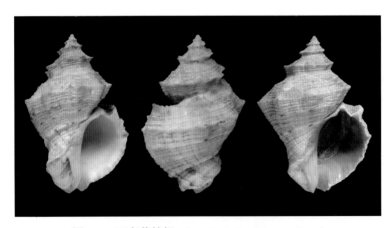

图 144　可变荔枝螺 *Thais* (*Indothais*) *lacera* (Born)

(131) 蛎敌荔枝螺 *Thais* (*Indothais*) *gradata* (Jonas, 1846)（图 145）

Purpura gradata Jonas, 1846: 14.

Purpura trigona Reeve, 1846: pl. 11, fig. 53.

Stramontita gradata (Jonas): Wilson, 1994: 47, pl. 4, figs. 5a-b; Jung *et al.*, 2010: 122, fig. 121.

Thais gradata (Jonas): Qi *et al.*, 1983, 2: 76; Tan, 2000: 499; Zhang & Zhang, 2005: 76, pl. 1, fig. 6.

别名 阶梯岩螺。

英文名 Spired rock shell。

模式标本产地 不详。

标本采集地 福建（平潭、厦门），广东（汕头、上川、广海、深圳宝安、珠海、徐闻），广西（钦州），海南（海口、铺前、曲口、琼山北港、新盈港）。

观察标本 4 个标本，57M-657，福建平潭，1957.III.14 采；2 个标本，MBM258722，福建厦门，1982.V.13 采；60 个标本，54M-607，广东广海，1954.X.29 采；14 个标本，54M-638，广东上川岛，1954.XI.02 采；11 个标本，MBM258698，深圳宝安，1957.VIII，马绣同采；14 个标本，MBM258702，海南曲口，1990.XI.03，马绣同、李孝绪采；28 个标本，海南北港，58M-0693，1958.V.19 采。

形态描述 贝壳两端尖，中部突出，呈菱形；壳质较厚，结实。螺层约 6 层，缝合线浅，明显。螺旋部稍高，体螺层大，基部收缩。在每一螺层的中部和体螺层上部螺层明显向内凹陷，形成 1 弧形面，而缝合线处和体螺层的中部明显突出形成 1 条龙骨状凸出，其上具有扁角状突起，突起的大小在不同个体中有变化。整个壳面雕刻有粗细不甚均匀的螺肋，通常在粗肋间还有 2-3 条细肋，生长纹细而明显。壳面呈黄褐色或黄白色，布有纵行的紫褐色或青褐色斑纹，或散落的紫褐色小斑点。壳口卵圆形，内印有褐色斑纹。外唇较薄，内缘有 1 列齿状突起，边缘有明显的褶皱；内唇略直，平滑。前水管沟较短，缺刻状，有小而明显的后水管沟。脐浅。厣角质，红褐色。

标本测量（mm）

　　壳长　38.8　33.2　30.0　28.2　27.5
　　壳宽　24.2　20.6　19.0　17.5　17.4

生物学特性 为亚热带种；生活在潮间带中、下区岩石岸或有砾石的砂泥质海滩；因以牡蛎为食，所以，常大量繁殖在牡蛎养殖场的海滩上。

地理分布 在我国见于浙江和福建以南沿海；日本（冲绳诸岛以南），越南，马来西亚，新加坡，马六甲和澳大利亚等地也有分布。

经济意义 肉可食用。

图 145 蛎敌荔枝螺 *Thais* (*Indothais*) *gradata* (Jonas)

(132)　爪哇荔枝螺 *Thais (Indothais) javanica* **(Philippi, 1848)**（图 146）

Purpura javanica Philippi, 1848: 27; Küster, 1858: 171, pl. 28, figs. 9-11.

Cuma javanica (Philippi): Yen, 1933: 9.

Stramonita javanica (Philippi): Wilson, 1994: 47, pl. 4, figs. 6a-b.

Thais javanica (Philippi): Kuroda, 1941: 112; Tan & Siqursson, 1996a: 526, figs. 8, 9A-D, 10-13; Tan, 2000: 499; Zhang & Zhang, 2005: 76, pl. 1, fig. 5.

　　别名　爪哇岩螺。

　　模式标本产地　中国。

　　标本采集地　浙江（坎门、洞头），福建（厦门），广东（珠海、廉江、阳江闸坡、徐闻），海南（铺前、文昌、邻昌礁），香港和南海。

　　观察标本　3 个标本，MMBM258662，浙江坎门，1953.Ⅵ.17，马绣同采；1 个标本，MBM258682，厦门，1957.Ⅲ.31 采；13 个标本，MBM113428，广东珠海，1954.Ⅴ.15 采；4 个标本，MBM258690，广东闸坡，1954.Ⅺ.15 采；7 个标本，HBR-M08-413，海南邻昌礁，2008.Ⅳ.12，张素萍采。

图 146　爪哇荔枝螺 *Thais (Indothais) javanica* (Philippi)

　　形态描述　贝壳呈纺锤形；外形与蛎敌荔枝螺较近似，但不同的是本种各螺层中部不凹陷。壳质结实。螺层约 7 层，胚壳约 2 层，光滑无肋，呈淡褐色。缝合线浅而明显。螺旋部较高而尖，体螺层大。壳表雕刻有粗细相间而不太均匀的螺肋，生长纹粗糙；纵肋弱或不太明显。各螺层中部扩张，形成突出的肩部，在各螺层的肩部有 1 条、体螺层上部有 2 条较粗的螺肋，肋上具有或强或弱的突起，有的呈小结节状，而有的呈扁三角状。壳面呈黄褐色，具褐色、紫褐色斑点或纵行条纹。壳口呈梨形，内淡黄色或黄褐色，常具放射状细螺肋；外唇稍薄，边缘具细小缺刻；内唇近直，平滑。前水管沟短，绷带发达。角质厣，褐色。

标本测量（mm）

　　壳长　31.0　28.5　27.0　25.5　24.5
　　壳宽　19.0　18.5　16.8　16.0　15.5

生物学特性　暖水种；本种栖息于潮间带中、低潮区或浅海岩石岸及泥砂质底。

地理分布　在我国见于台湾和福建以南沿海；越南，泰国，菲律宾，马来西亚，印度尼西亚（爪哇），澳大利亚和东印度洋等地也有分布。

(133) 淡红荔枝螺 *Thais* (*Indothais*) *rufotincta* Tan & Siqursson, 1996（图 147）

Thais rufotincta Tan & Siqursson, 1996b: 85, figs. 1e-h, 5a-h, 6a-e, 7a-g, 8, pls. 2a-p, 3a-f; Tan, 2000: 500; Tan & Liu, 2001: 1279, figs. i-j; Zhang & Zhang, 2005: 77, pl. 1, fig. 8.

Cuma javanica (Philippi): Yen, 1933: 9-11.

Thais (*Cymia*) *javanica* (Philippi): Oostingh, 1935: 68-69, pl. 5, figs. 63-66 (non *Purpura javanica* Philippi).

Thais javanica (Philippi): Dharma, 1988: 84-85, pl. 28, fig. 8 (non *Purpura javanica* Philippi).

Thais (*Thais*) *javanica* (Philippi): Springsteen & Leobrera, 1986: 146, pl. 40, fig. 10 (non *Purpura javanica* Philippi).

模式标本产地　新加坡。

标本采集地　海南（莺歌海）。

观察标本　20 个标本，MBM113254，莺歌海，1955.Ⅴ.05，马绣同采；26 个标本，57M-1126，莺歌海，1957.Ⅵ.26 采；4 个标本，莺歌海，2012.Ⅴ.18，定性采集。

图 147　淡红荔枝螺 *Thais* (*Indothais*) *rufotincta* Tan & Siqursson

形态描述　贝壳较小，呈纺锤形；外形与爪哇荔枝螺较近似，但壳色与表面雕刻有差异。壳质稍薄，结实。螺层约 7 层。螺旋部中等高，明显收缩；体螺层突然增宽增大，壳表雕刻有细密的螺肋和较弱而低平的纵肋，在每一螺层的中部和体螺层的上部突出，形成 1 个斜坡状的肩部，肩角上有 1 条，体螺层上有 4 条较粗的螺肋，这种螺肋通常是由 2 条并行的螺肋组成，其上有小结节突起。壳面为青灰色、黄褐色或略带灰白色，粗肋上具白色和褐色相间的斑点，而纵肋上具有红褐色的纵行色带。壳口呈长卵圆形，内黑灰色或灰褐色，边缘多呈黑褐色，并具有放射状的黑色肋纹。外唇薄，内缘具有 1 列颗粒状小齿，边缘有锯齿状小缺刻；内唇近直，光滑。具假脐，前水管沟短，缺刻状，后水管沟小，明显。厣角质，红褐色。

标本测量（mm）

　　　壳长　24.0　21.7　21.0　20.5　18.5
　　　壳宽　14.5　13.8　12.3　13.0　11.0

生物学特征　暖海产；本种生活于潮间带的岩礁间。

地理分布　在我国见于海南的莺歌海和南海（中国近海），据 Tan 和 Siqursson（1996）报道，香港也有分布；越南，菲律宾，马来西亚，新加坡，印度尼西亚，所罗门群岛和泰国等地均有分布。

(134) 多皱荔枝螺 *Thais (Indothais) sacellum* (Gmelin, 1791)（图 148）

Murex sacellum Gmelin, 1791: 3530, no. 164.

Purpura sacellum (Gmelin): Reeve, 1846: pl. 11, fig. 58.

Purpura rugosa (Born): Küster, 1858: 145, pl. 24a, fig. 5.

Thais rugosa (Born): Abbott & Dance, 1983: 148; Tan, 2000: 500; Rao, 2003: 244, pl. 59, fig. 5; Zhang & Zhang, 2005: 78, pl. 1, fig. 9.

Thais sacellum (Gmelin): Robin, 2008: 272, fig. 11.

别名　塔岩螺。

英文名　Rugose rock shell。

模式标本产地　不详。

标本采集地　广东（硇洲岛），广西（涠洲岛），海南（邻昌礁、保平港、黎安、三亚）。

观察标本　3 个标本，MBM258386，广西涠洲岛，1978.Ⅰ.10，马绣同采；2 个标本，MBM258397，海南三亚，1958.Ⅳ.06 采；1 个标本，MBM258643，海南岛，1990.Ⅻ.04，马绣同、李孝绪采；1 个标本，海南黎安，2011.Ⅳ.18，张素萍采。

形态描述　贝壳近菱形；壳质结实。螺层约 7 层，壳顶小而尖，胚壳约 2 层，光滑无肋。缝合线浅，明显。螺旋部较高，呈塔状，体螺层宽大。壳表雕刻有稠密的细螺肋，各螺层中部扩张，形成肩部，从缝合线向下形成 1 个斜的平面，肩角上具有三角形的扁棘和结节，以体螺层上部的 1 列扁棘最为发达，向下逐渐变弱，体螺层有 4 条深褐色的粗螺肋。壳面为黄白色或黄褐色，在各螺层的缝合线下方具 1 条红褐色的螺带，棘刺突起处颜色较深，为红褐色或深褐色。壳口卵圆形，内白色。外唇边缘具缺刻；内唇近直，平滑。前水管沟稍延长，绷带发达，有假脐。厣角质，褐色。

标本测量（mm）

　　　壳长　46.5　40.0　37.0　36.8　34.5
　　　壳宽　34.5　35.0　25.5　27.0　25.1

生物学特性　暖水种；生活于潮间带至浅海的岩礁间和泥砂质海底中。

地理分布 在我国见于台湾、香港、广西和海南等地；东南亚地区，以及印度，南非沿岸和红海也有分布。

图 148 多皱荔枝螺 *Thais* (*Indothais*) *sacellum* (Gmelin)

8) 角荔枝螺亚属 *Thalessa* H. & A. Adams, 1853

Thalessa H. & A. Adams, 1853: 127.

Type species: *Murex hippocastanum* Linnaeus, 1758.

特征 贝壳中等大，呈亚球形或拳头形；壳质较厚。表面雕刻有发达的瘤状或角状突起。内外唇缘具褐色或黑色斑。

本亚属在中国沿海发现 2 种。

种 检 索 表

壳口内淡黄色或黄白色，角状突起大 ···瘤角荔枝螺 **T. (*T.*) *tuberosa***
壳口内灰褐色或黑褐色，角状突起小 ···多角荔枝螺 **T. (*T.*) *virgata***

(135) 瘤角荔枝螺 *Thais* (*Thalessa*) *tuberosa* (Röding, 1798)（图 149）

Galeodes tuberosa Röding, 1798: 53, no. 679.

Drupa trapa Röding, 1798: 56, no. 709.

Vasum castaneum Röding, 1798: 57, no. 716.

Menathais tuberosa (Röding): Habe & Kosuge, 1967: 71, pl. 28, fig. 9.

Mancinella tuberosa (Röding): Cernohorsky, 1969: 297, pl. 47, fig. 5, text-fig. 2; Tsuchiya in Okutani, 2000: 397, pl. 197, fig. 168; Jung *et al.*, 2010: 123, fig. 128.

Thais (*Mancinella*) *tuberosa* (Röding): Springsteen & Leobrera, 1986: 148, pl. 40, fig. 18; Wilson, 1993: 48, pl. 4, figs. 13a-b.

Thais tuberosa (Röding): Kuroda, 1941: 111; Qi *et al.*, 1983: 79; Rao, 2003: 245, pl. 59, fig. 4; Zhang & Zhang, 2005: 77, pl. 2, fig. 4; Houart in Poppe, 2008: 218, pl. 404, fig. 4.

别名　角岩螺。

英文名　Tuberose rock shell。

模式标本产地　不详。

标本采集地　海南（陵水新村、三亚、西沙群岛）。

观察标本　1 个标本，海南新村，58M-0368，1958.Ⅳ.19 采；6 个标本，57M-1031，海南三亚，1957.Ⅵ.12 采；15 个标本，57M-411，西沙群岛，1957.Ⅳ.12，马绣同采；6 个标本，MBM258457，西沙永兴岛，1980.Ⅲ.29，马绣同采。

形态描述　贝壳中等大小，近拳头形；壳质坚实。螺层约 6 层，缝合线浅。螺旋部低小，体螺层宽大。壳顶部常被腐蚀。在次体螺层上有 1 列而体螺层上有 3 列发达的角状突起，以体螺层上部的 1 列最强大，呈尖角状，向下 2 列逐渐变小；壳面布满细密稍曲折的螺肋，生长纹明显。壳面呈灰白色，在 2 列角状突起之间具有 1 条黑褐色或紫褐色的螺带，螺带的宽度不均匀，体螺层上通常有 4 条螺带。壳口呈卵圆形，内淡黄色或黄白色，杂有棕色或深棕色的斑带，近边缘为黑褐色。外唇较薄，内缘有许多细的橘黄色放射肋，边缘随表面雕刻而形成大的缺刻和角突起；内唇较直，光滑，常有 2 块红褐色的斑块。前水管沟宽短，向背方翘起；后水管沟为 1 个小的缺刻。厣角质，深褐色，呈卵圆形，核位于近中央外侧。

标本测量（mm）

壳长　62.8　57.7　54.0　51.5　43.0

壳宽　49.0　43.8　43.8　40.5　39.0

生物学特性　暖水种；栖息于潮间带低潮区至浅海的岩石及珊瑚礁间。

地理分布　在我国见于台湾、海南岛和西沙群岛；日本，菲律宾，斐济群岛，澳大利亚和印度等地也有分布。

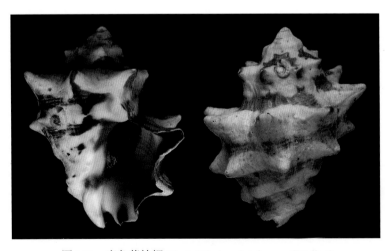

图 149　瘤角荔枝螺 *Thais* (*Thalessa*) *tuberosa* (Röding)

(136) 多角荔枝螺 *Thais (Thalessa) virgata* (Dillwyn, 1817)（图 150）

Murex virgatus Dillwyn, 1817: 732.

Purpura pseudohippocastanum Dautzenberg, 1929: 321.

Mancinella distinguenda Dunker in Dunker & Zelabor: Habe & Kosuge, 1967: 71, pl. 28, fig. 10.

Thais hippocastanum (Linnaeus): Qi *et al.*, 1983, 2: 79.

Thais savingyi (Deshayes): Tsuchiya in Okutani, 2000: 397, pl. 197, fig. 172; Jung *et al.*, 2010: 124, fig. 130 (non *Purpura savingyi* Deshayes, 1844).

Thais aculeata (Deshayes & Edwards): Lai, 1987: 33, fig. 43; Zhang & Zhang, 2005: 77, pl. 2, fig. 5 (non *Purpura aculeata* Deshayes & Edwards, 1844).

Thais virgata (Dillwyn): Houart in Poppe, 2008: 218, pl. 404, fig. 2.

别名 铁斑岩螺。

英文名 Virgate rock shell。

模式标本产地 不详。

标本采集地 海南（陵水新村、三亚、西沙群岛、南沙群岛）。

观察标本 1 个标本，MBM258452，海南三亚，1957.Ⅵ.30 采；6 个标本，MBM258453，三亚小东海，1981.Ⅸ.26，马绣同采；3 个标本，MBM258454，西沙琛航岛，1975.Ⅴ.16，马绣同采；1 个标本，MBM258443，南沙信义礁，1987.Ⅴ.02，陈锐球采；3 个标本，MBM258760，南沙东门礁，1990.Ⅴ.20，任先秋等采。

形态描述 贝壳近卵圆形或近拳头形；壳质坚厚。螺层约 5 层，壳顶常被腐蚀。缝合线浅而不明显。螺旋部较低，体螺层突然增宽增大，并形成宽的肩部。在每一螺层的中部有 1 列，而在体螺层上有 4 列较大的角状或瘤状突起，这种突起以体螺层上方的 1 列最强大。整个壳面雕刻有细密的螺肋和生长纹。壳面呈黑褐色或灰褐色，壳顶部为白色，在角状突起之间有纵走的白色条纹。壳口呈长卵圆形，内灰褐色，边缘呈黑褐色。内唇平滑，轴唇呈褐色，中部具 1-2 条白色条斑，边缘为黑色；外唇较薄，内缘 4-5 个小颗粒状突起；外缘具角状突起和缺刻。前水管沟小，厣角质，栗色。

标本测量（mm）

壳长	43.0	42.5	40.0	39.3	35.2
壳宽	34.5	32.4	30.5	31.0	27.5

讨论 本种的形态分类比较混乱，同物异名较多。因此，不同作者常常使用不同的学名。齐钟彦等（1983）使用的是 *Thais hippocastanum*（为无效学名）；台湾钟柏生等（2010）把本种订名为 *Thais savignyi*；张素萍和张福绥（2005）参考了 Cernohorsky（1969）的文献，鉴定为 *Thais aculeata*。在编写本志时，著者通过查阅相关文献，对本种的分类地位与国际同行进行交流，认为我国沿海分布的这个种应为 *Thais (Thalessa) virgata*，其他的学名为误订或是同物异名。

生物学特性 暖海产；栖息于潮间带至浅海的岩石下或珊瑚礁间。

地理分布 广布于印度-西太平洋热带海域，在我国见于台湾、海南岛、西沙群岛和南沙群岛等地；日本，泰国，菲律宾，斐济群岛，澳大利亚和印度洋及红海等地均有分布。

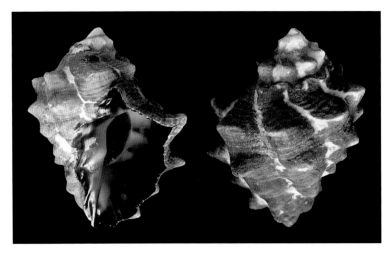

图 150　多角荔枝螺 *Thais* (*Thalessa*) *virgata* (Dillwyn)

9) 瘤荔枝螺亚属 *Reishia* Kuroda & Habe, 1971

Reishia Kuroda & Habe, 1971: 146.

Type species: *Purpura bronni* Dunker, 1861.

特征　贝壳中等大，呈纺锤形拳头形或卵圆形；壳质厚而结实。表面具有疣状、瘤状和角状突起。前水管沟短。

目前，本亚属在我国沿海已发现 5 种。

种 检 索 表

(137) 黄口荔枝螺 *Thais* (*Reishia*) *luteostoma* (Holten, 1802)（图 151）

Buccinum luteostoma Holten, 1802: 52; Dillwyn, 1817: 612.

Purpura luteostoma (Holten): Reeve, 1846: pl. 8, fig. 35.

Purpura bronni var. *suppressa* Yen, 1936: 238, pl. 21, figs. 52-52a.

Reishia luteostoma (Holten): Kuroda *et al.*, 1971: 146, 223, pl. 42, fig. 7.

Thais luteostoma (Holten): Yen, 1936: 237, pl. 20, figs. 51-51a; Habe, 1964: 81, pl. 26, fig. 8; Qi *et al.*,

1983, 2: 77; Tan, 2000: 499; Zhang & Zhang, 2005: 75, pl. 1, fig. 1; Zhang, 2008a: 180; Zhang *et al.*, 2016: 100, text-fig. 113.

别名　黄口岩螺。

模式标本产地　中国。

标本采集地　全国沿岸。

观察标本　7 个标本，MBM258488，辽宁小长山，1956.Ⅸ.09，马绣同采；11 个标本，MBM258486，山东烟台，1937 年，静生生物调查所采；12 个标本，MBM258480，青岛小港，1954.Ⅳ.26，张修吉采；55 个标本，江苏连云港，1952.Ⅷ.25 采；7 个标本，MBM258507，浙江象山，1953.Ⅳ.26，马绣同采；3 个标本，MBM258494，福建平潭，1984.Ⅴ.04 采；2 个标本，MBM258477，广东湛江，1958.Ⅻ，齐钟彦采；3 个标本，MBM258510，广西白龙尾，1978.Ⅴ.29，马绣同采；2 个标本，HBR-M08-493，海南美夏，2008.Ⅳ.15，张素萍采。

形态描述　贝壳中等大，略修长，呈纺锤形；壳质较结实。螺层约 7 层，缝合线浅，呈线状。螺旋部较高，占整个贝壳长度的近一半，体螺层高大。在每一螺层的中部和体螺层的上部突出，形成肩部，在螺旋部的肩角上通常有 1 列，体螺层上有 4 列角状突起，以体螺层上部的 1 列突起最大，向下逐渐变小，角状突起的大小在不同个体中有变化，有的个体在缝合线近上方还有 1 列小的突起，有的个体无突起。整个壳面生有细密的螺纹和生长纹。壳面土黄色，具有紫褐色条斑或斑块。壳口长卵圆形，内土黄色或淡黄色，轴唇呈橘黄色或黄色，杂有少量的紫褐色云斑。外唇薄，内缘有 4-5 个齿状突起，外缘有小缺刻。内唇略直，平滑，通常为黄色。前水管沟较短，向背方弯曲。厣角质，褐色。

标本测量（mm）

　　壳长　69.5　57.2　50.0　47.0　45.8

　　壳宽　45.0　31.2　36.5　24.2　28.0

生物学特性　广温、广盐性的种类；生活在潮间带中、低潮区的岩石缝隙内及石块下面。

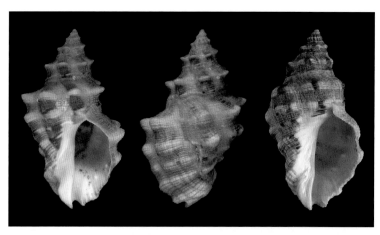

图 151　黄口荔枝螺 *Thais* (*Reishia*) *luteostoma* (Holten)

地理分布 全国南北沿岸均有分布；日本北海道南部和男鹿半岛以南和东南亚地区也有分布。

经济意义 肉可食用，水产品市场常有销售。

(138) 疣荔枝螺 *Thais* **(*Reishia*)** *clavigera* **(Küster, 1860)**（图152）

Purpura clavigera Küster, 1860: 186, pl. 31a, fig. 1; Lischke, 1869: 54, pl. 5, figs. 12-14.

Reishia clavigera (Küster): Kuroda *et al.*, 1971: 147, 224, pl. 42, fig. 8.

Thais (*Reishia*) *clavigera* (Küster): Tsuchiya in Okutani, 2000: 399, pl. 198, fig. 183.

Thais clavigera Küster: Yen, 1936: 240, pl. 21, figs. 53, 53a; Kuroda, 1941: 112; Kira, 1962: 62, pl. 24, fig. 1; Habe & Kosuge, 1967: 71, pl. 28, fig. 8; Qi *et al.*, 1983, 2: 76; Tan, 2000: 499; Zhang & Zhang, 2005: 76, pl. 1, fig. 4; Jung *et al.*, 2010: 126, figs. 140a-140b; Zhang *et al.*, 2016: 99, text-fig. 112.

别名 蚵岩螺、辣螺。

模式标本产地 日本。

标本采集地 全国沿岸。

观察标本 32个标本，MBM258523，辽宁葫芦岛，静生生物调查所采；3个标本，MBM 258833，大连海洋岛，1956.Ⅸ.23采；46个标本，MBM258544，河北北戴河，1950.Ⅴ.04采；12个标本，MBM258392，青岛竹岔岛，1937年，静生生物调查所采；60个标本，MBM258729，浙江南麂岛，1979.Ⅹ.22，庄启谦采；6个标本，MBM258530，福建厦门，1982.Ⅳ.10，陈采；34个标本，MBM258836，广东宝安，1963.Ⅲ.25，张福绥采；4个标本，MBM258521，广西北海，1978.Ⅴ.20，马绣同采；1个标本，海南三亚，1958.Ⅳ.31采；4个标本，HBR-M08-497，海南美夏，2008.Ⅳ.14，张素萍采。中国科学院海洋生物标本馆收藏着大量的该种标本。

形态描述 贝壳较黄口荔枝螺小，呈长卵圆形；壳质结实。螺层约6层，缝合线浅，不太明显。螺旋部较稍高起（比黄口荔枝螺低），体螺层膨大。在每一螺层的中部有1列疣状突起，有的个体在缝合线处还有1列小的不太明显的颗粒状突起，而体螺层通常有4-5列低平的黑褐色长方形疣状突起，以上方的2列突起较大，向下逐渐变弱。壳表雕刻有细密的螺肋和生长纹，在2列疣状突起之间常有2-3条较明显的螺肋。壳面呈灰褐色或青灰色，疣状突起为黑褐色。壳口卵圆形，轴唇和壳口内呈灰黄色或灰白色，边缘呈黑褐色，外唇薄，内缘有3-4个肋状突起和大块的黑褐色斑，边缘有明显的肋纹和黑褐色斑；内唇略直，光滑，呈淡黄色。前水管沟短，缺刻状。厣角质，褐色，核位于近外缘。

标本测量（mm）

壳长	40.5	35.5	30.0	28.0	22.2
壳宽	25.5	23.3	20.0	18.2	15.3

讨论 本种在不同生态环境下，其外部形态有变异，有的个体常与黄口荔枝螺混淆而很难区分。二者明显不同的是本种个体较黄口荔枝螺小，贝壳较宽短，表面具有大块的黑褐色疣状突起，外唇内缘具黑褐色的斑；黄口荔枝螺外唇内缘呈黄色，表面无黑褐

色的疣。

生物学特性 广温性种类；常群居在潮间带中、低潮区的岩礁上或石砾下；为中国沿岸最常见种。

地理分布 分布于我国的南北沿岸；日本和西太平洋海域也有分布。

经济意义 肉可食用，在水产品市场常有销售。

图 152 疣荔枝螺 *Thais (Reishia) clavigera* (Küster)

(139) 鬃荔枝螺 *Thais (Reishia) jubilaea* Tan & Siqursson, 1990（图 153）

Thais jubilaea Tan & Siqursson, 1990: 206, pls. 191, A, D, G, H, figs. 1-2; Tan, 2000: 499; Zhang & Zhang, 2005: 76, pl. 1, fig. 7.

模式标本产地 新加坡。

标本采集地 广西（涠洲岛）。我们仅采到 1 个老壳标本。

观察标本 1 个标本，MBM258426，广西涠洲岛，1978.IV.29，马绣同采。

形态描述 贝壳修长，呈纺锤形；壳质厚而结实。螺层约 6 层，胚壳磨损。缝合线浅而清晰，并具有明显的褶皱。螺旋部较高，收缩，体螺层突然增宽增大。各螺层上部突出形成肩部，呈阶梯状。壳面雕刻有粗细相间的螺肋，在每一螺层上有 2 条，体螺层上有 4-5 条发达的螺肋，通常上部的 2 条具结节突起，纵肋较低弱。壳面为白色，具深紫褐色或红褐色斑块或纵行波状花纹，通常是白褐相间排列。壳口大，呈长卵圆形，内白色或肉色；外唇内缘有锯齿状小缺刻；内唇较直，光滑。前水管沟短；后水管沟小。具假脐。厣未见。

标本测量（mm）

壳长　48.0

壳宽　29.5

生物学特性 暖海产；栖息于潮间带至浅海岩礁间或石块下。

地理分布 在我国见于南海（中国近海），我们的 1 个标本采自广西的涠洲岛；据

Tan 和 Sigurdsson（1990）报道，新加坡，马来西亚等地也有分布。

图 153　鬃荔枝螺 *Thais (Reishia) jubilaea* Tan & Siqursson

(140) 瘤荔枝螺 *Thais (Reishia) bronni* (Dunker, 1860)（图 154）

Purpura bronni Dunker, 1860: 235; 1861: 5, pl. 1, fig. 23; Lischke, 1869: 53, pl. 5, fig. 17.

Reishia bronni (Dunker): Kourda *et al*., 1971: 146, 224, pl. 42, fig. 6.

Thais bronni (Dunker): Kuroda, 1941: 112; Kira, 1962: 62, pl. 24, fig. 6; Habe & Kosuge, 1967: 71, pl. 28, fig. 7; Qi *et al*., 1983, 2: 77; Lai, 1987: 33, fig. 46; Zhang & Zhang, 2005: 75, pl. 1, fig. 2; Jung *et al*., 2010: 126, figs. 138a-b.

别名　瘤岩螺。

模式标本产地　日本长崎。

标本采集地　浙江（嵊泗、大陈、青滨、舟山、象山、平阳、南麂岛），福建（平潭、泉州、崇武、三砂、东山），广东（硇洲岛），广西（北海、涠洲岛）。

观察标本　2 个标本，MBM258661，浙江象山，19543.Ⅳ.25，马绣同采；4 个标本，MBM258674，浙江青滨，1960.Ⅵ.15，董正之采；2 个标本，MBM258681，浙江大陈，1963.Ⅴ.采；3 个标本，MBM258672，浙江嵊泗，1975.Ⅵ.28，吕端华等采；1 个标本，MBM258677，福建崇武，1963.Ⅳ.23，张福绥采；4 个标本，MBM258673，福建平潭，1975.Ⅴ.13，马绣同采；1 个标本，MBM258687，广西北海，1954.Ⅻ.20 采。

形态描述　贝壳较大，纺锤形或近拳头形；壳质坚实。螺层约 6 层，缝合线浅。螺旋部稍高，体螺层突然增宽增大。各螺层中部突出，形成肩部，通常在每一螺层上有 2 列瘤状突起，位于肩角上的 1 列较大，近缝合线上方的 1 列较小；体螺层上有 4 列瘤状突起，以上方的 2 列突起最强大，向下 2 列逐渐变小，瘤状突起在不同的个体中常有变化，有的单个分离成球状，有的连绵成块状。整个壳面生有细密的螺旋纹和明显的纵行生长纹，二者交织成布纹状。壳面为土黄色或带黑灰色，无褐色斑块。壳口卵圆形，内黄色或肉红色，外唇边缘随壳面雕刻形成缺刻，内唇较直，光滑。前水管沟宽短。厣角质，褐色。

标本测量（mm）

壳长　57.2　51.0　49.0　42.3　33.8
壳宽　40.0　39.5　37.6　31.0　25.8

讨论　本种与黄口荔枝螺的主要区别是，其壳形较宽短，表面具发达的瘤状突起，贝壳颜色为土黄色，通常无褐色斑或斑块较少；而黄口荔枝螺，壳形多修长，在馆藏的标本中，黄口荔枝螺有的个体突起也较发达，但表面通常都具有纵行的深褐色斑块。

生物学特性　生活在潮间带中、低潮区附近的岩石缝隙内及石块下面。

地理分布　在我国见于东南部沿岸，以浙江沿岸最为常见，自然产量较高；日本种子岛以南，朝鲜半岛和澳大利亚等地也有分布。

经济意义　肉可食用。此种在浙江一带水产品市场销售量较大，是沿岸居民餐桌上的美味佳肴。

图 154　瘤荔枝螺 *Thais* (*Reishia*) *bronni* (Dunker)

(141) 武装荔枝螺 *Thais* (*Reishia*) *armigera* (Link, 1807)（图 155）

Mancinella armigera Link, 1807: 115.

Purpura armigera (Link): Reeve, 1846: pl. 6, fig. 27.

Purpur affinis Reeve, 1846: pl. 13, fig. 77.

Thais armigera (Link): Kuroda, 1941: 111; Cernohorsky, 1969: 295, pl. 47, fig. 2; Qi *et al.*, 1983, 2: 80; Lai, 1998: 70, fig. 176; Rao, 2003: 242, pl. 58, fig. 1; Zhang & Zhang, 2005: 77, pl. 2, fig. 6; Jung *et al.*, 2010: 124, fig. 132.

Mancinella armigera (Link): Habe & Kosuge, 1967: 72, pl. 28, fig. 21.

Thais (*Thais*) *armigera* (Link): Springsteen & Leobrera, 1986: 145, pl. 40, fig. 4.

Thais (*Mancinella*) *armigera* (Link): Wilson, 1994: 48, pl. 4, fig. 18.

Thais (*Stramonita*) *armigera* (Link): Tsuchiya in Okutani, 2000: 397, pl. 197, fig. 171.

Reishia armigera (Link): Houart in Poppe, 2008: 216, pl. 403, figs. 9-10.

别名　大岩螺。

英文名　Belligerent rock shell。

模式标本产地　不详。

标本采集地　海南（三亚、西沙群岛）。

观察标本　1 个标本，MBM258441，海南三亚，1957.Ⅵ.12，马绣同采；1 个标本，MBM258439，西沙武德岛，1957.Ⅺ.28，王存信采；2 个标本，MBM258461，西沙晋卿岛，1975.Ⅴ.23，马绣同采。

形态描述　贝壳呈纺锤形；个体大，馆藏标本中大的个体壳长 84.3mm。壳质厚重。螺层约 6 层，缝合线浅，不明显。螺旋部稍高，呈圆锥形，体螺层宽大。螺旋部近壳顶几层常被腐蚀或覆盖 1 层厚的石灰质。在体螺层上有 4 列，次体螺层中部有 1 列发达的角状结节。体螺层的上部扩张，形成 1 个宽的阶梯状肩部，其上部的 1 列角状结节最为强大。整个贝壳表面雕刻有细密的螺肋。壳面为土黄色，角状结节呈白色或土黄色，在结节之间具有黄褐色或褐色螺带，通常结节和壳顶部颜色淡。壳口近梨形，内肉色或淡黄色，边缘杂有褐色。外唇厚，内有明显的放射状细螺纹和齿状肋，外缘随着表面雕刻而形成相应的齿状突起或缺刻；内唇较直，平滑。前水管沟短。贝壳的基部有明显的假脐。厣角质，褐色，核位于中央的外侧。

标本测量（mm）

壳长	84.3	83.8	78.0	77.0	62.0
壳宽	62.2	61.0	56.0	55.5	46.5

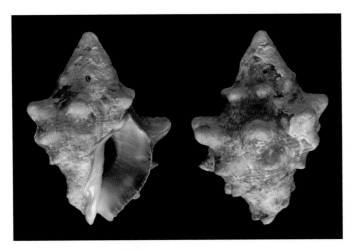

图 155　武装荔枝螺 *Thais* (*Reishia*) *armigera* (Link)

生物学特性 暖海产；生活在低潮线附近的珊瑚礁间和岩礁上。

地理分布 在我国见于台湾、海南岛和西沙群岛；日本，越南，菲律宾，印度尼西亚，巴布亚新几内亚，斐济群岛，澳大利亚和印度等地也有分布。

经济意义 贝可食用，贝壳可供观赏。

10) 宽荔枝螺亚属 *Mancinella* Link, 1807

Mancinella Link, 1807: 115.

Type species: *Mancinella aculeata* Link, 1807=*Murex mancinella* Linnaeus, 1758.

特征 贝壳多呈卵圆形或亚球形；壳质结实。螺旋部低小，体螺层大而膨圆。表面常有结节、短刺或疱疹状突起。壳口大。

本亚属在中国沿海已知有 3 种。

种 检 索 表

1. 壳口内呈白色，表面具短刺或角状突起·······················刺荔枝螺 *T. (M.) echinata*
   壳口内呈金黄色或淡黄色，表面具瘤状或疱疹状突起·······················2
2. 壳口内具放射状红螺纹······························· 红豆荔枝螺 *T. (M.) mancinella*
   壳口内无放射状红螺纹······························· 黄唇荔枝螺 *T. (M.) echinulata*

(142) 红豆荔枝螺 *Thais (Mancinella) mancinella* (Linnaeus, 1758)（图 156）

Murex mancinella Linnaeus, 1758: 751.

Volema alouina Röding, 1798: 58.

Volema glacialis Röding, 1798: 58.

Purpura gemmulata Lamarck, 1816: pl. 397, figs. 3a-b.

Mancinella aculeata Link, 1807: 115.

Purpura mancinella (Linnaeus): Reeve, 1846: pl. 1, fig. 2.

Thais mancinella (Linnaeus): Abbott & Dance, 1983: 148.

Mancinella alouina (Röding): Habe, 1961: 51, pl. 26, fig. 12; Habe & Kosuge, 1967: 71, pl. 28, fig. 11.

Mancinella mancinella (Linnaeus): Cernohorsky, 1969: 296, pl. 47, fig. 4; text-fig. 1; Jung *et al.*, 2010: 122, fig. 124.

Thais alouina (Röding): Kuroda, 1941: 112; Qi *et al.*, 1983, 2: 78; Houart in Poppe, 2008: 216, pl. 403, fig. 8.

Thais (Mancinella) mancinella (Linnaeus): Springsteen & Leobrera, 1986: 148, pl. 40, fig. 17; Zhang & Zhang, 2005: 80, pl. 2, fig. 1.

Thais (Mancinella) alouina (Röding): Wilson, 1994: 48, pl. 4, fig. 9.

别名 金丝岩螺。

英文名 Mancinella rock shell。

模式标本产地　不详。

标本采集地　广东（深圳宝安），广西（涠洲岛），海南（三亚、新村、新盈港）。

观察标本　1 个标本，MBM258205，广西涠洲岛，1978.Ⅳ.29，马绣同采；2 个标本，MBM258640，海南三亚，静生生物调查所采；1 个标本，海南三亚，MBM258655，1958.Ⅳ.06 采；2 个标本，MBM113448，海南新村，1958.Ⅳ.19 采；1 个标本，MBM113447，1990.Ⅺ.20，马绣同、李孝绪采。

形态描述　贝壳呈卵球形；壳质结实。螺层约 6 层，壳顶部小而尖，并常被腐蚀。缝合线浅，尚清晰。螺旋部较低，体螺层大而膨圆。壳面呈黄白色或淡黄色，雕刻有细密的螺肋，在每一螺层上有 1-2 列，体螺层上有 4-5 列紫红色的疱状突起，以上方 2 列突起较大。壳口较大，呈卵圆形，内橘红色或橘黄色，雕刻有精致的放射状红色细螺纹，甚漂亮。外唇边缘随着壳面的疱状突起而形成缺刻；内唇光滑，滑层较厚。前水管沟短，呈深沟状；后水管沟小，为 1 浅而细的沟纹。绷带发达，呈红紫色。厣角质，褐色，核位于外侧近中部。

标本测量（mm）

  壳长 51.5 48.2 43.4 43.0 36.4

  壳宽 38.5 33.8 32.5 31.2 29.5

生物学特性　暖水产；生活在中、低潮线附近的珊瑚礁或岩礁间。

地理分布　广泛分布于印度-西太平洋海域，在我国见于台湾及广东以南沿岸；日本，菲律宾，斐济群岛，澳大利亚和印度洋等地均有分布。

经济意义　肉可食用，贝壳可供观赏。

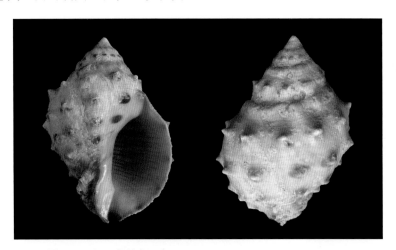

图 156　红豆荔枝螺 Thais (*Mancinella*) *mancinella* (Linnaeus)

(143) 黄唇荔枝螺 Thais (*Mancinella*) *echinulata* (Lamarck, 1822)（图 157）

Purpura echinulata Lamarck, 1822: 247; Reeve, 1846: pl. 1, fig. 1.

Mancinella echinulata (Lamarck): Habe, 1961: 52, pl. 26, fig. 16; Habe & Kosuge, 1967: 70, pl. 27, fig. 23; Tsuchiya in Okutani, 2000: 395, pl. 196, fig. 164; Jung *et al.*, 2010: 123, fig. 125.

Thais (*Mancinella*) *echinulata* (Lamarck): Zhang & Zhang, 2005: 80, pl. 2, fig. 2.

Thais echinulata (Lamarck): Lai, 1987: 33, fig. 38; Houart in Poppe, 2008: 218, pl. 404, figs. 6a-b, 7.

别名　金唇岩螺。

英文名　Lamarck's spiny rock shell。

模式标本产地　菲律宾。

标本采集地　海南（陵水新村、三亚、海棠头）。

观察标本　12 个标本，MBM113444，三亚大洲，1957.Ⅵ.12，马绣同采；1 个标本，MBM258649，三亚大洲，1967.Ⅵ.12，马绣同采；1 个标本，MBM113458，三亚鹿回头，1981.Ⅸ.28 采；1 个标本，MBM258639，海南海棠头，1958.Ⅳ.21 采。

形态描述　贝壳近卵球形；壳质坚实。螺层约 6 层。缝合线浅，不太明显。螺旋部低小，体螺层大而膨圆。表面雕刻有细密的螺肋和明显的生长纹，有些个体外部常覆盖一层石灰藻而看不清表面雕刻，体螺层上具有 4-5 列小瘤状突起，这种突起在螺旋部较弱或不明显，通常在 2 列突起之间还有 1 条由念珠状小颗粒组成的螺肋。壳面呈淡黄色或黄白色。壳口大，周缘为金黄色，内黄白色，具稀疏的白色放射状螺肋。外唇弧形，边缘随表面雕刻而形成突起和小缺刻；内唇平滑，轴唇滑层较厚。前水管沟小而深；后水管沟浅。具角质厣，红褐色。

标本测量（mm）

　　　壳长　39.5　38.9　38.5　35.2　31.5

　　　壳宽　29.8　27.5　27.0　24.5　23.0

讨论　本种外形与红豆荔枝螺 *T.* (*M.*) *mancinella* 近似，但明显不同的是本种表面无紫红色疱状突起，壳口周缘为金黄色，内为黄白色，无红色细螺纹。

图 157　黄唇荔枝螺 *Thais* (*Mancinella*) *echinulata* (Lamarck)

生物学特性　暖水种；生活在潮间带至浅海岩礁或珊瑚礁间。

地理分布　分布于印度-西太平洋海域，在我国见于台湾和海南；越南，菲律宾，印度尼西亚等东南亚地区，日本，以及东非沿岸等地也有分布。

经济意义　肉可食用，贝壳可供观赏。

(144) 刺荔枝螺 *Thais* (*Mancinella*) *echinata* (Blainville, 1832)（图 158）

Purpura echinata Blainville, 1832: 222, pl. 11, fig. 2; Reeve, 1846: pl. 7, fig. 33.

Thais (*Mancinella*) *echinata* (Blainville): Springsteen & Leobrera, 1986: 144, pl. 39, fig. 18; Wilson, 1993: 48, pl. 4, fig. 17; Zhang & Zhang, 2005: 81, pl. 2, fig. 3.

Mancinella echinata (Blainville): Habe & Kosuge, 1967: 71, pl. 28, fig. 13; Tsuchiya in Okutani, 2000: 397, pl. 197, fig. 167; Jung *et al.*, 2010: 123, figs. 127a-b.

Thais echinata (Blainville): Kuroda, 1941: 112; Lai, 1987: 33, fig. 48; Abbott & Dance, 1983: 148; Houart in Poppe, 2008: 218, pl. 404, figs. 5a-b.

别名　棘岩螺。

英文名　Prickly rock shell。

模式标本产地　不详。

标本采集地　广东（深圳宝安），广西（涠洲岛），海南（新盈、陵水新村）。

观察标本　1 个标本，MBM258649，深圳宝安，1981.1.09，马绣同采；4 个标本，MBM113466，广西涠洲岛，1954.XII.23 采；6 个标本，MBM113449，海南新盈，1957.VII.26 采；2 个标本，MBM258637，陵水新村，1955.V.26 采。

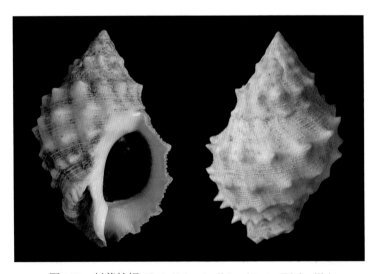

图 158　刺荔枝螺 *Thais* (*Mancinella*) *echinata* (Blainville)

形态描述　贝壳呈长卵圆形；壳质坚实。螺层约 6 层，壳顶小而尖。缝合线浅细，明显。螺旋部稍高起，呈低圆锥状，体螺层大而圆。各螺层中部突出，形成弱的肩部，整个壳面雕刻有细密而明显的螺肋，肋上具有密集的小鳞片，生长纹细。在螺旋部的螺层中下方有 1-2 列环行角刺状突起，这种突起在体螺层上通常有 4 列，以上方的 2 列较发达，向下逐渐变弱。壳面土黄色或白色。壳口卵圆形，内白色，常有放射状细螺纹。

外唇薄，边缘随着壳面螺肋和角刺状而形成缺刻或突起；内唇光滑。前水管沟宽短，呈缺刻状；后水管沟细小。绷带发达，有假脐。具角质厣，栗色或深褐色，核位于外侧边缘。

标本测量（mm）

壳长　53.5　51.5　44.2　44.0　38.2
壳宽　38.5　31.7　29.0　28.8　23.6

生物学特性　暖海产；栖息于潮间带中、下区的岩礁间或珊瑚礁间。

地理分布　分布于西太平洋海域，在我国见于台湾、广东、广西和海南等地；日本，菲律宾，新加坡和澳大利亚等地也有分布。

经济意义　肉可食用。

11) 新荔枝螺亚属 *Neothais* Iredale, 1912

Neothais Iredale, 1912: 223.
Type species: *Purpura smithi* Brazier, 1889.

特征　贝壳小，呈卵圆形或近菱形；表面雕刻有纵、横螺肋，二者交织成网目状或形成方格状结节。壳口卵圆形或稍狭窄，前水管沟宽短。角厣质，栗色。

本亚属在中国沿海仅发现 1 种。

(145) 暗唇荔枝螺 *Thais* (*Neothais*) *marginatra* (Blainville, 1832)（图 159）

Purpura marginatra Blainville, 1832, 1: 218, pl. 10, fig. 1.
Purpura cancellata Kiener, 1836: 25-26, pl. 7, fig. 16.
Drupa marginatra (Blainville): Kuroda & Habe, 1952: 54; Zhang, 1976: 346, pl. 1, fig. 5.
Drupa (*Morula*) *marginatra* (Blainville): Kuroda, 1941: 110.
Morula marginatra (Blainville): Rao, 2003: 240, pl. 57, fig. 8.
Thais marginatra (Blainville): Tsuchiya in Okutani, 2000: 397, pl. 197, fig. 179; Zhang & Zhang, 2005: 80, pl. 2, fig. 10.
Semiricinula marginatra (Blainville): Houart in Poppe, 2008: 214, pl. 402, fig. 9.

别名　暗唇核果螺、白环岩螺。
模式标本产地　瓦努阿图（新赫布里底群岛 New Hebrides）。
标本采集地　海南（三亚、西沙群岛）。
观察标本　30 个标本，标-81-14，2754，三亚东瑁洲，1981.IV.20 采（保存于中国科学院南海海洋研究所标本馆，广州）；1 个标本，MBM258406，西沙群岛中岛，1957.IV.28 采（保存于中国科学院海洋生物标本馆，青岛）。
形态描述　贝壳近菱形；壳质结实。螺层约 7 层，胚壳 2 层，光滑无肋。缝合线浅，不太明显。螺旋部较高，体螺层宽大，肩部明显。表面雕刻有细螺肋，在每一螺层上有 1 条，体螺层上有 5-6 条凸出的粗螺肋；纵肋明显，体螺层上约 9 条，粗螺肋与纵肋二者交错处形成方格状，凸出部分形成结节，肋间形成较深的方形凹陷。壳面呈灰褐色或深褐色，在每一螺层的缝合线上方有 1 条，体螺层上有 4-5 条环行白色小结节突起，另有 1 条粗肋呈咖啡色。壳口半月形，内青灰色，外唇较厚，内缘呈褐色或黑褐色，有 4 枚肋状齿，由齿向内形成色带；内唇平滑，轴唇中部具 1 个明显的褶襞。前水管沟短，缺刻状。

标本测量（mm）

　　壳长　25.5　21.3　21.2　21.0　20.2

　　壳宽　15.0　15.2　15.0　17.0　15.5

讨论　有关本种的分类地位一直有争议，并经常变动。Rao Subga（2003）把它放入了结螺属 *Morula* 内；张福绥（1976）曾把本种列入核果螺属 *Drupa*；Tsuchiya（2000）和 Tan（2000）认为应归属于荔枝螺属 *Thais*。近年来也有学者如 Houart（2008）把它归入 *Semiriciunla* 内。Claremont 等（2013a）对红螺亚科进行了分子系统发育学研究，结果把本种归属于新荔枝螺亚属 *Neothais*。

生物学特性　生活于低潮线附近的岩礁或珊瑚礁质海底。少见种。

地理分布　分布于热带西太平洋海域，在我国见于台湾的东南部、海南岛南部和西沙群岛；日本（四国以南），菲律宾，印度尼西亚，夏威夷，波利尼西亚，莫桑比克和南非沿岸也有分布。

图 159　暗唇荔枝螺 *Thais* (*Neothais*) *marginatra* (Blainville)

12) 棘荔枝螺亚属 *Semiricinula* Martens, 1904

Semiricinula Martens, 1904: 95.

Type species: *Purpura muricina* Blainville, 1832.

特征　与其他亚属的贝壳相比，本亚属个体小，多数个体壳长不超过 30.0mm；螺肋上有鳞片，纵肋与粗肋交叉处常形成结节突起和短棘，表面有白斑或纵行条斑。壳口内染色，外唇内缘具齿列，轴唇上有褶襞。

本亚属在中国沿海发现 3 种。

种 检 索 表

1. 表面鳞片和棘刺发达⋯⋯⋯⋯⋯⋯⋯⋯⋯⋯⋯⋯⋯⋯⋯⋯⋯⋯⋯⋯⋯ **鳞片荔枝螺 *T. (S.) turbinoides***

   表面鳞片和棘刺弱⋯⋯⋯⋯⋯⋯⋯⋯⋯⋯⋯⋯⋯⋯⋯⋯⋯⋯⋯⋯⋯⋯⋯⋯⋯⋯⋯⋯⋯⋯⋯⋯ 2

2. 贝壳修长，呈纺锤形⋯⋯⋯⋯⋯⋯⋯⋯⋯⋯⋯⋯⋯⋯⋯⋯⋯⋯⋯ **尖荔枝螺 *T. (S.) muricoides***

   贝壳宽短，近卵圆形⋯⋯⋯⋯⋯⋯⋯⋯⋯⋯⋯⋯⋯⋯⋯⋯⋯⋯⋯ **鳞甲荔枝螺 *T. (S.) squamosa***

(146) 鳞片荔枝螺 *Thais (Semiricinula) turbinoides* (Blainville, 1832)（图 160）

Purpura turbinoides Blainville, 1832: 217.

Purpura squamigera Deshayes, 1832, 6: 426.

Thais (Thaisiella) squamigera (Deshayes): Tsuchiya in Okutani, 2000: 399, pl. 198, fig. 180.

Thais squamigera (Deshayes): Zhang & Zhang, 2005: 78, pl. 1, fig. 10; Jung *et al*., 2010: 125, fig. 137.

Semiricinula turbinoides (Blainville): Houart in Poppe, 2008: 214, pl. 402, figs. 4-8.

别名 尖棘岩螺。

模式标本产地 所罗门群岛（Solomon Islands）。

标本采集地 海南（三亚小东海）。我们仅采到 1 个标本。

观察标本 1 个标本，MBM258417，三亚小东海，1981.Ⅹ.09 采。

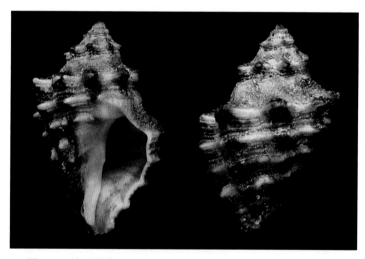

图 160 鳞片荔枝螺 *Thais (Semiricinula) turbinoides* (Blainville)

　　形态描述 贝壳小，壳长通常不超过 30.0mm；壳质稍薄，但结实。螺层约 6 层，缝合线浅，明显。螺旋部低锥形；体螺层宽大，其上具有 7-8 条明显的纵肋和 4 条突出的螺肋，粗肋间还有数条细螺肋，肋上具有排列密集的小鳞片。纵、横螺肋交叉常形成角状突起或短棘，各螺层的中部和体螺层的上部形成肩角，肩角上有角状突起和发达的扁棘。壳面的颜色深浅有变化，为黄褐色或棕色，纵肋凸起处颜色加深，多呈深褐色，凹陷处色淡，常形成白色斑。壳口长卵圆形，内黄褐色。内唇平滑；成熟的个体外唇内缘常有放射状齿列约 5 枚，外缘具棘刺和缺刻（我们的标本外唇破损，齿列缺）。前水管沟短；厣未见。

标本测量（mm）
　　壳长　22.5
　　壳宽　15.5

生物学特性　暖水种；栖息于潮间带下部至浅海的岩礁间。

地理分布　广泛分布于印度-西太平洋海域，在我国见于台湾和海南；日本（四国、九州南部以南），菲律宾，印度尼西亚，波利尼西亚，夏威夷和南非等地也有分布。

(147) 鳞甲荔枝螺 *Thais* (*Semiricinula*) *squamosa* (Pease, 1868)（图 161）

Purpura squamosa Pease, 1868: 271-279.

Thais squamosa (Pease): Tan, 2000: 500; Jung *et al.*, 2010: 125, fig. 134.

Thais (*Semiricinula*) *squamosa* (Pease): Tsuchiya in Okutnai, 2000: 397, pl. 197, fig. 174; Zhang & Zhang, 2005: 82, pl. 2, fig. 8.

Semiricinula squamosa (Pease): Houart in Poppe, 2008: 214, pl. 402, figs. 2-3.

　　别名　拳岩螺。

　　英文名　Brownish Drupe。

模式标本产地　不详。

标本采集地　海南（三亚、角头、西沙群岛）。

观察标本　2 个标本，MBM112983，海南角头，1957.Ⅵ.27，马绣同采；34 个标本，80M-002，西沙永兴岛，1980.Ⅲ.15，马绣同采。

图 161　鳞甲荔枝螺 *Thais* (*Semiricinula*) *squamosa* (Pease)

形态描述　贝壳较小，近卵圆形；壳质厚而结实。螺层约 6 层，壳顶常破损。缝合线较浅，界线不太清晰。螺旋部较低，体螺层大。壳面粗糙，雕刻有粗细不太均匀的螺肋，肋上具覆瓦状排列的小鳞片；纵肋宽而低平，在体螺层具有 4 条由数条细螺肋组成的粗螺肋，并凸出壳面，其上具白褐相间的结节突起。壳面为灰白色，在缝合处具有褐色或黑褐色的螺带，这种螺带在体螺层上通常有 2-3 条。壳口长卵圆形，内肉色或灰褐色，周缘为黄褐色或深褐色。外唇边缘有锯齿状小缺刻，内缘具 4-5 枚发达的肋状齿；内唇近直，较光滑。前水管沟宽短，沟状；后水管沟短小。厣角质，褐色。

标本测量（mm）

　　　壳长　21.0　18.2　17.0　16.3　15.8
　　　壳宽　15.0　12.5　11.0　11.0　10.8

生物学特性　暖水性较强的种类；生活于潮间带至浅海岩礁或珊瑚礁质环境中。

地理分布　在我国见于台湾（东部和绿岛）、海南岛和西沙群岛；日本，越南，菲律宾，波利尼西亚和南非等地也有分布。

(148) 尖荔枝螺 *Thais (Semiricinula) muricoides* (Blainville, 1832)（图 162）

Purpura muricoides Blainville, 1832: 219, pl. 10, fig. 5.

Thais muricoides (Blainville): Tan, 2000: 500.

Thais (Semiricinula) muricoides (Blainville): Zhang & Zhang, 2005: 82, pl. 2, fig. 9.

模式标本产地　安汶。

标本采集地　海南（莺歌海）。

观察标本　9 个标本，55M-678，海南莺歌海，1955.Ⅴ.05，马绣同采；10 个标本，57M-1126，海南莺歌海，1957.Ⅵ.26，马绣同采。

形态描述　贝壳个体较小，馆藏近 20 个标本，最大的个体壳长为 17.5mm，壳形修长，呈纺锤形；壳质较厚。螺层约 7 层，胚壳约 2 层，呈褐色。缝合线浅。螺旋部较高起，体螺层较大，上部形成 1 个明显的斜坡。壳面雕刻有细螺肋，肋上排列有密集的小鳞片，并且在每一螺层上有 1 条，体螺层上有 4 条突出的粗螺肋；纵肋粗而低平，在体螺层有 6-7 条，粗的螺肋和纵肋二者交叉处形成结节突起。壳面呈棕灰色或褐色，结节突起处呈深褐色，活体标本外部有 1 层薄的褐色壳皮，脱落后，有些个体在凹陷处可见白斑。壳口长卵圆形，内灰褐色或灰白色，外唇内缘有 4-5 枚尖齿；内唇略直，光滑，轴唇上具 1-2 个褶襞。前水管沟短，缺刻状；后水管沟小而明显。厣角质，褐色。

标本测量（mm）

　　　壳长　17.5　17.0　16.5　15.5　15.0
　　　壳宽　10.5　10.3　10.2　9.0　9.0

讨论　馆藏有采自海南岛的近 20 个标本，其贝壳较修长，呈褐色或棕灰色，具有小结节突起。壳口外唇内缘有 4-5 枚尖齿，其形态特征与 Blainville（1832）描述的模式标本近似，但与 Houart（2008）提供的图片有差异。

生物学特性　暖海产；生活于潮间带低潮带至浅海的岩礁间或石块下。

地理分布　在我国见于海南岛；印度尼西亚和新西兰等地也有分布。

图 162　尖荔枝螺 *Thais* (*Semiricinula*) *muricoides* (Blainville)

（六）刍秣螺亚科 Ocenebrinae Cossmann, 1903

Ocenebrinae Cossmann, 1903: 10.

Type genus: *Ocenebra* Gray, 1847.

特征　贝壳中等大，呈纺锤形或菱形；壳质结实。除少数种类外，螺层上通常具有3-7 条棱角状、翼状或近似鱼鳍状的纵肿肋。贝壳颜色主要为褐色、黄褐色或灰白色，有的具棕色斑纹或斑点。胚壳光滑，螺层少，1½-2 层，有的具细肋或棱角。螺旋部具纵、横螺肋，二者交织常形成方格或网目状。壳口近圆形或卵圆形。前水管沟较短或延长，多呈封闭式的管状，弯曲。厣角质，较薄，褐色，核位于外侧偏下方。

本亚科动物多为温带种或冷水种，主要分布于西北太平洋海域。生活于潮间带至浅海十余米或百余米的岩礁、砂砾或泥沙质海底中，少数种类栖水较深。在我国主要见于黄海和渤海海域，个别种类可分布到东海。

本亚科动物在中国沿海已知有 4 属。

属 检 索 表

1. 壳表无翼状纵肿肋 ··· **坚果螺属** *Nucella*
   壳表具翼状纵肿肋 ·· 2
2. 体螺层上具 4-7 条纵肿肋 ··· **刍秣螺属** *Ocenebra*
   体螺层上具 3-5 条纵肿肋 ·· 3
3. 纵肿肋宽或特宽，呈翼状或飞翅状 ······························· **翼紫螺属** *Pteropurpura*
   纵肿肋窄，呈片状 ··· **角口螺属** *Ceratostoma*

37. 刍秣螺属 *Ocenebra* Gray, 1847

Ocenebra Gray, 1847: 133.

Type species: *Murex erinaceus* Linnaeus, 1758.

特征 本属除单翼刍秣螺 *O. fimbriatula* 外，体螺层上通常有 4-7 个或弱或强的薄片状和翼状纵肿肋，表面螺肋雕刻明显。壳口大，卵圆形或近方形，外唇内缘通常有颗粒状小齿。前水管沟细，或短或稍延长。

本属在中国沿海已报道 4 种。

种 检 索 表

1. 仅在外唇边缘有片状翼 ····································· 单翼刍秣螺 *O. fimbriatula*
   外唇边缘和体螺层上有片状翼 ··· 2
2. 壳形瘦，前水管沟延长 ································· 荆刺刍秣螺 *O. acanthophora*
   壳形胖，前水管沟短 ··· 3
3. 表面雕刻有粗细相间的发达螺肋 ···················· 雕刻刍秣螺 *O. lumaria*
   表面雕刻有粗细不均匀的细螺肋 ···················· 内饰刍秣螺 *O. inornata*

(149) 单翼刍秣螺 *Ocenebra fimbriatula* (A. Adams, 1863)（图 163）

Trophon fimbriatula A. Adams, 1863: 375.

Ocenebra fimbriatula (A. Adams): Tsuchiya in Okutani, 2000: 386, pl. 192, fig. 112; Lee, 2001: 51, fig. 32; Zhang, 2009: 15, fig. 1-1; Jung *et al.*, 2010: 113, figs. 85a-b.

别名 单翼芭蕉螺。
模式标本产地 日本。
标本采集地 东海（中部）。
观察标本 3 个标本，N473B-B-131，东海（Ⅴ-7），水深 100m，细砂质底，1975.Ⅹ.10，唐质灿采；1 个标本，V500B，东海（Ⅴ-4），水深 99m，砂质底，1976.Ⅶ.05，徐凤山采；1 个标本，Ky4B-12，东海（ZⅨ-8），水深 220m，1981.Ⅶ.08，徐凤山采。
形态描述 贝壳修长，呈纺锤形；壳质稍薄，但结实。螺层约 6 层，胚壳 1½层，光滑，呈白色或淡紫色。缝合线明显，呈浅沟状。螺旋部较高，体螺层大，基部收缩。壳表雕刻有细密的螺肋，纵肋明显，有的个体纵肋弱，片状翼仅出现在外唇边缘。各螺层的中部突出常形成肩角。壳面为白色或黄白色。壳口卵圆形，周缘竖起。外唇加宽，边缘形成较宽的片状翼；内唇光滑。前水管沟长，呈封闭或半封闭的管状，末端略向背方弯曲。厣角质，红褐色。

标本测量（mm）

壳长 21.5	20.0	20.0	19.2	17.0
壳宽 11.5	10.2	10.0	9.8	9.5

图 163　单翼乌秡螺 *Ocenebra fimbriatula* (A. Adams)

生物学特性　通常栖息于潮下带至浅海水深200m左右的石砾、砂或细砂质海底中。馆藏的标本采自东海中南部水深 99-220m 处。

地理分布　在我国见于台湾和东海（大陆架）；日本（相模湾和九州）等地也有分布。

(150) 内饰乌秡螺 *Ocenebra inornata* (Recluz, 1851)（图 164）

Murex inornatus Recluz, 1851: 207, pl. 6, fig. 8.

Murex japonicus Dunker, 1860: 230; Dunker, 1861, pl. 1, fig. 14.

Pteronotus talienwhanensis Crosse, 1862: 56, pl. 1, fig. 9.

Tritonalia talienwhanensis (Crosse): Yen, 1936, 3(5): 234, pl. 20, figs. 49, 49a-b.

Ocenebra japonica (Dunker): Kira, 1978: 60, pl. 24, fig. 7; Zhao *et al.*, 1982: 53, pl. 6, figs. 1-2; Qi *et al.*, 1983, 2: 75.

Tritonalia inornata (Recluz): Alexeyev, 2003: 152, pl. LXIII, fig. 2.

Ceratostoma inornatum (Recluz): Radwin & D'Attilio, 1976: 113, pl. 18, figs. 10-12; Qi *et al.*, 1989: 58, pl. 8, fig. 2; Tsuchiya in Okutani, 2000: 386, pl. 192, fig. 115.

Ocenebra inornata (Recluz): Houart & Sirenko, 2003: 58, figs. 1, 2A, 3F-G, 5A-D, 6A-G, 7A-E, 8B-D, 9A-J, 10A-J, 11A-C, 12, Table 3; Zhang, 2009: 15, figs. 1-2-1-5; Houart, 2011: 14, figs. 4-12, 20-36, 72-73, Table 1; Zhang *et al.*, 2016: 102, text-fig. 116.

别名　日本乌秡螺。

英文名　Japanese oyster drill，Dwarf triton。

模式标本产地　朝鲜半岛。

标本采集地　辽宁（长兴岛、大连），河北（秦皇岛），山东（长岛、东楮岛、俚岛、烟台）。山东省以北沿海。

观察标本　50 个标本，MBM114296，大连黑石礁，1974.Ⅹ.04，王祯瑞、李凤兰采；8 个标本，长岛，1951.Ⅶ.03 采；25 个标本，MBM114312，东楮岛，1954.Ⅺ.10 采；3

个标本，MBM114307，烟台，1932.Ⅵ.采。中国科学院海洋生物标本馆收藏着大量的本种标本。

形态描述　贝壳的形态变化较大，多呈菱形或纺锤形；壳质厚而结实。螺层约 7 层，胚壳 1½-2 层。缝合线明显，稍凹。螺旋部呈台阶状，体螺层高大。壳面具有排列不均匀的螺肋，通常是粗肋间还有细肋；纵肋强弱不等，有的较窄呈片状，而有的较宽呈翼状，翼状纵肋多出现在体螺层和次体螺层上，在近螺壳顶几层纵肋较细，常与螺肋交织成方格状，纵肿肋的数目在不同个体中也有变化，通常有 4-7 条，多数为 5-6 条。壳面有的较粗糙，并有小鳞片，也有的较平滑，呈灰黄色或黄褐色，有的个体在缝合线上方和体螺层中部有 1 条褐色的螺带。壳口卵圆形，周缘呈领状，内黄褐色或紫褐色，外唇宽厚，边缘具发达的翼或皱褶；内缘常具有颗粒状小齿或平滑；内唇光滑，略直。前水管沟稍短，呈封闭或半封闭的管状。厣角质。

标本测量（mm）

壳长	59.5	51.0	47.2	31.5	29.0
壳宽	39.5	31.5	22.5	22.0	18.8

讨论　本种形态变化多端，有的个体很小，纵肿肋不发达，呈窄片状；有的个体较大，纵肿肋发达，呈翼状；表面雕刻有的螺肋较细，有的螺肋较粗，还有的个体具褐色螺带。据 Houart（2003， 2011） 报道，这些均为个体间的形态变异。

生物学特性　暖温性种类；生活在潮间带低潮区至浅海水深 20m 左右的岩礁间。

地理分布　在我国见于辽宁、河北、山东沿海和台湾的东北部海域，为我国北方沿岸常见种；朝鲜半岛，日本和俄罗斯远东海等地也有分布。据 Houart（2003）报道，美国俄勒冈州，英国，法国和荷兰等国也有记录。

图 164　内饰呙秣螺 *Ocenebra inornata* (Recluz)

(151) 荆刺呙秣螺 *Ocenebra acanthophora* (A. Adams, 1863)（图 165）

Phyllonotus acanthophorus A. Adams, 1863: 372; Sowerby, 1879, fig. 151.

Ocenebra acanthophora (A. Adams): Houart & Sirenko, 2003: 54, figs. 2D-E, 3A-E, 4, Table 2; Zhang, 2009: 16, figs. 1-6; Houart, 2011: 14, figs. 2-3, 37-41, 75, Table 1.

模式标本产地 日本。

标本采集地 黄海（海洋岛附近海域）和东海。

观察标本 1 个标本，H289B-18，黄海（2034），水深 45.8m，泥砂质底，1959.Ⅹ.21 采；2 个标本，Y316B-10，黄海（3086），水深 54m，软泥，1957.Ⅶ.21，胡公一采；1 个标本，V43B-11，Y（6258），水深 58m，软泥，1962.Ⅲ.07，徐凤山采；1 个标本，3400-6B，黄海，水深 66.5m，2009.Ⅴ.29，刘文亮、张均龙采；4 个标本，C13B-10，东海（4007），水深 37m，1959.Ⅳ.6，朱瑾钊采；1 个标本，V553B-33，东海（Ⅲ-8），水深 114m，细沙，1976.9.20，唐质灿采。

形态描述 贝壳较修长，近纺锤形；壳质稍薄但结实。螺层约 7 层，壳顶小而尖，1½-2 层。缝合线细而清晰。螺旋部较高，呈阶梯状，体螺层高大，基部明显收缩。贝壳表面雕刻有明显的细螺肋；体螺层上有 5-7 条纵肿肋，各螺层中部扩张形成 1 个平而宽的肩部，俯视观螺层是圆形的，在体螺层和次体螺层的肩角上生有扁棘和小刺，纵肋的强弱在不同个体中有变化，有的较强呈翼状，有的较弱，尤其是在体螺层的基部纵肋常变弱或消失。壳面黄白色或黄褐色。壳口卵圆形，外唇缘上具小缺刻，内缘常具小颗粒状的齿，边缘具发达的翼状棘；内唇平滑。前水管沟长，近直，为封闭的管状。厣角质，红褐色。

标本测量（mm）

壳长　35.5　35.0　33.0　31.2　29.0

壳宽　20.0　19.5　19.3　19.5　16.0

生物学特性 本种通常栖息于浅海细砂、石砾、软泥或泥砂质海底；我们的标本主要采自黄海和东海浅海水域。

地理分布 在我国见于黄海和东海，据 Houart（2003）报道，东海和台湾东北、西部海域也有分布；日本也有报道。

图 165 荆刺乌矨螺 *Ocenebra acanthophora* (A. Adams)

(152) 雕刻刍秣螺 *Ocenebra lumaria* Yokoyama, 1926（图 166）

Ocenebra lumaria Yokoyama, 1926: 270, pl. 32, fig. 21; Habe & Ito, 1975: 38, pl. 11, fig. 2; Houart &
Sirenko, 2003: 66, figs. 8A, E-F, 11E-I, 13A-C, 14; Zhang, 2009: 16, figs. 1-9; Houart, 2011: 14, figs.
16-17, 42-46, 74, Table 1.

模式标本产地　日本。

标本采集地　东海。

观察标本　1 个标本，东海，水深 130m，砂泥质底，2006.Ⅳ，尉鹏采。

形态描述　贝壳近纺锤形；壳质坚实。螺层约 7 层，胚壳小而尖，约 1½ 层，光滑；
螺旋部较小，体螺层宽度增长迅速。各螺层中部突出，形成肩部，使得各螺层呈阶梯状。
壳表雕刻有明显的纵、横螺肋，在近壳顶几层交织成格目状。体螺层上雕刻有粗细相间
的螺肋，在粗肋之间通常还有 2-3 个细肋，肋上具有密集的小鳞片。体螺层和次体螺层
上有 4-6 个纵行片状翼，在肩角上形成棘刺，并向上伸展，幼体翼较小。馆藏的 1 个标
本体螺层上有 4 个较发达的翼。壳面为淡黄色或黄褐色。壳口近圆形或卵圆形，周缘常
呈领状，内白色。外唇缘上有小缺刻，边缘宽，呈翼翅状；内唇平滑。前水管沟封闭，
呈管状，向背方弯曲。有绷带。厣角质，红褐色，核位于外缘下侧。

标本测量（mm）

　　壳长　37.0

　　壳宽　25.5

生物学特性　暖温性种类；通常生活在潮间带至浅海的岩礁或泥砂质海底中。我们
曾在东海水深 130m 处采到 1 个生活标本。

地理分布　在我国见于东海；日本和俄罗斯等地也有分布。

图 166　雕刻刍秣螺 *Ocenebra lumaria* Yokoyama

38. 翼紫螺属 *Pteropurpura* Jousseaume, 1880

Pteropurpura Jousseaume, 1880, 2(42): 335.

Type species: *Murex macropterus* Deshayes, 1839.

特征　贝壳中等大；壳质稍薄，但结实。壳面通常较平滑，有弱的细螺肋，贝壳上通常具有 3-5 个片状翼，有的很宽，呈翅状。壳口较小，近圆形，前水管沟延长。

目前，本属在中国沿海有 2 亚属。

亚属检索表

体螺层上有 3 个片状翼·······································翼紫螺亚属 *Pteropurpura*

体螺层有 4 个（少数 3 个或 5 个）宽而发达的翅状翼························翼宽螺亚属 *Ocinebrellus*

13) 翼紫螺亚属 *Pteropurpura* Jousseaume, 1880

Pteropurpura Jousseaume, 1880, 2(42): 335.

Type species: *Murex macropterus* Deshayes, 1839.

特征　贝壳中等大；壳质稍薄，但结实。壳面通常较平滑，有弱的细螺肋，贝壳上具有 3 个片状翼。壳面呈褐色或红褐色，具螺带或色斑。壳口较小，近圆形，前水管沟延长。

目前，本亚属在中国沿海发现 2 种。

种 检 索 表

表面平滑，螺肋细··三角翼紫螺 *P. (P.) plorator*

表面粗糙，螺肋粗··斯氏翼紫螺 *P. (P.) stimpsoni*

(153) 三角翼紫螺 *Pteropurpura (Pteropurpura) plorator* (Adams & Reeve, 1845)（图 167）

Murex plorator Adams & Reeve, 1845: pl. 1, fig. 191.

Murex brachypteron A. Adams, 1863: 371.

Pteropurpura plorator (Adams & Reeve): Habe & Kosuge, 1976: 72, pl. 28, fig. 17; Kourda *et al*., 1971: 148, pl. 41, fig. 3; Radwin & D'Attilio, 1976: 132, pl. 22, fig. 8; Abbott & Dance, 1983: 142; Lai, 1996: 91, figs. 238A-B; Lai, 2005: 196; Zhang, 2009: 18, pl. 1, fig. 10; Jung *et al*., 2010: 114, fig. 91; Zhang *et al*., 2016: 104, text-fig. 118.

Pteropurpura (Pteropurpura) plorator (Adams & Reeve): Tsuchiya in Okutani, 2000: 387, pl. 192, fig. 118; Houart, 2011: 16, figs. 14-15, 49-57, 78-79, Table 1.

别名　三翼芭蕉螺、三角芭蕉螺。

英文名　Weeping Murex。

模式标本产地 朝鲜半岛南部。

标本采集地 黄海（北部），东海（大陆架、浙江外海）。

观察标本 2 个标本，64-26，黄海（1095），水深 55m，石砾和贝壳质底，1958.X.23，唐质灿采；1 个标本，V497B-26，东海（IV-7），水深 130m，细砂，1976.VII.04，唐质灿、徐凤山采；1 个标本，KY4B-72，东海，水深 220m，1981.VII.06，徐凤山采；4 个标本，东海（浙江外海），2009.V，水深 200m，砂质底，尉鹏提供。

形态描述 贝壳中等大，略呈菱形或三角形；壳质薄，结实。螺层约 7 层，胚壳 1½ 层，光滑无肋，多呈褐色或紫红色。缝合浅细而较深。螺旋部稍低，体螺层宽大，近壳顶几层具有明显而细的纵、横螺肋，其余螺层上有 3 条薄片状或翼状纵肿肋，以体螺层上的较为宽大，片状翼把螺层分为 3 个对等的平面，螺层较膨圆。壳面通常平滑，螺肋弱，有的个体仅在贝壳的基部有稍粗的螺肋。壳面颜色和花纹等有变化，多为黄褐色或紫褐色等，具褐色斑带或小斑点等。壳口小，近圆形，周缘竖起。外唇边缘具 1 宽的片状翼，其上常有褶皱；内唇光滑。具假脐，前水管沟长，呈封闭式的管状，微向背方和外唇方向弯曲。角质厣，褐色或红褐色。

标本测量（mm）

| 壳长 | 56.5 | 48.0 | 41.3 | 38.0 | 36.5 |
| 壳宽 | 36.0 | 35.5 | 29.5 | 23.8 | 21.5 |

生物学特性 生活于潮下带至浅海水深 50-220m 的砂、砂砾或碎贝壳质海底中。

地理分布 本种在东海较常见，黄渤海也有分布，但数量较少；日本（房总半岛以南到九州），朝鲜半岛等地也有分布。

经济意义 肉可食用；贝壳造型美观，可供观赏和收藏。

图 167 三角翼紫螺 *Pteropurpura* (*Pteropurpura*) *plorator* (Adams & Reeve)

(154) 斯氏翼紫螺 *Pteropurpura* (*Pteropurpura*) *stimpsoni* (A. Adams, 1863) （图 168）

Murex stimpsoni A. Adams, 1863: 371; Sowerby, 1879: 14, pl. 400, fig. 196.

Pteropurpura stimpsoni (A. Adams): Kourda *et al.*, 1971: 148, pl. 41, figs. 5-6; Kira, 1978: 61, pl. 24, fig. 11; Lee, 2002: 35, 45, fig. 58; Zhang, 2009: 18, pl. 1, fig. 7; Jung *et al.*, 2010: 114, fig. 89.

Pteropurpura (*Pteropurpura*) *stimpsoni* (A. Adams): Tsuchiya in Okutani, 2000: 389, pl. 193, fig. 120;
　　Houart, 2011: 18, fig. 84.

别名　小三翼芭蕉螺、小三角芭蕉螺。

模式标本产地　日本（东京湾）。

标本采集地　东海大陆架。

观察标本　1 个标本，V473B-13，东海（27°30′N，126°E），水深 100m，细砂，1975.
X.10，唐质灿、徐凤山采。

形态描述　贝壳近似于三角翼紫螺，但壳面较粗糙；壳质坚固。螺层约 7 层，胚壳
呈红褐色，约 1½ 层，光滑。缝合线凹。螺旋部稍高起，体螺层宽大。各螺层中部形成明
显的肩角，除体螺层外，螺旋部各螺层上具有明显而突出的纵肋和细螺肋，而在体螺层
上具有粗细不均的螺肋和 3 条翼状纵肿肋，螺肋上有小鳞片或皱褶。壳面黄褐色，有的
个体在体螺层上具褐色螺带或斑块，有的在前水管沟处有红褐色斑块。壳口近圆形，周
缘竖起，呈领状，内唇光滑；外唇边缘有翼状棘，其上有鳞片，边缘具分枝。前水管沟
稍长，呈封闭的管状。角质厣，褐色。

标本测量（mm）

　　壳长　25.0

　　壳宽　15.5

生物学特性　据 Kuroda 等（1971）报道，本种通常生活在水深 30-200m 的浅海砂
砾质海底中；馆藏的 1 个标本采自水深 100m 的细砂质海底。

地理分布　在我国见于东海（中国近海）和台湾北部及东北海域（龟山岛）；日本（房
总半岛和九州）也有分布。

经济意义　肉可食用，贝壳可供观赏。

图 168　斯氏翼紫螺 *Pteropurpura* (*Pteropurpura*) *stimpsoni* (A. Adams)

14) 翼宽螺亚属 *Ocinebrellus* Jousseaume, 1880

Ocinebrellus Jousseaume, 1880, 2(42): 335.

Type species: *Murex eurypteron* Reeve, 1845 (=*Murex falcatus* Sowerby, 1834).

特征　贝壳中等大，壳质稍薄而结实。成体表面雕刻弱，体螺层上通常具有 4 个（少数为 3 个或 5 个）宽而发达的翼，呈翅状。壳口小，近圆形，外唇内缘无齿。前水管沟较长。

本亚属在中国沿海发现 1 种。

(155) 钩翼紫螺 *Pteropurpura (Ocinebrellus) falcatus* (Sowerby, 1834)（图 169）

Murex falcatus Sowerby, 1834: pl. 62, fig. 31; Reeve, 1845, pl. 16, figs. 61a-b.

Murex aduncus Sowerby, 1834: pl. 62, fig. 35.

Murex eurypteron Reeve, 1845: pl. 34, fig. 176.

Ocenebra eurypteron (Reeve): Kira, 1987: 61, pl. 24, fig. 16.

Ocinebrellus falcatus aduncus (Sowerby): Yen, 1936, 3(5): 235, pl. 20, fig. 50.

Pteropurpura (Ocinebrellus) falcata (Sowerby): Tsuchiya in Okutani, 2000: 389, pl. 193, fig. 123.

Pteropurpura aduncas (Sowerby): Abbott & Dance, 1983: 142.

Ocinebrellus falcatus (Sowerby): Houart & Sirenko, 2003: 68, figs. 2B-C, 15A-E, 16, Table 5; Zhang, 2009: 17, pl. 1, fig. 9; Jung *et al.*, 2010: 114; Zhang *et al.*, 2016: 105, text-fig. 119.

Pteropurpura (Ocinebrellus) falcatus (Sowerby): Houart, 2011: 18, figs. 18-19, 58-65, 80-81, 82-83, Table 1.

别名　镰形翼宽螺、广翼芭蕉螺。

模式标本产地　日本。

标本采集地　黄海和东海。

观察标本　1 个标本，24-35，黄海（2052），水深 54m，软泥，1958.Ⅹ.16，林光宇采；2 个标本，MBM207579，黄海（2006），水深 51m，泥砂，1959.Ⅹ.21 采；2 个标本，H183B-7，黄海，水深 49m，褐色软泥，1959.Ⅶ.13，江锦祥采；1 个标本，大连，1950.Ⅴ.21 采；2 个标本，东海，水深 200m，2008.Ⅴ，尉鹏提供。

形态描述　贝壳中等大；壳质稍薄，结实。螺层约 6½ 层，壳顶小而尖，胚壳约 1½ 层。缝合线清晰。螺层的宽度增长迅速，各螺层中部形成肩部。螺旋部小，体螺层上部扩张而宽大。壳表螺肋粗细不均匀，在近壳顶几层具有明显的纵、横螺肋，二者交织成格子状；而体螺层表面较平滑，螺肋较弱。在体螺层和次体螺层上通常有 4 个宽大而纵行的翅状翼（有的个体为 3 个或 5 个），向上或向外伸展，尤其是外唇边缘上的翼特发达。壳面为淡黄色和黄褐色，体螺层上有时会出现不规则的褐色螺带。壳口近圆形，内白色。外唇边缘宽，呈翅状；内唇平滑。具假脐。前水管沟较长，呈封闭的管状，向右侧弯曲。厣角质，褐色，核位于外侧。

标本测量（mm）

　　壳长　50.0　48.6　40.0　34.5　31.0

　　壳宽　28.0　32.5　29.0　24.2　21.3

讨论　据 Houart 和 Sirenko（2003）报道，齐钟彦等（1989）报道的 *Pteropurpura adunca* (Sowerby)是本种的同物异名。

生物学特性　据 Kuroda（1971）记载，本种通常生活在低潮线至浅海水深 20-200m 处。我们的标本主要采自 45-70m 水深的碎贝壳、石砾及泥砂质海底。

地理分布　在我国常见于黄海和东海；日本和朝鲜半岛等地也有分布。

经济意义　肉可食用，贝壳可供观赏。

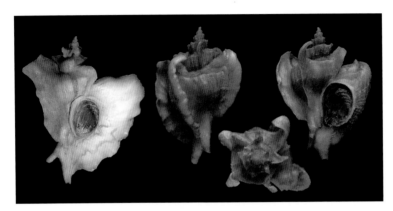

图 169　钩翼紫螺 *Pteropurpura* (*Ocinebrellus*) *falcatus* (Sowerby)

39. 角口螺属 *Ceratostoma* Herrmannsen, 1846

Ceratostoma Herrmannsen, 1846: 206.

Type species: *Murex muttalli* Gonrad, 1837.

特征　贝壳呈长菱形或纺锤形；壳质厚，坚实。壳面较粗糙，每一螺层上具有 3-4 条纵行的片状翼。壳口大，外唇边缘有缺刻或内缘具颗粒状小齿。前水管沟宽短或稍延长。厣角质，褐色。

　　本属动物在我国主要分布于山东半岛以北沿海。生活于潮间带至浅海岩礁质海底中。目前，本属在中国沿海发现 2 种。

种 检 索 表

贝壳上有 3 条片状纵肿肋，外唇下方有 1 个发达的齿尖······················钝角口螺 *C. burnetti*

贝壳上有 4 条片状纵肿肋，外唇下方无齿尖······················润泽角口螺 *C. rorifluum*

(156) 润泽角口螺 *Ceratostoma rorifluum* (Adams & Reeve, 1849)（图 170）

Murex rorifluum Adams & Reeve, 1849: pl. 1, fig. 190.

Murex monachus Crosse, 1862: 55, pl. 1, fig. 8.

Ceratostoma rorifluum (Adams & Reeve): Radwin & D'Attilio, 1976: 114, pl. 18, fig. 3; Yoo, 1976: 73, pl. 13, figs. 2-4; Kira, 1978: 60, pl. 24, fig. 8; Qi *et al.*, 1983, 2: 74; Qi *et al.*, 1989: 58, pl. 8, fig. 4; Tsuchiya in Okutani, 2000: 387, pl. 192, fig. 117; Zhang, 2009: 17, figs. 1-11; Zhang *et al.*, 2016: 101, text-fig. 114.

模式标本产地 朝鲜半岛。

标本采集地 辽宁（丹东、大钦岛、海洋岛、大连），河北（秦皇岛），山东（长岛、烟台、荣成、东楮岛）。

观察标本 3 个标本，MBM258128，辽宁大钦岛，1951.Ⅵ.24 采；2 个标本，MBM258135，海洋岛，1956.Ⅴ.07 采；19 个标本，MBM4249，大连金县，1986.Ⅸ.08，李凤兰采；1 个标本，MBM258131，秦皇岛，1930.Ⅶ采；1 个标本，MBM258127，山东烟台，1939.Ⅳ.17 采；2 个标本，MBM258127，山东东楮岛，1954.Ⅴ.16 采。

形态描述 贝壳呈长菱形；壳质厚而坚实。螺层约 6 层，壳顶钝，红褐色，常被磨损。缝合线浅。螺旋部呈低圆锥形，体螺层高大。壳面较粗糙，生长纹明显，常形成不规则的褶皱。每一螺层上有 4 条弱的片状纵肿肋，各螺层上的纵肿肋交错排列，肋间有瘤状突起，螺肋在螺旋部上不太明显，体螺层上有粗细不均的螺肋。壳面呈灰白色或灰褐色，纵肿肋之间常有褐色或紫褐色的斑，通常在次体螺层和体螺层上有 1-2 条紫褐色的螺带，有些成体螺带不清晰，而幼体螺带较明显。壳口卵圆形，边缘为白色，内面呈紫褐色。外唇加厚，内缘有 1 列颗粒状小齿；内唇略直，光滑，上方有 1 个紫褐色的斑块。前水管沟较短，成体封闭，幼体多敞开。厣角质，褐色，核位于基部外侧。

标本测量（mm）

    壳长　　50.0　49.0　45.0　41.2　35.0

    壳宽　　26.0　25.8　24.8　24.2　21.3

生物学特性 北方种；生活于潮间带低潮区或稍深的岩礁间。

图 170　润泽角口螺 *Ceratostoma rorifluum* (Adams & Reeve)

地理分布　在我国山东以北沿海较常见；朝鲜半岛，日本（北海道以南）也有分布。
经济意义　肉可食用。

(157) 钝角口螺 *Ceratostoma burnetti* (Adams & Reeve, 1849)（图 171）

Murex burnetti Adams & Reeve, 1849: pl. 1, fig. 192.

Murex emarginatus (Sowerby): Reeve, 1945, 3: pl. 1, fig. 1.

Tritonalia emarginatus (Sowerby): Yen, 1936, 3(5): 232, pl. 20, fig. 48; Zhao *et al.*, 1982: 52, pl. 6, fig. 8.

Ceratostoma forurnieri (Crosse): Qi *et al.*, 1983, 2: 74; Qi *et al.*, 1989: 57, pl. 8, fig. 6 (non *Murex fournieri* Crosse, 1861).

Ceratostoma burnetti (Adams & Reeve): Radwin & D'Attilio, 1976: 132, pl. 18, figs. 6-7; Yoo, 1976: 73, pl. 13, figs. 8-9; Tsuchiya in Okutani, 2000: 387, pl. 192, fig. 113; Alexeyev, 2003: 152, pl. LXIII, fig. 1; Zhang, 2009: 17, figs. 1-12; Zhang *et al.*, 2016: 102, text-fig. 115.

别名　三棱骨螺。

英文名　Burnett's Murex。

模式标本产地　朝鲜半岛。

标本采集地　辽宁（大连、海洋岛），山东（烟台、荣成、龙须岛、俚岛、东楮岛、镇铆岛、红岛）。

观察标本　12 个标本，MBM258150，大连石槽，1950.Ⅴ.24 采；6 个标本，MBM258148，大连小平岛，1974.Ⅹ.02 采；3 个标本，MBM258148，山东烟台，1931.Ⅴ 采；1 个标本，MBM258147，山东东楮岛，1953.Ⅴ.06 采；1 个标本，MBM258140，山东荣成，1951.Ⅰ.05 采；5 个标本，MBM258141，山东龙须岛，1973.Ⅹ.13，马绣同采。

形态描述　贝壳较大，两端尖，近菱形；壳质坚厚。螺层约 8 层。缝合线明显。螺旋部呈圆锥状，多少有些扭曲，体螺层高大，前端收缩。胚壳光滑无肋，近壳顶 2 层具有清晰的细螺肋和纵肋，其余螺层上有 3 条片状纵肿肋，愈向下愈发达，贝壳呈三棱形，各螺层的片状纵肿肋上具缺刻，在两纵肿肋之间的中部有 1 个低平的瘤状突起。表面平滑，生长纹明显，具有宽而低平的螺肋，通常在体螺层中部和基部的螺肋更清晰，其余螺肋较细弱。壳面为黄褐色或淡褐色，各螺层上有 1 条，体螺层有 3 条连续的深褐色的螺带，并杂有褐色条纹。壳口较大，卵圆形，内灰白色，外唇宽，周缘竖起，边缘呈缺刻状，壳口边缘近前水管沟处有 1 个大的尖齿（是该种鉴别的 1 个主要特征），外缘有凹凸不平的花瓣状雕刻；内唇光滑。前水管沟稍延长，为封闭的管状，前端向背方弯曲。厣角质，褐色，核位于外侧边缘的下端。

标本测量（mm）

　　　壳长　89.0　85.6　81.2　75.2　62.0

　　　壳宽　48.0　47.2　51.0　41.5　33.2

讨论　齐钟彦等（1989）曾把本种鉴定为 *Ceratostoma forurnieri* Crosse，通过研究发现，分布于我国北方沿海的标本是钝角口螺 *Ceratostoma burnetti* (Adams & Reeve)，二者的主要区别是，本种壳口外唇边缘呈缺刻状，近下方有 1 个发达的齿尖；而 *Ceratostoma* *forurnieri* 体螺层上有瘤状结节，壳口外唇边缘无缺刻和齿尖。本种的形态有变化，有的个体纵肿肋上有宽大的薄片状翼（见 Tsuchiya, 2000; Yoo, 1976），而产自我国辽宁和山东沿海的标本翼较窄（图 171），体螺层上有褐色螺带。

图 171　钝角口螺 *Ceratostoma burnetti* (Adams & Reeve)

生物学特性　为北方种；生活在潮间带低潮区至浅海水深 20m 左右的岩石间或有藻类丛生的环境中。

地理分布　在我国见于山东以北沿岸；朝鲜半岛，日本和俄罗斯远东海等地也有分布。

经济意义　肉可食用，味道鲜美。

40. 坚果螺属 *Nucella* Röding, 1798

Nucella Röding, 1798: 130-131.

Type species: *Buccinum filosum* Gmelin, 1791=*Nucella lapillus* (Linnaeus, 1758).

特征　贝壳呈卵圆形；壳质较厚而结实。壳面平滑或具粗细不等的螺肋，有的螺肋上具有发达的鳞片。壳口大，卵圆形，外唇内缘通常具齿列。前水管沟短。厣角质，褐色或栗色。

本属动物多数分布于冷温带水域中，生活在潮间带下部至浅海的岩礁质海底中。

目前，在中国大连沿岸发现 1 种。

(158) 弗氏坚果螺 *Nucella freycinetii* (Deshayes, 1839)（图172）

Purpura freycinetii Deshayes, 1839: 361.

Nucella lima (Gmelin): Tsuchiya in Okutani, 2000: 389, pl. 193, fig. 126 (non Gmelin, 1791).

Nucella freycinetii (Deshayes): Zhang *et al.*, 2016: 103, text-fig. 117; Tsuchiya in Okutani, 2017: 960, pl. 252, fig. 10.

模式标本产地　不详。

标本采集地　辽宁（大连）。

观察标本　2个标本，大连，岩礁底质，2015.IV，李伟宽采。

形态特征　贝壳呈卵圆形；壳质结实。螺层约6层，胚壳小，光滑。缝合线浅而细。螺旋部较低，体螺层膨大。壳表雕刻有较粗的螺肋，有的两粗肋间还有细的间肋，其上具有鳞片或皱褶，本种表面雕刻有变化，有的平滑，有的粗糙。贝壳的各螺层中部突出，形成肩角，肩角上通常有1条粗壮的螺肋。壳面呈栗色，生活标本呈青褐色，具纵行条纹。壳口大，卵圆形，内紫色，外唇宽，边缘较薄，有缺刻或褶边，内缘有发达的白色肋状齿；内唇滑层厚，前端向外翻卷，遮盖脐部，绷带发达。前水管沟短而深，半管状，向背方曲。厣角质，栗色，核位于外侧。

标本测量（mm）

> 壳长　49.5　39.0　37.0　36.8
> 壳宽　31.2　25.8　24.0　23.6

讨论　本种的形态雕刻和花色有变异，在大连同一环境下采到的数个标本，其表面螺肋也有变化，有的个体较平滑，有的较粗糙。

生物学特性　本种生活在潮间带低潮区的岩礁上或缝隙间。较少见种。

地理分布　分布于西北太平洋海区，在我国见于辽宁大连近岸，其他海区未见报道；日本和朝鲜半岛也有分布。

图172　弗氏坚果螺 *Nucella freycinetii* (Deshayes)

（七）饵骨螺亚科 Trophoninae Cossmann, 1903

Trophoninae Cossmann, 1903: 10.

Type genus: *Trophon* Montfort, 1810.

特征　贝壳小或中等大，多呈纺锤形或近纺锤形；壳质较薄或稍厚。壳面多呈白色，偶尔有褐色螺带，贝壳上常被有 1 层薄的黄褐色壳皮。有些种类表面雕刻有纵、横螺肋，二者交织成格子状；螺肋通常较弱，纵肋或纵肿肋呈薄片状，有的纵肋上具皱褶，在肩角上常形成短棘。前水管沟长或中等长，呈半管状。厣角质，薄，呈褐色或黄褐色。

本亚科动物从浅海至深海均有分布，通常从潮间带低潮区一直可分布到水深千米以上，但多数栖息于水深 100-300m 的砂或泥沙质海底中，在寒带至温带海域显示出更高的物种多样性。黄、渤海区和东南部沿海均有发现，但种类少。

目前，本亚科动物在中国沿海发现 3 属。

属 检 索 表

1. 表面雕刻呈方格状 ·· 糙饵螺属 *Scabrotrophon*
   表面雕刻非方格状 ·· 2
2. 壳面平滑，螺肋无或弱 ·· 北方饵螺属 *Boreotrophon*
   壳面不平滑，具明显的螺肋 ·· 尼邦饵螺属 *Nipponotrophon*

41. 糙饵螺属 *Scabrotrophon* McLean, 1996

Scabrotrophon McLean, 1996: 1-160.

Type species: *Trophon maltzant* Kobelt & Küster, 1878.

特征　贝壳纺锤形；壳质薄。胚壳 1½-2 螺层。表面雕刻有薄片状的纵肋和明显的螺肋，二者常交织成方格状，交织点具小棘或结节。壳面呈乳白色或灰白色。壳口卵圆形，前水管沟中等长或稍长。

本属动物从浅海至较深的水域均有分布。台湾共报道了 2 种，其中著者在东海（浙江外海）收集到 1 个春福糙饵螺 *Scabrotrophon chunfui* 标本，另有 2 个标本购自台湾宜兰。

目前，中国沿海已知有 2 种。

种 检 索 表

螺肋粗，肩部突出 ·· 蓝氏糙饵螺 *S. lani*
螺肋细，肩部不突出 ·· 春福糙饵螺 *S. chunfui*

(159) 春福糙饵螺 *Scabrotrophon chunfui* Houart & Lan, 2001（图 173）

Scabrotrophon chunfui Houart & Lan, 2001: 37-42, figs. 1-4, 6-10; Houart & Sun, 2004: 64, figs. 8-9;

Jung *et al*., 2010: 129, figs. 150a-b.

别名　春福骨螺。

模式标本产地　台湾东北部。

标本采集地　东海（浙江外海），台湾东北部。

观察标本　1 个标本，东海，水深 260m，砂质底，2011.Ⅴ.13，张素萍收集；2 个标本，台湾东北部，水深 200m，泥沙，2019.Ⅰ.5，张素萍收集。

形态描述　贝壳修长，小或中等大，两端尖，近纺锤形；壳质薄。螺层约 8 层，胚壳 1¾-2 层，光滑。缝合线细，但清晰。螺旋部高而尖，体螺层较大。螺层较圆，肩部弱。表面具有细而呈薄片状的纵肋，螺肋明显，而且在 2 条较粗的螺肋间还有 1 条细的间肋，纵肋与螺肋二者交织成格目状，在交织点形成薄片状小棘刺，本种不同个体形态和表面雕刻有变化，壳面的棘刺有长有短，有的个体无明显棘刺，纵肋突出，尤其是在体螺层上纵肋稀疏而较发达。壳面呈白色或略显淡黄褐色。壳口较大，卵圆形；外唇稍厚（幼体，外唇较薄），内缘无齿，外缘具有薄片状小刺；内唇弧形，滑层较发达，向体螺层上扩张。前水管沟中等长，半管状，微向背方弯曲。厣角质，淡黄褐色，核位于下端中部。

标本测量（mm）

壳长　48.8　42.2　30.5

壳宽　18.1　15.9　13.2

生物学特性　据 Houart 和 Lan（2001）记载，本种的模式标本采自台湾东北部水深 200-250m 处。我们收集的标本采自东海水深 200-260m 的砂或泥沙质海底。较少见种。

地理分布　目前，仅知分布于我国东海，台湾的东北部、宜兰外海及东沙群岛海域，其他海区尚未见报道。

经济意义　贝壳可供观赏。

图 173　春福糙饵螺 *Scabrotrophon chunfui* Houart & Lan

(160) 蓝氏糙饵螺 *Scabrotrophon lani* Houart & Sun, 2004（图 174）

Scabrotrophon lani Houart & Sun, 2004: 61, figs. 1-2, 3-7; Jung *et al.*, 2010: 128, fig. 149.

别名　蓝氏骨螺。

模式标本产地　南海（东沙群岛附近 20°35′N -20°50′N，116°35′E -116°55′E）。

标本采集地　东沙群岛附近海域。

观察标本　1 个标本，东沙群岛附近，水深 300-350m。照相用标本由台湾柯富钟先生提供。据 Houart 和 Sun（2004）报道，正模标本保存于比利时皇家自然科学研究所；副模标本由台湾的李英杰先生收藏。

形态描述　贝壳小或中等大；壳质稍薄。螺层 6-7 层，胚壳光滑，呈乳头状，1¾-2 层。缝合线清晰，凹沟状。螺旋部较高，体螺层膨大。各螺层中部突出形成明显的肩部。壳面粗糙，雕刻有较粗的螺肋，突出于壳面，螺肋间常有细的间肋，粗肋通常由 2 条细肋组成，肋上具有棘刺或鳞片，纵肋呈薄片状，不同个体纵肋有变化，有的较弱而不太明显。表面纵肋与螺肋交织，呈低平的格状，交织点有扁棘或小刺。贝壳呈白色或灰白色。壳口卵圆形，外唇内缘光滑，边缘具有片状短棘和缺刻；内唇平滑，边缘竖起，并向外扩张。前水管沟中等长，半管状。厣角质，淡褐色。

标本测量（mm）

　　壳长　40.9　40.5　35.3

　　壳宽　22.2　19.3　24.0

讨论　本种是由 Houart 和 Sun（2004）记述的 1 个新种，标本采自南海东沙群岛附近海域水深 350m 处。

图 174　蓝氏糙饵螺 *Scabrotrophon lani* Houart & Sun

生物学特性　暖水种；栖息于水深 300-350m 处。

地理分布　目前仅知分布于我国台湾西南部、东沙群岛附近海域，其他海区未见报道。

经济意义　贝壳供观赏。

42. 尼邦饵螺属 *Nipponotrophon* Kuroda & Habe, 1971

Nipponotrophon Kuroda & Habe, 1971: 152.

Type species: *Boreotrophon echinus* Dall, 1918.

特征　贝壳中等大，纺锤形；壳质较薄，但结实。螺旋部较高，各螺层上部形成肩角，其上有棘刺，表面呈白色或黄白色，具有纵肋和螺肋。壳口卵圆形，前水管沟中等长。厣角质，薄，褐色。

本属在中国沿海发现 2 种。

种 检 索 表

肩部突出，呈斜坡状·······································海胆尼邦饵螺 *N. gorgon*

肩部平，不呈斜坡状·······································象牙尼邦饵螺 *N. elegantissimus*

(161) 海胆尼邦饵螺 *Nipponotrophon gorgon* (Dall, 1913)（图 175）

Boreotrophon gorgon Dall, 1913: 588.

Boreotrophon echinus Dall, 1918: 232.

Trophon inermis Yokoyama, 1920: 62, pl. 3, figs. 21-26 (non Sowerby, 1841).

Trophonopsis (*Bathymurex*) *echinus* (Dall): Kira, 1962: 65, pl. 25, fig. 5.

Trophonopsis (*Bathymurex*) *gorgon* (Dall): Kira, 1962: 65, pl. 25, fig. 6.

Trophonopsis (*Nipponotrophon*) *echinus* (Dall): Jung *et al.*, 2010: 128, fig. 148.

Nipponotrophon echinus (Dall): Kuroda *et al.*, 1971: 153, pl. 41, fig. 1; Radwin & D'Atilio, 1976: 82, pl. 3, fig. 2; Tsuchiya in Okutani, 2000: 401, pl. 199, fig. 197.

Nipponotrophon gorgon (Dall): Radwin & D'Atilio, 1976: 83, pl. 3, fig.14; Tsuchiya in Okutani, 2000: 401, pl. 199, fig. 196.

别名　海胆骨螺。

英文名　Gorgon Trophon。

模式标本产地　日本（相模湾）。

标本采集地　东海。

观察标本　1 个标本，东海（东南部），水深 300m，砂或砂石，2005.Ⅴ，尉鹏提供；2 个标本，东海（浙江外海），水深 260m，泥砂，2011.Ⅴ.13，张素萍收集。

形态描述　贝壳两端尖，中等大小，呈纺锤形；壳质较薄，半透明。螺层约 8 层，胚壳约 2 层，光滑。缝合线明显，稍凹。螺旋部高而尖，体螺层大。各螺层中部突出，具有 1 个棱状的肩角，从缝合线处向下形成 1 个明显的斜坡。面较平滑，体螺层上螺肋稀疏，纵肋呈薄片状，体螺层上约有纵肋 5 条；螺旋部各螺层上通常有 2 条明显的螺肋，在近壳顶几层纵、横螺肋较细而明显，交叉点形成小刺或结节。在螺层的肩角上具有长短不等的棘刺，以体螺层肩部的棘刺最长。壳面呈白色或略带淡黄色，近壳顶几层常染有污垢，呈黑灰色。壳口较大，卵圆形，内白色，周缘竖起，呈薄片状，外唇边缘有扁刺；内唇滑层较厚，有光泽。前水管沟中等长，半管状，末端向背方弯曲。厣角质，薄，黄褐色，核位于下端。

标本测量（mm）

　　壳长　48.9　48.0　43.5
　　壳宽　25.2　24.2　24.0

讨论　Dall 分别于 1913 年和 1918 年把本种定名为 *Boreotrophon gorgon* Dall, 1913 和 *Boreotrophon echinus* Dall, 1918，通过研究发现二者为同物异名，依据定名先后的原则，本种的学名应采用前者。

生物学特性　据 Okutani（2000）报道，本种通常栖息于 100-600m 的泥砂或砂质海底中；我们的标本采自东海水深 260m 泥砂质海底。

地理分布　分布于西北太平洋海域，在我国见于台湾的东北部海域和东海（浙江外海）；日本（相模湾、伊豆半岛、纪伊半岛、本州、高知县等），俄罗斯等地也有分布。

图 175　海胆尼邦饵螺 *Nipponotrophon gorgon* (Dall)

(162) 象牙尼邦饵螺 *Nipponotrophon elegantissimus* (Shikama, 1971)（图 176）

Trophonopsis (*Austrotrophon*) *elegantissima* Shikama, 1971: 29, pl. 3, figs. 5-6; Lan, 1980: 77, figs. 71-72.

Trophonopsis (*Nipponotrophon*) *elegantissimus* (Shikama): Jung *et al.*, 2010: 128.

Nipponotrophon elegantissimus (Shikama): Tsuchiya in Okutani, 2000: 401, pl. 199, fig. 198.

别名　象牙骨螺。

模式标本产地　台湾。

标本采集地　台湾西南海域。

形态描述　贝壳呈纺锤形；壳质结实。螺层约8层，胚壳约2层，光滑。缝合线较深，浅沟状。螺旋部高，体螺层高大。各螺层中部突出，形成肩角。表面较平滑，纵肋稀疏，据Lan（1980）描述，体螺层上有4条薄片状纵肋为本种的主要特征。螺肋细弱，尤其是在体螺层上螺肋稀疏而低平，而在螺旋部螺肋变得较明显，每一螺层上2-3条，在肩部的螺肋上具有竖起的短刺。壳面呈白色或略带米黄色。壳口较大，卵圆形，内白色，周缘滑层扩张，并外翻，外唇不整齐，边缘的薄片常重叠排列；内唇滑层较厚，有光泽。前水管沟中等长，呈半管状，末端曲。

标本测量（mm）

壳长　52.7

生物学特性　因我们未采到标本，故对其生活习性了解甚少。台湾 Lan（1980）和新种的定名人Shikama（1971）只是记录了标本采自台湾西南部海域，而 Tsuchiya（2000）报道采自南海，但均未对栖息水深和底质进行记录。

地理分布　目前仅知我国台湾西南部海域有分布。

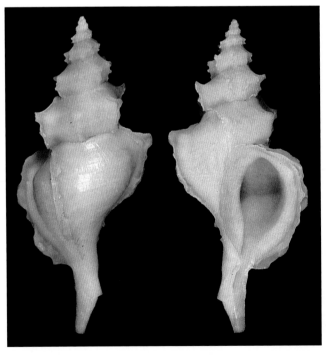

图176　象牙尼邦饵螺 *Nipponotrophon elegantissimus* (Shikama)（仿 Lan, 1980）

43. 北方饵螺属 *Boreotrophon* Fischer, 1884

Boreotrophon Fischer, 1884: 640.

Type species: *Trophon clathratus* (Linnaeus, 1767).

特征　贝壳中等大；壳质薄或稍厚。壳面具有片状或棱角状的纵肋数条，少的有 7-8 条，多的有十余条。螺层圆，各螺层中部常形成肩角，其上常具褶皱或短刺。壳面白色或灰白色，少数为褐色并有螺带。壳口卵圆形，前水管沟中等长或延长。厣角质，褐色或黄褐色。

本属动物多生活在寒带或温带海域，生活于潮间带至水深 400m 左右的泥砂或砂质海底中，少数种类可栖息于千米以上。

在黄渤海发现 1 种（北纬 35°5′以北海域）。

(163) 腊台北方饵螺 *Boreotrophon candelabrum* (Reeve, 1848)（图 177）

Fusus candelabrum Reeve, 1848: pl. 19, fig. 79.

Trophon candelabrum (Reeve): Sowerby, 1880: 61, pl. 1, fig. 11.

Trophon subclavatus Yokoyama, 1920: 60, pl. 3, fig. 2, pl. 6, figs. 13-14.

Boreotrophon paucicostatus Habe & Ito, 1965: 18, 32.

Trophonopsis (*Boreotrophon*) *candelabrum* (Reeve): Kira, 1962: 65, pl. 25, fig. 4.

Boreotrophon candelabrum (Reeve): Kourda et al., 1971: 152, pl. 41, fig. 10; Alexeyev, 2003: 155, pl. 62, figs. 3-4; Jung et al., 2010: 129, fig. 152; Zhang et al., 2016: 106, text-fig. 120.

别名　百褶骨螺。

模式标本产地　不详。

标本采集地　渤海和黄海。

观察标本　4 个标本，36-46，渤海（2002），水深 54m，砂、碎贝壳，1959.Ⅰ.28 采；3 个标本，MBM258118，大连老虎滩，1974.Ⅹ.04，王祯瑞、李凤兰采；6 个标本，MBM258102，黄海，1959.Ⅶ，胡公一采；1 个标本，Y263B-18，黄海（3003），水深 72m，褐色砂，1959.Ⅶ.11，黄宗国采；1 个标本，H290B-10，黄海（2037），水深 38.5m，软泥，1959.Ⅹ.21，江锦祥采；3 个标本，3600-8B，黄海（36°0.28′N，124°1.26′E），水深 78m，软泥，2009.Ⅵ.16，刘文亮、张均龙采。

形态描述　贝壳呈纺锤形；壳质较薄。壳层约 8 层，胚壳 1½-2 层，光滑。螺旋部中等高，呈塔状，体螺层膨大。各螺层上部扩张，形成 1 个阶梯状的肩部。壳面具有比较均匀的薄片状纵肋，体螺层上通常有 8-9 条，多的可达 13 条，在肩角上常形成三角状的片状棘，其纵肋的宽窄在不同个体中有变化，有的较宽，呈翼状，有的较窄，呈皱褶状。表面较光滑，螺肋极细弱。壳面呈黄褐色或灰白色，在体螺层的中部常有 1 条紫褐色的螺带，但也有少数个体螺带不清晰。壳口卵圆形，外唇薄，有的边缘染有褐色斑，上部有 1 个角状棘；内唇平滑。前水管沟中等长，呈半管状，稍曲，左侧具覆瓦状排列的小薄片。厣角质，卵圆形，褐色，核位于下端。

标本测量（mm）

　　壳长　51.2　45.4　43.6　40.5　38.8
　　壳宽　25.2　22.2　20.5　18.3　17.3

图 177　腊台北方饵螺 *Boreotrophon candelabrum* (Reeve)

生物学特性　为北方种；生活于潮间带低潮区至潮下带砂砾、泥沙或软泥质海底中；据统计，我们历年在黄渤海底栖生物调查采集的标本中，其栖息水深范围为 30-72m，但多数栖息于水深 50m 左右。

地理分布　在我国见于渤海和黄海（南限为北纬 35°5′以北海域）；日本（北海道以北、相模湾等地）和俄罗斯远东海等地也有分布。

经济意义　肉可食用，贝壳可观赏。

（八）塔骨螺亚科 Pagodulinae Barco, Schiaparelli, Houart & Oliverio, 2012

Pagodulinae Barco, Schiaparelli, Houart & Oliverio, 2012: 12.

Type genus: *Pagodula* Monterosato, 1884: 116.

特征　贝壳小或中等大，多呈纺锤形或梭形；壳质薄或稍厚。胚壳 1½-2 层，其上常具有细螺纹或凹点状雕刻。螺旋部较高或稍低，呈锥形；体螺层多膨大。成体肩部明显或不太明显，有些种在肩部有棘突或薄片状雕刻，表面具纵肋或细螺肋。壳面为白色，或黄色至浅褐色。壳口卵圆形，前水管沟从较短到长，呈半管状。厣角质，薄，呈褐色或黄褐色。

齿舌：中齿上有 3 个大齿尖，两侧的齿尖粗壮，中央齿尖最长，在中央齿旁边两侧各有 1 个较小的齿尖；侧齿弯曲，有 1 个大的齿尖；无缘齿。

本亚科动物从浅海至深海均有分布，据 Barco 等（2012）报道，从水深 70m 至 3000

余米的海底，从温带至热带都有分布。

目前，本亚科动物在中国沿海仅发现 1 属。

44. 塔骨螺属 *Pagodula* Monterosato, 1884

Pagodula Monterosato, 1884: 116.

Type species: '*Murex carinatus*'(not of Bivona, 1832)=*Fusus echinatus* Kiener, 1840.

Pinon de Gregorio, 1885: 27.

Type species: *Murex vaginatus* de Cristofori & Jan, 1832.

Enixotrophon Iredale, 1929: 185.

Type species: *Trophon carduelis* Watson, 1883.

特征 贝壳小到中等大，纺锤形；壳质较薄。胚壳 1½-2 层，其上有雕刻。壳面具有明显的片状或皱褶状纵肋和细螺肋，肩部有的较圆，而有的形成肩角，在肩角上常有 1 条突出的螺肋，其上有或强或弱的棘刺。壳面白色或灰白色，多数种类的前水管沟长，呈半管状。

本属动物世界范围内广泛分布，多栖息于深海或半深海区域。目前，在台湾东北部海域，仅发现 1 种。

(164) 柯孙塔骨螺 *Pagodula kosunorum* Houart & Lan, 2003（图 178）

Pagodula kosunorum Houart & Lan, 2003: 39, figs. 1-2, 3-6.

Boreotrophon (*Pagodula*) *kosunorum* (Houart & Lan): Jung *et al.*, 2010: 129, fig. 151.

别名 柯孙骨螺。

模式标本产地 台湾（东北部海域）。正模标本保存于台中市博物馆；副模标本由比利时皇家自然科学研究所瓦尔（Houart）博士收藏。

标本采集地 台湾东北部海域。本种标本图片由台湾钟柏生先生提供。

形态描述 贝壳小，壳形较修长；壳质较薄，但结实。螺层约 7 层，胚壳 1½层。缝合线明显，深凹。螺旋部较高，呈塔形，体螺层宽大。各螺层从缝合线处向外扩张，中部突出，向下又逐渐收缩，形似伞状，在每一螺层上有 2 列具棘的螺肋，肩角上的 1 条螺肋较突出，其上棘刺较发达。以体螺层肩部 1 列棘刺最粗壮，螺旋部上的纵肋明显，低平，而体螺层上的纵肋曲折，呈片状。壳面呈白色，近壳顶几层多呈灰白色。壳口卵圆形，内白色，外唇边缘有 2 个较发达的半管状棘刺，内唇平滑。前水管沟长，近直，半管状。

标本测量（mm）

正模标本	壳长	21.9	壳宽	11.7
副模标本	壳长	23.5	壳宽	11.6

讨论 本种是 Houart 和 Lan（2003）报道的 1 个新种，发现于我国台湾的东北部海

域。大陆目前未收集到本种的标本，故参考了新种记述的文献进行形态描述。

生物学特性　据 Houart 和 Lan（2003）报道，本种生活于水深 250-300m 的砂质海底中。

地理分布　目前，仅知分布于我国台湾东北部海域。

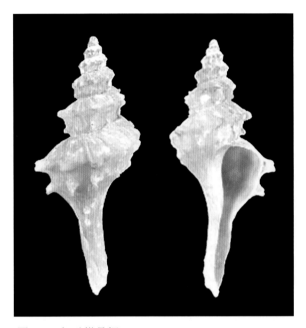

图 178　柯孙塔骨螺 *Pagodula kosunorum* Houart & Lan

（九）珊瑚螺亚科 Coralliophilinae Chenu, 1859

Coralliophilinae Chenu, 1859: 172.

Type genus: *Coralliophila* A. Adams & Adams, 1853.

特征　珊瑚螺动物的外部形态各异，变化较大，贝壳呈纺锤形、卵圆形或半球形，也有的呈不规则管状。壳面雕饰丰富多彩，具有纵、横螺肋和发达的棘刺，各螺层中部扩张常形成阶梯状的肩部，其上生有长短不等的尖刺或扁棘，向上或向四周伸展，形态优美。贝壳色彩丰富，有白色、黄色、红色、淡红色或紫色等。因此，台湾称其为"花仙螺"。壳口大，呈卵圆形、圆形、梨形或半圆形等，壳口内通常为紫色或白色。前水管沟短或中等长，敞开，不封闭。厣角质，褐色和红褐色。具脐孔或假脐，绷带发达。

珊瑚螺亚科动物缺乏齿舌，常寄生于刺胞动物珊瑚上或一些软珊瑚的群体内，通常以珊瑚虫或海葵为食。珊瑚螺在传统的分类中，为新腹足目 Neogastropoda 中 1 个独立的科，但由于其形态特征和亲缘关系与骨螺接近，因此，近年来，国际上已把珊瑚螺归属于骨螺科，成为 1 个亚科，目前已被大家所接受。

珊瑚螺动物为热带和亚热带暖水种，广泛分布于印度-西太平洋海域，栖息于珊瑚礁间和潮下带至较深的砂质和泥沙质海底，栖水深度多数在百米以上。在我国主要分布于东、南部沿海。珊瑚螺亚科全世界有 200 种左右，本志收录了中国沿海已报道的 71 种。

本亚科在中国沿海已发现 10 属。

属 检 索 表

1. 壳口形态不规则，或宽或窄 ·························· 瘿珊珊螺属 *Rhizochilus*
   壳口形态规则 ·· 2
2. 贝壳呈螺旋阶梯形，螺层游离 ···························· 肩棘螺属 *Latiaxis*
   贝壳不呈螺旋阶梯形，螺层不游离 ···································· 3
3. 贝壳呈管状或形态不规则 ·································· 延管螺属 *Magilus*
   贝壳不呈管状，形态规则 ·· 4
4. 纵横螺肋稀疏，呈片状 ·································· 网格珊瑚螺属 *Emozamia*
   纵横螺肋不呈片状 ·· 5
5. 贝壳呈球形或椭圆形 ·· 6
   贝壳呈纺锤形或卵圆形 ·· 7
6. 壳质薄脆，表面有皱褶 ·································· 薄壳螺属 *Leptoconchus*
   壳质薄而不脆，表面无皱褶 ································· 芜菁螺属 *Rapa*
7. 肩部有发达的长棘刺 ·································· 塔肩棘螺属 *Babelomurex*
   肩部无发达的长棘刺 ·· 8
8. 表面螺肋粗细均匀 ······································ 肋肩棘螺属 *Mipus*
   表面螺肋粗细不均匀 ·· 9
9. 螺肋较细，壳口内呈紫色 ······························ 珊瑚螺属 *Coralliophila*
   螺肋粗壮，壳口内非紫色 ····························· 花仙螺属 *Hirtomurex*

45. 肩棘螺属 *Latiaxis* Swainson, 1840

Latiaxis Swainson, 1840: 306.

Type species: *Pyrula mawae* Griffith & Pidgeon, 1834.

特征　贝壳呈螺旋状阶梯形，螺旋部极低小，环绕呈一平面，壳顶小而尖，稍突出壳面。体螺层的上部扩张形成发达的肩部，其上生有发达的三角形扁棘。壳口卵圆或卵三角形，通常与体螺层分离，脐孔大而深。

讨论　台湾钟柏生等（2011）报道了肩棘螺属 *Latiaxis* 共 4 个种，其中林氏肩棘螺 *Latiaxis hayashii* Shikama, 1966 因标本分布地和采集信息不明确，著者对其在中国沿海是否有分布存有质疑，所以未列入本志中。

此外，展翼肩棘螺 *Latiaxis latipinnatus* 因有 1 个低圆锥状的螺旋部，壳口不与体螺层分离等特征，新的分类系统已被转到塔肩棘螺属 *Babelomurex* 中。

目前，本属在中国沿海已确认有 2 种。

种 检 索 表

(165) 肩棘螺 *Latiaxis mawae* (Griffith & Pidgeon, 1834)（图 179）

Pyrula mawae Griffith & Pidgeon, 1834: 599, pl. 25, figs. 3-4; Reeve, 1847, 4: pl. 8, fig. 25.

Latiaxis (*Latiaxis*) *mawae* (Griffith & Pidgeon): Springsteen & Leobrera, 1986: 164, pl. 44, fig. 10.

Latiaxis mawae (Griffith & Pidgeon): Kira, 1978: 65, pl. 25, fig. 26; Abbott & Dance, 1983: 153; Qi *et al.*, 1983, 2: 83; Kosuge & Suzuki, 1985: 5, pl. 1, figs. 1-13; Wilson, 1993: 19, pl. 7, fig. 25; Tsuchiya in Okutani, 2000: 404-405, pl. 201, fig. 204; Zhang & Wei, 2005: 320, fig. 1; Lai, 2005: 207; Wu & Lee, 2005: 81, fig. 345; Zhang, 2008a: 184; Oliverio in Poppe, 2008: 224, pl. 407, figs. 3-6; Jung *et al.*, 2011: 38, fig. 1.

别名 玛娃花仙螺。

英文名 Mawe's Latiaxis。

模式标本产地 中国。

标本采集地 东海（浙江外海），海南（陵水新村、南沙群岛）。

观察标本 1 个标本，M55-902，海南新村，潮间带，1955.XII.24，马绣同采；1 个标本，58-M0326，海南新村，潮间带，1958.IV.16，马绣同采；1 个标本，SSVIIIB-10-21，南沙群岛，水深 94m，沙质底，1990.VI.10，任先秋等采；5 个标本，东海（浙江外海），水深 200-260m，泥沙质，2011.V.12，张素萍采。

图 179 肩棘螺 *Latiaxis mawae* (Griffith & Pidgeon)

形态描述　贝壳呈螺旋状阶梯形；壳质稍薄。缝合线深。螺旋部较低平，环绕成一平面，胚壳小，光滑，稍微凸出壳面。体螺层特大，各螺层旋转成游离状。贝壳中上部扩张形成发达的肩部，其上生有粗壮的三角形扁棘，向上伸展或向内卷曲。壳面黄白色或淡红色，雕刻有细螺肋和细密的生长纹。壳口卵圆形或卵三角形，与体螺层分离，周缘薄，竖起成片状，壳口内呈白色或淡紫红色，内唇呈弧形，光滑；外唇中部有 1 个三角形缺刻。前水管沟延长，末端具有锯齿状雕刻或短棘，外侧有发达的绷带，脐孔大而深。厣角质，褐色，核位于外侧。

标本测量（mm）

壳长	54.2	46.5	46.0	36.5	21.0
壳宽	41.0	36.6	37.0	36.2	27.0

生物学特性　暖水种；栖息于潮间带低潮区至浅海 50-200m 的沙质或泥沙质海底中。

地理分布　在我国见于东海（浙江外海）、台湾海峡、海南岛和南沙群岛等地；日本（房总半岛以南），菲律宾，澳大利亚的东北部和东非洲沿岸也有分布。

经济意义　贝壳造型美观，供观赏。

(166) 皮氏肩棘螺 *Latiaxis pilsbryi* Hirase, 1908（图 180）

Latiaxis pilsbryi Hirase, 1908: 69, pl. 8, figs. 64d-f, pl. 41, figs. 239-240; Kira, 1962, 1: 70, pl. 26, fig. 22; Kuroda *et al.*, 1971: 153, pl. 43, fig. 2; Kosuge & Suzuki, 1985: 5, pl. 2, figs. 6-11; Tsuchiya in Okutani, 2000: 405, pl. 201, fig. 215; Lai, 2005: 207; Oliverio in Poppe, 2008: 224, pl. 407, figs. 1-2; Oliverio, 2008a: 554, figs. 115-116, 190; Jung *et al.*, 2011: 38, fig. 2.

别名　皮氏花仙螺。

英文名　Pilsbry's Latiaxis。

模式标本产地　日本。

标本采集地　东海和台湾海峡西南部。

观察标本　2 个标本，台湾海峡西南部，水深 280-300m，岩礁质底，2010.IV，王洋提供；1 个标本，东海，水深 240m，泥沙和碎珊瑚海底，2009.V，王洋提供。

形态描述　贝壳造型美观，近似于肩棘螺，但个体较小，多数个体壳长小于壳宽。壳质较薄。缝合线深，呈沟状。螺旋部低平，壳顶小而尖，仅胚壳约 2 层稍凸出壳面；体螺层特宽大，上部扩张，肩部突出，形成 1 个大的平面，肩角上生有发达的三角形片状棘或长刺，不向内卷曲，而是向四周伸展。壳面白色或黄白色，无花纹，有的个体在体螺层上可见断续的螺带或斑块。生长纹细密。壳口卵三角形，与体螺层分离，外唇薄；内唇平滑，边缘竖起，呈片状。脐孔大而深，周缘有发达的扁棘和长刺，一直延伸至前水管沟的末端。前水管沟扁管状，半封闭。厣角质，黄褐色。

标本测量（mm）

壳长	44.9	38.6	19.1
壳宽	35.1	32.2	28.3

生物学特性　生活于浅海至较深的细沙、岩礁或碎珊瑚礁质海底中，栖息水深为

50-250m。

地理分布　在我国见于台湾海峡西南部和澎湖列岛、东海和南海（中国近海）；日本（纪伊半岛以南），菲律宾，斐济群岛等太平洋海域也有分布。

经济意义　贝壳造型美观，具有较高的收藏和观赏价值。

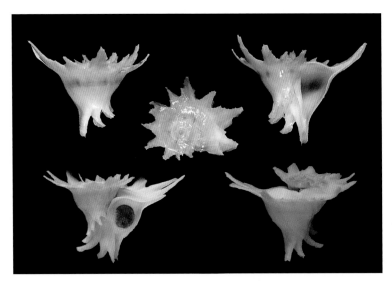

图 180　皮氏肩棘螺 *Latiaxis pilsbryi* Hirase

46. 塔肩棘螺属 *Babelomurex* Coen, 1822

Babelomurex Coen, 1822: 68.

Type species: *Fusus bablies* Requien, 1848.

Langfordta Dall, 1924: 89.

Type species: *Murex cuspidifera* Dall, 1924.

Tolema Iredale, 1929: 186.

Type species: *Tolema australis* Laseron, 1955 (incorrect name used=*Rapana lischkeanas* Dunker, 1822).

特征　贝壳各螺层肩部上生有较发达的棘刺，有的细长，有的粗壮，有的卷曲，向上或向四周伸展。壳面通常具纵肋和细螺肋，肋上具有小鳞片或大小不等的棘刺，贝壳表面颜色丰富多彩。

塔肩棘螺属动物通常栖息于浅海至深海数百米深的砂、泥砂、岩礁或珊瑚礁质海底中。该属是珊瑚螺亚科中种类最多的 1 个属，本志中描述了中国沿海已报道的 30 种。

种 检 索 表

(167) 武装塔肩棘螺 *Babelomurex armatus* (Sowerby, 1912)（图 181）

Latiaxis armatus Sowerby, 1912: 472-473, fig. 2; Kira, 1987: 65, pl. 25, fig. 23; Abbott & Dance, 1983: 154.

Latiaxis (Babelomurex) japonicus (Dunker): Ma & Zhang, 1996: 63, text-fig. 1 (non *Rapana japonica* Dunker, 1882).

Babelomurex armatus (Sowerby): Kosuge & Suzuki, 1985: 10, pl. 11, figs. 8-15, pl. 33, fig. 8; Wilson, 1993: 16, pl. 7, fig. 7; Tsuchiya in Okutani, 2000: 406-407, pl. 202, fig. 223; Zhang & Wei, 2005: 320, fig. 2; Ouverio, 2008a: 529, figs. 73, 173; Jung *et al*., 2011: 39, figs. 7a-b.

别名　武装花仙螺。

英文名　Armored Latiaxis。

模式标本产地　南中国海。

标本采集地　东海和南沙群岛。

观察标本　1 个标本，V499-52，东海（Ⅴ-6），水深 112m，细砂，1976.Ⅶ.5，唐质灿、徐凤山采；5 个标本，东海，水深 200m，泥沙底质，2011.Ⅴ.12，张素萍收集；1 个标本，NS4B-13，南沙群岛，水深 105m，粉沙质软泥和碎贝壳底质，1993.Ⅻ.07，王绍武采。

形态描述　贝壳略修长，近纺锤形；壳质厚而结实。缝合线浅，螺层约 8 层，胚壳 2 层，光滑，其余壳表具有雕刻紧密而细致的螺肋，肋上具覆瓦状排列的小鳞片（有的个体螺肋的鳞片稍发达），纵肋隆起，较粗而圆钝。螺旋部较高而尖，呈塔形，体螺层较大，基部收缩。在各螺层的中部形成肩角，从缝合线到肩角有 1 斜的坡度，肩角上生有 1 列发达的三角形扁棘，并稍向内弯曲，在体螺层肩部的 1 列棘刺最为发达。壳面为黄白色或肉色，棘刺和前水管沟处常呈淡红色。壳口卵圆形，内具有放射状的细螺肋，外唇具小缺刻和短棘；内唇薄而平滑，边缘竖起。前水管沟略长，微曲，外侧绷带上具翘起的鳞片和短棘，具脐孔。厣角质，褐色。

标本测量（mm）

| 壳长 | 32.1 | 30.0 | 27.2 | 26.2 | 15.0 |
| 壳宽 | 24.0 | 19.5 | 19.0 | 21.0 | 11.0 |

生物学特性 暖水性较强的种类；通常栖息于浅海至百米以上的泥砂质、碎贝壳和岩礁质海底中。

地理分布 在我国见于东海和台湾、南沙群岛；日本（纪伊半岛），菲律宾和澳大利亚等地也有分布。

经济意义 贝壳造型美观，具有一定的收藏价值。

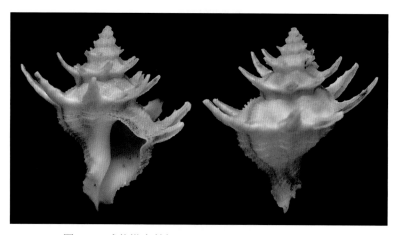

图 181 武装塔肩棘螺 *Babelomurex armatus* (Sowerby)

(168) 日本塔肩棘螺 *Babelomurex japonicus* (Dunker, 1882)（图 182）

Rapana japonica Dunker, 1882: 43, pl. 13, figs. 24-25.

Latiaxis salei Jousseaume, 1883: 186-187, pl. 10, fig. 3.

Latiaxis japonica (Dunker): Cernohorsky, 1978: 73, pl. 29, fig. 7; Abbott & Dance, 1983: 154.

Latiaxis (*Tolema*) *japonicus* (Dunker): Kira, 1978: 65, pl. 25, fig. 25; Springsteen & Leobrera, 1986: 162, pl. 43, fig. 12.

Babelomurex japonicus (Dunker): Kosuge & Suzuki, 1985: 14, pl. 6, figs. 8-13, pl. 13, figs. 24-25; Tsuchiya in Okutani, 2000: 406-407, pl. 202, fig. 225; Zhang & Wei, 2005: 321, fig. 3; Lai, 2005: 208; Oliverio in Poppe, 2008: 226, pl. 408, figs. 7-8; Oliverio, 2008a: 523, figs. 61-62; Jung *et al.*, 2011: 40, fig. 10.

别名 日本花仙螺。

英文名　Japanese Latiaxis。

模式标本产地　日本（濑户内海）。

标本采集地　南沙群岛、南海（19°00′N，112°00′E；20°00′N，113°30′E）。

观察标本　1 个标本，MBM071367，南海，水深 184m，泥质沙，1960.Ⅳ.05，唐质灿采；1 个标本，R142B-19，南海，站号 6067，水深 141m，粗砂碎贝壳底质，1960.Ⅱ.17，沈寿彭采；1 个标本，东海，水深 120m，泥沙质，2011.Ⅳ.12，张素萍采；4 个标本，SSB2-6，南沙群岛，水深 143m，1995.Ⅸ.17，任先秋采。中国科学院海洋生物标本馆共保存 7 个标本，其中有 2 个是生活标本。

形态描述　贝壳呈纺锤形；壳质较厚而坚实。螺层约 9 层，胚壳 2 层，光滑无肋。缝合线浅而明显。螺旋部较高，呈塔形，体螺层高大，壳面具有粗细较均匀的螺肋，肋间沟深，两粗肋间常有 1 条细的间肋，肋上生有密集的小鳞片或小棘，纵肋较弱，宽而低平；各螺层中部扩张，形成 1 个平面和肩角，肩角上生有 1 列短而粗壮的三角形扁棘，向上伸展，并向内卷曲，以体螺层上部的 1 列最为发达。壳面为白色，造型美观。壳口卵圆形，内白色，具有放射状细螺纹；外唇边缘具小棘刺；内唇光滑。前水管沟稍延长，末端向背方稍曲，绷带较发达，具脐孔，有的个体脐孔较大。靥角质，呈褐色。

标本测量（mm）

壳长　47.0	36.0	20.0	19.0	18.0
壳宽　30.0	14.0	15.0	11.2	12.1

生物学特性　暖水性种类；生活在潮下带，一般栖息在水深 100-200m 的砂砾质或泥沙质海底中。

地理分布　分布于西太平洋海域，在我国见于台湾和南海；日本（房总半岛以南），菲律宾（宿务、保和及棉兰老南部），新喀里多尼亚，夏威夷等地也有分布。

经济意义　贝壳造型美观，可供观赏。

图 182　日本塔肩棘螺 *Babelomurex japonicus* (Dunker)

(169) 花仙塔肩棘螺 *Babelomurex lischkeanus* (Dunker, 1882)（图 183）

Rapana lischkeanus Dunker, 1882: 43, pl. 1, figs. 1-2, pl. 13, figs. 26-27.

Tolema peregrinea Powell, 1947: 170, pl. 19, fig. 3.

Tolema australis Laseron, 1955: 72, pl. 1, figs. 1-2.

Latiaxis lischkeanus (Dunker): Cernohorsky, 1978: 73, pl. 21, fig. 6; Abbott & Dance, 1983: 154; Qi *et al.*, 1983, 2: 84.

Latiaxis (Tolema) lischkeanus (Dunker): Kira, 1978: 65, pl. 25, fig. 24.

Babelomurex lischkeanus (Dunker): Kosuge & Suzuki, 1985: 15, pl. 22, figs. 7-10, pl. 27, figs. 3, 8, pl. 47, fig. 3; Wilson, 1993: 16, pl. 7, fig. 17; Kosuge & Meyer, 1999: 110, pl. 40, fig. 3; Tsuchiya in Okutani, 2000: 406-407, pl. 202, fig. 226; Zhang & Wei, 2005: 321, fig. 5; Lai, 2005: 208; Oliverio, 2008a: 537, figs. 84, 178; Robin, 2008: 287, fig. 7; Jung *et al.*, 2011: 40, fig. 11.

别名　凤冠花仙螺。

英文名　Lischke's Latiaxis。

模式标本产地　日本。

标本采集地　东海（浙江外海），南海（19°00′N，112°00′E）。

观察标本　2 个标本，MBM071368，南海，水深 195m，泥质沙，1959.Ⅶ.03，王永良采；1 个标本，南海拖网，1959.Ⅹ；2 个标本，东海（浙江外海），2005.Ⅴ，尉鹏提供。

形态描述　贝壳呈纺锤形；壳质稍薄，但结实。螺层约 9 层，缝合线浅，明显。螺旋部呈塔形，体螺层高大，基部收缩，胚壳约 2 层，光滑无肋，其余壳面雕刻有粗细相间的螺肋，螺肋由许多空心半管状棘刺组成，呈覆瓦状排列，在贝壳的基部棘刺变得较发达。各螺层的中部扩张形成 1 个阶梯状平面和肩角，其上生长有排列密集的半管状三角形扁棘，向四周伸展，并微向上翘起，以体螺层肩部的扁棘最发达。壳面呈黄白色或纯白色，晶莹剔透，非常美丽。壳口卵圆形，内白色或略显淡紫色。外唇边缘具有许多缺刻和小棘；内唇略直。前水管沟较狭长，呈半管状。绷带发达，脐孔小而较深。厣角质，呈红褐色。

标本测量（mm）

　　　壳长　43.5　42.5　36.2　36.0　20.0
　　　壳宽　22.0　32.5　24.5　24.0　11.4

讨论　本种外形与日本塔肩棘螺 *B. japonicus* 较近似，但不同的是本种表面雕刻更精致，肩部的棘刺通常是向四周伸展；而日本塔肩棘螺的雕刻较粗糙，肩部的棘刺是向上伸展，并常向内卷曲。

生物学特性　暖海产；生活在潮下带水深 50-200m 的粗沙、砂砾、碎贝壳及泥沙质海底中。

地理分布　在我国见于台湾东部、东海和南海（海南岛东部）；日本（房总半岛以南），菲律宾，新西兰，澳大利亚，巴斯海峡和南非等地均有分布。

经济意义　贝壳造型美观，可供观赏。

图 183　花仙塔肩棘螺 *Babelomurex lischkeanus* (Dunker)

(170) 中川塔肩棘螺 ***Babelomurex nakamigawai* (Kuroda, 1959)**（图 184）

Latiaxis nakamigawai Kuroda, 1959: 321, pl. 20, fig. 6.

Babelomurex cf. *nakamigawai* (Kuroda): Oliverio, 2008a: 527, figs. 63-64, 69.

Babelomurex nakamigawai (Kuroda): Kosuge & Suzuki, 1985: 16, pl. 6, fig. 7, pl. 7, fig. 9, pl. 28, figs.
　　1-2; Wilson, 1994: 16, pl. 7, fig. 18; Tsuchiya in Okutani, 2000: 407, pl. 202, fig. 228.

模式标本产地　日本。

标本采集地　东海。

观察标本　1 个标本，东海（台湾东北部），水深 300-350m，泥沙质底，2011.XI，标本由王洋提供。

形态描述　贝壳呈纺锤形；壳质厚而坚实。螺层约 9 层，胚壳 2 层，光滑无肋。缝合线浅，明显。螺旋部呈塔形，体螺层高大，约占整个贝壳长度的 3/4，基部收缩。各螺层的中部扩张形成 1 个阶梯状平面和肩部，其上生长有发达的三角形扁棘，并向四周伸展，以体螺层肩部的 1 列扁棘最发达。壳面雕刻有粗而稀疏的螺肋，粗肋间常有 1 条细的间肋，粗螺肋上具有细小棘刺；纵肋在螺旋部较细，但明显，而在次体螺层和体螺层上较低平或不明显。壳面呈纯白色或黄白色。壳口卵圆形，内呈白色。外唇边缘具有缺刻和小棘；内唇弧形，平滑。前水管沟较狭长，呈半管状，明显向背方弯曲。绷带发达，脐孔小而较深。

标本测量（mm）

　　壳长　49.2

　　壳宽　32.2

生物学特性　暖水种；本种栖水较深，通常栖息于水深 300-350m 的泥沙质海底中，据 Oliverio（2008a）记载，有的栖水深度可达 450m。少见种。

图 184　中川塔肩棘螺 *Babelomurex nakamigawai* (Kuroda)

地理分布　分布于西太平洋海域，在我国见于东海（台湾东北部）和南海；日本，菲律宾，新喀里多尼亚，瓦努阿图和澳大利亚等地也有分布。本种在中国为首次记录。

经济意义　贝壳可供观赏。

(171) 芬氏塔肩棘螺 *Babelomurex finchii* (Fulton, 1930)（图 185）

Latiaxis finchii Fulton, 1930a: 250, text-figs. 2-2a.

Latiaxis dunkeri Kuroda & Habe in Habe, 1961: 86, pl. 28, fig. 4; Habe, 1980: 55, pl. 28, fig. 4.

Babelomurex finchii (Fulton): Kosuge & Suzuki, 1985: 13, pl. 6, figs. 1-3, pl. 27, figs. 4-7; Lai, 1998: 75, fig. 193; Tsuchiya in Okutani, 2000: 407, pl. 202, fig. 229; Zhang & Wei, 2006: 151, pl. 1, fig. 5; Oliverio in Poppe, 2008: 226, pl. 408, figs. 5-6; Jung *et al.*, 2011: 40, figs. 13a-b.

别名　芬氏花仙螺。

英文名　Finch's Latiaxis。

模式标本产地　日本。

标本采集地　东海（东南部）。

观察标本　1 个标本，东海，水深 120m，沙质底，2006.IV.12，尉鹏提供；1 个标本，东海，水深 180m，泥沙和碎珊瑚海底，2011.XI.10，王洋提供。

形态描述　贝壳较大而厚重；壳质坚固。螺层约 6½ 层，胚壳小而尖，约 2 层，光滑无肋。缝合线明显。螺旋部呈塔形，体螺层宽大。壳表密布细而较均匀的螺肋，肋上具覆瓦状排列的微小鳞片；纵肋低平或不明显。各螺层中部突出形成阶梯状，肩部竖起，其上具有宽而钝的三角形扁棘，在体螺层和次体螺层上扁棘较发达，通常向上伸展。壳面为白色，有的个体略带淡黄褐色。壳口卵圆形，具放射状螺纹。外唇边缘具有小缺刻；内唇平滑。前水管沟细，略向右侧弯曲，绷带特发达，脐孔大而深。角质厣，褐色。

图 185　芬氏塔肩棘螺 *Babelomurex finchii* (Fulton)

标本测量（mm）

　　壳长　54.2　45.0

　　壳宽　43.1　30.0

生物学特性　暖水种；通常生活于水深 100-200m 的沙质海底中。

地理分布　在我国见于东海和南海海域；日本（纪伊半岛以南），菲律宾等地也有分布。

(172) 河村塔肩棘螺 *Babelomurex kawamurai* (Kira, 1959)（图 186）

Latiaxis kawamurai Kira, 1959: 65, pl. 25, fig. 20.

Babelomurex kawamurai (Kira): Kosuge & Suzuki, 1985: 14, pl. 7, figs. 12-15, pl. 25, fig. 20; Tsuchiya in Okutani, 2000: 407, pl. 202, fig. 227; Oliverio in Poppe, 2008: 226, pl. 408, figs. 3-4; Jung *et al.*, 2011: 40, fig. 11.

别名　河村花仙螺。

模式标本产地　日本。

标本采集地　台湾东北部和西南部。

观察标本　1 个标本，台湾西南海域，水深 300m，砂砾质底；1 个标本，台湾宜兰，水深 100m。照相用标本由台湾张根兴先生提供。

形态描述　贝壳略瘦长，呈纺锤形；壳质稍薄，但结实。螺层约 9 层。缝合线清晰。螺旋部呈塔形，体螺层高大，基部明显收缩。各螺层的中部扩张形成 1 个阶梯状的平面和突出的肩部，肩角上生长有发达的三角形扁棘，并向四周或向上伸展，以体螺层肩部的 1 列扁棘最发达。壳面雕刻有很明显而细密的螺肋，肋上鳞片弱。纵肋低平或不明显。壳面呈白色或黄白色。壳口卵圆形或卵三角形，内白色。外唇薄，中部有缺口，边缘具有小缺刻；内唇近直形，平滑。前水管沟中等长，呈半管状，末端明显向一侧弯曲。绷带发达，脐孔小而深。厣角质，黄褐色。

标本测量（mm）

　　　壳长　36.8　32.0

　　　壳宽　25.0　20.0

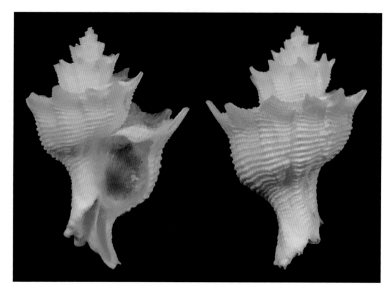

图 186　河村塔肩棘螺 *Babelomurex kawamurai* (Kira)

生物学特性　通常生活在水深 100-300m 的岩礁和砂质海底中；大陆尚未采到本种的标本，据台湾钟柏生等（2011）报道，文中描述用标本采自水深 300m 的砂砾质海底。

地理分布　分布于西太平洋海域，在我国见于台湾东北部和西南部；日本，菲律宾，马达加斯加等地也有分布。

经济意义　贝壳造型美观，可供观赏。

(173) 布氏塔肩棘螺 *Babelomurex blowi* (Ladd, 1976)（图 187）

Latiaxis (*Tolema*) *blowi* Ladd, 1976: 130, figs. 2-4.

Latiaxis (*Tolema*) *regius* Shikama, 1978: 35-42, pl. 7.

Babelomurex blowi (Ladd): Kosuge & Suzuki, 1985: 11, pl. 7, figs. 10-11, pl. 32, figs. 9-11; Tsuchiya in Okutani, 2000: 407, pl. 202, fig. 231; Jung *et al.*, 2011: 41, fig. 14.

别名　布洛氏花仙螺、布罗埃花仙螺。

模式标本产地　瓦努阿图（新赫布里底群岛）。

标本采集地　台湾西南部和东部。

观察标本　1 个标本，台湾东部近海，水深 50m 岩礁海底。标本图片和采集信息由台湾赖景阳教授提供。

形态描述　贝壳肥胖；壳质厚。螺层约 8 层，胚壳小而尖，约 2 层，光滑。缝合线细而明显。螺旋部呈圆锥形，体螺层宽大，略膨圆。各螺层从缝合线向下形成 1 个斜面，尤其是体螺层的肩部特宽，在螺层中部的肩角上有短的角状突起或三角形扁棘。纵肋较粗而低平，螺肋细，排列密集，肋上有小鳞片。壳面呈苍白色，略带淡紫色。壳口大，长卵圆形，内白色或淡紫色。外唇边缘具有小缺刻；内唇平滑。前水管沟宽，较短，向背方弯曲。

标本测量（mm）

　　壳长　38.0

　　壳宽　25.0

图 187　布氏塔肩棘螺 *Babelomurex blowi* (Ladd)

生物学特性　栖息于潮下带水深 50-100m 的岩礁质海底中。

地理分布　在我国见于台湾的西南部和东部；日本（纪伊半岛以南）和太平洋中南部海域也有分布。

(174) 印度塔肩棘螺 *Babelomurex indicus* (Smith, 1899)（图 188）

Coralliophila indica Smith, 1899: 244-245.

Latiaxis keeneri Hidalgo, 1904: 3.

Latiaxis (Babelomurex) michikoae Shikama, 1978: 39, pl. 7, figs. 21-24.

Babelomurex (Echinolatiaxis) indicus (Smith): Kosuge & Suzuki, 1985: 21, pl. 23, fig. 20, pl. 34, figs. 3-4; Tsuchiya in Okutani, 2000: 411, pl. 204, fig. 247.

Babelomurex indicus (Smith): Oliverio, 2008a: 547, fig. 102; Oliverio in Poppe, 2008: 228, pl. 409, figs. 13-14.

别名　印度花仙螺。

模式标本产地　印度。

标本采集地　东沙群岛。

观察标本　1个标本，东沙群岛附近，水深300m，砂质底。标本图片和采集信息由台湾赖景阳教授提供。

形态描述　贝壳纺锤形；壳质结实。螺层约8层。缝合线明显，稍凹。螺旋部较高，体螺层大，约占整个贝壳长度的2/3，基部收缩。各螺层的中部扩张形成肩部，肩角上生有棘刺，棘刺的长短在不同的个体中有差异，多数较短。壳面雕刻有粗细相间的螺肋，粗肋突出，肋间沟深，沟内常有1-2条细的间肋，粗肋上具有许多小棘刺或鳞片，呈覆瓦状排列；纵肋弱，在体螺层上较清晰，呈条状或略带褶皱状，与螺肋交织，其上常有1条纵行的棘刺，棘刺的长短在不同的个体中有变化。壳面呈白色或略带淡黄色。壳口卵圆形，内呈白色。外唇边缘具有缺刻和小棘；内唇弧形，轴唇滑层外卷，平滑。前水管沟中等长，呈半管状，向腹面左侧弯曲。厣角质，褐色。

标本测量（mm）

　　壳长　30.0
　　壳宽　16.0

生物学特性　本种栖水较深，据Oliverio（2008a）记载，生活于水深100-700m的岩礁或砂质海底中。

地理分布　分布于热带印度-西太平洋海域，在我国见于南海及东沙群岛附近海域；日本，菲律宾，印度洋从非洲东部至南部和印度等地也有分布。

经济意义　肉可食用，贝壳可供观赏。

图188　印度塔肩棘螺 *Babelomurex indicus* (Smith)

(175) 吉良塔肩棘螺 *Babelomurex kiranus* (Kuroda, 1959)（图 189）

Latiaxis kiranus Kuroda, 1959: 323-324.

Latiaxis (*Babelomurex*) *kanamarui* Shikama, 1978: 39, pl. 7, figs. 25-26.

Babelomurex (*Echinolatiaxis*) *kiranus* (Kuroda): Kosuge & Suzuki, 1985: 22, pl. 34, figs. 5-6; Tsuchiya in Okutani, 2000: 411, fig. 249.

Babelomurex kiranus (Kuroda): Oliverio in Poppe, 2008: 228, pl. 409, fig. 9; Jung *et al*., 2011: 43, fig. 26.

别名　吉良花仙螺。

模式标本产地　日本（土佐湾）。

标本采集地　台湾东北部。

观察标本　1 个标本，台湾东北部深海。标本图片和采集信息由台湾赖景阳教授提供。

形态描述　贝壳呈纺锤形；壳质结实。螺层约 8 层。缝合线明显，稍凹。螺旋部较高，体螺层大，基部收缩。各螺层的中部扩张形成肩部，肩角上生有长短不等的棘刺，以体螺层肩部的棘刺最发达，并向外伸展。壳面雕刻有稀疏而较弱的纵肋和粗细不均匀的螺肋，二者在螺旋部交织形成扁格状，而在体螺层上常形成纵行的棘刺，棘刺的长短在不同的个体中有变化。壳面呈白色或略带淡黄白色。壳口卵圆形，内呈白色。外唇边缘具有缺刻和小棘；内唇平滑，轴唇滑层稍外卷。前水管沟中等长，呈半管状，明显向腹面左侧弯曲。厣角质，褐色。

标本测量（mm）

壳长　32.0

壳宽　24.0

图 189　吉良塔肩棘螺 *Babelomurex kiranus* (Kuroda)

　　讨论　本种外形与印度塔肩棘螺较近似，因大陆没有采到标本，仅从相关文献中描述和图片观察（Tsuchiya, 2000；Oliverio, 2008b；钟柏生等，2011）发现二者略有差异，吉良塔肩棘螺 *Babelomurex kiranus* (Kuroda) 的贝壳上棘刺长一些；而印度塔肩棘螺 *Babelomurex indicus* (Smith) 棘刺短一些（但棘刺长短在不同个体中也存在着变化）。台湾钟柏生等（2011）分别报道了产自台湾的印度塔肩棘螺和吉良塔肩棘螺。据 Oliverio（2008a）报道，吉良塔肩棘螺可能是印度塔肩棘螺的同物异名，但他是用疑似同物异名来表述的，二者究竟是否为同一个种，尚待进一步研究确认。著者查阅了一些相关文献，发现二者形态既有近似之处，也有差异。由于这 2 种台湾均有报道，在无结论之前，暂把二者分别进行描述。

　　生物学特性　栖息于潮下带水深 10-150m 的岩礁质海底中。少见种。

　　地理分布　在我国见于台湾和南海；日本和菲律宾等地也有分布。

(176) 白菊塔肩棘螺 *Babelomurex marumai* (Habe & Kosuge, 1970)（图 190）

Latiaxis (*Lamellatiaxis*) *marumai* Habe & Kosuge, 1970: 182-185, text-figs. 1-3; Lan, 1980: 22, figs. 46-46a-b.

Babelomurex (*Lamellatiaxis*) *marumai* Habe & Kosuge: Kosuge & Suzuki, 1985: 24, pl. 21, figs. 14-17, pl. 32, figs. 1-2; Tsuchiya in Okutani, 2000: 411, pl. 204, fig. 251.

Babelomurex marumai (Habe & Kosuge): Jung *et al*., 2011: 44, fig. 29.

　　别名　白菊花仙螺。

　　模式标本产地　南海。

　　标本采集地　台湾东北海域和台湾海峡南部。

　　观察标本　1 个标本，台湾近海，岩礁质底。照相用标本由台湾柯富钟先生提供。

　　形态描述　壳形较宽；壳质薄，结实。螺层约 7 层，胚壳小，乳头状，约 1½ 层，光滑无肋。缝合线明显，螺旋部中等大，体螺层突然增宽增大，基部收缩。各螺层的上部扩张，肩部突出，并形成 1 个斜面。螺肋在体螺层的中下部较粗而明显，其他螺层上较细弱或低平。表面具有稀疏的似鱼鳍的片状纵肋，其上生有短刺，在螺层的肩角上形成较强壮的棘刺，常呈叶片状或三角状扁棘，有的卷曲，有的向四周伸展。壳面乳白色或略带黄褐色壳皮。壳口卵圆形或呈倒圆三角形，边缘不整齐。外唇较宽，外缘具有片状雕刻，呈褶皱状；内唇平滑。前水管沟中等长，弯曲。绷带发达，脐孔小而深。厣角质，褐色。

　　标本测量（mm）

　　　　壳长　24.0

　　　　壳宽　23.0

　　讨论　该种模式标本是台湾渔民从南海拖网采到的，由定名人波部忠重（Habe）和小菅曾男（Kosuge）在台湾高雄渔港上收集而来。模式标本保存于日本东京国立科学博物馆。台湾蓝子樵（1980）也曾报道过本种，本志引用了蓝子樵（1980）的 1 张图片。

　　生物学特性　栖息于潮下带岩礁质海底中。较少见种。

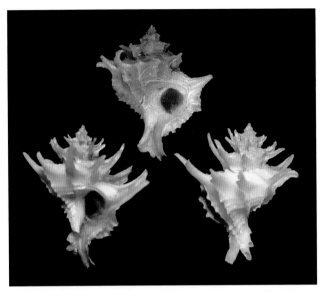

图 190　白菊塔肩棘螺 *Babelomurex marumai* (Habe & Kosuge)

上图引自蓝子樵（1980）

地理分布　在我国见于台湾东北部海域、台湾海峡南部和南海；日本和菲律宾等地也有报道。

经济意义　贝壳可供观赏。

(177) 龙骨塔肩棘螺 *Babelomurex cariniferoides* (Shikama, 1966)（图 191）

Latiaxis (*Babelomurex*) *cariniferoides* Shikama, 1966: 23-24, pl. 1, figs. 7-8.

Babelomurex cariniferoides (Shikama): Kosuge & Suzuki, 1985: 11, pl. 12, figs. 1-6, pl. 29, fig. 2; Tsuchiya in Okutani, 2000: 404-405, pl. 201, fig. 221; Zhang & Wei, 2005: 321, fig. 4; Oliverio in Poppe, 2008: 224, pl. 407, figs. 7a-b; Oliverio, 2008a: 522, fig. 59; Jung *et al*., 2011: 39, fig. 4.

别名　龙骨花仙螺。

英文名　Carinate Latiaxis。

模式标本产地　日本。

标本采集地　东海，南海（18°30′N，110°30′E）。

观察标本　1 个标本，MBM071365，南海（中国近海），水深 112m，沙质泥，1959.Ⅰ.27，刘瑞玉采；1 个标本，东海（浙江外海），2011.Ⅳ.12，水深 200m，泥沙，张素萍收集。

形态描述　贝壳宽短，近球形；壳质结实。螺层约 8 层。缝合线细，壳顶小而尖，胚壳 2 层，光滑无肋，螺旋部低圆锥形，体螺层宽大，基部明显收缩。壳表雕刻有突出于壳面的粗螺肋，肋上排列有细密的小鳞片，纵肋低平而圆钝，各螺层中部扩张形成 1 个斜面，除近壳顶几层外，其余螺层肩部有 1 列三角形的扁棘，以体螺层上部的 1 列最发达，并向四周伸展。壳面为淡黄褐色或淡红褐色，肩角上的棘刺和脐孔周围的棘刺略呈淡红色。壳口近圆形，内呈淡紫色或淡粉色，内唇平滑，轴唇上颜色较明显，呈粉红色；外唇边缘具小缺刻。前水管沟较短，微曲，绷带发达，脐孔大而深。厣角质，褐色。

标本测量（mm）

   壳长　26.0　24.0
   壳宽　26.1　20.2

图 191　龙骨塔肩棘螺 *Babelomurex cariniferoides* (Shikama)

生物学特性　暖海产；据 Tsuchiya（2000）报道，本种生活在水深 50-200m 的沙质海底中。馆藏的标本分别采自东海水深 200m 和南海水深 112m 的泥沙与沙质海底。

地理分布　在我国见于东海和南海（中国近海）；过去仅知分布于日本的纪伊半岛以南，土佐湾及九州西岸，目前在菲律宾，新喀里多尼亚等地也有发现。

经济意义　贝壳可供观赏。

(178) 梦幻塔肩棘螺 *Babelomurex deburghiae* (Reeve, 1857)（图 192）

Pyrula (Rhizochilus) deburghiae Reeve, 1857: 208, pl. 38, figs. 3a-b.

Latiaxis deburghiae (Reeve): Abbott & Dance, 1983: 154.

Latiaxis (Babelomurex) deburghiae (Reeve): Springsteen & Leobrera, 1986: 163, pl. 43, fig. 19.

Babelomurex deburghiae (Reeve): Kosuge & Suzuki, 1985: 12, pl. 5, figs. 2-9, pl. 2, figs. 7-8, 10, 12-18, pl. 29, fig. 6; Lai, 1998: 75, fig. 192; Tsuchiya in Okutani, 2000: 405, pl. 201, fig. 222; Zhang & Wei, 2006: 150, pl. 1, figs. 1a-e; Oliverio in Poppe, 2008: 222, pl. 406, figs. 8-10; Jung *et al.*, 2011: 39, fig. 5.

别名　梦幻花仙螺。
英文名　De Burgh's Latiaxis。
模式标本产地　中国。
标本采集地　东海（中国近海）。
观察标本　1 个标本，V473B-15，东海，水深 100m，细砂，1975.Ⅹ.10，唐质灿采；1 个标本，V498B-59，东海，水深 131m，细砂，1975.Ⅹ，唐质灿采；1 个标本，东海，水深 120m，砂质底，2006.Ⅳ.12，尉鹏提供；3 个标本，东海（台湾东北部），水深 200m，沙或碎珊瑚质底，2011.Ⅺ，王洋提供。

形态描述　贝壳较宽短；壳质稍薄，结实。螺层约 8 层，壳顶小而尖。缝合线浅而明显。螺旋部低圆锥形，体螺体宽大，在近基部突然收缩，并形成 1 个棱角。壳面具有细密的螺肋，肋上具有覆瓦状排列的极细密的小鳞片，纵肋弱或不明显，仅在螺旋部近壳顶几层较明显，而在体螺层和次体螺层上纵肋几乎消失。各螺层的肩部具有 1 列极发达的三角形的扁棘，有的个体棘刺很长，并向四周或向上伸展，有的向内卷曲。壳面颜色有变化，为黄白色、淡粉色或淡黄褐色等。壳口近卵圆形，内淡红色或白色，有放射状细螺纹。外唇非弧形，有棱角，边缘具小缺刻；内唇光滑，轴唇近直，多呈红色。前水管沟较短，微向背方曲，绷带发达，脐孔大。厣角质，褐色。

标本测量（mm）

　　壳长　30.0　22.4　21.2　15.0　13.5
　　壳宽　23.8　22.9　28.5　19.0　13.2

讨论　本种与龙骨塔肩棘螺的外形近似，不同的是本种的螺肋比龙骨塔肩棘螺细密，肩角的棘刺更发达，有的个体棘刺向上或向内卷曲。

生物学特性　暖水种；本种通常生活在水深 20-200m 的沙或岩礁质底中。我们的标本分别采自东海水深 100-200m 的细沙质海底。

地理分布　在我国见于台湾东北海域、东海和南海；日本（房总半岛以南），菲律宾，印度尼西亚和南非等地也有分布。

经济意义　本种贝壳造型美观，可供观赏。

图 192　梦幻塔肩棘螺 *Babelomurex deburghiae* (Reeve)

(179) 平濑塔肩棘螺 *Babelomurex hirasei* (Shikama, 1964)（图 193）

Latiaxis (*Babelomurex*) *hirasei* Shikama, 1964b: 137-138, pl. 62, fig. 2.

Babelomurex hirasei (Shikama): Kosuge & Suzuki, 1985: 14, pl. 5, figs. 1, 10-11, pl. 12, figs. 9, 11, pl. 29, fig. 3; Tsuchiya in Okutani, 2000: 405, pl. 201, fig. 218; Zhang & Wei, 2006: 150, pl. 1, fig. 2; Oliverio in Poppe, 2008: 222, pl. 406, figs. 5-7; Jung *et al.*, 2011: 39, fig. 6.

别名　平濑花仙螺。

模式标本产地　日本。

标本采集地　东海。

观察标本　1 个标本，东海，水深 130m，泥沙底，2006.Ⅱ，尉鹏提供；1 个标本，东海，水深 180-200m，碎珊瑚底质，2010.Ⅺ，尉鹏提供；1 个标本，东海，水深 180m，碎珊瑚底质，2011.Ⅺ，王佑宁提供。

形态描述　贝壳小，壳形较宽短，近卵球形；壳质结实。螺层约 8 层，壳顶尖，胚壳约 2 层，光滑，缝合线浅。螺旋部稍高，体螺层宽大而膨圆，基部收缩。壳面雕刻有细密的螺肋，通常在体螺层的肩部以下螺肋较明显，肋上有小鳞片；纵肋在螺旋部近壳顶几层较明显，而在次体螺层和体螺层上纵肋通常较宽而低平，也有的个体纵肋较弱而不明显。各螺层的中部扩张，形成突出的肩角，其上有 1 列发达的三角形扁棘，细长，向上或向四周伸展，造型甚是美丽。壳面呈黄色、粉色、肉色或黄白色等。壳口大，略呈方形，或近圆形，内有放射状细螺纹。外唇边缘有锯齿状缺刻和小棘，内唇平滑，轴唇多呈紫红色。前水管沟短，末端向背方翘起。绷带发达，脐孔大。厣角质，黄褐色。

标本测量（mm）

　　壳长　22.0　20.0　20.0
　　壳宽　20.0　25.0　21.0

图 193　平濑塔肩棘螺 *Babelomurex hirasei* (Shikama)

生物学特性　本种栖息于潮下带泥沙质或砂砾质海底中。馆藏的 1 个标本采自东海水深 130m 的泥沙质海底。

地理分布　在我国见于东海和南海；日本（土佐湾以南）和菲律宾等地也有分布。

经济意义　贝壳造型美观，可供观赏。

(180) 展翼塔肩棘螺 *Babelomurex latipinnatus* (Azuma, 1961)（图 194）

Latiaxis latipinnatus Azuma, 1961: 301, text-figs. 2, 6; Kosuge & Suzuki, 1985: 5, pl. 2, figs. 2-5;
　　Tsuchiya in Okutani, 2000: 405, pl. 201, fig. 217; Oliverio in Poppe, 2008: 222, pl. 406, figs. 1-3;
　　Jung *et al.*, 2011: 38, fig. 3.

别名　展翼花仙螺。

英文名　Wide-spined Latiaxis。

模式标本产地　日本。

观察标本　1 个标本，台湾澎湖，泥砂和碎珊瑚质海底，水深 100-150m。照相用标本由台湾柯富钟先生提供。

形态描述　贝壳宽短；壳质稍薄，但结实。螺层 6-7 层。壳顶小而尖。缝合线细。螺旋部小，呈低圆锥形；体螺层特宽大，基部收缩。壳面雕刻有细密的螺肋，在体螺层的中下部螺肋较明显，肋上有小鳞片和小刺；纵肋宽而低平或不明显。体螺层上部扩张，形成 1 个极宽阔的平面，周缘具有宽而发达的翼状扁棘，向四周或向上伸展，造型美丽。在次体螺层的肩部同样有 1 环稍短的薄片状扁棘。壳面呈黄白色、土黄色或橘黄色等。壳口大，略呈圆三角形，或近卵圆形。外唇边缘有细弱的锯齿状缺刻；内唇近直，平滑。前水管沟短，末端向背方翘起。绷带发达，脐孔大。

标本测量（mm）

　　壳长　31.0

讨论　Azuma（1961）作为新种进行记述时，把它放在了肩棘螺属 *Latiaxis* 中，但新的分类系统已将其转入塔肩棘螺属 *Babelomurex* 内。因为本种具有 1 个低圆锥形的螺旋部，壳口与体螺层不分离，这些特征是与肩棘螺属有明显区别。

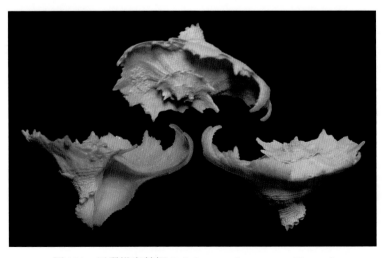

图 194　展翼塔肩棘螺 *Babelomurex latipinnatus* (Azuma)

生物学特性　暖水性种类；生活于潮下带浅海水深 100-150m 的泥砂和碎珊瑚质海底中。

地理分布　在我国见于台湾（澎湖）和南海；日本（土佐湾，纪伊半岛以南），越南，菲律宾等地均有分布。

经济意义　贝壳可供观赏。

(181) 紫塔肩棘螺 *Babelomurex purpuratus* (Chenu, 1859)（图 195）

Latiaxis purpuratus Chenu, 1859: 171, text-fig. 844.

Latiaxis (Babelomurex) purpuratus (Chenu): Springsteen & Leobrera, 1986: 163, pl. 43, fig. 20.

Babelomurex purpuratus (Chenu): Kosuge & Suzuki, 1985: 17, pl. 15, figs. 1-6, pl. 29, fig. 1; Oliverio in Poppe, 2008: 222, pl. 406, figs. 4a-b; Jung *et al*., 2011: 42, fig. 19.

别名　紫堡花仙螺。

英文名　Purple-mouth Latiaxis。

模式标本产地　不详。

标本采集地　台湾东部。

观察标本　1 个标本，台湾东部，水深 50m，礁石底质。标本图片由台湾钟柏生先生提供。

图 195　紫塔肩棘螺 *Babelomurex purpuratus* (Chenu)

形态描述　贝壳较小，壳形较宽；壳质薄，但结实，螺层约 8 层，壳顶小而尖。缝合线明显。螺旋部稍高，体螺层宽大，基部明显收缩。壳面雕刻有精致而极细密的螺肋，仅在贝壳的基部螺肋变得较粗。纵肋在不同个体中有变化，有的较粗圆，有的较低平，在 2 条粗纵肋之间常形成凹坑。贝壳各螺层肩部竖起，形成棱角，尤其是在体螺层的中下部有 1 明显的棱角突出，在体螺层的肩角上有 1 列发达的三角形扁棘，向上卷曲或向四周伸展，其他螺层棘刺较弱。壳面呈黄褐色、粉色或淡红色等，螺旋部颜色加深，常呈红色或紫红色。壳口大，略呈卵圆形，外唇有棱角，内粉色或淡紫红色。外唇薄；内唇平滑，轴唇多呈紫红色。前水管沟扁管状，末端向背方翘起。绷带发达，脐孔大。

标本测量（mm）

　　壳长　26.0

　　壳宽　22.0

生物学特性　栖息于浅海岩礁质海底中。据钟柏生等（2011）报道，台湾的标本采自东部水深 50m 左右的岩礁质海底。

地理分布　在我国见于台湾的东部和南海；菲律宾也有分布。

(182) 长棘塔肩棘螺 *Babelomurex longispinosus* (Suzuki, 1972)（图 196）

Latiaxis longispinosus Suzuki, 1972: 1-2.

Latiaxis pisori D'Attilio & Emerson, 1980: 71, pl. 19, figs. 5-6, pl. 20, fig. 7.

Latiaxis (*Latiaxis*) *pisori* D'Attilio & Emerson: Springsteen & Leobrera, 1986: 162, pl. 43, fig. 9.

Babelomurex longispinosus (Suzuki): Kosuge & Suzuki, 1985: 15, pl. 15, figs. 7-11, pl. 29, figs. 7-8; Oliverio in Poppe, 2008: 226, pl. 408, figs. 9-10; Jung *et al.*, 2011: 42, figs. 20a-b.

别名　长棘花仙螺、派沙花仙螺。

英文名　Long-spined Latiaxis。

模式标本产地　日本。

标本采集地　台湾东北部。

观察标本　2 个标本，台湾东北部海域，水深 60m，礁石质海底。标本图片由台湾钟柏生和赖景阳教授提供。

图 196　长棘塔肩棘螺 *Babelomurex longispinosus* (Suzuki)

形态描述　壳形较宽短，近卵球形；壳质结实，螺层约 7 层，壳顶小而尖；缝合线浅，清晰。螺旋部低圆锥形，有的个体螺旋部低，稍突出壳面；体螺层特宽大，上部宽，基部收缩，呈倒三角形。壳面螺肋细密，肋上有细小的鳞片，在体螺层的中下部常有 2-3 条（多数个体为 2 条）环行龙骨状隆起。肩部宽，其上生有发达的三角形扁棘，向上伸展或卷曲。壳面呈黄褐色或粉红色，通常生活标本颜色较深。壳口大，内呈紫红色或玫红色，有放射状细螺纹。外唇边缘薄，内唇平滑。前水管沟短，扁管状，末端向背方翘起。绷带发达，脐孔大。厣角质，黄褐色。

标本测量（mm）

　　壳长　37.0

　　壳宽　36.0

生物学特性　本种通常栖息于潮下带水深 50-200m 的礁石质海底中。较少见种。

地理分布　在我国见于台湾东北部海域；日本（纪伊半岛以南），菲律宾等东南亚地区也有分布。

(183) 前塔肩棘螺 *Babelomurex princeps* (Melvill, 1912)（图 197）

Latiaxis princeps Melvill, 1912: 248, pl. 12, figs. 15, t-f.

Latiaxis castanetocinctus Kosuge, 1980c: 43, pl. 10, figs. 7-9.

Latiaxis (*Echinolatiaxis*) *takahashii* Kosuge: Zhang, 2001: 232, text-fig. 3 [non *Latiaxis* (*E.*) *takahashii* Kosuge, 1979].

Babelomurex princeps (Melvill): Kosuge & Suzuki, 1985: 17, pl. 14, figs. 5-13, pl. 18, fig. 6, pl. 31, figs. 1-2; Zhang & Wei, 2005: 321, fig. 6; Oliverio in Poppe, 2008: 230, pl. 410, figs. 10-12; Oliverio, 2008a: 539, fig. 87; Jung *et al.*, 2011: 52, fig. 67.

别名　高桥肩棘螺、王子花仙螺。

英文名　Prince Latiaxis。

模式标本产地　波斯湾。

标本采集地　东海和南沙群岛。

观察标本　1 个标本，东海，水深 200m，泥沙质，2011.Ⅴ.13，张素萍采；2 个标本，SSⅣB-7，南沙群岛（6°00′N，109°25′E），51 号站，水深 140m，沙质底，1987.Ⅴ.17，陈锐球采；1 个标本，南沙群岛（6°45′N，108°30′E），59 号站，水深 97m，1999.Ⅶ.12，唐质灿采；1 个标本，东海，沙质或碎贝壳底，2011.Ⅺ，尉鹏提供。

形态描述　贝壳中等大，呈纺锤形；壳质较厚而结实。螺层约 9 层，缝合线浅。螺旋部尖，呈塔形，体螺层大。除胚壳 2 层光滑无肋外，其余壳面具有粗细不太均匀的螺肋，螺旋部螺肋较弱，在贝壳的基部有数条较粗螺肋，肋上具有密集的半管状小鳞片和小刺，纵肋宽而粗壮。各螺层中部突出形成肩角，其上有 1 列发达的三角形扁棘，向上或向四周伸展。壳面呈黄褐色、肉色、橘黄色或白色，有些标本在壳顶部和基部为纯白色，两纵肋之间的凹陷处颜色较深，呈红褐色或红色。壳口近卵圆形，内白色，有较强的放射状肋纹，外唇边缘具缺刻和棘刺；内唇光滑。前水管沟稍延长，向背方弯曲，绷带明显，脐孔小而深。厣角质，红褐色，核位于外侧下方。

标本测量（mm）

壳长 42.1 40.2 30.0 29.0

壳宽 25.5 27.5 23.0 26.5

生物学特性 暖水种；生活在浅海至水深200m左右的沙或泥沙或碎贝壳质海底中。研究用的标本分别采自东海水深 200m 左右的泥沙或碎贝壳海底和南沙群岛水深97-147m处的沙质海底。较少见种。

地理分布 分布于西太平洋暖海区，在我国见于台湾、东海和南沙群岛；菲律宾，斐济群岛，珊瑚海，瓦努阿图和波斯湾等地也有分布。

经济意义 贝壳造型美观，可供观赏。

图 197 前塔肩棘螺 *Babelomurex princeps* (Melvill)

(184) 宝塔肩棘螺 *Babelomurex spinosus* (Hirase, 1908)（图 198）

Latiaxis spinosus Hirase, 1908: 71, pl. 42, figs. 253-254.

Coralliophila spinosa Dall, 1925: 14, pl. 36, figs. 5, 8.

Latiaxis multispinosus Shikama, 1966: 24-25, pl. 2, figs. 13-15.

Latiaxis jeanneae D'Attilio & Myers, 1984: 86, figs. 15-20.

Latiaxis (*Tolema*) *pagodus* (A. Adams): Qi *et al.*, 1991: 115.

Latiaxis (*Latiaxis*) *pagodus* (A. Adams): Springsteen & Leobrera, 1986: 160, pl. 43, fig. 1.

Latiaxis pagodus (A. Adams): Kira, 1978: 64, pl. 25, fig. 13; Abbott & Dance, 1983: 156.

Latiaxis (*Babelomurex*) *pagodus* (A. Adams): Springsteen & Leobrera, 1986: 333, pl. 95, fig. 6.

Babelomurex spinosus (Hirase): Kosuge & Suzuki, 1985: 19, pls. 8-9, figs. 1-25, pl. 10, figs. 1-22, pl. 30, figs. 1-11; Tsuchiya in Okutani, 2000: 409, pl. 204, fig. 243; Oliverio in Poppe, 2008: 234, pl. 412, figs. 1-8; Oliverio, 2008a: 538, fig. 86; Jung *et al.*, 2011: 43, figs. 23a-b.

别名　台湾花仙螺。

英文名　Spiny Latiaxis。

模式标本产地　日本（土佐）。

标本采集地　东海。

观察标本　2 个标本，MBM114736，东海，水深 180m，砂质底，1981.Ⅶ.06，唐质灿采；1 个标本，MBM114732，东海，水深 110m，细沙，1975.Ⅹ.10，徐凤山采；2 个标本，V499B-51，东海，水深 112m，细沙质，1976.Ⅶ.06，唐质灿采；9 个标本，东海，水深 200m，泥质沙，2011.Ⅴ.12，张素萍收集。

形态描述　贝壳较瘦长，近纺锤形；壳质薄而结实。螺层约 9 层，壳顶小而尖。缝合线明显，稍凹，在体螺层和次体螺层之间的缝合线常呈游离状态。螺旋部高，呈塔形，体螺层较大。壳面雕刻有极细密的螺肋和隆起的宽而低平的纵肋。各螺层中部突出形成 1 个斜面和肩角，其上生有 1 列发达的长棘，向上伸展或卷曲，在体螺层的下部还有几条由长短不等的棘刺和鳞片组成的螺肋，本种表面雕刻和螺肋数目有变化。壳面为黄褐色、粉色或乳白色等，具有紫红色或红褐色的螺带和斑块，尤其在两纵肋之间的凹陷处其颜色加深。壳口呈卵圆形，周缘竖起，呈片状，外唇边缘具缺刻或小棘，内唇光滑。前水管沟细，稍长，半管状，向背方弯曲，外侧绷带上具鳞片状棘刺，脐孔小。

标本测量（mm）

壳长　34.5　30.0　29.1　29.0　28.0

壳宽　23.0　24.2　26.6　20.2　19.6

生物学特性　属暖水种；生活于 50-200m 水深的沙质、砂砾质或礁石质海底中。我们的标本主要采自东海水深 110-200m 的细沙或砂砾质海底。东海常见种。

图 198　宝塔肩棘螺 *Babelomurex spinosus* (Hirase)

　　地理分布　广泛分布于热带西太平洋海域，在我国见于台湾近海、东海（浙江外海）和南海海域；日本（本州中部以南），菲律宾，新喀里多尼亚和澳大利亚北部海域均有分布。

　　经济意义　贝壳造型美观，供观赏。

(185) 花蕾塔肩棘螺 *Babelomurex gemmatus* (Shikama, 1966)（图 199）

Latiaxis (*Babelomurex*) *gemmatus* Shikama, 1966: 24, pl. 2, figs. 1-6; Springsteen & Leobrera, 1986: 162, pl. 43, fig. 10.

Latiaxis (*Laevilatiaxis*) *macutanica* Kosuge, 1979: 6, pl. 3, figs. 6-10.

Latiaxis macutanica Kosuge: Abbott & Dance, 1983: 156.

Babelomurex (*Laevilatiaxis*) *gemmatus* (Shikama): Kosuge & Suzuki, 1985: 21, pl. 20, figs. 4-19, pl. 35, figs. 10-11; Tsuchiya in Okutani, 2000: 409, pl. 204, fig. 244.

Babelomurex gemmatus (Shikama): Oliverio in Poppe, 2008: 236, pl. 413, figs. 6-10; Jung *et al.*, 2011: 43, fig. 24.

　　别名　宝石花仙螺。
　　英文名　Mactan Latiaxis。
　　模式标本产地　日本。
　　标本采集地　东海（浙江外海）。
　　观察标本　1 个标本，东海，水深 200m，泥沙质海底，2011.Ⅳ.13，张素萍收集。

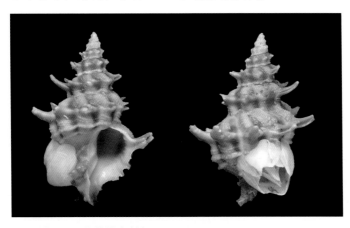

图 199　花蕾塔肩棘螺 *Babelomurex gemmatus* (Shikama)

　　形态描述　贝壳小，呈纺锤形；壳质厚而结实。螺层约 8 层，缝合线较浅，明显；胚壳 2-3 层，光滑。螺旋部高，呈塔形，体螺层大。壳面雕刻有极细密的螺肋和发达的纵肋 8-9 条。各螺层中部突出形成肩部，在肩角上生有 1 列发达的半管状长棘，棘上常有分枝，以体螺层肩角上的 1 列棘刺最长，向上或向四周伸展，末端向内卷曲；在每一螺层的缝合线处有 1 环行螺肋，肋上有鳞片和短刺，在体螺层肩角的下面近中部有 2 条明显的粗螺肋，基部螺肋较明显。壳面呈黄褐色、淡红色或紫红色，壳顶部几层为白色，在棘刺和两纵肋之间的凹陷处颜色通常变得较深。壳口呈卵圆形，内呈淡红色或粉红色，内常有紫红色的斑，轴唇和前水管沟处红色较明显。外唇边缘具缺刻或小棘，内唇光滑。前水管沟稍延长，向背方弯曲，外侧绷带发达，其上具鳞片状棘刺，脐孔小。厣角质，红褐色。

标本测量（mm）

　　壳长　28.0

　　壳宽　20.5

生物学特性　本种通常栖息于潮下带水深 60-200m 的岩礁或砂质海底。较少见种。

地理分布　在我国见于东海（浙江外海）、台湾东北角和南海海域；日本（土佐湾以南）和菲律宾等地也有分布。

经济意义　贝壳造型美观，可供观赏。

(186) 冠塔肩棘螺 *Babelomurex diadema* (A. Adams, 1854)（图 200）

Murex diadema A. Adams, 1854: 70.

Latiaxis (Babelomurex) (sic) *gemmatus* Shikama, 1966: 24, pl. 2, figs. 1-6.

Babelomurex (Laevilatiaxis) diadema (A. Adams): Kosuge & Suzuki, 1985: 20, pl. 14, figs. 14-21, pl. 35, figs. 1-2.

Babelomurex armatus (Sowerby): Zhang & Wei, 2005: 320, fig. 2 (non Sowerby, 1912).

Babelomurex diadema (A. Adams): Zhang & Wei, 2005: 322, fig. 8; Oliverio, 2008a: 540, figs. 89-92, 180；Oliverio in Poppe, 2008: 238, pl. 414, figs. 8-12; Jung *et al.*, 2011: 44, fig. 29.

别名　皇冠花仙螺。

模式标本产地　菲律宾。

标本采集地　东海（大陆架），南沙群岛。

观察标本　1 个标本，V525B-56，东海，站号 Ⅵ-5，水深 150m，细砂，1976.Ⅷ.28，唐质灿采；1 个标本，Ns10B-3，南沙群岛，水深 16m，细沙，1983.Ⅻ.16 采；1 个标本，南沙群岛（6°45′N，108°30′E），59 号站，水深 97m，1999.Ⅶ.12，唐质灿采。

形态描述　贝壳呈纺锤形；我们采到的标本多为幼体，个体较小。壳质薄，但结实，螺层约 9 层；缝合线浅，明显。螺旋部高，尖锥状，体螺层较大。壳面螺肋细弱，纵肋较粗而明显。各螺层中部扩张形成 1 个斜的平面，肩角上生有 1 列三角形的扁棘，棘刺的长短在不同个体中有变化，在体螺层的中部还有 1 列由短棘组成的粗螺肋，与肩部的 1 列平行，基部的数条螺肋较细密，其上有小刺和鳞片。壳面淡褐色、白色或略呈浅红色，在纵肋的凹陷处有褐色斑块。壳口近卵圆形，内白色或淡紫色，外唇边缘具缺刻和棘刺，内唇近直，平滑。前水管沟短，半管状，微向背方弯曲。绷带明显，脐孔小。

标本测量（mm）

　　壳长　18.5　10.0　9.9

　　壳宽　10.0　11.0　7.0

生物学特性　暖海产；栖息于潮下带浅海泥砂质及细沙质海底。馆藏标本分别采自东海水深 150m 及南沙群岛水深 16m 和 97m 处。较少见种。

图 200　冠塔肩棘螺 *Babelomurex diadema* (A. Adams)

地理分布　分布于西太平洋暖水区，在我国见于台湾东北部、东海（中国近海）和南沙群岛海域；越南，菲律宾，新喀里多尼亚，瓦努阿图和斐济等地也有分布。

经济意义　贝壳可供观赏。

(187) 高桥塔肩棘螺 *Babelomurex takahashii* (Kosuge, 1979)（图 201）

Latiaxis (*Echinolatiaxis*) *takahashii* Kosuge, 1979: 4, pl. 3, figs. 4-5; Springsteen & Leobrera, 1986: 160, pl. 43, fig. 5.

Latiaxis takahashii Kosuge: Abbott & Dance, 1983: 154.

Babelomurex (*Echinolatiaxis*) *takahashii* (Kosuge): Kosuge & Suzuki, 1985: 23, pl. 16, figs. 9-16, pl. 33, fig. 4.

Babelomurex takahashii (Kosuge): Zhang & Wei, 2006: 150, pl. 1, fig. 3; Oliverio in Poppe, 2008: 232, pl. 411, figs. 4-5; Robin, 2008: 288, fig. 4.

别名　高桥花仙螺。

英文名　Takahashi's Latiaxis。

模式标本产地　菲律宾。

标本采集　东海（台湾东北部）。

观察标本　1 个标本，东海，水深 120m，砂质底，2006.Ⅱ.12，尉鹏提供；1 个标本，东海，水深 180-240m，碎珊瑚质底，2011.Ⅺ，王佑宁提供。

形态描述　贝壳小，修长；壳质薄，但结实。螺层约 9 层，缝合线浅。螺旋部高而尖，呈圆锥状，体螺层较大。胚壳约 2 层，光滑无肋，呈褐色。壳面雕刻有较宽的纵肋，通常纵肋在螺旋部较明显，而在体螺层上变得较低平，有 8-9 条；螺肋粗细相间，其上密布长短不等的小棘刺和覆瓦状排列的小鳞片，通常在贝壳基部的螺肋变得较粗而明显，其上的棘刺也较发达。在各螺层形成突出的肩部，肩角上有 1 列细长的棘刺，向四周或向上伸展，以体螺层肩部的 1 列棘刺最长。壳面为淡红色、红褐色或黄褐色，而棘刺的颜色多呈紫红色或红色，前水管沟处颜色较深。壳口卵圆形，内呈红色或淡红色，呈放射状的细螺肋；外唇缘具缺刻和小刺；内唇平滑，呈紫红色。前水管沟半管状，向背方弯曲；绷带发达，厣角质，红褐色。

标本测量（mm）

壳长　21.5　21.5

壳宽　18.0　17.0

图 201　高桥塔肩棘螺 *Babelomurex takahashii* (Kosuge)

生物学特性　暖水种；本种通常生活在潮下带水深 100-150m 的沙或泥沙质海底中。馆藏的 1 个标本是由渔民从东海水深 120m 处拖网采集到的。

地理分布　在我国见于东海（台湾东北部）；日本和菲律宾等地也有分布。

经济意义　贝壳造型美观，具有一定的收藏价值。

(188) 中安塔肩棘螺 *Babelomurex nakayasui* (Shikama, 1970)（图 202）

Latiaxis (*Babelomurex*) *nakayasui* Shikama, 1970: 22, pl. 1, figs. 10-13.

Babelomurex nakayasui (Shikama): Kosuge & Suzuki, 1985: 16, pl. 11, fig. 7, pl. 18, figs. 7-14, pl. 31, fig. 8; Oliverio, 2008a: 536, fig. 81; Jung *et al.*, 2011: 42, fig. 21.

别名　中安花仙螺。

模式标本产地　日本。

标本采集地　东海（浙江外海）和台湾南部。

观察标本　1 个标本，东海浙江外海，标本图片由尉鹏提供；1 个标本，台湾南部，照相用标本由台湾柯富钟先生提供。

形态描述　贝壳略修长，呈纺锤形；壳质结实。螺层约 9 层，缝合线浅，清晰。胚壳约 2 层，光滑无肋，多呈红色。螺旋部较高而尖，呈圆锥状，体螺层较大。各螺层上部形成明显的肩角，其上生有较长的棘刺，向四周或向上伸展，以体螺层肩部的 1 列最发达。壳面雕刻有较宽而突出壳面的纵肋，在螺旋部尤为明显。螺肋粗而稀疏，肋间有细螺纹，在体螺层上螺肋变得较粗，肋上生有长短不等的棘刺。壳面为白色或略带淡黄色，形态和棘刺的颜色有变化，有的个体棘刺的颜色呈紫红色，也有的为黄白色或黄褐色，前水管沟和轴唇上常染色。壳口卵圆形，内白色，有放射状的细螺肋；外唇边缘具缺刻和小刺；内唇平滑，唇缘外卷。前水管沟半管状，向背方弯曲；绷带发达，厣角质，红褐色。

标本测量（mm）

　　　壳长　　39.0　　18.0

　　　壳宽　　34.5　　15.2

生物学特性　暖水种；本种通常生活在潮下带水深 50-200m 的沙、泥沙和岩礁质海底中。

地理分布　分布于西太平洋海域，在我国见于东海和台湾南部沿海；日本南部和菲律宾等地也有分布。

经济意义　贝壳造型美观，具有一定的收藏价值。

图 202　中安塔肩棘螺 *Babelomurex nakayasui* (Shikama)

(189) 土佐塔肩棘螺 *Babelomurex tosanus* (Hirase, 1908)（图 203）

Latiaxis tosanus Hirase, 1908: 71, pl. 42, figs. 255-256; Kira, 1978: 65, pl. 25, fig. 19.

Babelomurex tosanus (Hirase): Kosuge & Suzuki, 1985: 19, pl. 13, figs. 1-6, pl. 31, fig. 3; Lai, 1998: 76,
　　fig. 197; Tsuchiya in Okutani, 2000: 409, pl. 203, fig. 242; Zhang & Wei, 2006: 150, pl. 1, fig. 4;
　　Oliverio, 2008a: 537, fig. 83; Oliverio in Poppe, 2008: 232, pl. 411, figs. 6-7; Jung et al., 2011: 42,
　　figs. 22a-b.

别名　土佐花仙螺。

模式标本产地　日本。

标本采集地　东海（东南部）。

观察标本　1 个标本，东海，水深 200m，泥沙质海底，2011.IV.13，张素萍收集；1 个标本，东海，水深 130m，砂底，2006.VI.15，尉鹏提供。

形态描述　贝壳呈纺锤形；壳质厚，结实。螺层约 9 层，缝合线浅。螺旋部较高，体螺层圆而宽大。胚壳约 2 层，光滑无肋，其余壳面粗糙，雕刻有粗细相间的螺肋，螺肋上密布长短不等的半管状棘刺和鳞片，螺旋部上的螺肋通常棘刺较小，体螺层上棘刺发达，纵肋粗而低平，有些个体纵肋不太明显。在各螺层的肩部有 1 列三角形的扁棘，以体螺层上部的 1 列最为发达，向上或向四周伸展。壳面为黄白色或淡黄褐色等，肩部扁棘的颜色常加深，呈浅红褐色或黄褐色。壳口卵圆形，内具细螺纹，外唇边缘具缺刻和棘刺；内唇平滑。前水管沟短，半管状，曲向背方。绷带发达，脐孔小。

标本测量（mm）

　　壳长　31.0　30.1

　　壳宽　23.0　21.2

生物学特性　本种通常生活于浅海砂或沙泥质海底中。研究用的 2 个标本采自东海水深 130m 和 200m 左右的沙泥质海底。

地理分布　在我国见于东海和南海；日本和菲律宾等西太平洋海区也有分布。

经济意义　贝壳造型美观，可供观赏。

图 203　土佐塔肩棘螺 *Babelomurex tosanus* (Hirase)

(190) 管棘塔肩棘螺 *Babelomurex tuberosus* (Kosuge, 1980)（图 204）

Latiaxis (Echinolatiaxis) tuberosus Kosuge, 1980c: 42-43, pl. 9, figs. 6-9; Springsteen & Leobrera, 1986: 333, pl. 95, fig. 2.

Babelomurex tuberosus (Kosuge): Kosuge & Suzuki, 1985: 19, pl. 21, figs. 8-9, pl. 33, fig. 10; Lee, 2003: 45, fig. 35.

别名　管棘花仙螺。

模式标本产地　菲律宾。

标本采集地　台湾龟山岛。

观察标本　1 个标本，台湾龟山岛，水深 100-200m。标本图片由台湾李彦铮博士提供。

形态描述　贝壳呈纺锤形，壳质厚，结实。螺层约 8 层，胚壳约 2 层，光滑。缝合线浅，明显。螺旋部较高，呈圆锥形，体螺层宽大。各螺层中部形成圆的肩角，壳面雕刻有明显的粗螺肋，通常螺旋部近壳顶几层螺肋较细密，而体螺层和次体螺层上的螺肋较粗壮，在每一螺层的肩部下面有 2 条螺肋，而在体螺层肩部以下通常有 6 条较发达的螺肋，肋上密布长短不等的半管状棘刺，纵肋低平而较粗壮。在各螺层的肩部有 1 列发达的扁棘，向四周伸展。壳面为淡粉色或淡红褐色，棘刺的颜色加深。壳口卵圆形，内白色，具螺纹，外唇边缘具缺刻和棘刺；内唇平滑。前水管沟短，半管状。绷带发达，脐孔小。

标本测量（mm）

壳长　17.0

生物学特性　据李彦铮（2003）报道，台湾的标本采自龟山岛海域水深 100-200m 的海底。较少见种，大陆尚未采到标本。

地理分布　在我国见于台湾；日本和菲律宾等海区也有分布。

经济意义　贝壳可供观赏。

图 204　管棘塔肩棘螺 *Babelomurex tuberosus* (Kosuge)

(191) 川西塔肩棘螺 *Babelomurex kawanishii* **(Kosuge, 1979)**（图 205）

Latiaxis (*Echinolatiaxis*) *kawanishii* Kosuge, 1979: 4, pl. 2, figs. 4-6.

Babelomurex (*Echinolatiaxis*) *kawanishii* (Kosuge): Tsuchiya in Okutani, 2000: 411, pl. 204, fig. 246.

Babelomurex kawanishii (Kosuge): Kosuge & Suzuki, 1985: 22, pl. 17, figs. 12-13, pl. 34, fig. 2; Lee, 2003: 45, fig. 36; Oliverio, 2008a: 543, figs. 96, 183.

别名　川西花仙螺。

模式标本产地　南海（西沙群岛附近）。

标本采集地　台湾龟山岛。

观察标本　1个标本，台湾龟山岛，水深100-200m。标本图片由台湾李彦铮博士提供。

形态描述　贝壳呈长卵圆形或近菱形；个体较小，壳质结实。螺层约8层，胚壳约2层，光滑。缝合线浅。螺旋部较高，呈圆锥形，体螺层高大。壳面雕刻有细密的螺肋和竖起的纵肋，其上生有密集的长短不等的半管状棘刺，在体螺层上的纵肋棘刺较发达，通常有7条，螺旋部上较弱。在体螺层的肩部和外唇边缘的棘刺发达。壳面为褐色或黄褐色，纵肋和棘刺多为白色。壳口卵圆形，内白色，具螺纹，外唇边缘具缺刻和发达的棘刺；内唇平滑。前水管沟短，半管状。绷带发达，脐孔小。厣角质，红褐色。

标本测量（mm）

　　壳长　21.0

生物学特性　通常生活在水深100-280m的岩礁或碎贝壳海底中。据Kosuge（1979）记载，模式标本由台湾的珊瑚船采自西沙群岛附近水深约200m处。

地理分布　分布于西太平洋暖海区，从日本（纪伊半岛以南）向南至中国南海均有分布。在我国见于台湾（龟山岛）和西沙群岛附近；菲律宾等地也有分布。

图205　川西塔肩棘螺 *Babelomurex kawanishii* (Kosuge)

(192) 铃木塔肩棘螺 *Babelomurex yumimarumai* Kosuge, 1985（图 206）

Babelomurex yumimarumai Kosuge, 1985: 52-53, pl. 18, figs. 1-5; Zhang & Wei, 2006: 151, pl. 2, fig. 1;
Oliverio in Poppe, 2008: 230, pl. 410, figs. 1-3; Jung *et al.*, 2011: 61, fig. 68.

别名　双锥棘花仙螺、尖帽花仙螺。
模式标本产地　日本。
标本采集地　东海（大陆架和浙江外海）。
观察标本　1 个标本，MBM114731，东海（Ⅴ-7），水深 100m，细砂质海底，1975. Ⅹ.10，唐质灿采；1 个标本，东海（浙江外海），2005. Ⅹ，尉鹏收集。
形态描述　贝壳呈纺锤形；壳质较厚而结实，螺层约 8 层，胚壳约 2 层，光滑无肋。缝合线明显，螺旋部呈圆锥状；体螺层宽大，各螺层的中部扩张形成肩角。壳面螺肋明显，粗细不均，肋上生满了密集的小鳞片和小棘刺，通常在两肋间还有 1 条细弱的间肋；纵肋较低平，在螺旋部的纵肋较明显，而在体螺层的背部变得较弱或不明显，不同个体螺肋有变化。在各螺层的肩部有 1 列扁棘或尖刺，以体螺层肩部的 1 列棘刺最长，并向四周伸展。壳面为橘黄色或黄褐色，肩角上的棘刺颜色较深，常呈红褐色或红色，壳顶部和前水管沟的末端呈红色。壳口卵圆形，内黄白色或黄褐色，边缘具放射状细螺肋，外唇边缘具缺刻和小刺；内唇平滑。绷带发达，脐孔明显。
标本测量（mm）

　　壳长　37.1　35.5
　　壳宽　22.6　22.0

生物学特性　本种生活于潮下带水深 80-120m 的泥沙质海底中。馆藏标本采自东海水深 100m 的细沙质海底。
地理分布　在我国见于台湾沿海、东海大陆架和浙江外海；日本和菲律宾等地也有分布。
经济意义　贝壳造型美观，可供观赏。

图 206　铃木塔肩棘螺 *Babelomurex yumimarumai* Kosuge

(193) 刺猬塔肩棘螺 *Babelomurex echinatus* (Azuma, 1960)（图 207）

Latiaxis echinatus Azuma, 1960: 100, pl. 2, fig. 3.

Babelomurex (Echinolatiaxis) echinatus (Azuma): Kosuge & Suzuki, 1985: 21, pl. 17, figs. 14-19, pl. 34, fig. 1; Tsuchiya in Okutani, 2000: 411, pl. 203, fig. 248.

Babelomurex echinatus (Azuma): Wu & Lee, 2005: 81, fig. 34; Jung *et al.*, 2011: 43, fig. 26.

别名　刺猬花仙螺。

英文名　Prickly Latiaxis。

模式标本产地　日本。

标本采集地　台湾东港。

观察标本　1 个标本，台湾东北部，珊瑚船采集。照相用标本由台湾柯富钟先生提供。

形态描述　贝壳呈纺锤形；壳质结实。螺层约 8 层，胚壳光滑无肋。缝合线浅，螺旋部呈圆锥状，体螺层宽大。壳面雕刻有纵、横螺肋，肋上生满了密集的小鳞片和半管状扁棘或尖刺，在各螺层的肩部棘刺发达，尤其是在体螺层的肩角和外唇边缘上的棘刺特长，并向四周伸展。纵肋较稀疏，在体螺层上纵肋明显，与螺肋交织成网格状。壳面为浅褐色，生活标本壳色较深些。壳口卵圆形，内黄白色或黄褐色，外唇边缘具缺刻和小刺；内唇平滑。有小脐孔。前水管沟细，半管状，稍曲。厣角质，褐色。

标本测量（mm）

　　壳长　23.0

　　壳宽　24.0

生物学特性　暖水性较强的种类；栖息于浅海或稍深的岩礁质海底中。

地理分布　在我国见于台湾沿海；日本（土佐湾），菲律宾等地也有分布。

经济意义　贝壳造型独特，可供观赏。

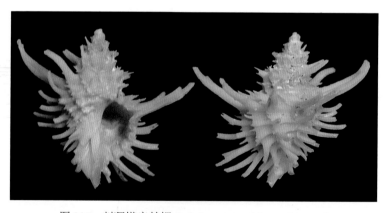

图 207　刺猬塔肩棘螺 *Babelomurex echinatus* (Azuma)

(194) 红刺塔肩棘螺 *Babelomurex spinaerosae* (Shikama, 1970)（图 208）

Latiaxis (Babelomurex) spinaerosae Shikama, 1970: 22, pl. 1, figs. 18-21.

Babelomurex (*Echinolatiaxis*) *spinaerosae* (Shikama): Kosuge & Suzuki, 1985: 23, pl. 18, figs. 1-4, pl. 33, fig. 1.

Babelomurex spinaerosae (Shikama): Tsuchiya in Okutani, 2000: 410, pl. 204, fig. 250; Oliverio, 2008b: 232, pl. 411, figs. 8-9; Jung *et al.*, 2013: 55, fig. 71.

别名　红刺花仙螺。

模式标本产地　日本（高知县）。

标本采集地　台湾。

形态描述　贝壳小，纺锤形；壳质结实。螺层约 8 层，壳顶尖。缝合线清晰。螺旋部稍高，体螺层大，基部收缩。各螺层中部突出形成肩部，肩角上具有发达的半管状长刺，这种长刺在螺旋部各螺层的肩角上有 1 条，体螺层上有 3 条，以体螺层肩部的 1 条最发达，向上或向四周伸展。壳表雕刻有粗而低平的纵肋和细密的螺肋。壳面呈淡黄色或白色，长刺和前水管沟末端，以及绷带处为桃红色或浅红色。壳口卵圆形，内白色，内唇滑层向外翻卷；外唇薄，边缘通常有 3 条棘刺和小刺。前水管沟中等长，半管状，绷带发达，有小脐孔。厣角质，红褐色。

标本测量（mm）

　　壳长　19.0

生物学特性　暖海产；据钟柏生等（2013）报道，本种栖息于浅海珊瑚礁质海底中。

地理分布　在我国见于台湾近海；日本和菲律宾等地也有报道。

经济意义　贝壳造型美观，可供观赏。

图 208　红刺塔肩棘螺 *Babelomurex spinaerosae* (Shikama)（仿钟柏生等，2013）

(195) 木下塔肩棘螺 *Babelomurex kinoshitai* (Fulton, 1930)（图 209）

Latiaxis kinoshitai Fulton, 1930b: 685, pl. 18, figs. 1-1a.

Babelomurex kinoshitai (Fulton): Kosuge & Suzuki, 1985: 14, pl. 4, figs. 6-10, pl. 28, fig. 9; Jung *et al.*,

2011: 39, fig. 8; Oliverio in Poppe, 2008: 226, pl. 408, figs. 11a-11b; Tsuchiya in Okutani, 2000: 407, pl. 202, fig. 224.

别名　木下花仙螺。

模式标本产地　日本（纪伊）。

标本采集地　台湾东北部。

观察标本　1 个标本，台湾东北部，水深 100m 左右的岩礁质海底，2002 年采集。照相用标本由台湾柯富钟先生提供。

形态描述　贝壳中等大，呈纺锤形；壳质厚，结实。螺层约 8 层，胚壳小，约 2 层。缝合线细，清晰。螺旋部稍高起，体螺层宽大，基部明显收缩。壳表雕刻有排列紧密的粗螺肋，有的粗肋间还有细肋，肋上具有密集的小鳞片，纵肋粗而低平或纵肋不明显。各螺层中部扩张形成肩部，呈阶梯状，除近壳顶几层外，其余各螺层的肩部有 1 列三角形的扁棘，以体螺层上部的 1 列最发达，向四周伸展并向上微卷曲。壳面为土黄色或乳白色，体螺层肩角上的棘刺略呈淡红色。壳口卵圆形，内白色，内唇平滑；外唇厚，边缘具缺刻和棘刺。前水管沟半管状，稍短，微向背方弯曲，绷带发达，有脐孔。厣角质，栗色。

标本测量（mm）

　　壳长　51.8

　　壳宽　40.0

生物学特性　据 Tsuchiya（2000）报道，本种栖息于水深 50-200m 的砂砾质海底中。台湾的标本采自水深 100m 左右的岩礁质海底。

地理分布　在我国见于台湾东北部海域；日本，菲律宾等地也有分布。

经济意义　贝壳造型美观，可供观赏。

图 209　木下塔肩棘螺 *Babelomurex kinoshitai* (Fulton)

(196)　小玉塔肩棘螺 *Babelomurex habui* Azuma, 1971（图 210）

Latiaxis (*Lamellatiaxis*) *habui* Azuma, 1971: 61-62, figs. 1-3; Lan, 1980: 23, figs. 49-49a; Kosuge &
　　Suzuki, 1985: 24, pl. 21, figs. 6-7, pl. 32, figs. 7-8.
Babelomurex habui Azuma: Oliverio in Poppe, 2008: 232, pl. 411, fig. 1; Jung *et al.*, 2011: 44, fig. 30.

别名　小玉花仙螺。
模式标本产地　日本。
标本采集地　台湾海峡南端和基隆外海。
形态描述　贝壳小型；壳质较薄。螺层约 8 层，壳顶尖，缝合线稍深，凹。螺旋部
较高，体螺层大而较膨圆，基部明显收缩。各螺层中部和体螺层的上部突出形成圆的肩
部。表面雕刻有稀疏的皱褶状或片状纵肋，2 纵肋间距离宽，在体螺层上约有 6 条，纵
肋上生有半管状的短刺，螺肋低平，稀疏的螺肋延伸至片状纵肋上与棘刺相连。壳面呈
橘黄色或紫红色，贝壳基部和螺旋部近壳顶几层颜色加深，多呈红色。壳口大，内淡黄
色或红色（不同个体贝壳颜色有变化，其壳口内的颜色与壳面颜色近同）。外唇边缘具缺
刻和短棘；内唇平滑。前水管沟半管状，向背方弯曲。
标本测量（mm）
　　壳长　1.5-3.0
生物学特性　因大陆未采到标本，故对其生活习性了解较少。据 Oliverio（2008a）
报道，产自菲律宾的标本采自水深 160m 海底。
地理分布　在我国见于台湾海峡南部和台湾东北部海域；日本和菲律宾等地也有
分布。
经济意义　贝壳造型美观，可供观赏。

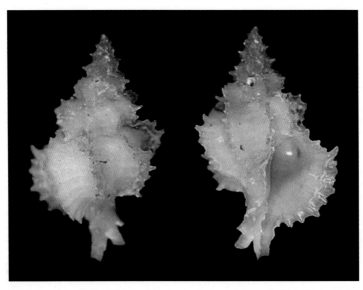

图 210　小玉塔肩棘螺 *Babelomurex habui* Azuma（仿蓝子樵，1980）

47. 花仙螺属 *Hirtomurex* Coen, 1922

Hirtomurex Coen, 1922: 69.

Type species: *Fusus lamellosus* Philippi, 1836.

特征　贝壳中等大，表面具有突出而发达的螺肋，肋上常有翘起的鳞片，纵肋有的较明显，但多数较弱或不明显，各螺层肩部具有短棘或小棘刺，贝壳以白色或淡色居多。栖水较深。

讨论　本属原属于塔肩棘螺属 *Babelomurex* 中的 1 个亚属，新的分类系统将其提升为属。

本属在中国沿海发现 4 种。

种 检 索 表

1. 贝壳修长，前水管沟延长……………………………………………………绮丽花仙螺 *H. filiaregis*
   贝壳宽短，前水管沟短…………………………………………………………………………………2
2. 表面纵肋突出，螺肋细………………………………………………………小山花仙螺 *H. cf. oyamai*
   表面纵肋弱，螺肋粗……………………………………………………………………………………3
3. 肩部具有带棘的粗螺肋………………………………………………………寺町花仙螺 *H. teramachii*
   肩部具有竖起的短棘…………………………………………………………温氏花仙螺 *H. winckworthi*

(197) 寺町花仙螺 *Hirtomurex teramachii* (Kuroda, 1959)（图 211）

Latiaxis teramachii Kuroda, 1959: 322-323, pl. 20, fig. 7.

Babelomurex teramachii (Kuroda): Zhang & Wei, 2006: 151, pl. 1, fig. 5.

Babelomurex (*Hirtomurex*) *teramachii* (Kuroda): Tsuchiya in Okutani, 2000: 409, pl. 203, fig. 238.

Hirtomurex teramachii (Kuroda): Kosuge & Suzuki, 1985: 27, pl. 22, figs. 5-6, pl. 36, fig. 6; Wilson, 1994: 19, pl. 7, figs. 19a-b; Oliverio in Poppe, 2008: 226, pl. 408, fig. 14; Oliverio, 2008a: 549, fig. 105; Robin, 2008: 288, fig. 11.

别名　寺町塔肩棘螺。

模式标本产地　日本（土佐湾）。

标本采集地　东海（东南部）。

观察标本　1 个标本，东海，水深 130m，沙泥和碎贝壳质海底，2006.III.12，尉鹏提供。

形态描述　贝壳较大，近球形；壳质薄，但结实。螺层约 7 层，壳顶小而尖，缝合线凹，浅沟状。螺旋部低，体螺层宽大而膨圆，基部收缩。各螺层中部扩张形成肩部，表面雕刻有宽而稀疏的螺肋，两粗肋间形成空隙并有 1 条细的线纹状间肋，螺肋上密布小鳞片和小棘刺，在肩角上的螺肋较粗，其上的鳞片较发达，形成短刺，螺肋间还具有细密的纵行螺纹。壳面为白色。壳口大，卵圆形。外唇弧形，边缘具缺刻和棘刺；内唇光滑。前水管沟细，曲向背方，绷带发达，脐孔较大而深。厣角质，黄褐色。

图 211　寺町花仙螺 *Hirtomurex teramachii* (Kuroda)

标本测量（mm）

　　壳长　45.5

　　壳宽　34.0

讨论　本种原属于塔肩棘螺属 *Babelomurex*，依据形态特征，目前较新的分类系统将它归于本属内。

生物学特性　据 Tsuchiya（2000）报道，本种生活于潮下带水深 100-500m 的砂质底。研究用标本采自东海东南部水深 130m 左右的碎贝壳、石块和沙泥质海底。

地理分布　在我国见于台湾和东海（东南部）海域；日本（纪伊半岛以南），菲律宾和澳大利亚等地也有分布。

(198) 绮丽花仙螺 *Hirtomurex filiaregis* (Kurohara, 1959)（图 212）

Latiaxis filiaregis Kurohara, 1959: 342-344, text-fig. 1; Habe, 1980: 55, pl. 28, fig. 1.

Hirtomurex filiaregis (Kurohara): Kosuge & Suzuki, 1985: 25, pl. 23, figs. 16-17, pl. 36, fig. 1; Houart in Poppe, 2008: 226, pl. 408, fig. 13; Oliverio, 2008a: 549, figs. 104, 187.

模式标本产地　日本土佐湾。

标本采集地　东海。

观察标本　1 个标本，东海，水深 180-220m，泥沙和碎珊瑚质底，2010.Ⅳ，由王佑宁提供。

形态描述　贝壳修长，呈纺锤形；壳质薄。螺层约 8 层，胚壳约 2½ 层，光滑无肋。缝合线凹。螺旋部高，呈塔形，体螺层高大。螺旋部各螺层的中部突出，形成明显的肩角，呈阶梯状。表面雕刻有粗细较均匀而低平的纵肋，这种纵肋在体螺层上有 10-11 条，螺肋细密，呈薄片状，肋间沟深，肋上具有密集的呈覆瓦状排列的小鳞片和小棘刺，在各螺层的肩部棘刺较长。壳面呈白色。壳口卵圆形，内白色，外唇边缘具缺刻和棘刺；内唇平滑。前水管沟稍延长，半管状，向背方弯曲。厣角质，红褐色。

标本测量（mm）

　　　壳长　　55.0
　　　壳宽　　14.3

图 212　绮丽花仙螺 *Hirtomurex filiaregis* (Kurohara)

生物学特性　暖水种；本种栖水较深，通常生活于水深 100-220m 的泥沙、岩礁或碎珊瑚质海底中。较少见种。

地理分布　分布于西太平洋海域，在我国见于东海；日本（纪伊半岛以南）和菲律宾等地也有分布。

经济意义　贝壳可供收藏。

(199) 温氏花仙螺 *Hirtomurex winckworthi* (Fulton, 1930)（图 213）

Latiaxis winckworthi Fulton, 1930a: 251, text- figs. 1-1a; Abbott & Dance: 1983: 155.

Latiaxis scobina Kilburn, 1973: 567, fig. 9a.

Latiaxis (*Babelomurex*) *translucidus* Kosuge, 1981b: 88, pl. 29, figs. 1-3.

Hirtomurex winckworthi (Fulton): Kosuge & Suzuki, 1985: 27, pl. 22, figs. 1-4, pl. 36, figs. 7-9; Oliverio in Poppe, 2008: 226, pl. 408, fig. 15; Oliverio, 2008a: 548, fig. 218; Robin, 2008: 288, fig. 11.

　　　英文名　Winckworth's Latiaxis。
　　　模式标本产地　日本（纪伊半岛）。
　　　标本采集地　台湾。

观察标本　1个标本，台湾东部，水深150m岩礁海底。标本图片由台湾赖景阳教授提供。

形态描述　贝壳纺锤形；壳质较厚而结实。螺层约8层，壳顶小而尖。缝合线清晰。螺旋部稍高或中等高，体螺层突然增宽增大，基部收缩明显。各螺层上部扩张形成肩部，呈阶梯状。表面纵肋较弱或不明显，而螺肋较粗而突出，两粗肋间常有1条细的间肋，螺肋上密布小鳞片和短棘刺，在各螺层的肩角上具有竖起的短棘，以体螺层上的短棘最粗壮。壳面为白色。壳口大，卵圆形。外唇弧形，边缘具缺刻和棘刺；内唇光滑。前水管沟较短，半封闭，曲向背方；绷带发达，脐孔较大而深。厣角质，红褐色。

标本测量（mm）

  壳长　　42.0

  壳宽　　30.0

生物学特性　本种通常生活在水深80-250m的砂或泥沙质海底中。较少见种。

地理分布　分布于印度-西太平洋暖海区，在我国见于台湾东部；西太平洋的日本，菲律宾，斐济群岛和汤加，以及印度洋的南非等地也有分布。

经济意义　贝壳可供观赏。

图213　温氏花仙螺 *Hirtomurex winckworthi* (Fulton)

(200) 小山花仙螺 *Hirtomurex* **cf.** *oyamai* **Kosuge, 1985**（图214）

Hirtomurex oyamai Kosuge, 1985: 46, pl. 16, figs. 8-10; Kosuge & Suzuki, 1985: 26, pl. 23, fig. 19, pl. 37, fig. 2; Oliverio in Poppe, 2008: 226, pl. 408, fig. 12.

模式标本产地　日本（土佐湾）。

标本采集地　西沙群岛。

观察标本　1个标本，西沙群岛，水深200m左右的碎石和岩礁底质，2010.Ⅴ，尉鹏提供。

形态描述 贝壳呈纺锤形；壳质较厚而结实。螺层约 7 层，其中胚壳 2 层，光滑。缝合线较深。螺旋部较高，呈圆锥形，体螺层突然增宽增大，约占整个贝壳长度的 2/3，中部膨圆，基部明显收缩。各螺层具有 1 个圆而稍弱的肩部，表面雕刻有明显而稍细的纵肋和细密的螺肋，螺肋粗细相间，排列精致，肋间沟稍深，肋上具有密集的小鳞片和小刺；纵肋稀疏，肋间距较大，并且稍斜行，在体螺层上约有纵肋 10 条。壳面白色或略呈淡黄白色。壳口呈卵圆形，内白色，内唇平滑，中部凹；外唇弧形，边缘具有锯齿状小缺刻。前水管沟呈半管状，稍短，向背方稍弯曲。脐孔明显。厣角质，红褐色。

标本测量（mm）

　　壳长 29.5

　　壳宽 16.8

讨论 我们收集的 1 个标本，其外形与小山花仙螺 *Hirtomurex oyamai* Kosuge 近似，但与模式标本形态有点差异，由于仅采到 1 个标本，因此，暂定名 *Hirtomurex* cf. *oyamai* Kosuge。

此外，本种外形与 *Coralliophila ovoidea* 相似，但不同的是 *Coralliophila ovoidea* 贝壳更宽短，纵肋更稠密和低平。

生物学特性 通常生活在水深 60-200m 的海底；我们的 1 个标本采自西沙群岛海域水深 200m 左右的碎石和岩礁质海底。

地理分布 见于我国的西沙群岛；日本和菲律宾等地也有分布。本种在中国沿海为首次报道。

图 214 小山花仙螺 *Hirtomurex* cf. *oyamai* Kosuge

48. 肋肩棘螺属 *Mipus* de Gregorio, 1885

Mipus de Gregorio, 1885: 28.

Type species: *Trophon gyratus* Hind, 1884.

　　特征　贝壳多呈纺锤形；螺旋部高，呈圆锥形。表面雕刻有较均匀而细密的螺肋，纵肋有或无，有的种肩部形成 1 个龙骨状的嵴。本属与塔肩棘螺属 *Babelomurex* 的明显区别是，肩部和螺肋上无发达的棘刺，前水管沟短或稍延长。

　　目前，本属在中国沿海已发现 6 种。

种 检 索 表

(201) 圆肋肩棘螺 *Mipus gyratus* (Hinds, 1844) （图 215）

Trophon gyratus Hinds, 1844: 124, pl. 1, figs. 14-15.

Murex gyratus Hinds: Reeve, 1845, 3: pl. 26, fig. 109.

Pyrula idoleum Jonas, 1846: 120.

Latiaxis gyratus (Hinds): Zhang, 2001, 43: 232.

Latiaxis (Pseudomurex) gyratus (Hinds): Springsteen & Leobrera, 1986: 164, pl. 44, fig. 6.

Mipus gyratus (Hinds): Abbott & Dance, 1983: 153; Kosuge & Suzuki, 1985: 7, pl. 3, figs. 1-10, pl. 25,
　　figs. 14-15; Wilson, 1993: 20, pl. 7, fig. 15; Tsuchiya in Okutani, 2000: 412-413, pl. 205, fig. 258;
　　Zhang & Wei, 2005: 322, fig. 9; Wu & Lee, 2005: 82, fig. 351; Oliverio in Poppe, 2008: 246, pl. 418,
　　fig. 4.

　　别名　旋梯花仙螺、旋梯肩棘螺。

　　英文名　Gyrate Latiaxis。

　　模式标本产地　不详。

　　标本采集地　南海（20°00′N，113°00′E），台湾东北部。

　　观察标本　1 个标本，MBM071366，南海，水深 114m，泥质沙底，1959.Ⅱ.17，王绍武采；2 个标本，台湾东北部，水深 40m，采集信息由台湾张根兴先生提供。

　　形态描述　贝壳呈纺锤形；壳质结实。螺层约 8 层（馆藏的 1 个标本为幼体，螺层少），胚壳光滑，约 2 层。缝合线稍凹。螺旋部较高，呈塔形，体螺层宽大，基部收缩。除胚壳光滑无肋外，其余壳面雕刻有排列紧密而且粗细均匀的细螺肋，仅在贝壳的基部螺肋变得较粗，肋上具有细小的鳞片；纵肋稀疏，通常粗而低平，也有的个体纵肋不明显，各螺层中部扩张，上部形成 1 个平面和突出肩部，呈阶梯状，在肩角上有 1 龙骨状的嵴。壳面为白色或土黄色。壳口卵圆形或卵三角形，外唇边缘具有细小的锯齿状雕刻，在中部有 1 个较大的三角形的缺刻。前水管沟稍延长，略呈半管状。绷带较发达，其上具翘起的鳞片，具脐孔。厣角质，褐色。

标本测量（mm）

壳长　17.6　17.0　16.2

壳宽　12.0　10.2　10.0

生物学特性　暖水性种类；通常生活在水深数十米至百米以上的沙质或泥沙质海底中。馆藏的 1 个标本采自南海水深 114m 的泥沙海底。

地理分布　在我国见于东海和南海；日本（纪伊半岛以南），菲律宾，新不列颠和印度等地也有分布。

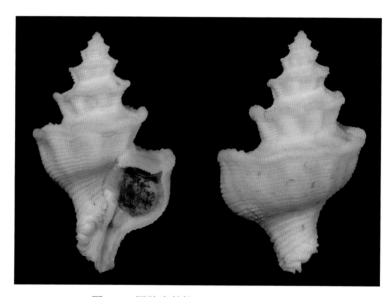

图 215　圆肋肩棘螺 *Mipus gyratus* (Hinds)

(202) 佳肋肩棘螺 *Mipus eugeniae* (Bernardi, 1853)（图 216）

Pyrula eugeniae Bernardi, 1853: 305-306, pl. 7, fig. 1.

Latiaxis idoleum Jonas: Abbott & Dance, 1983: 153; Ma & Zhang, 1996: 63, text-fig. 2.

Latiaxis (Pseudomurex) eugeniae (Bernardi): Kira, 1978: 64, pl. 25, fig. 10; Springsteen & Leobrera, 1986: 164, pl. 44, fig. 11.

Mipus eugeniae (Bernardi): Kosuge & Suzuki, 1985: 6, pl. 3, figs. 17-20, pl. 25, fig. 1; Wilson, 1993: 20, pl. 7, fig. 24; Tsuchiya in Okutani, 2000: 412-413, pl. 205, fig. 257; Zhang & Wei, 2005: 322, fig. 10; Wu & Lee, 2005: 82, fig. 350; Oliverio in Poppe, 2008: 246, pl. 418, figs. 6-7.

别名　蒜头花仙螺、幼象肩棘螺。

英文名　Eugenia's Latiaxis。

模式标本产地　不详。

标本采集地　东海（中国近海），南沙群岛。

观察标本　1 个标本，SSB-11，南沙群岛，水深 125m，1994.IX.23，唐质灿等采；1 个标本，东海，水深 120m，泥沙质海底，2006.IV.12，尉鹏提供；5 个标本，MBM114733，东海，水深 162m，细沙质海底，1975.X.10，徐凤山采；1 个标本，东海，水深 200m，泥沙质海底，2010.IV.12，张素萍采。

形态描述　贝壳呈纺锤形；壳质较薄，结实。外形与圆肋肩棘螺较近似，但不同的是本种各螺层膨圆，中部无突出的嵴。缝合线稍凹，明显。螺层约 8 层，其中胚壳 2 层，光滑。螺旋部呈圆锥状，体螺层膨大而圆。壳面雕刻有细密而均匀的螺肋，肋上具有极细密的小鳞片，有的个体具有粗而钝的纵肋，多数个体无明显的纵肋。各螺层的上半部自上向下呈斜坡状，中部突出，形成 1 个圆的肩部，微扩张，在肩角上有 1 条稍粗的螺肋，向下逐渐收缩至缝合线。馆藏标本壳面有白色或略带土黄色和橘黄色 2 种颜色。壳口近卵圆形，外唇边缘具有细小的缺刻，内唇平滑。前水管沟细，稍延长，末端曲。绷带较发达，具脐孔。角质厣，褐色。

标本测量（mm）

壳长　45.0　35.2　23.0　22.6　19.0
壳宽　28.6　21.0　11.8　12.3　10.0

生物学特性　暖海产；栖息在潮下带水深 100-200m 的沙或泥沙质海底。

地理分布　在我国见于东海（中国近海）、台湾海峡和南沙群岛；日本（纪伊半岛、八丈岛和日本海西部以南），菲律宾，马来西亚和澳大利亚的昆士兰等地也有分布。

经济意义　肉可食用，贝壳可供观赏。

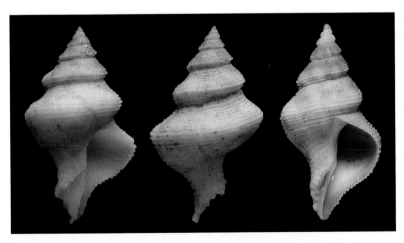

图 216　佳肋肩棘螺 *Mipus eugeniae* (Bernardi)

(203) 刺肋肩棘螺 *Mipus crebrilamellosus* (Sowerby, 1913)（图 217）

Pseudomurex crebrilamellosa Sowerby, 1913: 559, pl. 9, fig. 6.

Latiaxis (Pseudomulex) crebrilamellosus (Sowerby): Kira, 1978: 63, pl. 25, fig. 9.

Coralliophila (*Mipus*) *crebrilamellosus* (Sowerby): Tsuchiya in Okutani, 2000: 413, pl. 205, fig. 255.
Mipus crebrilamellosus (Sowerby): Kosuge & Suzuki, 1985: 6, pl. 25, fig. 9; Lai, 1998: 77, fig. 198; Wu & Lee, 2005: 81, fig. 349; Zhang & Wei, 2006: 152, pl. 2, fig. 3.

别名　积鳞花仙螺。

模式标本产地　不详。

标本采集地　东海（中国近海）。

观察标本　1 个标本，V577B-30，东海，水深 117m，细沙质海底，1978.VI.24，刘银成采。

形态描述　贝壳呈纺锤形；壳质稍薄，但结实。螺层约 8 层，胚壳 2½ 层，光滑，呈红褐色；缝合线凹，且较细。螺旋部高起，呈圆锥状，体螺层宽大，较膨圆，基部突然收缩。各螺层具有粗细相间的螺肋，螺肋上排有密集的覆瓦状小鳞片和棘刺，在粗螺肋上常有竖起的片状雕刻。纵肋较粗壮而稀疏，体螺层上通常有 7-8 条。壳面为白色或略显浅黄褐色。壳口近圆形，内白色或略带淡红色，具有放射状细螺纹，外唇扩张，弧形，边缘具小刺；内唇略直，光滑。前水管沟短，向背方弯曲；绷带较发达，脐孔小。角质厣，褐色。

标本测量（mm）

　　壳长　20.0

　　壳宽　10.0

生物学特性　本种通常生活于浅海或稍深的砂和泥沙质海底中。馆藏的 1 个标本采自东海水深 117m 的细砂质海底。

地理分布　在我国见于台湾、东海和南海；日本（纪伊半岛以南），菲律宾和东南亚等地也有分布。

图 217　刺肋肩棘螺 *Mipus crebrilamellosus* (Sowerby)

(204) 松本肋肩棘螺 *Mipus matsumotoi* Kosuge, 1985（图 218）

Mipus matsumotoi Kosuge, 1985: 46-47, pl. 16, figs. 4-5, 7; Kosuge & Suzuki, 1985: 8, pl. 25, fig. 5; Oliverio, 2008a: 562, fig. 133; Oliverio in Poppe, 2008: 246, pl. 418, fig. 5; Jung *et al.*, 2011: 46, fig. 36.

Coralliophila (*Mipus*) *matsumotoi* (Kosuge): Tsuchiya in Okutani, 2000: 413, pl. 205, fig. 265.

别名　松本珊瑚螺。

模式标本产地　日本（土佐湾）。

标本采集地　台湾东北海域。

观察标本　1 个标本，台东北海域，水深 200-300m，泥沙质海底，标本采集信息由台湾赖景阳教授提供；1 个标本，台湾东北部，水深 200m，照相用标本由柯富钟先生提供。

形态描述　贝壳细长，呈长纺锤形；壳质结实，螺层约 8 层，壳顶尖。缝合线清晰且较深。螺旋部高，呈圆锥形，体螺层高大而膨圆。螺层圆，无肩角。壳面粗糙，雕刻有发达的粗螺肋，肋上密布小鳞片，肋间沟较宽，有的在沟内还有 1 条细的间肋。纵肋不太明显或无纵肋。壳面白色或略带土黄色。壳口呈卵圆形，内白色，内唇平滑；外唇呈弧形，边缘具小的缺刻。前水管沟长，半管状。有绷带；厣角质，红褐色或黄褐色。

标本测量（mm）

壳长	35.0	32.0
壳宽	15.3	14.3

图 218　松本肋肩棘螺 *Mipus matsumotoi* Kosuge

生物学特性　本种栖水较深，据钟柏生等（2011）报道，台湾的标本采自水深 200-300m 的泥砂质海底；Kosuge（1985）记载的模式标本栖息水深是 180m；也有记载

（Oliverio, 2008a），本种可生活在深海的海山区或海沟内，栖息深度可达 700m 以上。

地理分布　在我国见于台湾的东北部海域；日本，菲律宾，新喀里多尼亚，瓦努阿图，以及南非等地也有分布。

(205) 宏凯肋肩棘螺 *Mipus vicdani* (Kosuge, 1980)（图 219）

Latiaxis vicdani Kosuge, 1980a: 39, pl. 9, figs. 4-5.

Coralliophila (*Mipus*) *vicdani* (Kosuge): Tsuchiya in Okutani, 2000: 413, pl. 205, fig. 263.

Mipus vicdani (Kosuge): Kosuge & Suzuki, 1985: 9, pl. 7, figs. 6-8, pl. 26, figs. 3-5; Oliverio in Poppe, 2008: 246, pl. 418, fig. 3; Jung *et al.*, 2011: 46, fig. 35.

别名　宏凯珊瑚螺。

模式标本产地　菲律宾。

标本采集地　台湾西南海域。

观察标本　1 个标本，台湾西南海域，标本图片由台湾钟柏生先生提供。

形态描述　贝壳修长，呈纺锤形；壳质稍薄。螺层约 8 层，壳顶小而尖。缝合线稍深。螺旋部较高，体螺层不膨大。螺旋部各螺层突出，形成盘旋的阶梯状，在缝合线下常形成 1 个平面，其上雕刻有粗螺肋，肩角上有 1 个扁脊向四周突出，边缘有小棘。表面雕刻有突出的螺肋，肋上密布小鳞片，无纵肋。壳面呈白色，或略显土黄色。壳口近长卵圆形，内白色，内唇平滑；外唇薄，中上部有 1 个明显的棱角，边缘具缺刻。前水管沟长，半管状。厣未见。

标本测量（mm）

　　壳长　34.0

　　壳宽　17.0

图 219　宏凯肋肩棘螺 *Mipus vicdani* (Kosuge)

生物学特性　大陆目前未采到标本，故对其生活习性了解甚少。钟柏生等（2011）对其生活习性也未做报道。据 Kosuge（1980a）记载，该种通常栖息于水深 180-200m 的海底中。

地理分布　在我国见于台湾西南部至南海；日本，菲律宾和澳大利亚等地也有报道。

(206) 宝塔肋肩棘螺 *Mipus mamimarumai* (Kosuge, 1980)（图 220）

Latiaxis mamimarumai Kosuge, 1980b: 60-61, pl. 15, figs. 10-11.

Coralliophila (*Mipus*) *mamimarumai* (Kosuge): Tsuchiya in Okutani, 2000: 413, pl. 205, fig. 256.

Mipus mamimarumai (Kosuge): Kosuge & Suzuki, 1985: 7, pl. 7, fig. 1, pl. 26, figs. 6-8; Oliverio, 2008a: 563, fig. 134; Wu & Lee, 2005: 82, fig. 352.

别名　宝塔花仙螺。

模式标本产地　南海。

标本采集地　台湾东北部。

观察标本　1 个标本，台湾，水深 150-180m，岩礁和细沙底质海底，2011.X，尉鹏提供。

形态描述　贝壳修长，呈纺锤形；壳质稍薄，但结实。螺层 7-8 层。壳顶小，胚壳呈乳头状，2-2½层。缝合线深凹，呈宽沟状；螺层圆，在各螺层的缝合线下方形成 1 个小的平面或肩角。螺旋部高，呈圆塔形，体螺层较高大。壳面雕刻有发达的粗螺肋，除体螺层外，螺旋部各一螺层上有 3-5 条粗肋，其上密布覆瓦状排列的小鳞片，肋间沟深，在 2 条粗肋间还有 1 条细的间肋；纵肋较低平或不太明显。壳面白色或略带黄白色。壳口呈卵圆形，内白色，内唇近直，光滑；外唇呈弧形，边缘具有小的缺刻。前水管沟长，半管状。有绷带，但不发达；厣角质，红褐色。

图 220　宝塔肋肩棘螺 *Mipus mamimarumai* (Kosuge)

标本测量（mm）

　　壳长　18.4

　　壳宽　　8.3

　　生物学特性　暖水种；常栖息在浅海水深 50-200m 的珊瑚礁或岩石质海底中。较少见种。

　　地理分布　在我国见于台湾和南海；日本（土佐湾、小笠原群岛），以及西南太平洋海域也有分布。

49. 珊瑚螺属 *Coralliophila* H. & A. Adams, 1853

Coralliophila H. & A. Adams, 1853: 135.

Type species: *Fusus neritoideus* Lamarck, 1816 (=*Purpura violacea* Kiener, 1836).

Coralliobia H. & A. Adams, 1853: 138.

Type species: *Concholepas* (*Coralliobia*) *fimbriata* A. Adams, 1854.

Galeropsis Hupe, 1860: 125.

Type species: *Galeropsis lavernayanus* Hupe, 1860.

　　特征　贝壳呈卵球形或纺锤形；壳面雕刻有粗细不均匀的螺肋，除少数种类螺肋上有较发达的鳞片外，其余通常有弱的鳞片或小棘刺，纵肋有或无。壳口通常较大，许多种类的壳口内呈紫色。

　　目前，本属在中国沿海已发现 20 种。

种 检 索 表

1. 壳口内呈紫色或淡紫色 ·· 2

　　壳口内非紫色 ·· 9

2. 贝壳球形或半球形 ··· 3

　　贝壳纺锤形或非球形 ·· 7

3. 壳口特大，轴唇上有 1 齿 ························· 唇珊瑚螺 *C. monodonta*

　　壳口中等大，轴唇上无齿 ·· 4

4. 螺肋强，密布鳞片或小刺 ·· 5

　　螺肋弱，肋上鳞片小或极弱 ·· 6

5. 体螺层上部膨胀，螺旋部极低 ··············· 圆顶珊瑚螺 *C. squamulosa*

　　体螺层上部不膨胀，螺旋部高 ················· 球形珊瑚螺 *C. bulbiformis*

6. 壳质厚，无肩角 ······································· 紫栖珊瑚螺 *C. violacea*

　　壳质薄，有肩角 ······································· 畸形珊瑚螺 *C. erosa*

7. 壳形肥胖，外唇前部（下部）向外扩张 ······· 梨形珊瑚螺 *C. radula*

　　壳形修长，外唇前部（下部）不扩张 ···································· 8

8. 螺层上无突出的肩角 ······························· 纺锤珊瑚螺 *C. costularis*

(207) 球形珊瑚螺 *Coralliophila bulbiformis* (Conrad, 1837)（图 221）

Purpura bulbiformis Conrad, 1837: 266-267, pl. 20, fig. 23.
Purpura gibbosa Reeve, 1846: pl. 13, fig. 78.
Coralliophila cantratnei Montrouzier in Souverbie, 1861: 282, pl. 11, fig. 11.
Coralliophila nivea Oliver, 1915: 536 (non A. Adams, 1853).
Coralliophila bulbiformis (Conrad): Cernohorsky, 1978: 73, pl. 21, fig. 4; Kira, 1978: 63, pl. 25, fig. 7; Kosuge & Suzuki, 1985: 30, pl. 23, fig. 15, pl. 37, figs. 8-10, pl. 47, figs. 1-2; Wilson, 1993: 16, pl. 7, fig. 4; Lai, 1988: 98, fig. 265; Tsuchiya in Okutani, 2000: 414-415, pl. 205, fig. 268; Zhang & Wei, 2005: 323, fig. 11; Oliverio, 2008a: 488, figs. 4, 148; Oliverio in Poppe, 2008: 240, pl. 415, figs. 4-6.

别名　粗皮珊瑚螺。
模式标本产地　夏威夷群岛。
标本采集地　海南（陵水新村、三亚鹿回头、西沙群岛的赵述岛）。
观察标本　1 个标本，58M-1542，西沙群岛，1958. V .03，徐凤山采；1 个标本，75M-335，

西沙群岛晋卿岛，1975Ⅴ.23，马绣同采；3 个标本，81M-295，海南三亚，1981.Ⅹ.11，马绣同采；3 个标本，81M-265，三亚大东海，1981.Ⅹ.08，马绣同采；3 个标本，75M-200，海南三亚大东海，1975.Ⅳ.30，马绣同采。

形态描述　贝壳近卵球形或纺锤形；壳质较厚而结实，螺层 5-6 层，胚壳光滑，呈白色或褐色；缝合线浅而明显。螺旋部高起，低圆锥形，体螺层宽大。壳面雕刻有细密的螺肋，在体螺层上两粗肋之间还有细的间肋，肋上具有覆瓦状排列的半管状小鳞片和小棘刺，棘刺在贝壳的基部和外唇边缘更明显。纵肋粗，较低平，体螺层上约有纵肋 7 条。在体螺层和次体螺层的中部扩张明显，形成肩角。壳面为灰白色或淡紫灰色。壳口卵圆形，轴唇和壳口内呈紫色，甚是漂亮，外唇边缘具有小棘刺；内唇平滑。前水管沟较短，半管状，微曲向背方，绷带明显，脐孔小。厣角质，红褐色。

标本测量（mm）

壳长　45.5　38.4　30.0　29.0　23.5

壳宽　31.0　29.0　23.0　22.0　18.0

生物学特性　暖水性种类；生活在低潮线附近至潮下带数米深的珊瑚礁间。

地理分布　为热带太平洋地区广布种，在我国见于台湾、海南和西沙群岛各岛礁；日本，菲律宾，印度尼西亚，新喀里多尼亚和夏威夷群岛等地都有分布。

经济意义　贝壳可供观赏。

图 221　球形珊瑚螺 *Coralliophila bulbiformis* (Conrad)

(208) 圆顶珊瑚螺 *Coralliophila squamulosa* Reeve, 1846（图 222）

Purpura squamulosa Reeve, 1846: pl. 12, fig. 68.

Coralliophila squamulosa (Reeve): Kosuge & Suzuki, 1985: 41, pl. 23, fig. 13, pl. 41, fig. 11; Oliverio, 2008a: 487, figs. 2, 146-147; Oliverio in Poppe, 2008: 240, pl. 415, fig. 9; Jung *et al.*, 2011: 52, fig. 66.

模式标本产地　菲律宾。

标本采集地　台湾东部。

观察标本　1 个标本，台湾石梯坪，珊瑚礁质海底。标本图片和采集信息由台湾赖景阳教授提供。

形态描述　贝壳近球形或似洋葱形；壳质厚而坚实。螺层少，壳顶小，稍突出壳面。缝合线细。螺旋部极低小，体螺层特大而膨圆，上部增宽，常形成 1 个斜面，向下逐渐收缩，但也有的个体肩部圆。不同个体表面雕刻有变化，有的表面具有低平的纵肋，也有的纵肋不明显，螺肋粗糙，几条细肋间常出现 1 条稍突出的粗螺肋，肋上密布小鳞片或棘刺。壳面呈白色或略显淡紫色。壳口大，长卵圆形，内紫色或紫红色，有放射状肋纹。内唇稍曲，滑层厚，并向体螺层上扩张；外唇边缘薄，其上有小棘和缺刻。前水管沟短，缺刻状。绷带发达，有脐孔。

标本测量（mm）

　　壳长　16.0

　　壳宽　14.4

生物学特性　生活于潮间带至浅海珊瑚礁质海底中。

地理分布　分布于热带和亚热带太平洋海域，在我国见于台湾东部；日本的南部，菲律宾，新喀里多尼亚等地也有分布。

图 222　圆顶珊瑚螺 *Coralliophila squamulosa* Reeve

(209) 畸形珊瑚螺 *Coralliophila erosa* (Röding, 1798)（图 223）

Cantharus erosa Röding, 1798: 133.

Pyrula abbreviata Lamarck, 1816: 8, pl. 436.

Murex plicatus Wood, 1818: 124, pl. 26, fig. 56a.

Pyrula deformis Lamarck, 1822: 146.

Rapana fragilis A. Adams, 1854: 98.

Rapana suturealis A. Adams, 1854: 98.

Rapana coralliophila A. Adams, 1854: 98.

Rhizochilus esaratus Pease, 1861: 399.

Coralliophila stearnsiana Dall, 1919: 339.

Coralliophila groschi Kilburn, 1977: 190, figs. 19-20.

Coralliophila deformis (Lamarck): Qi *et al.*, 1983, 2: 83.

Coralliophila (*Coralliophila*) *erosa* (Röding): Springsteen & Loebrera, 1986: 163, pl. 44, fig. 3.

Coralliophila erosa (Röding): Cernohorsky, 1972: 131, pl. 37, fig. 6; Kosuge & Suzuki, 1985: 32, pl. 38, figs. 1-11, pl. 46, fig. 6; Wilson, 1993: 17, pl. 7, figs. 8a-b; Tsuchiya in Okutani, 2000: 415, pl. 206, fig. 270; Rao, 2003: 249, pl. 59, figs. 6-9; Zhang & Wei, 2005: 323, fig. 12; Oliverio in Poppe, 2008: 244, pl. 417, fig. 8; Oliverio, 2008a: 493, figs. 8, 150; Jung *et al.*, 2011: 46, fig. 40.

别名　大肚珊瑚螺。

模式标本产地　不详。

标本采集地　海南（陵水新村、三亚榆林、三亚亚龙湾、南沙群岛、西沙群岛的北岛、中建岛、赵述岛、树岛）。

观察标本　1 个标本，58M-1540，西沙群岛北岛，1958.Ⅴ.10，徐凤山采；1 个标本，MBM114708，海南榆林，1959.Ⅰ.02，徐凤山采；2 个标本，75M-200，三亚大东海，1975.Ⅵ.30，马绣同采；2 个标本，75M-058，西沙群岛中建岛，1975.Ⅴ.13，马绣同采；9 个标本，81M-265，三亚大东海，1981.Ⅹ.08，马绣同采；1 个标本，MBM114692，三亚亚龙湾，1990.Ⅺ.19，马绣同、李孝绪采。

图 223　畸形珊瑚螺 *Coralliophila erosa* (Röding)

形态描述　贝壳近卵圆形或近纺锤形；壳质稍薄，但结实。螺层约 6 层，缝合线细而凹，稍游离。螺旋部较低，体螺层大而膨圆，在各螺层近缝合线处和体螺层中部壳面扩张，形成 1 个斜面和肩角，肩角上具有结节突起。除胚壳光滑无肋外，其余壳面雕刻有宽而低平的纵肋，纵肋在螺旋部较明显，体螺层上较弱；具有密集而粗细不均匀的螺肋，在体螺层的肩部、中下部和基部有几条较粗而明显的螺肋突出壳面，肋上具有覆瓦状排列的小鳞片。壳面黄褐色或黄白色。壳口大，近梨形，内白色或淡紫色，轴唇和前水管沟处略带紫红色，外唇弧形，边缘具细小的缺刻；内唇平滑。前水管沟稍细长，绷带较发达，脐孔小而深；厣角质，褐色。

标本测量（mm）

壳长　40.0　37.2　33.5　30.0　28.0
壳宽　29.0　30.5　29.0　26.0　22.0

生物学特性　暖水性种类；生活在低潮线附近至数米深的珊瑚礁间。

地理分布　在我国见于台湾、海南岛、西沙群岛和南沙群岛；日本，菲律宾，澳大利亚，以及印度和红海等地也有分布，为印度-太平洋广布种。

经济意义　贝壳可供观赏。

(210) 紫栖珊瑚螺 *Coralliophila violacea* (Kiener, 1836)（图 224）

Murex neritoideus Gmelin, 1791: 3559 (non Linnaeus, 1767).

Fusus neritoideus Lamarck, 1816: pl. 435, figs. 2a-2b.

Purpura violacea Kiener, 1836: 77, pl. 19, fig. 57; Reeve, 1846: pl. 12, fig. 70.

Purpura squamulosa Reeve, 1846: pl. 12, fig. 68.

Coralliobia violacea (Kiener): Cernohorsky, 1972: 131, pl. 37, fig. 6; Kira, 1978: 63, pl. 25, fig. 2; Qi *et al.*, 1983: 82; Oliverio, 2008a: 486, figs. 1, 145, 206-207; Oliverio in Poppe, 2008: 240, pl. 415, figs. 7-8.

Coralliophila neritoidea (Lamarck): Abbott & Dance, 1983: 155; Kosuge & Suzuki, 1985: 37, pl. 41, figs. 1-2; Wilson, 1993: 18, pl. 7, fig. 6; Tsuchiya in Okutani, 2000: 412-413, pl. 205, fig. 266; Rao, 2003: 249, pl. 59, fig. 10; Zhang & Wei, 2005: 325, fig. 14.

Coralliophila (*Coralliophila*) *neritoidea* (Lamarck): Springsteen & Leobrera, 1986: 163, pl. 44, fig. 4.

别名　紫口珊瑚螺。

英文名　Violet coral-shell。

模式标本产地　印度（尼科巴群岛）。

标本采集地　海南（陵水新村、三亚鹿回头、三亚榆林港、西沙群岛各岛屿和南沙群岛）。

观察标本　3 个标本，58M-0285，海南三亚，1958.Ⅳ.06；5 个标本，MBM114744，西沙晋卿岛，1958.Ⅳ.26，徐凤山采；4 个标本，MBM114724，三亚榆林港口外，1975.Ⅳ.28，马绣同、庄启谦采；6 个标本，75M-200，海南三亚大东海，1975.Ⅳ.30；2 个标本，58M-1535，西沙群岛武德岛，1958.Ⅵ.14，徐凤山采；45 个标本，MBM114711，海南三亚，1975.Ⅳ.19，庄启谦、马绣同采；6 个标本，81M-258，海南三亚，1981.Ⅹ.09，马绣同采；1 个标本，MBM114719，三亚鹿回头，1990.Ⅺ.20，马绣同、李孝绪采。

形态描述　贝壳近球形或长卵圆形；壳质厚而坚实。螺层约 5 层，胚壳小，约 2 层，多呈紫色。缝合线浅，不甚明显。除少数个体外，大部分螺旋部较低，体螺层大而膨圆，上部扩张，基部收缩明显。壳面雕刻有细密的螺肋和稍粗糙的生长纹，仔细观察可见螺肋上有排列紧密的小鳞片，但多数成体标本表面常覆盖 1 层石灰质而看不清楚雕刻。壳面呈灰白色，并略带紫色。壳口大，近卵圆形，内呈紫色，雕刻有放射状的细螺纹；外唇薄，边缘具有细小的缺刻；内唇光滑，轴唇呈紫红色。前水管沟细小，稍延长。绷带较发达，具假脐。厣角质，褐色。

标本测量（mm）

壳长 41.2 32.0 31.2 27.5 24.2

壳宽 32.6 22.1 26.0 24.0 18.7

讨论 在以往的分类研究中，有关本种的学名存在混乱现象。齐钟彦等（1982）采用的是 *Coralliobia violacea* (Kiener, 1836)，日本学者 Kosuge 和 Suzuki（1985）认为它是 *Coralliophila neritoidea* (Lamarck, 1816)的同物异名。在编写本志时著者查阅了相关文献，对这个种的学名也进行了较细致的研究，并参考了 Oliverio（2008a）的报道，文中描述，Cernohorsky（1985）对本种进行了明确的总结，他认为 Gmelin（1791）定的这个种 *Murex neritoideus*，不是 Linnaeus（1767）定的种 *Murex neritoideus*，而可能是 Linnaeus（1767）定的种 *Thais nodosa*。因此，*Murex neritoideus* Gmelin, 1791 不是一个有效种名。Lamarck（1816）显然是参照了 Gmelin（1791）分类学中的 *Pyrula neritoidea* 学名，有迹象表明他是简单地把 Gmelin 的 *Murex* 和 *Fusus* 进行了重新组合，如果 *Fusus neritoideus* Lamarck, 1816 是一个独立的新种的话，它作为 *Mures neritoideus* Gmelin 的第二个名字显然是无效的。最终，Kiener（1836）提出了代替新名"*Puroura violacea*"。因此，本种的学名应该采用 *Coralliophila violacea* (Kiener, 1836)才是正确的。

生物学特性 暖水性较强的种类；生活在低潮线附近珊瑚礁和岩礁质海底中，常栖息在活的滨珊瑚 *Porites* sp.上。为常见种。

地理分布 为印度-太平洋热带海区广布种类，在我国见于台湾、海南岛、西沙群岛和南沙群岛等地；日本，菲律宾，新喀里多尼亚，珊瑚海，印度和红海等地均有分布。

图 224 紫栖珊瑚螺 *Coralliophila violacea* (Kiener)

(211) 唇珊瑚螺 *Coralliophila monodonta* (Blainville, 1832)（图 225）

Purpura monodonta Blainville, 1832: 241.

Purpura madreporarum Sowerby, 1834: pl. 237, fig. 12; Reeve, 1846: pl. 12, fig. 69.

Purpura monodonta Quoy & Gaimark, 1833: 561, pl. 37, figs. 9-11.

Coralliobia monodonta (Blainville): Zhang, 2001, 43: 232.

Coralliobia (*Quoyula*) *monodonta* (Blainville): Kira, 1978: 63, pl. 25, fig. 1.

Quoyula madreporarum (Sowerby): Cernohorsky, 1972: 131, pl. 37, fig. 7; Abbott & Dance, 1983: 156; Wilson, 1993: 20, pl. 7, figs. 26a-b.

Rhizochilus madreporarum (Sowerby): Qi *et al.*, 1983: 84.

Quoyula monodonta (Blainville): Oliverio in Poppe, 2008: 248, pl. 419, figs. 8-10.

Coralliophila madreporara (Sowerby): Kosuge & Suzuki, 1985: 35, pl. 46, fig. 7; Zhang & Wei, 2005: 323, fig. 13.

Coralliophila madreporaria (Sowerby): Tsuchiya in Okutani, 2000: 419, pl. 208, fig. 291; Rao, 2003: 249, pl. 59, fig. 12; Jung *et al.*, 2011: 50, figs. 57a-b.

Coralliophila mondonta (Blainville): Oliverio, 2008a: 507, figs. 30-32, 157.

别名　玉女珊瑚螺、单齿栖珊瑚螺。

英文名　Quoy's coral-shell。

模式标本产地　Tonga-Tabou（Oliverio, 2008a）。

标本采集地　海南（陵水新村，三亚，西沙群岛的石岛、金银岛、琛航岛和南沙群岛各岛礁）。

观察标本　8 个标本，58M-1541，西沙北岛，1958.Ⅴ.10，徐凤山采；15 个标本，75M-318，西沙群岛的琛航岛，1975.Ⅴ.20，马绣同采；3 个标本，MBM114889，西沙群岛，1975.Ⅵ.14，马绣同采；4 个标本，西沙东岛，1980.Ⅳ.06，马绣同采；12 个标本，MBM114701，南沙信义礁，水深 1-3m 珊瑚礁，1990.Ⅴ.29，陈锐球采。

形态描述　贝壳形态有变化，呈半卵圆形、长卵圆形或纺锤形；壳质厚而结实。螺层约 5 层，胚壳小而尖。缝合线浅，除少数个体螺旋部稍高之外，大部分个体螺旋部低小，有的个体螺旋部凹于体螺层内，体螺层极宽大，几乎为整个贝壳的全部。多数贝壳表面通常被 1 层厚的石灰质所覆盖，致使壳面雕刻不清晰，幼体可见细密的螺肋或细螺纹。壳面为灰白色。壳口极宽阔，内为紫色并杂有白色。外唇简单，呈弧形；内唇滑层发达，向外扩张，多数个体可遮盖整个贝壳的腹面，轴唇略中凹，在壳轴的下部有 1 个小齿，个体较小的种类小齿较明显。前水管沟宽广。厣角质，小，不能遮盖壳口。

标本测量（mm）

壳长	33.8	28.0	26.2	26.0	25.0
壳宽	25.0	21.0	22.7	21.2	21.2

讨论　在以往的研究报道中我们曾把个体小，螺旋部稍高，轴唇上有 1 短齿的标本鉴定为单齿珊瑚螺 *Coralliobia monodonta* (Blainville, 1832)，而把个体大，贝壳呈扁卵圆形的标本鉴定为 *Coralliophila madreporara* (Sowerby, 1824)。但据 Kosuge 和 Suzuki（1985）报道，二者是同一个种，前者是后者的同物异名。在编写本志时，著者参考了 Oliverio（2008a）对这个种的报道，他认为 *Purpura madreporara* 这个种名是 Sowerby 在 *The Genera of Recent and Fossil Shells* 这本书中发表的，但这本书的发表日期很难确定。*Purpura* 这个属在第二卷第 42 部分中进行了报道，日期是由 Richard Petit 修订的，时间应是 1834 年，而并非 1824 年。所以依据定名先后的原则，本种的学名应采用 *Coralliobia* *monodonta* (Blainville, 1832)。

生物学特性　暖海产；栖息于低潮线附近或稍深的珊瑚礁质海底中，常在活的杯形珊瑚 *Pocillopora* sp.基部的枝杈上附着。

地理分布　本种广泛分布于印度-西太平洋暖海区，在我国常见于台湾、海南岛、西沙群岛和南沙群岛各岛礁；日本（伊豆半岛以南），菲律宾，印度尼西亚，新喀里多尼亚，夏威夷群岛，澳大利亚，印度，红海，南非和莫桑比克等地均有分布。@@@

图 225　唇珊瑚螺 *Coralliophila monodonta* (Blainville)

(212) 梨形珊瑚螺 *Coralliophila radula* (A. Adams, 1855)（图 226）

Rhizochilus (*Coralliophila*) *radula* A. Adams, 1855: 137.

Coralliophila meritoidea Oliver, 1915: 536 (non Gmelin, 1791).

Coralliophila pyriformis Kira, 1959: 64, pl. 25, fig. 12; Abbott & Dance, 198: 155.

Coralliophila (*Coralliophila*) *pyriformis* Kira: Springsteen & Leobrera, 1986: 163, pl. 44, fig. 2.

Coralliophila radula (A. Adams): Kosuge & Suzuki, 1985: 39, pl. 41, figs. 5-6; Lai, 1988: 98, figs. 263A-B; Tsuchiya in Okutani, 2000: 415, pl. 414, fig. 267; Oliverio, 2008a: 488, fig. 3; Oliverio in Poppe, 2008: 240, pl. 415, figs. 10-11.

英文名　Radula coral-shell。

模式标本产地　中国。

标本采集地　南海。

观察标本　1 个标本，南海，2011.Ⅹ.11，浙江贝友提供。

形态描述　贝壳多呈梨形或卵球形，不同个体形态略有变化。壳质厚而结实。螺层约 8 层，壳顶呈白色或淡紫色。缝合线浅而明显，有的个体表面常被有 1 层厚的石灰质覆盖而看不清螺层。螺旋部呈低圆锥形，体螺层高大。壳面螺肋排列紧密，肋上具有密集的小棘刺，棘刺在贝壳的基部和外唇边缘更明显。纵肋低平，螺旋部纵肋突出较明显，而在体螺层上的纵肋较弱，有的个体纵肋变得不明显。壳面为灰白色或略带淡紫色。壳口较大，呈卵圆形，轴唇和壳口内呈紫罗兰色，内具细的放射纹。外唇前部向外扩张，在前水管沟处形成的 1 个平面，也是本种区别于其他的种的 1 个特征，外唇边缘具有小棘刺；内唇滑层较发达，常遮盖壳轴。前水管沟宽，稍延长，绷带小，脐孔不明显。厣角质，红褐色。

标本测量（mm）
> 壳长　42.5
> 壳宽　30.5

生物学特性　暖水性种类；生活在低潮线附近至潮下带数米深的珊瑚礁间或岩礁质海底中。

地理分布　为热带太平洋地区广布种类，据赖景阳（1988）报道，本种见于我国台湾东部和恒春半岛，馆藏的 1 个标本为贝友赠送，产地为南海；日本，菲律宾，新喀里多尼亚和新西兰等地均有分布。

经济意义　贝壳可供观赏。

图 226　梨形珊瑚螺 *Coralliophila radula* (A. Adams)

(213) 纺锤珊瑚螺 *Coralliophila costularis* (Lamarck, 1816)（图 227）

Murex costularis Lamarck, 1816: pl. 419, figs. 8a-b.

Purpura costularis Lamarck: Reeve, 1846: pl. 12, fig. 65.

Corplliophila retusa H. & A. Adams, 1863: 432.

Coralliophila costularis (Lamarck): Kira, 1978: 63, pl. 25, fig. 7; Kosuge & Suzuki, 1985: 31, pl. 23, fig. 14, pl. 37, figs. 3, 5; Wilson, 1993: 17, pl. 7, fig. 1; Kosuge & Meyet, 1999: 111, pl. 40, fig. 6; Tsuchiya in Okutani, 2000: 416-417, pl. 207, fig. 277; Oliverio in Poppe, 2008: 240, pl. 415, figs. 2-3; Oliverio, 2008a: 489, figs. 5, 149; Jung *et al.*, 2011: 48, fig. 46.

模式标本产地　印度。

标本采集地　海南（三亚大东海、鹿回头）。

观察标本　1 个标本，75M-200，海南三亚大东海，1975.Ⅳ.30，马绣同采，保存于中国科学院海洋研究所标本馆(青岛)；1 个标本，标-81-29，海南三亚鹿回头，1981.Ⅳ.16，保存于中国科学院南海海洋研究所标本馆（广州）。

形态描述　贝壳修长，两端尖瘦，中部肥圆，呈纺锤形；壳质较厚，结实。螺层约 8 层；缝合线浅。螺旋部高，呈圆锥形，体螺层高大。各螺层增长均匀，至体螺层迅速增宽增大，螺层较圆，无明显突出的肩角。除胚壳 2 层光滑无肋外，其余壳面雕刻有排列紧密且粗细相间的螺肋，肋上具有密集的小鳞片和小棘刺，纵肋较粗，在体螺层上大约有 10 条。壳面灰白色，活体标本呈淡紫色或略带黄褐色。壳口卵圆形或近梨形，内紫色或淡红色(馆藏的 1 个老壳标本颜色已褪掉)，外唇边缘具有小棘刺和缺刻；内唇平滑，近直。前水管沟稍延长，呈半管状，绷带较发达。厣角质，呈褐色。

标本测量（mm）

> 壳长　36.5　50.0
> 壳宽　18.0　25.0

生物学特性　暖海产；通常栖息于潮间带低潮区至水深 20m 左右的浅海砂或珊瑚礁质海底中。

地理分布　为印度-西太平洋广布种，在我国见于台湾、粤西、海南；日本（伊豆半岛、九州西岸以南），菲律宾，珊瑚海，新喀里多尼亚，斐济群岛，澳大利亚和印度洋的莫桑比克，留尼汪岛（法），从红海至南非等地区均有分布。

图 227　纺锤珊瑚螺 *Coralliophila costularis* (Lamarck)

(214) 菲氏珊瑚螺 *Coralliophila fearnleyi* (Emerson & D'Attilio, 1965)（图 228）

Latiaxis (*Babelomurex*) *fearnleyi* Emerson & D'Attilio, 1965: 101-103, pl. 10, figs. 1-8.

Babelomurex fearnleyi (Emerson & D'Attilio): Kosuge & Suzuki, 1985: 13, pl. 23, figs. 10-12, pl. 31, fig. 7; Oliverio in Poppe, 2008: 240, pl. 415.

Coralliophila fearnleyi (Emerson & D'Attilio): Oliverio, 2008a: 492, fig. 6; Jung *et al.*, 2011: 48, fig. 47.

别名 绮丽珊瑚螺。

英文名 Fearnley's coral-shell。

模式标本产地 澳大利亚（昆士兰）。

标本采集地 南海。

观察标本 2 个标本，南海，2011.IX.10，张素萍收集。

形态描述 贝壳呈纺锤形；壳质较厚，结实。螺层约 8 层；缝合线浅。胚壳 2 层，光滑无肋；螺旋部高，呈圆锥形，体螺层高大。各螺层中部形成明显的肩角，并形成 1 个斜的平面，在肩角上有 1 片状粗肋和棘刺。壳面粗糙，具有粗细不太均匀的螺肋，且粗肋间还有细的间肋，肋上具有密集的小鳞片和小棘刺，纵肋稀疏，粗而低平。壳面灰白色或淡紫色，脐部和贝壳的末端呈紫色。壳口卵圆形或近梨形，内紫色，外唇边缘具有小棘刺和缺刻；内唇平滑，近直。前水管沟稍延长，呈半管状，绷带较发达，具脐孔。厣角质，呈褐色。

图 228 菲氏珊瑚螺 *Coralliophila fearnleyi* (Emerson & D'Attilio)

标本测量（mm）

　　壳长　42.0　40.5

　　壳宽　21.8　22.4

讨论　对本种的分类地位存在异议，因为肩部有刺，Kosuge 和 Suzuki（1985）及 Oliverio（2008）把本种归于塔肩棘螺属 *Babelomurex*；而 Oliverio（2008a）在"Coralliophilinae (Neogastropoda: Muricidae) from the southwest Pacific"论文中又把本种放在了珊瑚螺属 *Coralliophila* 内。此外，赖景阳（2005）和钟柏生等（2011）也把本种放入珊瑚螺属内，著者依据本种的外部形态及壳口内颜色认为与珊瑚螺属的特征更吻合。

生物学特性　暖海产；通常栖息于潮间带低潮区至水深 20-100m 的浅海砂或珊瑚礁质海底中。

地理分布　分布于西太平洋海域，在我国见于台湾的恒春半岛和南海；日本（纪伊半岛以南），菲律宾，新喀里多尼亚和澳大利亚北部等地也有分布。

(215) 布袋珊瑚螺 *Coralliophila hotei* (Kosuge, 1985)（图 229）

Mipus hotei Kosuge, 1985: 49-50, pl. 17, figs. 2-3, 6.

Coralliophila hotei (Kosuge): Kosuge & Suzuki, 1985: 7, pl. 25, fig. 11; Jung *et al.*, 2011: 44, fig. 33.

模式标本产地　菲律宾。

标本采集地　台湾东部。

观察标本　1 个标本，台湾石梯坪，礁石质底。标本图片由台湾的赖景阳教授提供。

图 229　布袋珊瑚螺 *Coralliophila hotei* (Kosuge)

形态描述　贝壳呈卵球形；壳质厚而坚固。螺层约 7 层，胚壳约 2 层。缝合线浅，清晰。螺旋部呈圆锥状，体螺层大而膨圆，几乎占整个贝壳长度的 3/4，肩部宽，基部收缩明显。各螺层肩部略圆，表面雕刻有细密的螺肋，其上有小鳞片；纵肋低平而粗壮，在螺旋部的缝合线上方，纵肋呈结节状。壳面呈黄白色。壳口大，卵圆形，外唇弧形，边缘有锯齿状缺刻；内唇平滑，中部凹，轴唇近直，滑层薄。前水管沟宽短，末端向背方弯曲。绷带明显，脐孔狭小。

标本测量（mm）
　　　壳长　25.0
　　　壳宽　17.3
生物学特性　暖水种；栖息于潮下带岩礁质海底。不常见种。
地理分布　在我国见于台湾东部海域；日本，菲律宾等地也有分布。

(216) 扁圆珊瑚螺 *Coralliophila fimbriata* (A. Adams, 1854)（图 230）

Coralliophila (*Coralliobia*) *fimbriata* A. Adams, 1854: 93; Kosuge & Suzuki, 1985: 42, pl. 45, figs. 4-8, pl. 48, fig. 8.

Coralliobia fimbriata (A. Adams): Tsuchiya in Okutani, 2000: 419, pl. 208, fig. 292.

Coralliobia cancellata Pease, 1861: 399.

Coralliobia sculptilis Pease, 1865: 513.

Coralliobia smithi Yen, 1942: 226.

Coralliobia densicostata Shikama, 1963a: 62.

Coralliophila fimbriata (A. Adams): Oliverio in Poppe, 2008: 242, pl. 416, figs. 11a-b; Oliverio, 2008a: 517, figs. 47, 163; Jung *et al.*, 2011: 50, fig. 58.

别名　绉褶珊瑚螺。
模式标本产地　菲律宾。
标本采集地　台湾东北角至东部。
观察标本　1 个标本，台湾东北部，岩礁海岸。标本图片由台湾赖景阳教授提供。

图 230　扁圆珊瑚螺 *Coralliophila fimbriata* (A. Adams)

形态描述 腹面观形似圆盘状，背面观可见体螺层和螺旋部。壳质稍薄，壳顶尖，螺旋部低小，体螺层宽大，上部扩张。体螺层上有稀疏的片状或褶皱状纵肋，并有 3-4 条龙骨状粗螺肋，粗肋间雕刻有密集的细螺纹，不同个体表面雕刻有差异。壳面呈白色，或略显淡黄色。壳口半圆形，内外唇扩张，形成 1 个圆周形的平面，内缘滑层发达，周缘的鳞片和小刺环行排列，层层折叠，形成细的褶皱状。内唇平滑；外唇缘呈扇形。前水管沟短而细。

标本测量（mm）

　　壳长　30.0

　　壳宽　26.0

生物学特性 暖水种；栖息于潮下带浅海至较深海水域的岩礁或珊瑚礁质海底中。

地理分布 分布于印度-西太平洋热带和亚热带海域，在我国见于台湾东北部海域；日本，菲律宾，新喀里多尼亚，斐济，夏威夷群岛，红海等海域也有分布。

(217) 格子珊瑚螺 *Coralliophila clathrata* (A. Adams, 1854)（图 231）

Rapana (*Rhizochilus*) *clathrata* A. Adams, 1854: 97.

Coralliobia sugimotonis Kuroda, 1931: 316-318, pl. 1, figs. 5-7; Kira, 1978: 63, pl. 25, fig. 63.

*Coralliophila clathrat*a (A. Adams): Kosuge & Suzuki, 1985: 31, pl. 46, figs. 3-4; Kosuge & Meyer, 1999: 111, pl. 40, fig. 5; Tsuchiya in Okutani, 2000: 417, pl. 207, fig. 283; Zhang & Wei, 2006: 153, pl. 2, fig. 7; Oliverio in Poppe, 2008: 244, pl. 417, fig. 10; Oliverio, 2008a: 505, fig. 28; Jung *et al.*, 2011: 49, fig. 52.

别名 竹篮珊瑚螺。

模式标本产地 菲律宾。

标本采集地 南沙群岛火艾礁。仅采到 1 个标本。

观察标本 1 个标本，SSFJ6-30，南沙群岛火艾礁，水深 1-3m，珊瑚礁，1990.Ⅴ.24，任先秋等采。

形态描述 贝壳小型，近卵球形；质厚而结实，螺层约 6 层，壳顶钝，光滑无肋。缝合线浅，螺旋部低小，体螺层大而膨圆。各螺层上部稍扩张，形成 1 个阶梯状的肩部。壳表雕刻有宽而低平的纵、横螺肋，二者交织成方格状，交叉点凸出，其余形成小的凹陷。壳面为白色或黄白色。壳口大，卵圆形，内白色，外唇薄，边缘常不整齐；内唇平滑，滑层较厚。前水管沟通常较宽短，缺刻状；绷带发达，屑角质，黄褐色。

标本测量（mm）

　　壳长　7.0

　　壳宽　5.0

生物学特性 暖水种；生活于潮带间至浅海 1-20m 的珊瑚礁质海底中。

地理分布 印度-太平洋热带海区广布种，在我国见于台湾东部和南沙群岛；从日本（纪伊半岛以南）经菲律宾向南至澳大利亚的大堡礁，从巴布亚新几内亚至马克萨斯群岛，新喀里多亚等整个热带太平洋海区均有分布；此外，印度洋的斯里兰卡和马尔代夫，塞舌尔，以及东非沿岸的莫桑比克，南非等地也有分布。

经济价值　个体小，经济意义不大。

图 231　格子珊瑚螺 *Coralliophila clathrata* (A. Adams)

(218) 短小珊瑚螺 *Coralliophila curta* Sowerby, 1894（图 232）

Coralliophila curta Sowerby, 1894: 42, pl. 4, fig. 4; Kosuge & Suzuki, 1985: 32, pl. 40, fig. 9; Tsuchiya in Okutani, 2000: 419, pl. 208, fig. 289; Zhang & Wei, 2006: 156, pl. 2, fig. 8; Oliverio, 2008a: 509, figs. 34, 158, 208.

模式标本产地　毛里求斯。

标本采集地　西沙群岛的永兴岛。

观察标本　1 个标本，75M-376，西沙群岛，1975.Ⅴ.10，马绣同采。

形态描述　贝壳小，近菱形；壳质稍厚而结实，螺层约 8 层，缝合线浅，不甚明显。胚壳小，约 2½ 层；螺旋部低锥形，体螺层中等大。各螺层中部突出形成弱的肩角，壳面凹凸不平，雕刻有粗壮的纵肋和由多条细螺肋组成的粗肋，二者交织成格目状，在交叉点常形成小结节或小棘刺（我们在沙滩上仅采到的 1 个磨损的标本，棘刺不太明显），其余部分凹陷成小坑状。壳面为红色或淡红色。壳口卵圆形，外唇弧形，内缘具有 1 列小颗粒突起，边缘具缺刻和小棘，内唇平滑。前水管沟稍短。

标本测量（mm）

　　壳长　8.0

　　壳宽　5.0

生物学特性　暖水性较强的种类；栖息于潮间带至浅海水深 20m 的沙或珊瑚礁质海底中。

地理分布　在我国见于西沙群岛；日本（纪伊半岛以南），菲律宾，新喀里多尼亚及印度洋的毛里求斯等地也有分布。

图 232　短小珊瑚螺 *Coralliophila curta* Sowerby

(219) 鳞甲珊瑚螺 *Coralliophila squamosissima* (Smith, 1876)（图 233）

Rhizochilus (*Coralliophila*) *squamosissima* Smith, 1876: 404.

Coralliobia stearnsii Pilsbry, 1895: 45, pl. 2, fig. 12; Kira, 1978: 63, pl. 25, fig. 8.

Coralliophila squamosissima (Smith): Kosuge & Suzuki, 1985: 41, pl. 46, figs. 8-9; Wilson, 1994: 18, pl.
7, fig. 9; Tsuchiya in Okutani, 2000: 417, pl. 207, fig. 282; Zhang & Wei, 2006: 153, pl. 2, fig. 5;
Oliverio, 2008a: 506, figs. 29, 156; Jung *et al.*, 2011: 49, fig. 51.

别名　花篮珊瑚螺。

模式标本产地　印度洋（罗德里格斯岛）。

标本采集地　海南（三亚小东海）。

观察标本　1 个标本，81M-270，海南三亚小东海，1981.Ⅹ.08，马绣同采。

形态描述　贝壳两端较尖细，近菱形，或长卵圆形；壳质较厚，坚实。螺层 7-8 层，胚壳约 2 层，光滑。缝合线浅，明显。螺旋较高而尖，体螺层增宽而膨大。各螺层中部略突出，形成略圆的肩部。壳表雕刻有粗细不太均匀的纵肋，在体螺层上约 12 条；纵肋与粗螺肋二者交织成网目状，通常在两条粗螺肋之间还有 1 条细的间肋。壳面为白色或灰白色。壳口卵圆形，内白色，外唇弧形，边缘有小缺刻；内唇近直而平滑。脐孔小，前水管沟较短。

标本测量（mm）

　　　壳长　22.0

　　　壳宽　15.0

生物学特性　该种生活于潮间带至浅海沙质或珊瑚礁质环境中。

地理分布　在我国见于台湾（基隆、宜兰、花莲、恒春半岛）和海南岛；日本（房总半岛以南），菲律宾，马来西亚，新喀里多尼亚，新西兰，澳大利亚和南非等地均有分布。

图 233　鳞甲珊瑚螺 *Coralliophila squamosissima* (Smith)

(220) 杰氏珊瑚螺 *Coralliophila jeffreysi* Smith, 1879（图 234）

Coralliophila jeffreysi Smith, 1879: 213, pl. 20, fig. 48; Kosuge & Suzuki, 1985: 34, pl. 46, figs. 1-2;
　　Wu & Lee, 2005: 81, fig. 347; Oliverlo, 2008a: 493, fig. 7; Jung *et al.*, 2011: 48, fig. 48.
Coralliophila jeffreysi hiradoensis Pilsbry, 1904: 16, pl. 3, fig. 27.

模式标本产地　日本。
标本采集地　台湾（龟山岛），东海（浙江外海）。
观察标本　1 个标本，台湾东北海域，水深 50m，砂质海底，标本图片和采集信息由台湾赖景阳教授提供；1 个标本，东海，水深 180-240m，碎珊瑚底，2011.XI，王佑宁提供。
形态描述　贝壳呈纺锤形；壳质较厚，结实。螺层约 8 层；缝合线浅而明显。螺旋部较高，体螺层大。胚壳约 2 层，光滑无肋。各螺层中部形成肩角，壳面较粗糙，雕刻有排列紧密且粗细相间的螺肋，肋上具有密集的小鳞片，在各螺层的肩部有稍长的棘刺；纵肋稀疏而较粗壮，在体螺层上有 7-8 条。壳面白色或灰白色，在每一螺层的肩部有 1 条较宽的黄褐色螺带，贝壳的基部呈黄褐色。壳口卵圆形，外唇边缘具有小棘刺和缺刻；内唇平滑，近直。前水管沟稍延长，呈半管状，绷带明显。

标本测量（mm）
　　壳长　38.0　31.6
　　壳宽　21.3　18.0

生物学特性　本种通常栖息于潮下带水深 50m 左右的砂质海底中。据台湾巫文隆和李彦铮（2005）报道，在龟山岛海域水深 100-150m 处采到过标本。
地理分布　分布于西太平洋海域，在我国见于台湾的东北部和东海；日本，斐济群岛和澳大利亚等地也有分布。

图 234 杰氏珊瑚螺 *Coralliophila jeffreysi* Smith

(221) 膨胀珊瑚螺 *Coralliophila inflata* (Dunker in Philippi, 1847)（图 235）

Fusus inflata Dunker in Philippi, 1847: 193, pl. 4, fig. 2.

Coralliobia akibumii Kira, 1978: 63, pl. 25, fig. 3; Jung *et al.*, 2011: 49, fig. 54.

Coralliophila inflata (Dunker in Philippi): Kosuge & Suzuki, 1985: 34, pl. 41, figs. 8-10; Wilson, 1994: 17, pl. 7, fig. 14; Kosuge & Meyer, 1999: 111; Tsuchiya in Okutani, 2000: 419, pl. 208, fig. 286; Oliverio, 2008a: 501, fig. 19.

别名 阿奇笨珊瑚螺。

模式标本产地 印度尼西亚（爪哇）。

标本采集地 东海。

观察标本 1 个标本，V562B-10，东海（31°30′N，128°00′E），水深 147m，细砂质海底，1978.Ⅴ.30，徐凤山采；1 个标本，东海，水深 200m 左右，泥沙质海底，2011.Ⅵ，尉鹏提供。

形态描述 贝壳中等大，壳面膨圆，呈卵圆形；壳质厚而结实。螺层约 8 层，缝合线细而稍深。螺旋部低圆锥状，体螺层膨大而圆，占壳长 2/3 以上。壳顶小而尖，约 2 层，光滑无肋，其余壳表雕刻有排列密集的粗螺肋，在两条粗肋间带有 1 条细的间肋，螺肋上具有覆瓦状排列的半管状小鳞片；纵肋较宽而粗壮，在体螺层上有纵肋 9-10 条。壳面为黄白色或灰白色。壳口大，卵圆形，内白色。外唇呈弧形，边缘具缺刻；内唇近直，平滑。前水管沟稍短。具假脐。

标本测量（mm）

　　壳长　30.0　29.0

　　壳宽　18.5　19.5

生物学特性 通常生活于浅海 50-100m 的细沙或泥沙质海底中，有的标本栖水较深可达 200m 以上。我们的标本采自东海水深 147m 和 200m 左右的细沙或泥沙质海底。

地理分布 在我国见于台湾和东海水域；日本（纪伊半岛和伊豆诸岛以南），印度尼西亚，新喀里多尼亚，澳大利亚及印度洋等地也有分布。

图 235　膨胀珊瑚螺 *Coralliophila inflata* (Dunker in Philippi)

(222) 红色珊瑚螺 *Coralliophila rubrococcinea* Melvill & Standen, 1901（图 236）

Coralliophila rubrococcinea Melvill & Standen, 1901: 401, pl. 21, fig. 2; Kosuge & Suzuki, 1985: 39, pl. 40, fig. 14, pl. 46, fig. 5; Tsuchiya in Okutani, 2000: 417, pl. 207, fig. 285; Zhang & Wei, 2006: 153, pl. 2, figs. 6a-b; Oliverio in Poppe, 2008: 244, pl. 417, figs. 12-15.

别名　浅红珊瑚螺。

模式标本产地　波斯湾。

标本采集地　南海（中国近海）和北部湾。

观察标本　1 个标本，4-3，南海（6158），水深 66m，粗砂，石砾质，1959.Ⅰ.15，唐质灿采；1 个标本，Q222B-40，北部湾（6167），水深 55m，砂和石块质，1960.Ⅶ.10，孙福增采；1 个标本，台湾东部，礁石底。插图中使用了钟柏生先生提供的 1 个标本图片。

形态描述　贝壳呈纺锤形；壳质稍薄，但结实。螺层 8-9 层，胚壳小而尖，光滑无肋。缝合线明显。螺旋部较高，圆锥状；体螺层突然增宽增大，中部膨圆。各螺层中部具有弱的肩角，本种的表面雕刻常有变化，有的种类具有较粗壮而明显的纵肋，但有的个体螺旋部上纵肋明显而体螺层上纵肋变弱或不明显，螺肋细密，有的粗细相间，肋上有细小的鳞片。壳面颜色也有变化，有白色、淡黄色、黄褐色或橘红色等。壳口大，呈梨形，外唇薄，呈弧形，上部扩张；内唇平滑。前水管沟短或稍延长。绷带明显，具假脐。

标本测量（mm）

　　　壳长　17.0　14.0　13.0

　　　壳宽　10.0　6.0　8.0

生物学特性　为暖水性种类；本种通常生活在浅海粗砂、岩礁、石块和碎贝壳质海底中。我们在南海采到 3 个标本，栖息水深度分别为：55m、66m 和 90m。

地理分布　在我国见于台湾东部和南海（中国近海、北部湾）海域；日本，菲律宾及印度洋的波斯湾，东非沿岸和红海也有分布。

图 236　红色珊瑚螺 *Coralliophila rubrococcinea* Melvill & Standen

(223) 金黄珊瑚螺 *Coralliophila amirantium* Smith, 1884（图 237）

Coralliophila amirantium Smith, 1844: 497, pl. 44, fig. m; Kosuge & Suzuki, 1985: 29, pl. 7, fig. 4, pl. 39, fig. 6, pl. 46, fig. 11; Tsuchiya in Okutani, 2000: 418, pl. 208, fig. 287; Oliverio in Poppe, 2008: 244, pl. 417, fig. 2; Oliverio, 2008a: 496, figs. 13, 152; Jung *et al.*, 2011: 50, fig. 56.

模式标本产地　阿米兰特群岛（印度洋）。

标本采集地　台湾东北部。

观察标本　1 个标本，台湾东北部海域，水深 120m，礁石海底。标本图片和采集信息由台湾赖景阳教授提供。

形态描述　贝壳小，呈纺锤形；壳质结实。螺层约 8 层，胚壳光滑。缝合线浅，缝合线下方螺肋有褶皱。螺旋部高起，呈圆锥形，体螺层圆而大。贝壳表面雕刻有粗的纵肋，肋间沟浅；螺肋细密，粗细相间，螺肋上密布小鳞片。壳面呈金黄色或黄褐色等，有的个体其壳顶和前水管沟处颜色加深。壳口呈卵圆形，内橘黄色或黄褐色。内唇平滑，轴唇略直；外唇弧形，边缘有小刺和缺刻。前水管沟短。

标本测量（mm）
　　壳长　19.0
　　壳宽　11.0

生物学特性　通常栖息于潮下带浅海水深数米至 100 余米的岩礁质海底中。

地理分布　在我国见于台湾东北部；日本，菲律宾，珊瑚海，新喀里多尼亚，以及印度洋等海域均有分布。

图 237　金黄珊瑚螺 *Coralliophila amirantium* Smith

(224) 宽口珊瑚螺 *Coralliophila solutistoma* Kuroda & Shikama, 1966（图 238）

Coralliophila solutistoma Kuroda & Shikama, 1966: 21, pl. 1, figs. 1-2; Kosuge & Suzuki, 1985: 40, pl. 40, figs. 1-3; Tsuchiya in Okutani, 2000: 415, pl. 207, fig. 275; Oliverio in Poppe, 2008: 244, pl. 417, fig. 11; Oliverio, 2008a: 511, figs. 35-36; Jung *et al.*, 2011: 47, fig. 45.

模式标本产地　日本。

标本采集地　台湾西南部。

观察标本　1 个标本，台湾西南部，水深 60-80m，2010.XI，尉鹏提供。

形态描述　贝壳两端尖，近菱形，壳质厚而结实。螺层约 8 层，胚壳 2-3 层，光滑无肋，缝合线浅，明显。螺旋部较小而尖，体螺层高大，上部膨圆，基部收缩。各螺层具有弱的肩部，表面雕刻有粗细均匀而细致的螺肋，肋上具有小的鳞片。纵肋发达，较粗而圆，在体螺层上有 7-8 条，在贝壳的基部纵肋变弱或消失。壳面白色或黄白色，纵肋间为黄色或橘黄色，壳顶几层通常为红色。壳口窄长，半圆形，上部稍宽，内白色，壳口的形状在不同个体中有变化；内唇平滑，外唇弧形。前水管宽短或稍延长，微向背方曲。

标本测量（mm）

　　壳长　15.5

　　壳宽　8.7

生物学特性　暖水种；本种通常栖息于潮下带浅海至较深的岩礁质海底或寄生在珊瑚上生活，栖息水深为 60-270m。

地理分布　分布于太平洋海区，在我国见于台湾和南海；日本（纪伊半岛以南、九州、冲绳），菲律宾，新喀里多尼亚，瓦努阿图，斐济群岛，瓦利斯群岛和富图纳岛等地也有分布。

图 238　宽口珊瑚螺 *Coralliophila solutistoma* Kuroda & Shikama

(225) 褐宽口珊瑚螺 *Coralliophila caroleae* D'Atillio & Myers, 1984（图 239）

Coralliophila caroleae D'Atillio & Myers, 1984: 91-92, figs. 26-28; Kosuge & Suzuki, 1985: 31, pl. 40,
figs. 10-11; Tsuchiya in Okutani, 2000: 415, pl. 206, fig. 271; Oliverio in Poppe, 2008: 242, pl. 416,
figs. 4-8; Oliverio, 2008a: 514, figs. 43, 162; Jung *et al.*, 2011: 47, fig. 44.

模式标本产地　菲律宾（保和岛海峡）。

标本采集地　台湾东部。

观察标本　1 个标本，台湾东部，岩礁质海底。标本图片由台湾钟柏生先生提供。

形态描述　贝壳呈卵圆形；壳质稍薄。螺层约 7 层，壳顶尖。缝合线清楚。螺旋部小，体螺层特膨大。壳表雕刻有纵肋和螺肋，螺旋部纵肋较粗而突出壳面，体螺层上纵肋变得宽而低平，螺肋细密，其上有排列密集的小鳞片。本种贝壳颜色有变化，有浅黄色、橘红色、紫红色等，多数个体螺旋部颜色淡，体螺层上颜色加深。壳口大，卵圆形，上部扩张。内唇滑层向壳轴和体螺层上翻卷；外唇薄，弧形，边缘不整齐，有缺刻。前水管沟短而宽敞。有脐孔。

标本测量（mm）

　　壳长　25.0

　　壳宽　15.0

生物学特性　生活在潮间带至浅海水深 20-100m 的岩礁质和珊瑚礁质海底。

地理分布　印度-西太平洋广布种，在我国见于台湾沿海；日本，菲律宾，新喀里多尼亚，印度洋，南非等地均有分布。

经济意义　贝壳可供收藏。

图 239　褐宽口珊瑚螺 *Coralliophila caroleae* D'Atillio & Myers

(226) 南海珊瑚螺 *Coralliophila nanhaiensis* Zhang & Wei, 2005（图 240）

Coralliophila nanhaiensis Zhang & Wei, 2005: 325, fig. 15.

模式标本产地　中国（南沙群岛）。

标本采集地　南沙群岛诸碧礁。

观察标本　1 个标本（正模），MBM119818，南沙诸碧礁（10°56′N，114°05′E），水深 1.5-2.0m 的珊瑚礁间，2002.Ⅴ.17，王洪发采；1 个标本（副模），MBM119819，南沙诸碧礁（10°56′N，114°05′E），水深 1.5-2.0m 的珊瑚礁间，2002.Ⅴ.17，王洪发采。

图 240　南海珊瑚螺 *Coralliophila nanhaiensis* Zhang & Wei

正、副模标本均保存于中国科学院海洋生物标本馆（青岛）。

形态描述 贝壳小，呈纺锤形；壳质薄，结实。螺层 6-7 层，缝合线稍深凹。螺旋部较高，呈圆锥形，各螺层膨圆，体螺层膨大，基部收缩。壳面雕刻有细密的螺肋，螺肋排列密集，肋间沟浅，肋上具有细小的鳞片，纵肋较弱而低平，在螺旋部近壳顶几层较明显，而在体螺层上通常变得更弱或不太明显。沿体螺层的中下部，腹面与壳口上部平行有 1 条突出的粗螺肋。壳面为白色，壳口卵圆形，内白色或略呈淡紫色，外唇呈弧形；内唇直，壳轴光滑。前水管沟细小，绷带发达，脐孔较大而深。

标本测量（mm）

　　壳长　19.0　18.0

　　壳宽　12.0　10.5

生物学特性 暖水性种类；栖息于潮间带低潮区至浅海水深 1-2m 的珊瑚礁间。较少见种。

地理分布 目前仅知分布于我国的西沙群岛和南沙群岛。

50. 网格珊瑚螺属 *Emozamia* Iredale, 1929

Emozamia Iredale, 1929, 17: 185.

Type species: *Murex licinus* Hedley & Petterd, 1906.

特征 壳面具有呈褶片状的稀疏纵肋和螺肋，二者在体螺层上常交织成网格状，壳质薄，壳口较宽大。

本属目前在中国沿海仅发现 1 种。

(227) 网格珊瑚螺 *Emozamia licinus* (Hedley & Petterd, 1906)（图 241）

Murex licinus Hedley & Petterd, 1906: 219, pl. 37, fig. 6.

Emozamia licinus (Hedley & Petterd): Kosuge & Suzuki, 1985: 44, pl. 45, figs. 9-10; Lee, 2002: 35, fig. 60.

Emozamia lamellata Habe, 1952: 152; Kira, 1978: 63, pl. 25, fig. 4; Tsuchiya in Okutani, 2000: 419, pl. 208, fig. 294; Jung *et al.*, 2011: 50, fig. 59.

别名 网格花仙螺、棘鳞珊瑚螺。

模式标本产地 澳大利亚（新南威尔士）。

标本采集地 东海（浙江外海）。

观察标本 2 个标本，东海，水深 260m 的沙质底，2011.Ⅴ.14，尉鹏提供。

形态描述 贝壳多呈纺锤形或近卵球形，壳质较薄，螺层约 6 层，缝合浅而明显。螺旋部低小，体螺层膨大，各螺层中部突出，形成肩角。螺旋部各螺层增长较缓慢，体螺层突然增宽、增大。胚壳小，约 2 层，光滑无肋，其余壳面雕刻有稀疏的薄片状纵肋，在体螺层上有 10 条左右，肋间距不等，有的呈褶皱状。贝壳的肩部和螺旋部其他螺层上螺肋较弱，而体螺层肩部以下至贝壳的基部具明显而稀疏的螺肋，纵、横螺肋交织成网格状，肩角的褶上常有短棘。壳面灰白色或淡黄褐色。壳口大，内光滑，多呈白色，外唇宽厚，向外稍扩张，边缘具皱褶或短棘；内唇稍曲，滑层较发达；前水管沟细小，末端翘向背方。有脐孔，厣未见。

标本测量（mm）

  壳长 20.7 17.5

  壳宽 13.8 12.0

生物学特性 暖水种；通常栖息于水深 100-300m 的岩礁或砂质海底中。我们的 2 个标本为空壳，采自东海水深 260m 的砂质海底。

地理分布 在我国见于台湾东北和西南海域、东海（浙江外海）和南海；日本，菲律宾和澳大利亚等地也有分布。

图 241 网格珊瑚螺 *Emozamia licinus* (Hedley & Petterd)

51. 虫瘿珊瑚螺属 *Rhizochilus* Steenstrup, 1850

Rhizochilus Steenstrup, 1850: 75.

Type species: *Rhizochilus antipathum* Steenstrup, 1850.

特征 贝壳多呈亚球形；表面雕刻有粗细不均匀的螺肋，纵肋弱，在螺旋部较明显。壳口不规则，呈狭长或敞开形，常残留些固着基盘。固着在黑珊瑚 *Antipathes* sp.的枝杈上，营寄生生活。

本属在台湾海峡发现 1 种。

(228) 虫瘿珊瑚螺 *Rhizochilus antipathum* Steenstrup, 1850（图 242）

Rhizochilus antipathum Steenstrup, 1850: 75-76; Kosuge & Suzuki, 1985: 43, pl. 45, figs. 12-14, pl. 50, fig. 6; Kosuge & Meyer, 1999: 110, text-figs. 1-2; Tsuchiya in Okutani, 2000: 419, pl. 208, fig. 295; Lee, 2002: 35, fig. 61; Jung *et al.*, 2011: 51.

Rhizochilus cf. *antipathum* Steenstrup: Oliverio, 2008a: 519, figs. 50-51, 167-168.

Rhizochilus teramachii Kuroda, 1953a: 118, 125-126, text-figs. 1-2.

别名　虫瘿花仙螺。

模式标本产地　不详。

标本采集地　台湾海峡。

观察标本　1个标本，台湾（和美）潮下带。标本图片由台湾李彦铮博士提供。

形态描述　贝壳多呈亚球形；壳质结实。螺层约8层，缝合线浅或不太明显，胚壳1½-2层，光滑无肋，壳顶小而尖，常扭曲。螺旋部低小，体螺层膨大。表面雕刻有螺肋和纵肋，纵肋通常在螺旋部较明显，而在体螺层上消失或不明显，螺肋粗细不均匀，尤其是在体螺层上的螺肋常凹凸不平，有的个体在体螺层中部的肩角上有1条发达的螺肋，有时形成结节，由于寄生在珊瑚上生活，因此有的个体表面常被有1层石灰质的外皮而看不清雕刻。壳面呈淡红色、红褐色或灰褐色。壳口不规则，呈狭长或敞开形，常残留些固着基盘。内唇平滑，外唇边缘常不整齐。前水管沟半管状，稍长（图片上的标本前水管沟有破损）。

标本测量（mm）

壳长　10.0

生物学特性　本种通常栖息于潮下带水深100-200m的珊瑚礁海底，常固着在黑珊瑚 *Antipathes* spp.的枝条上营寄生生活。

地理分布　分布于印度-西太平洋热带和亚热带暖水区域，在我国见于台湾和美的潮下带；日本（纪伊半岛以南），菲律宾，新喀里多尼亚，夏威夷群岛和南非等地均有分布。

图242　虫瘿珊瑚螺 *Rhizochilus antipathum* Steenstrup

52. 芜菁螺属 *Rapa* Bruguiére, 1792

Rapa Bruguiére, 1792: 533.

Type species: *Bulla rapa* Linnaeus, 1767.

Rapella Swainson, 1840: 307.

Type species: *Pyrula papyracea* Lamarck, 1816.

特征 贝壳呈球形；壳质薄。螺旋部低小，体螺层大而膨圆。表面具螺肋或平滑，螺肋通常在贝壳的基部更明显或呈褶皱状。壳口半圆形，前水管沟延长。

本属动物生活在潮间带低潮区至水深 20m 左右的浅海中，通常栖息于软珊瑚群体内或珊瑚礁礁体内。

目前，在中国沿海发现 3 种。

种 检 索 表

1. 表面螺肋弱或平滑 ·· 球芜菁螺 ***R. bulbiformis***

   表面螺肋明显或粗 ·· 2

2. 螺旋部低平，壳面多呈黄白色 ·· 芜菁螺 ***R. rapa***

   螺旋部稍高，壳面多呈淡黄色 ·· 曲芜菁螺 ***R. incurva***

(229) 芜菁螺 *Rapa rapa* (Linnaeus, 1758)（图 243）

Murex rapa Linnaeus, 1758, 10: 752, no. 476.

Papa pellucida Röding, 1798: 148.

Rapa striata Röding, 1798: 148.

Pyrula papyracea Lamarck, 1816: pl. 436.

Pyrula rapa (Linnaeus): Reeve, 1847: pl. 7, fig. 21.

Rapa rapa (Linnaeus): Abbott & Dance, 1983: 157; Kosuge & Suzuki, 1985: 44, pl. 48, fig. 1; Springsteen & Leobrera, 1986: 164, pl. 44, fig. 7; Wilson, 1993: 20, pl. 7, figs. 28a-b; Tsuchiya in Okutani, 2000: 420-421, pl. 209, fig. 296; Rao, 2003: 249, pl. 59, fig. 11; Zhang & Wei, 2005: 326, fig. 16; Oliverio, 2008a: 559, figs. 123-124, 192; Oliverio in Poppe, 2008: 248, pl. 419, figs. 1-5; Jung *et al.*, 2011: 60, fig. 60.

别名 洋葱螺。

英文名 Rapa snail。

模式标本产地 不详。

标本采集地 西沙群岛（东岛）。

观察标本 1 个标本，80M-068，西沙群岛的东岛，1980.Ⅳ.06，马绣同采。另外，馆藏有 3 个标本，产地为菲律宾。

形态描述 贝壳较大，呈球形；壳质薄。螺层约 6 层，壳顶小而尖，稍突出壳面，缝合线凹。螺旋部低平，体螺层特大而膨圆，几占整个贝壳的长度。壳面生长纹明显，呈放射状；壳表雕刻有较均匀的粗螺肋，肋间距宽，并具有细的间肋，体螺层基部的螺肋变粗，其上具有褶皱状鳞片。壳面呈黄白色，有的个体前水管沟处呈淡红色。壳口大而宽敞，近半月形。外唇边缘雕刻有与壳面相对的缺刻；内唇滑层较厚，可遮盖壳轴。前水管沟延长（不同个体水管沟的长度有变化），半管状，扭曲，背面上具褶皱，脐孔较大。

标本测量（mm）

  壳长 89.5 86.4 85.0 76.0

  壳宽 73.2 71.0 65.4 57.0

生物学特性 典型的暖水性种类；栖息于潮间带低潮区 20m 左右的水深处，一般将贝壳全部埋入软珊瑚 *Octoeorallia* 的缝隙间或群体内，只把水管露在外面。

地理分布 目前在我国见于台湾和西沙群岛；日本（纪伊半岛、伊豆诸岛以南），菲律宾，澳大利亚北部等热带西太平洋地区，以及印度等地也有分布。

经济意义 贝壳可供观赏。

图 243 芜菁螺 *Rapa rapa* (Linnaeus)

(230) 球芜菁螺 *Rapa bulbiformis* Sowerby, 1870（图 244）

Rapa bulbiformis Sowerby, 1870: 252; Kosuge & Suzuki, 1985: 44, pl. 48, fig. 2; Wilson, 1993: 20, pl. 7, fig. 29; Tsuchiya in Okutani, 2000: 420-421, pl. 209, fig. 298; Jung *et al.*, 2011: 60, fig. 62.

别名 圆洋葱螺。

模式标本产地 不详。

标本采集地 西沙群岛东岛。

观察标本 1 个标本，MBM259020，西沙群岛（东岛），1980.IV.06，马绣同采。

形态描述 贝壳呈球形；壳质薄，易破损。螺层约 5 层，胚壳小。缝合线线凹，螺旋部稍高起，突出壳面，体螺层特大而膨圆。壳面较平滑，雕刻有细密的螺纹或螺肋，在体螺层的基部螺肋变得较粗而明显，略形成皱褶。壳面呈灰白色或淡红色。壳口大，半圆形。外唇薄；内唇滑层较发达，可遮盖壳轴。前水管沟延长，半管状。

标本测量（mm）

　　壳长　31.5

　　壳宽　28.5

生物学特性　暖水性种类；通常栖息于潮间带低潮区至水深 20m 左右的软珊瑚群体或珊瑚礁的礁体内。

地理分布　在我国见于台湾、海南岛和西沙群岛；日本（八丈岛、奄美诸岛以南），菲律宾及澳大利亚北部等热带太平洋地区也有分布。

图 244　球芜菁螺 *Rapa bulbiformis* Sowerby

(231) 曲芜菁螺 *Rapa incurva* (Dunker, 1852)（图 245）

Bulbus incurva Dunker, 1852: 126.

Rapa bulbiformis Sowerby: Zhang & Wei, 2005: 326, fig. 18 (non Sowerby, 1870).

Rapa incurva (Dunker): Kosuge & Suzuki, 1985: 44, pl. 23, fig. 7; Springsteen & Leobrera, 1986: 164, pl. 44, fig. 8; Tsuchiya in Okutani, 2000: 420-421, pl. 209, fig. 297; Zhang & Wei, 2005: 326, figs. 17-18; Oliverio, 2008a: 560, figs. 125-126; Oliverio in Poppe, 2008: 248, pl. 419, figs. 6-7; Jung *et al.*, 2011: 60, fig. 61.

别名　小洋葱螺、黄洋葱螺。

模式标本产地　中国？

标本采集地　海南（三亚、西沙永兴岛）。

观察标本　1 个标本，MBM114743，西沙群岛永兴岛，1958.Ⅴ.18，徐凤山、楼子康采，1 个标本，MBM259031，西沙群岛的永兴岛，1958.Ⅳ.13，齐钟彦、马绣同采；1 个标本，MBM259014，海南三亚，1955.Ⅴ.24，马绣同采。

形态描述　贝壳呈球形；壳质薄，易破损。螺层约 7 层，壳顶小而尖。缝合线浅而明显。螺旋部低小，突出壳面，体螺层大而膨圆。生长纹细密，壳面可见低平的粗螺肋，在体螺层基部螺肋明显，较粗而稀疏，略呈皱褶。壳面呈黄色或略带淡红色，前水管沟常红色。壳口半月形。外唇边缘稍薄，下端具小缺刻；内唇滑层较发达，反卷于体螺层上，并可遮盖壳轴。前水管沟长，常扭曲向背面，水管沟的长短、曲直在不同个体中有变化。脐孔小而深。

标本测量（mm）

壳长　　50.5　　41.5　　20.0

壳宽　　31.0　　34.8　　15.0

讨论　张素萍和尉鹏（2005）所用标本图片应是本种，而不是球芜菁螺 *Rapa bulbiformis*。

生物学特性　暖水种类；生活在潮间带低潮区至水深 20m 左右的浅海中，栖息于软珊瑚群体内或珊瑚礁礁体内。

地理分布　在我国见于台湾、海南岛和西沙群岛；日本，菲律宾和澳大利亚等地也有分布。

图 245　曲芜菁螺 *Rapa incurva* (Dunker)

53. 延管螺属 *Magilus* Montfort, 1810

Magilus Montfort, 1810: 43.

Type species: *Magilus antiquus* Montfort, 1810.

特征　壳形不规则，呈长管状或盘踞的管状，幼体壳质较薄，成体坚实而厚重。壳面常有粗糙的生长纹和螺肋。

本属在中国沿海发现 1 种。

(232) 延管螺 *Magilus antiquus* Montfort, 1810（图 246）

Magilus antiquus Montfort, 1810: 42-44, pl. 11; Abbott & Dance, 1983: 156; Qi *et al*., 1983, 2: 82; Kosuge & Suzuki, 1985: 45, pl. 48, figs. 5, 10; Tsuchiya in Okutani, 2000: 420-421, pl. 209, fig. 299; Zhang & Wei, 2005: 326, fig. 22; Oliverio in Poppe, 2008: 248, pl. 419, fig. 11; Oliverio, 2008a: 557, fig. 119; Jung *et al*., 2011: 60, fig. 63.

别名　珊瑚礁螺。

英文名　Burrowing coral-shell。

模式标本产地　不详。

标本采集地　海南（三亚及西沙群岛的永兴岛、东岛、石岛）。

观察标本　1 个标本，海南三亚，1955.Ⅴ，马绣同采；1 个标本，MBM259024，海南三亚大洲，1955.Ⅳ.10，马绣同采；4 个标本，57M-1112，海南三亚，1957.Ⅵ.16，马绣同采；2 个标本，75M-373，西沙群岛的石岛，1975.Ⅵ.06，马绣同采；2 个标本，80M-068，西沙群岛的东岛，1980.Ⅳ.06，马绣同采；8 个标本，81M-285，三亚小东海，1981.Ⅹ.09，马绣同采。

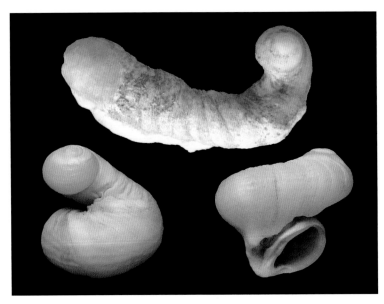

图 246　延管螺 *Magilus antiquus* Montfort

形态描述　贝壳形态不规则，成体贝壳呈直管状或盘踞的管状，壳质坚厚；幼体贝壳近球形，壳质薄脆。石灰质管的后端具有 3-4 层低的螺旋部，近圆球形，内充满了石灰质，体螺层延长，形成管状，仅在管子的前端近壳口处留有空腔，作为动物软体部的隐藏之所，在管状贝壳的基部有 1 条发达的纵走鱼鳍状龙骨。壳面白色或灰白色，其上有鳞片及粗糙的波状生长纹，有的可见粗细不均、较低平的螺肋或螺纹。壳口呈不规则的半圆形或卵圆形，厣角质，深褐色。

标本测量（mm）

　　壳长　86.0　45.0

　　壳宽　29.0　37.2

讨论　本种外形不规则，测量数据很难反映贝壳的大小，著者选择了两个类型的标本，一个是直管状的，另一个是盘踞状的进行了测量，供读者参考。

生物学特性　暖水性种类；栖息于潮间带低潮区至浅海水深数米的珊瑚礁体内，自幼体时居于珊瑚礁内，需打碎珊瑚后才能采集到标本。

地理分布　分布于热带印度-西太平洋海域，在我国见于台湾、海南岛和西沙群岛；国外见于日本（纪伊半岛和伊豆诸岛以南），菲律宾，新喀里多尼亚，澳大利亚及印度洋等地。

54. 薄壳螺属 *Leptoconchus* Ruppell, 1834

Leptoconchus Ruppell, 1834: 105.

Type species: *Leptoconchus striatus* Ruppell, 1835.

特征　贝壳近球形、长卵圆形或椭圆形；壳质薄脆，易破损。生长纹细密，表面常有皱褶。壳口宽大，前水管沟短或延长。

本属在中国沿海发现 3 种。

种 检 索 表

1. 前水管沟延长，呈鸟嘴状·· 拉氏薄壳螺 *L. lamarckii*

　　前水管沟不延长···2

2. 贝壳近球形，螺旋部低小··· 薄壳螺 *L. striatus*

　　贝壳呈椭圆形，螺旋部较高··· 椭圆薄壳螺 *L. ellipticus*

(233) 薄壳螺 *Leptoconchus striatus* (Ruppell, 1835)（图 247）

Leptoconchus striatus Ruppell, 1835: 259, pl. 35, figs. 9-10; Qi *et al.*, 1991: 115, text-fig. 2.

Magilus striatus (Ruppell): Kosuge & Suzuki, 1985: 47, pl. 48, figs. 3-4; Wilson, 1993: 19, pl. 7, fig. 27; Tsuchiya in Okutani, 2000: 420-421, pl. 209, fig. 300; Zhang & Wei, 2005: 328, fig. 23; Jung *et al.*, 2011: 52, fig. 64.

别名　薄壳线纹螺、薄壳延管螺、橄榄珊瑚螺、细皱珊瑚螺。

模式标本产地　不详。

标本采集地　海南（三亚、南沙群岛）。

观察标本　1 个标本，三亚西沙洲，1959.XI.30，马绣同采；3 个标本，SSIV-28，南沙群岛，1987.V.05，陈锐球采。

形态描述　贝壳近球形；壳质极薄脆，很易破损。螺层 4-5 层，缝合线浅，不明显。

螺旋部极小，稍突出壳面，而体螺层大而膨圆，占整个贝壳的绝大部分。壳面粗糙，呈灰白色或淡黄褐色，表面雕刻有密集的纵行皱褶，尤其是在体螺层的背部尤其明显，腹面的皱褶弱或较平滑，螺纹细弱。壳口大，长卵圆形，外唇薄，简单；内唇平滑，稍曲，滑层向外扩展。前水管沟短而宽敞，略凸出。

标本测量（mm）

　　　壳长　29.2　11.5

　　　壳宽　25.5　　9.0

讨论　在以往的分类研究中，依据 Kosuge 和 Suzuki（1985）报道，把本种归属于延管螺属 *Magilus*，但在编写本志时，参考了 Oliverio（2008a）等较新的文献资料，本种现已归属于薄壳螺属 *Leptoconchus*。因此，中文名也进行了相应的修订。

生物学特性　暖水性种类；栖息于潮间带低潮区至浅海水深20m左右的珊瑚礁体内。

地理分布　在我国见于台湾、南沙群岛和海南岛；日本，菲律宾，印度尼西亚及澳大利亚昆士兰北部等地也有分布。

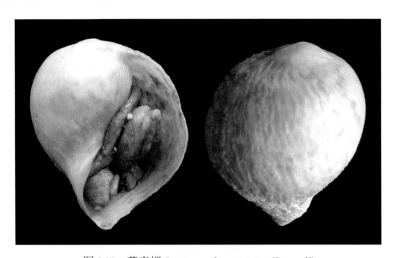

图 247　薄壳螺 *Leptoconchus striatus* (Ruppell)

(234) 椭圆薄壳螺 *Leptoconchus ellipticus* (Sowerby, 1823)（图 248）

Magilus ellipticus Sowerby, 1823: 1, pl. 238, fig. 1; Kosuge & Suzuki, 1985: 46, pl. 50, fig. 15.

Magilus djedah Chenu, 1842: 102, figs. 3-4.

Magilus tenuis Chenu, 1842: 102, fig. 8.

Leptoconchus schrenckii Lischke, 1871: 40.

模式标本产地　不详。

标本采集地　海南（三亚、西沙群岛、南沙群岛）。

观察标本　2 个标本，57-1100，海南三亚，1957.VI.15，马绣同采；1 个标本，海南三亚，1958.III.28，马绣同采；1 个标本，三亚西沙滩珊瑚礁内，1959.XI.30，马绣同采；1 个标本，西沙群岛的永兴岛，1980.VI.13，王绍武采；1 个标本，81M-285，海南三亚小东海，1981.Ⅹ.09，马绣同采。

形态描述 贝壳呈椭圆形；壳质极薄脆，多数半透明。螺层 4-5 层，缝合线浅细，明显。螺旋部较高，呈低圆锥形，体螺层高大，占整个贝壳长度的大部分。壳面呈白色或灰白色，背面雕刻有密集的纵行皱褶，腹面的皱褶弱或较平滑，生长纹细密，在贝壳的腹面延壳口内唇上部至壳轴基部有 1 条半圆形的龙骨突起。壳口大，半圆形或长卵圆形，外唇薄，弧形，边缘简单；内唇平滑，稍曲，滑层向外扩展。前水管沟宽短。

标本测量（mm）

壳长 23.5 22.2 20.5 19.7 17.6

壳宽 16.5 16.2 14.3 14.2 12.4

生物学特性 暖水性种类；栖息于潮间带低潮区至浅海水深20m左右的珊瑚礁体内。

地理分布 在我国见于台湾、海南岛、西沙群岛和南沙群岛；日本，菲律宾，印度尼西亚及澳大利亚的昆士兰北部等地也有分布，为印度-西太平洋广布种。本种在中国沿海为首次报道。

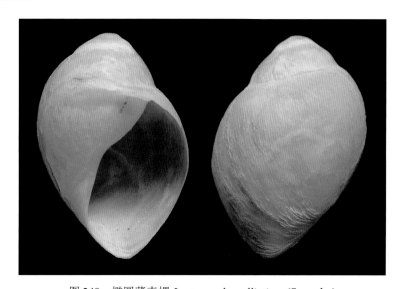

图 248 椭圆薄壳螺 *Leptoconchus ellipticus* (Sowerby)

(235) 拉氏薄壳螺 *Leptoconchus lamarckii* Deshayes, 1863（图 249）

Leptoconchus lamarckii Deshayes, 1863: 127-128, pl. 12, figs. 1-3; Ma & Zhang, 1996: 64; Oliverio, 2008a: 558, fig. 122.

Magilus lamarckii (Deshayes): Kosuge & Suzuki, 1985: 46, pl. 48, fig. 12; Tsuchiya in Okutani, 2000: 420-421, pl. 209, fig. 302; Zhang & Wei, 2005: 328, fig. 21; Jung *et al.*, 2011: 52, fig. 65.

别名 马氏薄壳螺。

模式标本产地 非洲的留尼汪岛。

标本采集地 海南（三亚、南沙群岛半月礁）。

观察标本　6个标本，55-858，海南三亚，1955.Ⅴ.14，马绣同采；9个标本，57M-1100，海南三亚，1957.Ⅵ.15，马绣同采；3个标本，75M-128，海南三亚，1975.Ⅳ.20，马绣同采；2个标本，81M-285，海南三亚小东海，1981.Ⅹ.09，马绣同采；2个标本，南沙群岛半月礁（8°54.00′N，116°16.30′E），1994.Ⅸ.28，王绍武采。

形态描述　贝壳呈长卵圆形；壳质较薄，易破损。缝合线很浅，不明显。壳顶低小，微突出壳面，螺旋部呈低圆锥形，体螺层较高大。壳面平滑或稍粗糙，生长纹细密，在体螺层上常形成一些纵行的褶纹和低平的螺肋，螺肋通常在体螺层下部和贝壳的基部较明显，肋上密布小鳞片，但有些个体表面磨损或常被石灰质外皮所遮盖而看不清螺肋。壳面黄白色或淡粉色；壳口长，呈半圆形，内唇平滑，外唇薄。前水管沟延长，呈鸟嘴状。

标本测量（mm）

壳长	35.0	30.0	26.0	24.0	22.8
壳宽	15.5	16.4	12.8	11.0	12.2

生物学特性　暖水性较强的种类；栖息于潮间带至水深20m左右的浅海，凿穴埋栖于珊瑚礁内。

地理分布　在我国见于台湾、海南岛和南沙群岛；日本（纪伊半岛、伊豆诸岛以南），夏威夷群岛，新喀里多尼亚等太平洋诸岛和印度洋也有分布。

图249　拉氏薄壳螺 *Leptoconchus lamarckii* Deshayes

参 考 文 献

Abbott R T. 1954. American Seashells. Van Nostrand Do., Inc, New York. 1-541.

Abbott R T and S P Dance. 1983. Compendium of Seashells. E. P. Dutton, Inc., New York. 129-158

Adams A. 1853a. Descriptions of several new species of *Murex*, *Rissoina*, *Planaxis* and *Eulima* from the Cumingian collection. *Proceedings of the Zoological Society of London*, (1851) 19: 267-272

Adams A. 1853b. Descriptions of new shells from the collection of H. Cuming, Esq. *Proceedings of the Zoological Society of London*: 69-74

Adams A. 1854. Descriptions of new species of *Semele*, *Rhizochilus*, *Plotia* and *Tiara* in the Cumingian collection. *Proceedings of the Zoological Society of London*, 21: 69-99

Adams A. 1855. Descriptions of thirty-nine new species of shells, from the collection of Hugh Cuming, Esq. *Proceedings of the Zoological Society of London*, 22: 130-138

Adams A. 1863. On the species of Muricinae found in Japan. *Proceedings of the Zoological Society of London*, 31: 370-376

Adams A and L A Reeve. 1848-1850. Mollusca. In: Adams A. The Zoology of the Voyage of "H.M.S. Samarang…," Reeve, Benham and Reeve, London. x+1-87, pls. 1-24

Adams H. 1873. Description of seventeen new species of land and marine shells. *Proceedings of the Zoological Sociery of London*, 41: 205-209

Adams H and A Adams. 1853-1858. The genera of Recent Mollusca arranged according to their organization. J. Van Voorst, London. Vol. 1: 1-484[1953-1854], Vol. 2: 1-660[1854-1858], Vol. 3: pls. 1-138[1858]

Adams H and A Adams. 1863. Descriptions of new species of shells, chiefly from the Cumingian collection. *Proceedings of the Zoological Society of London*, 1863: 428-435

Alexeyev D O. 2003. Gastropod Seashells of Russin. Vniro Publishing, Moscow. 152-162

Allan J. 1950. Australian Shells. Georgian House, Melbourne. 1-470.

Arakawa Y. 1965. A Study on the Radulae of the Japanese Muricidae (3) - The Genera *Drupa*, *Drupina*, *Drupella*, *Cronia*, *Morula*, *Morulina*, *Phrygiomurex*, *Cymia* and *Tenguella* gen. nov. *Venus*, 24(2): 113-126

Ardovini R and T Cossignani. 1999. Atlante Delle Conchiglie Di Profondità Del Mediterraneo. L'Informatore Piceno, 1-111

Ardovini R and T Cossignani. 2004. West African Sea Shells. L'informatore Piceno, Ancona. 1-320

Azuma M. 1960. A catalogue of the shell-bearing Mollusca of Okinoshima, Kashiwajima and the adjacent area (Tosa Province) Shikoku, Japan. Published by the author, Tokyo. 1-102

Azuma M. 1961. Descriptions of six new species of Japanese marine Gastropoda. *Venus*, 21(3): 296-303

Azuma M. 1971. Description of a new species of the Genus *Latiaxis* from Kii Peninsula, Honshu, Japan. *Venus*, 30 (2): 61-62

Azuma M. 1973. On the Radulae of some remarkable Gastropods from off Kirimezaki, Kii Peninsula, Japan, with the description of a new cone shell. *Venus*, 32(1): 9-17

Baker F C. 1891. Remarks on the Muricidae with descriptions of new species of shells. *Proceedings of the Academy of Natural Sciences of Philadelphia*, 43: 56-61

Baluk W. 1995. Middle Miocenian (Badenian) gastropods from Korytnica, Poland, Part II. *Acta Geologica Polonica*, nos 3-4: 153-255

Bandel K. 1993. Caenogastropoda during Mesozoic times. In: Janssen A W and R Janssen. Proceedings of the Symposium Molluscan Palaeontology. *Scripta Geologica*, special issue 2: 7-56

Barco A, M Claremont, D G Reid, R Houart, P Bouchet, S T Williams, C Cruaud, A Couloux and M Oliverio. 2010. A molecular phylogenetic framework for the Muricidae, a diverse family of carnivorous gastropods. *Molecular Phylogenetics and Evolution*, 56(3): 1025-1039

Barco A, S Schiaparelle, R Houart and M Oliverio. 2012. Cenozoic evolution of Muricidae (Mollusca, Neogastropoda) in the Southern Ocean, with the description of a new subfamily. *Zoologica Scripta*, 41(6): 1-21

Bernardi M. 1853. Description d'une nouvelle espece du genre *Pyrula*. *Journal de Conchyliologi*, 4: 305-306

Blainville H. 1832. Disposition méthodique des espèces recentes et fossiles des genres pourpre, ricinule, licorne et concholepas de M. de Lamarck et déscription des espèces nouvelles ou peu connues faisant partie de la collection du Muséum d'Histoire Naturelle de Paris. *Nouvelles Annales du Muséum d'Histoire Naturelle de Paris*, 1: 189-263

Born I. 1778. Index rerum naturalium Musei Caesarei Vindobonensis, Pt. 1, Testacea. Vienna, J. P. Krauss. XIII+1-458

Born I. 1780. Testacea Musei Caesarei Vindobonensis. Vienna. xxxvi+1-442

Bouchet P and A Waren. 1985. Revision of the northeast Atlantic bathyal and abyssal Neogastropoda excluding Turridae. Società italiano di malacologia. 1-174

Bouchet P and J P Rocroi. 2005. Classification and nomenclator of gastropod families. *Malacologia*, 47(1-2): 1-397

Broderip W J. 1833. Characters of new species of Mollusca and Conchifera collected by H. Cuming. *Proceedings of the Committee of Science and Correspondence of the Zoological Society of London*, 1833: 4-8

Bruguiére J G. 1789. Histoire Naturelle des Vers. Vol. l. Panckoucke, Paris. 1-344

Burch J Q and R L Burch, 1960. Notes on the subgenus *Homalocantha* Mörch, 1852 with description of a new subspecies. *Hawaiian Shell News*, 8 (5): 2, 7

Cernohorsky W O. 1967. The Muricidae of Fiji, Part I-Subfamilies Muricinae and Tritonaliinae. *The Veliger*, 10(2): 111-132

Cernohorsky W O. 1969. The Muricidae of Fiji, Part II- Subfamily Thaidinae. *The Veliger*, 11(4): 293-315

Cernohorsky W O. 1971. Contribution to the taxonomy of the Muricidae. *The Veliger*, 14(2): 187-191

Cernohorsky W O. 1972. Marine Shells of the Pacific II. Pacific Publications, Sydney. 1-411

Cernohorsky W O. 1978. Tropical Pacific Marine Shells. Pacific Publications, Sydney. 1-352

Cernohorsky W O. 1985. The taxonomy of some Indo-Pacific Mollusca. *Records of the Auckland Institute and Museum*, 22: 47-67

Cernohorsky W O. 1987. Type specimens of Pacific Mollusca described mainly by A. Garrett and W. Pease with description of a new *Morula* species (Mollusca: Gastropoda). *Rec. Auckland Inst. Mus.*, 24: 93-105

Charles C, M Constantine and M S Paul. 2001. *The marine Mollusca of the Maltese Islands*, part 3. Backhuys Publishers, Leiden. 1-266

Chen W-D and Lee Y-J. 2007. Mini-shells and small shells of Hengchun Peninsula, Taiwan. Museum of Marine Biology et Aquarium, Taipei. 1-293 [陈文德, 李彦铮, 2007. 恒春半岛的迷你贝及小型贝类.

台北: 海洋生物博物馆出版. 1-293]

Chenu J C. 1842-1854. Illustrations conchyliologiques, ou description et figures de toutes les coquilles connues, vivantes et fossiles…Paris. 85 parts in 4 volumes

Chenu J C. 1859. Manuel de Conchyliologie et de Paléontologie Conchyliologique. Vol. 1. V. Masson., Paris. 1-508

Chinese Shell-Name Committee. 1987. Checklist of Family Muricidae of Taiwan. *The Pei-yo*, 11: 14-35 [贝类中文订名组, 1987. 台湾产骨螺科目录. 贝友, 11: 14-35]

Claremont M, D G Reid and S T Williams. 2011. Evolution of corallivory in the gastropod genus *Drupella*. *Coral Reefs*, 30: 977-990

Claremont M, G J Vermeij, S T Williams and D G Reid. 2013a. Global phylogeny and new classification of the Rapaninae (Gastropoda: Muricidae), dominant molluscan predators on tropical rocky seashores. *Molecular Phylogenetics and Evolution*, 66: 91-102

Claremont M, R Houart, S T Williams and D G Reid. 2013b. A moleculear phylogenetic framework for the Ergalataxinae (Neogastropoda: Muricidae). *Journal of Molluscan Studies*, 79: 19-29

Coen G. 1922. Del genere *Pseudomurex* (Monterosato, 1872). *Atti della Societa Italiana di Scienze Naturali e del Museo Civico di storia Naturale*, 61: 68-71

Conrad T A. 1837. Description of new marine shells, from Upper California. Collected by Thomas Nuttall, Esq. *Journal of the Academy of Natural Sciences, Philadelphia*, 7: 227-268

Cooke A H. 1918. The radula in *Thais, Drupa, Morula, Concholepas, Cronia, Iopas*, and the allied Genera. *Proc. Malac. Soc. Lond.*, 21: 91-110

Cossignani T. 2004. *Chicoreus (Chicoreus) exuberans* sp. n. (Gastropoda, Muricidae) dal Viet Nam. *Malacologia Mostra Mondiale*, 42: 5-9

Cossmann M. 1903a. Essais de Paldoconchologie comparee. Cossmann, Paris. 5: 1-215

Cossmann M. 1903b. Faune pliocenique de Karikal (Inde Francaise). *Journal de Conchyliologie*, 51: 105-173

Crosse H. 1861. Deseription d'espéces nouvelles, *Journ. Conchyl.*, 9: 171-176

Crosse H. 1862. Deseription d'espéces marines recueillies par M. G. Cuming dans le mord de la Chine. *Ibid*, 10: 51-57

Crosse H. 1872. Diagnoses molluscorum Novae Caledoniae. *Journal de Conchyliologie*, 20: 69-75

Crosse H. 1873. Diagnoses molluscorum novorum. *Journal de Conchyliologie*, 21: 284-285

D'Attilio A and B W Myers. 1984. Descriptions of five muricacean gastropods and comments on two additional species, in the families Muricidae and Coralliophilidae: (Mollusca). *Transactions of the San Diego society of Natural History*, 20: 81-94

D'Attilio A and B W Myers. 1985. Two new species of *Favartia* from the West Pacific Ocean (Gastropoda: Muricidae). *The Nautilus*, 99(2-3): 58-61

D'Attilio A and C M Hertz. 1988. An illustrated catalogue of the family Typhidae Cossmann, 1903. *Festivus*, 20 (Suppl.): 1-73

D'Attilio A and H Bertsch. 1980. Four species of *Pterynotus* and *Favartia* (Mollusca: Gastropoda: Muricidae) from the Philippine Islands. *Trans. San Diego Soc. Nat. Hist.*, 19(12): 169-179

D'Attilio A and W K Emerson. 1980. Two new Indo-Pacific coralliophilid species. (Gastropoda Muricacea). *Bulletin of the Institute of Malacology of Tokyo*, 1: 69-73

Dall W H. 1913. Diagnoses of new shells from the Pacific Ocean. *Proceedings of the United States National Museum*, 45: 587-597

Dall W H. 1918. Notes on *Chrysodomus* and other mollusks from the North Pacific Ocean. *Proceedings of the United States National Museum*, 54(2234): 207-234

Dall W H. 1919. Description of new species of Mollusca from the North Pacific Ocean in the collection of the United States National Museum. *Proceedings of the United States National Museum*, 56: 293-371

Dall W H. 1925. Illustrations of unfigured types of shells in the collections of the United States National Museum. *Proceedings of the United States National Museum*, 2554: 1-41

Dautzenberg P. 1929. Contribution à l'étude de la faune de Madagascar: Mollusca marina testacea. *Faune des Colonies Françaises*, 3(4): 321-636

Dell R K. 1990. Antarctic Mollusca, with special reference to the fauna of the Ross Sea. *Bulletin of the Royal Society of New Zealand*: 1-249

Deshayes G P. 1832. Encyclopédie méthodique...Histoire naturelle des vers et mollusques, 1789-1832. Vol. 2. Paris. 1-594

Deshayes G P. 1833. Coquilles de la Mer Rouge. In: de Laborde L. *Voyage de l'Arabie Pétrée par Léon de Laborde et Linant*. Giard, Paris. 1-87, 69 pl.

Deshayes G P. 1839. Nouvelles especes de mollusques, provenant des cotes de la Californie, du Mexique, du Kamtschatka et de la Nouvlle-Zelande. *Revue Zoologique par la Societe Cuvierienne*, 2: 357-361

Deshayes G P. 1863. Catalogue des Mollusques de l'Ile de Réunion (Bourbon). In: Maillard L. *Notes sur l'Ile de Réunion*. Dentu, Paris. Annexe E, 6+1-144

Dézallier D'Argenville A J. 1742. L'Histoire naturelle éclaircie dans deux de ses parties principates, la lithologie et la conchyliologie. De Bure, Paris. 1-429

Dharma B. 1988. Siput dan Kerang Indonesia (Indonesian Shells). PT. Sarana Graha, Jakarta. 1-111

Dillwyn L W. 1817. Descriptive catalogue of Recent shells, arranged according to the Linnaean method, with particular attention to synonymy. *London; John and Arthur Arch.*, 2: 1-1092

Drivas J and M Jay. 1988. Coquillages de la Réunion et de l'Ile Maurice. Delachaux & Niestlé, Neuchâtel- Pari. 1-159

Duclos P L. 1832. Description de quelques espèces de pourpres, servant de type à six sections établies dans ce genre. *Annales des Sciences Naturelles*, 26: 103-112

Dunker W. 1852. Diagnoses molluscorum novorum. *Zeitschift fur Malakozoologie*, 9: 49-62, 125-128

Dunker W. 1860. Neue Japanische mellusken. *Malakoloologische Blatter*, 6: 221-240

Dunker W. 1863. Beschreibung und Abbildung neuer oder wenig gekannter Meeres-Conchylien. *Novitates Conchologica*, Series 2, part 6: 43-59

Dunker W. 1882. Index molluscorum maris Japonici conscriptus et tabulis iconum xvi illustralus. Theodori Fischer. 1-301, 16 pls.

Ekawa K. 1990. Identity of *Chicoreus elliscrossi* and *C. superbus*. *Venus*, 49(1): 38-44

Emerson W K and A D'Attilio. 1979. Six new living species of Muricacean gastropods. *The Nautilus*, 93(1): 1-10

Emerson W K and A D'Attilio. 1981. Remarks on *Muricodrupa* Iredale, 1918 (Muricidae: Thaidinae), with the description of a new species. *Nautilus*, 95(2): 77-82

Emerson W K and W O Cernohorsky. 1973. The Genus *Drupa* in the Indo-Pacific. *Indo-Pacific Mollusca*, 3(13): 1-39

Euthyme M. 1889. Description de quelques espéces nouvelles de la faune marine exotique. *Bulletin de la Société Malacologique de France*, 6: 259-282

Fair R H. 1974. *Chicoreus elliscrossi*-a new name. *Hawaiian shells News*, 22: 1-5

Fair R H. 1976. The *Murex* Book, an Illustrated Catalogue of the Recent Muricidae (Muricinae, Muricopsinae, Ocenebrinae). Sturgis Printing Co., Honolulu. 1-138

Fulton H C. 1930a. XXV. —Descriptions of two new species of *Latiaxis*. *Journal of Natural History*, Series 10, 5(26): 250-251

Fulton H C. 1930b. On new species of *Latiaxis*, *Fasciolaria*, *Cassis*, and *Sunetta*. *Journal of Natural History*, Series 10, 6: 685-686

Fulton H C. 1936. Description of five new species and varieties. *Proceedings of the Malacological Society of London*, 22: 9-10

George E R and A D'Attilio. 1972. The systematics of some new world muricid species (Mollusca, Gastropoda), with descriptions of two new genera and two new species. *Proc. Biol. Soc. Wash.*, 85(28): 323-352

Gmelin J F. 1791. Caroli a Linné systema naturae per regna tria naturae. Ed. 13. *Lipsiae*, 1(6): 3021-3910

Grabau A W and B G King. 1928. Shells of Peitaiho. Peking Society of Natural History, Peking. 1-279

Gray J E. 1847. A list of the genera of recent Mollusca: their synonyms and types. *Proceedings of the Zoological Society of London*: 129-219

Griffith E and E Pidgeon. 1834. The Mollusca and Radiata. Guvier's Animal Kingdom, 12: 599

Habe T. 1946. On the radulae of Japanese marine gastropods. *Venus,* 14(5-8): 190-199

Habe T. 1952. Atyidae in Japan. In: Kuroda T. Illustrated Catalogue of Japanese Shells. 1(20): 137-152

Habe T. 1961, 1980. Coloured Illustrations of the Shells of Japan (II). Hoikusha publishing Co., Ltd., Osaka. 182pp

Habe T. 1964. Shells of the Western Pacific in Color. *Japan Hoikusha*, 2: 78-86

Habe T. 1969. A nomenclatorial note on *Rapana venosa* (Valenciennes). *Venus*, 28(2): 109-111

Habe T and K Ito. 1965. Shells of the World in Colour. Vol. 1. The Northern Pacific. Hoikusha Publishing Co., Ltd., Osaka. 1-176, 56 pls.

Habe T and S Kosuge. 1966, 1979. Shells of the World in Colour (The tropical Pacific). Hoikusha Publishing Co., Ltd., Osaka, II: 49-56

Habe T and S Kosuge. 1967. Common Shells of Japan in Color. Japan Hoikusha Publisheng Co., Ltd., Osaka. 67-74

Habe T and S Kosuge. 1970. Description of new subgenus and species of *Latiaxis* from the South China Sea. *Venus*, 28(4): 182-185

Habe T and S Kosuge. 1971a. Pacific Shells News. Tokyo, Japan. 3: 7

Habe T and S Kosuge. 1971b. New *Typhis* species from the South China Sea. *Nautilus*, 84(3): 82-83

Harasewych M G. 1980. On the identity of the Gastropod, *Murex heros* Fulton, 1936. *The Nautilus*, 94(4): 141-142

Hayashi S and T Habe. 1965. Descriptions of four new gastropoda species from Enshunada, Honshu. *Venus*, 24(1): 10-15, pl. 1

Hedley C and W F Petterd. 1906. Mollusca from three hundred fathoms off Sydney. *Records of the Australian Museum*, 6(211): 219-220, pl. 37, fig. 6

Hedley C. 1909. Mollusca from the Hope Islands, North Queensland. *Proc. Linn. Soc. New South wales*, 34: 420-466

Hidalgo J G. 1904. Distinción de dos nuevas especies de moluscos gastrópodos. *Revista de la Real Academia de Ciencias Exactas, fisicas y Naturales de Madrid*, 1(2): 1-3

Hinds R B. 1843. Descriptions of new shells from the collection of Captain Sir Edward Belcher, R. N., C. B. *Proceedings of the Zoological Society London*: 36-46

Hinds R B. 1844a. Descriptions of new species of *Scalaria* and *Murex*. From the collection of Sir Edward Belcher. *Proceedings of the Zoological Society of London*, 11: 124-129

Hinds R B. 1844b. Mollusca. In: The Zoology of the Voyage of H. M. S. "Sulphur", under the command of Captain Sir Edward Belcher, R. N., C. B., F. R. G. S., etc., during the years 1836-1842. Smith, Elder and Co., London. 1-48

Hirase Y. 1907. On japanese marine molluscas (VIII). *The Conchological Magazine*, 2 (1): 1-10

Hirase Y. 1908. On Japanese marine Mollusca 2, with the descriptions of new species of Muricidae and Buccinidae. *The Conchological Magazine*, 2: 69-74

Hirase Y. 1914-1915. The illustration of a thousand shell. Part 1(1914); part 2-3 (1915). Kyoto

Hirase Y. 1934. A Collection of Japanese Shells with Illustrateions in Natural Colours. Matsumura Sanshodo, Tokyo. 1-217

Holten H S. 1802. Enumeratio Systenatica Conchyliae beat. J. H. Cemnitzii quondam exxlesiae Zebaothu Havniae pastoris, plurium societatum sodalis p. p. quae publica auctione venduntur...K. H. Scidelini, Copenhagen. 1-88

Hou L, Cheng J-M, Hou S-T, Li G-H and Wang Q-Y. 1991. Morphology of the digestive system of *Rapana venosa* (Valenciennes) Gastropoda. *Acta Zoologica Sinica*, 37(1): 7-15 [侯林, 程济民, 侯圣陶, 李国华, 王秋雨, 1991. 脉红螺消化系统的形态学研究. 动物学报, 37(1): 7-15]

Hou S-T, Cheng J-M, Hou L, Wang Q-Y and Li G-H. 1990. Morphology of reproductive system of *Rapana venosa* (Valenciennes) (Gastropoda). *Acta Zoologica Sinica*, 36 (4): 398-405 [侯圣陶, 程济民, 侯林, 王秋雨, 李国华, 1990. 脉红螺 *Rapana venosa* (Valenciennes)生殖系统的组织解剖学研究. 动物学报, 36(4): 398-405]

Houart R. 1977. *Chicoreus subtilis*, espéce nouvelle de la famille des Muricidae. *Informations de la Société Belge Malacologie*, 5(2): 13-14

Houart R. 1979. Le Groupe *tribulus* Linne, 1758 (Gastéropodes, Muricidae). *Informations de la Société Belge de Malacologie*, 7(4): 119-146

Houart R. 1980. Some notes on Muricidae described by Shikama during the 1970's. *Of Sea and Shore*, 94(4): 8-10

Houart R. 1981. New Muricidae named after 1971. *La Conchiglia*, 13(144-145): 6-10

Houart R. 1985a. Gros plan sur les *Naquetia* (Gastropoda: Muricidae). *Xenophora*, 29: 8-14

Houart R. 1985b. Report on Murcidae (Gastropoda) recently dredged in the South-Western Indian Ocean. I. Description of eight new species. *Venus*, 44(3): 159-171

Houart R. 1985c. Mollusca Gastropoda: noteworthy Muricidae from the Pacific Ocean, with description of seven new species. *Mem. Mus. Natin. Hist. Nat.*, 133: 427-455

Houart R. 1987. Description of four new species of Muricidae (Mollusca: Gastropoda) from New Caledonia. *Venus*, 46(4): 202-210

Houart R. 1992. The genus *Chicoreus* and related genera (Gastropoda: Muricidae) in the Indo-West Pacific. *Mem. Mus. Natn. Hist. Nat.*, (A), 154: 1-188

Houart R. 1994a. Illustrated catalogue of recent species of Muricidae named since 1971. Verlag Christa

Hemmen, Wiesbaden. 1-181

Houart R. 1994b. Some notes on the genus *Spinidrupa* Habe and Kosuge, 1966 (Muricidae: Ergalataxinae), with the description of *Habromorula* gen. nov. (Muricidae: Rapaninae) and four new species from the Indo-West Pacific. *Iberus*, 12(2): 21-31

Houart R. 1995. The Ergalataxinae (Gastropoda, Muricidae) from the New Caledonia region with some comments on the subfamily and the description of thirteen new species from the Indo-West Pacific. *Bull. Mus. Natl. Hist. Nat., Paris*, 16: 245-297

Houart R. 1996a. Results of the Rumphius Biohistorical Expedition to Ambon (1990). Part. 5. Mollusca, Gastropoda, Muricidae. *Zool. Med.*, 70: 377-397

Houart R. 1996b. The genus *Habromorula* Houart in the Indo-Pacific (Puricidae: Rapaninae). *La Conchiglia*, 28(278): 29-34

Houart R. 1996c. The genus *Nassa* Röding 1798 in the Indo-West Pacific (Gastropoda: Prosobranchia: Muricidae: Rapaninae). *Arch. Molluskenkunde*, 126(1-2): 51-63

Houart R. 1997. Description of a new species of *Drupa* Röding, 1798 (Gastropoda: Muricidae: Rapaninae) from the Western Indian Ocean. *Apex*, 12(4): 125-131

Houart R. 1998a. Description of *Pterynotus laurae* n. sp. from the Philippine Islands (Gastropoda, Muricidae, Muricinae). *Apex*, 12: 121-124

Houart R. 1998b. Description of eight new species of Muricidae (Gastropoda). *Apex*, 13(3): 95-109

Houart R. 1999. Review of the Indo-West Pacific species of *Haustellum* Schumacher, 1817 and comments on *Vokesimurex* Petuch, 1994 (Gastropoda: Muricidae) with the description of *H. bondarevi* n. sp. *Apex*, 14(3-4): 81-107

Houart R. 2002a. Comments on a group of small *Morula s. s.* species (Gastropoda: Muricidae: Rapaninae) from the Indo-West Pacific with the description of two new species. *Novapex*, 3(4): 97-118

Houart R. 2002b. Description of a new *Typhine* (Gastropoda: Muricidae) from New Caledonia with comments on some, generic classifications within the subfamily. *Venus*, 61(3-4): 147-159

Houart R. 2004. Review of the Recent species of *Morula* (*Oppomorus*), *M.* (*Azumamorula*) and *M.* (*Habromorula*) (Gastropoda: Muricidae: Ergalataxinae). *Novapex*, 5(4): 91-130

Houart R. 2008. Muricidae. In: Poppe G. Philippine Marine Mollusks. Conchbooks, Hackenheim, Germany. 132-248

Houart R. 2010. Description of a new species of *Murex s. s.* (Gastropoda: Muricidae) from Taiwan. *Venus*, 69(1-2): 71-74

Houart R. 2011. *Ocenebra*, *Pteropurpura*, and *Ocinebrellus* (Gastropoda: Muricidae: Ocenebrinae) in the northwestern Pacific. *American Conchologist*, 39(4): 12-22

Houart R. 2014. Living Muricidae of the World: Muricinae. Conch Books, Harxheim, Germany. 1-197

Houart R and A B Marshall. 2012. The recent Typhinae (Gastropoda: Muricidae) of New Zealand. *Molluscan Research*, 32(3): 137-144

Houart R and B I Sirenko. 2003. Review of the recent species of *Ocenebra* Gray, 1847 and *Ocinebrellus* Jousseaume, 1880 in the Northwestern Pacific. *Ruthenica*, 13(1): 53-74

Houart R and C L Sun. 2004. Description of a new *Scabrotrophon* (Gastropoda: Muricidae) from Taiwan. *Bulletin of Malacology*, 28: 61-68

Houart R and J Trondle. 2008. Update of Muricidae (excluding Coralliophilinae) from French Polynesia with description of ten new species. *Novapex*, 9(2-3): 53-93

Houart R and T Pain. 1982. On the designation of a neotype for *Chicoreus* (*Chicoreus*) *kilburni* sp. nov. (Gastropodal Muricidae: Muricinae). *Inf. Soc. Belge de Malac*, 10(1-4): 51-56

Houart R and T C Lan. 2001. Description of *Scabrotrophon chunfui* n. sp. (Gastropoda: Muricidae) from Northeast Taiwan and comments on Nipponotrophon Kuroda & Habe, 1971 and Scabrotrophon McLean, 1996. *Novapex* (*Jodoigne*), 2(2): 37-42

Houart R and T C Lan. 2003. Description of a new species of *Pagodula* (Gastropoda: Muricidae) from northeast Taiwan. *Memoirs, Occasional Papers of the Malacological Society of Taiwan*, 4: 39-45

Houart R and V Heros. 2008. Muricidae (Mollusca: Gastropoda) from Fiji and Tonga. *Memoires du Museum national d'Histoire naturelle*, 196: 437-480

Houart R, C O Moe and C Chen. 2014. *Chicomurex lani* sp. nov. (Gastropoda: Muricidae), a new species from Taiwan and its intricate history. *Bulletin of Malacology* (貝類學報), *Taiwan*, 37: 1-14

Houart R, C O Moe and C Chen. 2015. Description of two new species of *Chicomurex* from the Philippine Islands (Gastropoda: Muricidae) with update of the Philippines species and rehabilitation of *Chicomurex gloriosus* (Shikama, 1977). *Venus*, 73 (1-2): 1-14

Huroda T and Shikama T. 1966. On some new *Latiaxis* and *Coralliophila* in Japan. *Venus*, 25: 21-26

Iredale T. 1915. A commentary on Sutes's "Manual of New Zealand Mollusca". *Transaetions of the New Zealand Institute*, 47: 417-467

Iredale T. 1924. Results from Roy Bell's molluscan collections. *Proceedings of the Linnean Society of New South Wales*, 49(3): 179-279, pls. 33-36

Iredale T. 1929. Mollusca from the continental shelf of eastern Australia. N°2. *Records of the Australian Museum*, 17: 157-189

Iredale T. 1931. Australian molluscan notes. N° I. Records of the Australian Museum, 18: 201-235

Johnson R I. 1994. Types of shelled Indo-Pacific mollusks described by W. H. Pease. *Bull. Mus. Comp. Zool.*, 154(1): 1-61

Jonas J H. 1846. Ueber die Gattung Proserpina und Beschreibungen neuer conchylien. *Zeitsch. f. Malak.*, 3: 10-16

Jousseaume F. 1881. Diagnoses de mollusques nouveaux. *Le Naturaliste*, 44: 349-350

Jousseaume F. 1883. Description d'especes et genres nouveaux de mollusques. *Bull. Soc. Zool. Fr.*, 8: 186-204

Jung B-S. 1988. List of Coralliophilidae from East Taiwan waters. *The Pei-yo*, 13: 40-41 [钟柏生, 1988. 台湾东北部海域的珊瑚螺. 贝友, 13: 40-41]

Jung B-S. 1993. Introductions to some shells from Taiwan on front and back covers. *The Pei-yo*, 19: 4-5 [钟柏生, 1993. 封面及底面几种台湾海贝的介绍. 贝友, 19: 4-5]

Jung B-S, Lai K-Y and Ke F-Z. 2009. Family Muricidae of Taiwan (1). *The Pei-yo*, 35: 41-71 [钟柏生, 赖景阳, 柯富钟, 2009. 台湾近海的骨螺 (一). 贝友, 35: 41-71]

Jung B-S, Lai K-Y and Ke F-Z. 2010. Family Muricidae of Taiwan (2). *The Pei-yo*, 36: 105-146 [钟柏生, 赖景阳, 柯富钟, 2010. 台湾近海的骨螺 (二). 贝友, 36: 105-146]

Jung B-S, Lai K-Y and Ke F-Z. 2011. Family Muricinae of Taiwan (3) Coralliophilinae. *The Pei-yo*, 37: 36-61 [钟柏生, 赖景阳, 柯富钟, 2011. 台湾近海的骨螺 (三) 珊瑚螺亚科. 贝友, 37: 36-61]

Jung B-S, Lai K-Y and Ke F-Z. 2013. Family Muricinae of Taiwan (3) Addition and revision of Coralliophilinae. *The Pei-yo*, 38: 55 [钟柏生, 赖景阳, 柯富钟, 2013. 台湾近海的骨螺 (三) 珊瑚螺亚科增补与修正. 贝友, 38: 55]

Keen A M. 1971. A review of Muricacea. *Echo*, 4: 35-36

Keen A M and G B Campbell. 1964. Ten new species of Typhinae (Gastropoda: Muricidae). *Veliger*, 7(1): 46-57

Kiener L C. 1835. Species général et iconographie des coquilles vivantes,...voyageurs. Genre pourpre, Bailliére, Paris. 1-151

Kiener L C. 1836. Spécies général et iconographie des Coquilles vivantes. *Pourpre*, 2: 1-151

Kiener L C. 1842-1843. Spécies général et iconographie des coquilles vivantes. Vol. 7. Rocher (*Murex*). Rousseau, Paris. 1-130 (1842), 47 pls. (1843)

Kilburn R N. 1973. Notes on some benthic Mollusca from Natal and Mocambique, with descriptions of new species and subspecies of *Calliotoma*, *Solariella*, *Latiaxis*, *Babylonia*, *Fusinus*, *Bathytoma* and *Conus*. *Annals of the Natal Museum*, 21: 557-578

Kilburn R N. 1977. Taxonomic notes on the marine Mollusca of Southern African and Mozambique. Part 1. *Annals of the Natal Museum*, 23: 171-214

King S C and C Ping (金叔初, 秉志). 1931, 1933 and 1936. The Molluscan Shells of Hong Kong. *The Hong-Kong Naturalist*, 2(4): 265-286; 4(2): 91-102; 7(2): 129-130

Kira T. 1955. Coloured Illustrations of the Shells of Japan. Hoikusha Publishing Co., Ltd., Osaka. 1-204.

Kira T. 1959, 1978. Coloured Illustrations of the Shells of Japan. Hoikusha Publishing Co., Ltd., Osaka. 1-240

Kira T. 1962, 1975. Shells of the Western Pacific in Color (Vol. I). Hoikusha Publishing, Japan. 1-224

Kobelt W. 1877. Catalog der Gattung *Murex. Jahrb. Deut. Matak. Gea.*, 4: 141-161, 238-258

Kool S P. 1988. Aspects of the anatomy of *Plicopurpura patula* (Prosobrnachia: Muricoidea: Thaidinae), new combination with emphasis on the reproductive system. *Malacologia*, 29(2): 373-382

Kool S P. 1993. Phylogenetic analysis of the Rapaninae (Neogastropoda: Muricidae). *Malacologia*, 35(2): 155-259

Kosuge S. 1979. Descriptions of two new subgenus and seven new species of the geuns *Latiaxis* (Gastropoda, Mollusca). *Bulletin of the institute of Malacology of Tokyo*, 1: 3-8

Kosuge S. 1980a. Studies on the collection of Mr Victor Dan (1). Description of new species of the genera *Perotrochus*, *Angaria* and *Latiaxis*. *Bulletin of the institute of Malacology of Tokyo*, 1: 37-39

Kosuge S. 1980b. Descriptions of three new species of the family Muricidae (Gastropoda Muricacea). *Bulletin of the Institute of Malacology of Tokyo*, 1(4): 53-56

Kosuge S. 1980c. Description of six new species of the genus *Latiaxis* from the Philippines Sea. *Bulletin of the institute of Malacology of Tokyo*, 1: 41-45

Kosuge S. 1981a. Description of three new species of the family Coralliophilidae (Gastropoda, Muricacea). *Bulletin of the Institute of Malacology of Tokyo*, 1: 59-61

Kosuge S. 1981b. Descriptions of three new species of the genus *Latiaxis* from Japan and Philippines (Gastropoda, Muricacea). *Bulletin of the Institute of Malacology of Tokyo*, 1: 88-90

Kosuge S. 1985. Descriptions of four new species of the family Coralliophilidae of the teramachi collection deposited in Toba Aquarium, Japan (Gastropoda Muricacea). *Bulletin of the Institute of Malacology of Tokyo*, 2(3): 45-57

Kosuge S and M Suzuki. 1985. Illustrated Catalogue of *Latiaxis* and Its Related Groups Family Coralliophilidae. Institute of Malacology of Tokyo, Japan. 1-83

Kosuge S and O Meyer. 1999. Report on family Coralliophilidae from the east coast of South Africa with some observations on the habitat (Gastropoda). *Bulletin of the Institute of Malacology of Tokyo*, 3(7): 109-113

Kuroda T. 1931. New Japanese shells, part 3. *Venus*, 2: 314-318

Kuroda T. 1941. A catalogue of molluscan shells from Taiwan (Formosa), with descriptions of new species. *Mem. Fac. Sci. Agr. Taihoku Imp. Univ.*, 22(4): 108-112

Kuroda T. 1942. Two Japanese muricids whose names have been preoccupied. *Venus*, 12(1-2): 80-81

Kuroda T. 1953a. New genera and species of Japanese Rapidae. *Venus*, 17: 117-130

Kuroda T. 1953b. New genera and species of Japanese gastropods (1). *Venus*, 17(4): 179-185

Kuroda T. 1959. Descriptions of new species of marine shells from Japan. *Venus*, 20: 317-335

Kuroda T. 1964. A new muricid species from Japan. *Venus*, 23(3): 129-130

Kuroda T and T Habe. 1952. Check List and Bibliography of the Recent Marine Mollusca of Japan. Tolyo. 1-210

Kuroda T, T Habe and K Oyama. 1971. The Sea shells of Sagami Bay (相模湾贝类). Tokyo, Maruzen. 139-156, 210-239

Kurohara K. 1959. On *Latiaxis filiaregis* n. sp. *Venus*, 20: 342-334

Küster H C. 1843-1860. Die Gattungen *Buccinum*, *Purpura*, *Concholepas* und *Monoceros*. In: Küster H C. Systematisches Conchylien-Cabinet von Martini und Chemnitz. Neu herausgegeben und vervollständigt. *Dritten Bandes erste Abtheilung*, 3(1): 1-229, pls. 1-35

Ladd H S. 1976. New Pleistocene Neogastropoda from the New Hebrides. *The Nautilus*, 90(4): 127-138

Lai H-R. 1999. Shellfish treasure of Hualian coast. *The Pei-yo*, 25: 35-43 [赖浩然, 1999. 花莲海岸的贝类宝藏. 贝友, 25: 35-43]

Lai K-Y. 1977. *Murex* Shells of Taiwan. *Bull. Chin. Malacol. Soc.*, 4: 31-40 [赖景阳, 1977. 台湾的骨螺. 中国贝志, 4: 31-40]

Lai K-Y. 1987. Marine Gastropods of Taiwan (2). Published by Taiwan Museum, Taipei. 1-116 [赖景阳, 1987. 台湾的海螺. 第二集. 台北: 台湾省立博物馆出版. 1-116]

Lai K-Y. 1988. Mollusca (Ⅰ). Published by the Taiwan Holiday Press, Taipei. 84-98 [赖景阳, 1988. 贝类 (一). 台北: 台湾渡假出版社. 84-98]

Lai K-Y. 1998. Mollusca (Ⅱ). Published by the Taiwan Holiday Press, Taipei. 68-77 [赖景阳, 1998. 贝类 (二). 台北: 台湾渡假出版社. 68-77]

Lai K-Y. 2005. Mollusks of Taiwan. Owl Publishing House, Taipei. 182-210 [赖景阳, 2005. 台湾贝类图鉴. 台北: 猫头鹰出版社. 182-210]

Lai K-Y and Jung B-S. 2012. A new species of *Morula* (Gastropoda: Muricidae) from Taiwan. *The Taiwan Museum Science Journal*, 65(4): 1-5

Lamarck J B. 1816. Tableau Encyclopedie et Methodique des trois regnes de la nature. Paris. pls. 391-488, 1-16

Lamarck J B. 1822. Histoire naturelle des animaux sans vertebres. Vol. 7. Verdière, Paris. 1-711

Lan T-C. 1980. *Rare Shells of Taiwan in Color*. China Color Printing Company, Inc., Taipei. 1-144 [蓝子樵, 1980. 台湾的稀有贝类彩色图鉴. 台北: 中华彩色印刷股份有限公司. 1-144]

Lan T-C. 1981. Description of a new sub-species of Muricidae from the Philippines and Taiwan. *Bull. Malac. Soc. Rep. China*, 8: 11-13

Laseron C F. 1955. The genus *Tolema* and its allies (Class Mollusca). *Proceedings of the Royal Zoological Society of New South Wales*, 74: 70-74

Lee Y-C. 2001. Illustrations of various shells of Taiwan (1). *The Pei-yo*, 27: 50-61 [李彦铮, 2001. 台湾的杂贝图谱 (一). 贝友, 27: 50-61]

Lee Y-C. 2002. Illustrations of various shells of Taiwan (2). *The Pei-yo*, 28: 32-53 [李彦铮, 2002. 台湾的杂贝图谱 (二). 贝友, 28: 32-53]

Lee Y-C. 2003. Illustrations of various shells of Taiwan (3). *The Pei-yo*, 29: 42-52 [李彦铮, 2003. 台湾的杂贝图谱 (三). 贝友, 29: 42-52]

Li G-H, Cheng J-M, Wang Q-Y, Hou L and Hou S-T. 1990. Anatomy the nervous system of *Rapana venosa*. *Acta Zoologica Sinica*, 36(4): 345-351 [李国华, 程济民, 王秋雨, 侯林, 侯圣陶, 1990. 脉红螺 (*Rapana venosa*)神经系统解剖的初步研究. 动物学报, 36(4): 345-351]

Lightfoot J. 1786. A Catalogue of the Portland Museum, lately the property of the Duchesse Dowager of Portland deceased: which will be sold by auction. Skinner & Co., London. 1-194

Link H F. 1807. Beschreibung der Naturalien Sammlung der Universitat zu Rostock. Gedruckt bey Adlers Erben, Rostock. 1-160

Linnaeus C. 1758. Systema Naturae. 10th ed. Impensis Direct. Laurentii Salvii,Holmiae. 1-824

Linnaeus C. 1767. Vemes Testacea. In: Systema Naturae. 12th ed. 1: 1106-1269

Lischke C L. 1871. Japanische Meeres—Conchylien. Cassel, T. Fischer, 2: 1-184

Lischke C E. 1869. Japanische Meeres-Conchylien. Theodor Fischer, Cassel. 1-192

Ma X-T and Zhang S-P. 1996. Studies on the species Neogastropoda and Heterogastropoda (Prosobranchia) supplement of the Nansha Islands, Hainan Province, China. *Studies on Marine Fauna and Flora and Biogeography of the Nansha Islands and Neighbouring Water*s, 2: 62-78 [马绣同, 张素萍, 1996. 南沙群岛海区的前鳃亚纲新腹足目和异腹足目软体动物的补充. 南沙群岛及其邻近海区海洋生物分类与生物地理研究, 2: 62-78]

Maes V O. 1996. Sexual dimorphism in the radula of the Muricid genus *Nassa*. *The Nautilus*, 79(3): 73-80

Martens E. 1904. Die beschalten Gastropoden der deutschen Tiefsee-Expedition 1898-1899. *Wissenschaftliche Ergebnisse der deutschen Tiefsee-Expedition*, 7: 1-179

Martin K. 1895. Die Fossilien von Java auf Grund einer Sammlung von Dr R. D. M. Verbeek. *Sammlungen des Geologischen Reichs-Museum in Leiden*, new series 1(2-5): 1-132

Mawe J. 1823. The Linnaean System of Conchology. Longman *et al*., London. 1-207

McLean J H. 1996. Taxonomic atlas of the benthic fauna of the Santa Maria Basin and Western Santa Barbara Channel. The Mollusca part 2. The Gastropoda. *Santa Barbara Museum of Natural History*: 1-160

Melvill J C. 1891. Descriptions of eleven new species belonging to the genera *Columbarium*, *Pisania*, *Minolia*, *Liotia* and *Solarium*. *Journal of Conchology*, 6(12): 405-411, pl. 2, figs. 1-14

Melvill J C. 1912. Descriptions of thirty-three new species of Gastropoda from the Persian Gulf, Gulf of Oman, and North Arabian Sea. *Proceedings of the Malacological Society of London*, 10(3): 240-254

Melvill J C and R Standen. 1895. Notes on a collection of shells from Lifu and Uvea, Loyalty Islands with list of species. *J. Conch.*, 8: 84-132

Melvill J C and R Standen. 1899. Report on the marine Mollusca obtained during the first expedition of Prof. A. C. Haddon to the Torres Straits in 1888-1889. *Journal of the Linnean Society*, London, 27: 150-206

Melvill J C and R Standen. 1901. The Mollusca of the Persian Gulf, Gulf of Oman, and Arabian Sea, as evidenced mainly through the Collections of Mr. F. W. Townsend, 1893-1900; with Deacriptions of new Species. Part I. Cephalopoda, Gastropoda, Scaphopoda. *Proceedings of the Zoological Society of London*, 71(1): 327-460

Merle D, B Garrigues and J P Pointier. 2011. Fossil and Recent Muricidae of the World: Part Muricinae. ConchBooks, Hackenheim, Germany. 1-648

Montfort P D. 1810. Conchyliologie Systématique et Classification Méthodique de Coquilles, Schoell. Paris. v. 2, 1-679

Nakamigawa K and T Habe. 1964. Descriptions of two new Muricid species dedicated to Dr. T. Kuroda's 77th birthday. *Venus*, 23(1): 25-29

Nakayama T. 1988. A new species of Muricidae from the Pacific coast of Kii Peninsula, Japan. *Venus*, 47(4): 251-254

Okutani T. 1983. World Seashells of Rarity and Beauty. Revised and Enlarged Edition Tokyo, National Science Museum. i-viii, 1-206

Oliver W R B. 1915. The Mollusca of the Kermadec Islands. *Transactions of the New Zealand Institute*, 47: 50-568

Oliverio M. 2008a. Coralliophilinae (Neopastropoda: Muricidae) from the southwest Pacific. *Tropical Deep-Sea Benthos*, 25: 418-585

Oliverio M. 2008b. Muricidae, Coralliophilinae. In: Poppe G. Philippine Marine Mollusks. Conchbooks, Hackenheim, Germany. 222-248

Oliverio M and P Mariottini. 2001. A molecular framework for the phylogeny of *Coralliophila* and related muricids. *Journal of Molluscan Studies*, 67: 215-224

Oliverio M, A Barco, A Richter and M V Modica. 2009. The Coralliophilinae (Gastropoda, Muricidae) radiation: repeated colonizations of the deep sea. *The Nautilus*, 123(3): 113-120

Oliverio M, Cervelli M and P Mariottini. 2002. ITS2 rRNA evolution and its congruence with the phylogeny of muricid neogastropods (Caenogastropoda Muricoidea). *Molecular Phylogenetics and Evolution*, 25: 63-69

Oostingh C H. 1935. Die Mollusken des Pliözäns von Boemiajoe (Java). *Wetenschappelike Mededeelingen*, 26: 1-247

Pan Y, Qiu T-L, Zhang T, Wang P-C and Ban S-J. 2013. Morphological studies on the early development of *Rapana venosa*. *Journal of Fisheries of China*, 37(10): 1503-1512 [潘洋, 邱天龙, 张涛, 王平川, 班绍君, 2013. 脉红螺早期发育形态学研究. 水产学报, 37(10): 1503-1512]

Pease W H. 1860. Descriptions of new species of Mollusca from the Sandwich Islands, pt. II. *Proceedings of the Zoological Society of London*: 141-148

Pease W H. 1861. Descriptions of seventeen new species of marine shells, from the Sandwich islands, in the collection of H. Cuming. *Proceedings of the Zoological Society of London* [1860]: 397-400

Pease W H. 1865. Descriptions of new genera and species of marine shells from the islands of the Central Pacific. *Proceedings of the Zoological Society of London*: 512-517

Pease W H. 1868. Descriptions of sixty-five new species of marine gastropodae inhabiting Polynesia. *Amer. J. Conch*, 3(4): 271-279

Perry G. 1810-1811. *Arcana*, or the Museum of Natural History: containing the most recent discovered objects. James Stratford, London. 84 pls. with unnumbered text [pls. 1-48 in 1810; pls. 49-84 in 1811]

Petuch E J. 1994. Atlas of Florida fossil shells.Chicago Spectrum, Chicago. 1-394

Philippi R A. 1847. Abbildungen und Beschreibungen neuer oder wenig gekannter Conchylien unter mithufte meherer deutscher Conchyliologen. Vol. 2: 152-232

Pilsbry H A. 1895. Catalogue of the marine shells of Japan with descriptions of new species and notes on others collected by Frederick Stearns. F. Stearns, Detroit. viii + 1-196

Pilsbry H A. 1904. New Japanese marine Mollusca: Gastropoda. *Proceedings of the Academy of Natural*

Sciences of Philadelphia, 56: 3-37

Pilsbry H A and E L Bryan. 1918. Notes on some Hawaiian species of *Drupa* and other shells. *Nautilus*, 21(3): 99-102

Pippingale O H. 1987. Murex Shells. Published by the author, Margate Beach, Queensland. 1-37

Ponder W F and A Waren. 1988. Classification of the Caenogastropoda and Heterostropha-a list of the family-group names and higher taxa; appendix. In: Ponder W F, D J Ernisse and J H Waterhouse. Prosobranchs Phylogeny. *Malacological Review* (Suppl. 4): 288-326

Ponder W F and B R Wilson. 1993. A new species of *Pterynotus* (Gastropoda: Muricidae) from Western Australia. *Journaa the Malacological Society of Australia*, 2(4): 395-400

Ponder W F and E H Vokes. 1988. A revision of the Indo-West Pacific fossil and Recent species of *Murex s. s.* and *Haustellum* (Mollusca: Gastropoda: Muricidae). *Records of the Australian Museum*, Suppl. 8: 1-160

Powell A W B. 1966. The Mollusca families Speightiidae and Turridae. *Bull. Auckland Inst. Mus.*, 5: 1-184

Preston H B. 1909. Description of new land and marine shells from Ceylon and S. India. *Rec. Ind. Mus.*, 3(2): 133-140

Preston H B. 1910. Descriptions of five new species of Marine shells from the Bay of Bengal. *Rec. Indian Mus.*, 5: 117-121

Qi Z-Y. 1998. Economic Mollusca of China. Agricultural Publishing House, Beijing. 93-98 [齐钟彦, 1998. 中国经济软体动物. 北京: 中国农业出版社. 93-98]

Qi Z-Y. 2004. Seashells of China. China Ocean Press, Beijing. 81-90, pls. 50-55

Qi Z-Y, Ma X-T, Lou Z-K and Zhang F-S. 1983. Illustrations of Animals in China-Mollusk II. Science Press, Beijing. 65-84 [齐钟彦, 马绣同, 楼子康, 张福绥, 1983. 中国动物图谱——软体动物 第二册. 北京: 科学出版社. 65-84]

Qi Z-Y, Ma X-T, Lu D-H and Chen R-Q. 1991. Studies on the species of Neogastropoda and Heterogastropoda (Prosobranchia) of the Nansha Islands, Hainan Province, China. *Contributions on the Study of Marine Organisms of the Nanshe Islands and Neighbouring Water*, I: 110-129 [齐钟彦, 马绣同, 吕端华, 陈锐球, 1991. 南沙群岛前鳃亚纲新腹足目和异腹足目的软体动物. 南沙群岛论文集, I: 110-129]

Qi Z-Y, Ma X-T, Wang Z-R, Lin G-Y, Xu F-S, Dong Z-Z, Li F-L and Lu D-H. 1989. Mollusca of Huanghai and Bohai. Agricultural Publishing House, Beijing. 55-60 [齐钟彦, 马绣同, 王祯瑞, 林光宇, 徐凤山, 董正之, 李凤兰, 吕端华, 1989. 黄渤海的软体动物. 北京: 农业出版社. 55-60]

Quoy J C R and P Gaimard. 1830-1835. Voyage de découvertes de l'astrolabe, exécuté par ordre du Roi pendant les années 1826-1829 sous le commandement de M. J. Dumont D'Urvilie, Zoologie. 3 Vols. Tastu, Paris. 1-604 (1830), 1-320 (1832), 321-686 (1833), 1-366 (1834), 367-954 (1835)

Radwin G E and A D'Attilio. 1971. Muricacean supraspecitic taxonomy based on the shell and the radula. *Echo*, 4: 55-67

Radwin G E and A D'Attilio. 1972. The systematics of some new world Muricid species (Mollusca, Gastropoda) with descriptions of two new genera and two new species. *Proc. Biol. Soc. Wash.*, 85(28): 323-352

Radwin G E and A D'Attilio. 1976. Murex Shells of the World. Stanford University Press, Stanford, California. 1-284

Rao Subga N V. 2003. Indian Seashells (part-1). *Zoological Survey of India*: 1-416

Recluz M C. 1851. Description de quelques coquilles nouvelles. *Journal de Conchyliohogie*, 2: 194-216

Reeve L. 1844. Conchologia Iconica. Monograph of the genus *Triton*. London, 2: pls. 1-20

Reeve L. 1845. Conchologia Iconica. Monograph of the genus *Murex*. London, 3: pls. 1-36

Reeve L. 1846. Conchologia Iconica. Monograph of the genus *Buccinum*. London, 3: pls. 1-14

Reeve L. 1847. Conchologia Iconica. Monograph of the genus *Pyrula*. London, 4: pls. 1-9

Reeve L. 1848. Conchologia Iconica. Monograph of the genus *Fusus*. London, 4: pl. 1-19

Reeve L. 1849. Conchologia Iconica. Vol. 3. *Murex*, London. 37 pls.

Reeve L. 1857. Descriptions of seven new shells from the collection of the Hon, Sir David Barclay, of Port Louis, Mauritius. *Proceedings of the Zoological Society of London*, 25: 207-210

Reeve L. 1858. Description of seven new shells from the collection of the Hon. Sir. David Barchay of Pt. Louis. Mauritius. *Proceedings of the Zoological Society of London*, 25: 209-210

Rehder H A and B R Wilson. 1975. New species of marine molluscs from Pitcairn Island and the Marquesas. *Smithsonian Contribution in Zoology*, 203: 1-16

Rippingale O H. 1987. *Murex* Shells. *Privatly Publ. Margate Beach, Qld., Australia*: 1-37

Robin A. 2008. Encyclopedia of Marine Gastropods. ConchBooks, Hackenheim, Germany. 239-290

Röding J F. 1798. Museum Boltenianum…Hamburg, J. C. Trapp. i-vii. 1-199

Ruppell E. 1834. Description of a new genus of pectinibranchiated gasteropodus Mollusca (*Leptoconchus*). *Proceedings of the Zoological Society of London*, 1834: 105-106

Ruppell E. 1835. Description d'un nouveau genre de mollusques de la classe des gasteropodes pectinibranches. *Transactions of the Zoological Society of London*, 1: 259-260

Schepman M M. 1911. The Prosobranchia of the Siboga Expedition. Pt, 5. Rachiglossa. Liv. 58, Monographie 49-d, Brill, Leiden. 247-363

Schepman M M. 1913. The Prosobranchia of the Siboga Expedition. Pt. 5, Brill, Leiden. 48-88

Shih N-P. 1975. Small sea shells from Lu-Tao, Taiwan. *Bulletin of Malacology, Taiwan*, 2: 33-46 [施乃普, 1975. 绿岛小形贝壳. 贝类学报, 2: 33-46]

Shikama T. 1963a. On some noteworthy marine Gastropoda from Southwestern Japan. *Science Reports of the Yokohama National University*, sect. 10: 61-66

Shikama T. 1963b. Selected shells of the world illustrated in colours (I). Hokuryu-Kan, Tokyo. 1-154

Shikama T. 1964a. Description of new species of *Murex* and *Conus* from Arafura Sea. *Venus*, 23(2): 33-37

Shikama T. 1964b. Selected Shells of the World Illustrated in Colous. Hokuryu-Kan, Tokyo. 2: 1- 212

Shikama T. 1970. On some noteworthy Mollusca from Southwestern Japan (II). *Science Reports of the Yokohama National University*, sect. 2, 16: 19-27

Shikama T. 1971. On some noteworthy marine gastropoda from Southwestern Japan (III). *Sciences Reports of the Yokohama National University*, sect. 2, Biology-Geology, 18: 27-35

Shikama T. 1973. Description of new marine Gastropoda from the East and South China seas. Science Reports of the Yokohama Natural University, 20: 108

Shikama T. 1977. Description of new and noteworthy Gastropoda from western Pacific and Indian Oceans. *Science Reports of the Yokohama Natural University*, 24: 9-23

Shikama T. 1978. Description of new and noteworthy Gastropoda from western Pacific Ocean. *Science Reports of the Yokosuka City Museum*, 25: 35-42

Smith E A. 1844. Mollusca. In: Report on the zoological collections made in the Indo-Pacific Ocean during the voyage of H. M. S. Alert 1881-2. Part I. The collections from Melanesia; Part II. Collections from the western Indian Ocean. The Trustees [of the British Museum (Natural History)], London. xxv, 1-684

Smith E A. 1876. Diagnoses of new species of Mollusca and Echinodermata from the Island of Rodriguez. *Annals and Magazine of Natural History*, (4)17: 404-406

Smith E A. 1879. On a collection of Mollusca from Japan. *Proceedings of the Zoological Society of London*: 181-218, pls. 19-20

Smith E A. 1899. Natural history notes from H. M. Indian Marine Survey Steamer Investigator, On Mollusca from the Bay of Bengal and the Arabian Sea. *Annals and Magazine of Natural History*, (7)4: 237-251

Souverbie M. 1861. Descriptions d'espèces nouvelles de l'Archipel Calédonien. *Journal de Conchyliologie*, 9: 271-284

Sowerby G B. 1834-1841. The Conchological illustrations. *Murex*. London. pls. 58-67 (1834); pls. 187-199+catalogue: 1-9 (1841)

Sowerby G B. 1866. Monograph of the genus *Typhis*. Thesaurus conchyliorum, or monographs of genera of shells 3 (24-25). Sowerby, London. 319-320

Sowerby G B. 1870. Descriptions of forty-eight new species of shells. *Proceedings of the Zoological Society of London*, 1870: 249-259

Sowerby G B. 1879. Monograph of the genus *Murex*. *Thesaurus Conchyliorum*, 4: 1-55, pls. 380-403

Sowerby G B. 1889. Descriptions of fourteen new species of shells from China, Japan and the Andaman Island. *Proceedings of the Zoological Society of London*, (1888)56: 565-570

Sowerby G B. 1894. Descriptions of twelve new species, chefly from Mauritius. *Proceedings of the Zoological Society of London*, 1: 41-44

Sowerby G B. 1903. Descriptions of fourteen new species of marine Mollusca from Japan. *Annals and Magazine of Natural History*, 12: 496-501

Sowerby G B. 1912. Descriptions of new species of *Voluta*, *Latiaxis* and *Calliostoma* from Japan. *Annals and Magazine of Natural History*, 9: 471-473

Sowerby G B. 1913. Descriptions of eight new marine Gastropoda, mostly from Japan. *Annals and Magazine of Natural History*, 11: 557-560

Sowerby G B II. 1823. The genera of recent and fossil shells, for the use of students in conchology and geology. Sowerby, London. 1-556

Sowerby G B II. 1880. Monograph of the genus *Trophon*. In: Sowerby G B II. Thesaurus Conchyliorum, or Monographs of Genera of Shells. Vol. 4(35-36): 59-67

Springsteen F J and F M Leobrera. 1986. Shells of the Philippines. Carfel Seashell Museum, Philippines. 1-377

Steenstrup J J S. 1850. Beskrivelse over nogle maerkelige tildeeld nye Dyrarter. *Oversigt over det Kongelige Danske Videnskabernes Selskabs Forhandlinger*, 1980: 75-77

Suzuki M. 1972. Descriptions of new species of *Latiaxis*. *Pacific Shell News*, 6: 1-3

Swainson W. 1822. A catalogue of the rare and valuable shells, which formed the celebrated collection of the late Mrs. BLIGH. The sale of this collection...20 May, 1822...C. Dubois, London. 1-58

Swainson W. 1840. Atreatise on malacology…Longman *et al.*, London. 1-419

Tan K S. 2000. Species checklist of Muricidae (Mollusca: Gastropoda) in the South China Sea. *Raffles. Bull. Zool.*, 8: 295-512

Tan K S. 2003a. Phylogenetic analysis and taxonomy of some southern Australian and New Zealand Muricidae (Mollusca: Neogastropoda). *Journal of Natural History*, 37: 911-1028

Tan K S. 2003b. A taxonomic note on *Mancinella siro* (Kuroda) and *M. echinata* (Blainville) Gastropoda: Muricidae). *The Yuriyagai*, 9(1): 1-9

Tan K S and J B Sigurdsson. 1990. A new species of *Thais* (Gastropoda: Muricidae) from Singapore and peninsular Malaysia. *Raffles Bulletin of Zollogy*, 38(2): 205-211

Tan K S and J B Sigurdsson. 1996a. New species of *Thais* (Neogastropoda, Muricidae) from singapore, with a re-description of *Thais javanica* (Philippi, 1846). *J. Moll. Stud.*, 62: 517-535

Tan K S and J B Sigurdsson. 1996b. Two new species of *Thais* (Mollusca: Neogastropoda: Muricidae) from peninsular Malaysia and Singapore, with notes on *T. tissoti* (Petit, 1852) and *T. blanfordi* (Melvill, 1893) from Bombay, India. *Raffles Bulletin of Zoology*, 44(1): 77-107

Tan K S and L L Liu. 2001. Description of a new species of *Thais* (Mollusca: Neogastropoda: Muricidae) from Taiwan, based on morphological and allozyme analyses. *Zoological Science*, 18: 1275-1289

Tapparone-Canefri C M. 1881. Glanures dans la faune malacologique de l'Ile Maurice. Catalogue de la famille des Muricidés. *Annales de la Société Malacologique de Belgique*, 15(1880): 7-99

Tapparone-Crnefri C M. 1882. Museum Paulucciuanum -Etudes Malacologiques, II. *J. Conch.*, 30: 22-37

Tchang S and Qi Z-Y. 1961. Compendium of Conchology. Science Press, Beijing. 1-387 [张玺, 齐钟彦, 1961. 贝类学纲要. 北京: 科学出版社. 1-387]

Tchang S, Qi Z-Y and Li J-M. 1955. Marine Economic Mollusks in Northern China. Science Press, Beijing. 1-98 [张玺,齐钟彦, 李洁民, 1955. 中国北部海产经济软体动物. 北京: 科学出版社. 1-98]

Tchang S, Qi Z-Y, *et al*. 1962. Economic Fauna Sinica: Marine Molluscs. Science Press, Beijing. 1-246 [张玺, 齐钟彦, 等, 1962. 中国经济动物志——海产软体动物. 北京: 科学出版社. 1-246]

Tchang S, Qi Z-Y, Ma X-T and Lou Z-K. 1975. A checklist of prosobranchiate Gastropods from the Xisha Islands, Guangdong province, China. *Studia Marina Sinica*, 10: 105-132 [张玺, 齐钟彦, 马绣同, 楼子康, 1975. 西沙群岛软体动物前鳃类名录. 海洋科学集刊, 10: 105-132]

Tchang S, Qi Z-Y, Zhang F-S and Ma X-T. 1963. A preliminary study of the demarcation of marine Mollusca faunal regions of China and its adjacent waters. *Oceanologia et Limnologia Sinica*, 5(2): 124-138 [张玺, 齐钟彦, 张福绥, 马绣同, 1963. 中国海软体动物区系区划的初步研究. 海洋与湖沼, 5(2): 124-138]

Thach N N. 2005. Shells of Vietnam. Conchbooks, D-55546 Hackenheim. 1-337, 91 pls.

Thiele J. 1929-1935. Handbuch der systematischen Weichtierkunde. Band 1-2, Gustav Fischer, Jena. 1-1154

Tian L, Lang Y-Y and Wang Q-Y. 2001. Anatomic study of circulatory system of *Rapana venosa*. *Progress of Anatomical Sciences*, 7(4): 319-322 [田力, 郎艳燕, 王秋雨, 2001. 脉红螺(*Rapana venosa*)循环系统的解剖研究. 解剖科学进展, 7(4): 319-322]

Trondle J and R Houart. 1992. Les Muricidae de Polynésie Francaise. *Apex*, 7(3-4): 67-149

Tryon G W. 1880. Manual of Conchology. Vol. 2. Muricidae, Purpuridae. Tryon, Philadelphia. 1-289

Tsuchiya K. 2000. Muricidae In: Okutani T. Marine Mollusks in Japan. Tokai University Press, Printed in Japan. 364-421

Tsuchiya K. 2017. Muricidae In: Okutani T. Marine Mollusks in Japan. Tokai University Press, Printed in Japan. 946-972

Valenciennes A. 1846. Atlas de Zoologie. Mollusques. In: du Petit-Thouars A. Voyage autour du monde sur la frégate la Venus pendant les années. Vol. 4: 4-24

Vokes E H. 1964. Supraspecific groups in the subfamilies Muricinae and Tritonaliinae (Gastropoda: Muricidae). *Malacologia*, 2(1): 1-41

Vokes E H. 1965. Cenozoic Muricidae of the western Atlantic region. Pt 2, *Chicoreus s. s.* and *Chicoreus* (*Siratus*). *Tulane Studies in Geology*, 3(4): 181-204

Vokes E H. 1967. Cenozoic Muricidae of the western Atlantic region. Pt 3, *Chicoreus* (*Phyllonotus*). *Tulane*

Studies in Geology, 5(3): 133-166

Vokes E H. 1985. Review of the West Coast Aspelloids *Aspella* and *Dermomurex* (Gastropoda: Muricidae), with the Descriptions of Two new species. *The Veliger*, 27(4): 430-439

Vokes E H. 1996. One last look at the Muricidae. *American Conchologist*, 24(2): 4-6

Wenz W. 1941. Gastropoda. Allgemeiner Teil und Prosobranchia. In: Schindewolf O H. Handbuch der Palaozoologie. Vol. 6, part 5. Gebruder Borntraeger, Berlin. 961-1200

Wilson B R and K Gillett. 1974. Australian Shells. Sydney, A. H. & A. W. Reed. 1-168

Wilson B R. 1994. Australian Marine Shells (2). Odyssey Publishing, Kallaroo. 14-56

Wissema G G. 1947. Young Tertiary and Quaternary Gastropoda from the Island of Nias (Malay Archipelago). Becherer, Leiden. 1-212

Wood W. 1818. Index testaceologicus, or a catalogue of shells, British and foreign, arranged according to the Linnaean system. 1-188

Wood W. 1828. Supplement to the Index testacelologicus, of a catalogue of shells, british and foreign arranged according to the Linnean system. Taylor, London. 1-59

Wu W-L and Lee Y-C. 2005. The Taiwan Common Mollusks in Color. "Taiwan Forestry Bureau, Council of Agriculture, Executive Yuan", Taipei. 1-294 [巫文隆, 李彦铮, 2005. 台湾常见贝类彩色图志. 台北, "行政院农业委员会林务局". 1-294]

Yen T C. 1933. The molluscan fauna of amoy and its vicinal regions. *Fan. Mem. Inst. Biol. Peiping*, China, Part I: 1-120

Yen T C. 1935. Notes on some marine Gastropods of Pei-Hai and Wei-Show island. *Musee Heud, Notes de Malacologie Chinoise*, 1(2): 1-47

Yen T C. 1936. The marine Gastropoda of Shantung Peninsula. *Contr. Inst. Zool. Nat. Acad. Peiping*, 3(5): 165-255

Yen T C. 1942. Review of Chinese Gastropoda in the British Museum. *Proc. Malac. Soc. London.* 24: 170-290

Yokoyama M. 1920. Fossils from the Miura peninsula and its immediate north. *Journal of the College of Science, Imperial University of Tokyo*, 39, art. 6: 1-193

Yokoyama M. 1926. Fossil shells from Sado. *Journal of the Faculty of Science*, 1(8): 249-312

Yoo J S. 1976. Korean Shell in Colour. IL JI SA Publishing Co., Seoul. 70-74

Zhang F-S. 1965. Studies on the species of Muricidae off the China coasts Ⅰ. *Murex, Pterynotus* and *Chicoreus. Studia Marina Sinica*, 8: 11-24 [张福绥, 1965. 中国近海骨螺科的研究Ⅰ. 骨螺属、翼螺属和棘螺属. 海洋科学集刊, 8: 11-24]

Zhang F-S. 1976. Studies on species of Muricidae of the China coasta Ⅱ. Genus *Drupa. Studia Marina Sinica*, 11: 333-351 [张福绥, 1976. 中国近海骨螺科的研究Ⅱ. 核果螺属. 海洋科学集刊, 11: 333-351]

Zhang F-S. 1980. Studies on the species of Muricidae off the China coasts Ⅲ. *Rapana. Studia Marina Sinica*, 16: 113-123 [张福绥, 1980. 中国近海骨螺科的研究 Ⅲ. 红螺属. 海洋科学集刊, 16: 113-123]

Zhang S-P. 2001. Studies on the species of Mesogastropoda, Neogastropoda and Heterogastropoda (Prosobranchia) of the Nansha Islands, Hainan province, China. *Studia Marina Sinica*, 43: 228-238 [张素萍, 2001. 南沙群岛的前鳃亚纲中腹足目、新腹足目及异腹足目的研究. 海洋科学集刊, 43: 228-238]

Zhang S-P. 2006. Four new records of *Morula* from China coast (Gastropoda, Murcidae). *Acta Zootaxonomica Sinica*, 31(1): 109-112 [张素萍, 2006. 中国海结螺属四新纪录. 动物分类学报, 31(1): 109-112]

Zhang S-P. 2007. On nine new record species of Ergalataxinae (Gastropoda, Muricidae) from China coast. *Oceanologia et Limnologia Sinica*, 38(6): 542-548 [张素萍, 2007. 中国近海爱尔螺亚科九新记录 (腹足纲: 骨螺科). 海洋与湖沼, 38(6): 542-548]

Zhang S-P. 2008a. Atlas of Marine Mollusks in China. China Ocean Press, Beijing. 165-188 [张素萍, 2008a. 中国海洋贝类图鉴. 北京: 海洋出版社. 165-188]

Zhang S-P. 2008b. Muricidae. In: Liu R Y. Checklist of Marine Biota of China Seas. Science Press, Beijing. 494-499 [张素萍, 2008b. 骨螺科. 见: 刘瑞玉, 中国海洋生物名录. 北京: 科学出版社. 494-499]

Zhang S-P. 2009. Study on species of Ocenbrinae from the China coasts (Gastropoda: Muricidae). *Marine Sciences*, 33(10): 15-20 [张素萍, 2009. 中国近海刍秣螺亚科的研究(腹足纲): 骨螺科. 海洋科学, 33(10): 15-20]

Zhang S-P and Wei P. 2005. Study on the Coralliophilidae from China, with description of one new species (Gastropoda, Muricacea). *Acta Zootaxonomica Sinica*, 30(2): 320-329 [张素萍, 尉鹏, 2005. 中国近海珊瑚螺科研究及新种记述. 动物分类学报, 30(2): 320-329]

Zhang S-P and Wei P. 2006. Study on the Coralliophilidae Supplement from China (Gastropoda, Muricacea). *Studia Marina Sinica*, 47: 149-157 [张素萍, 尉鹏, 2006. 中国近海珊瑚螺科的补充研究 (腹足纲: 骨螺总科). 海洋科学集刊, 47: 149-157]

Zhang S-P and Zhang F-S. 2005. Species of *Thais* from China Coasts (Gastropoda: Muricidae). *Marine Sciences*, 29(8): 75-83 [张素萍, 张福绥, 2005. 中国近海荔枝螺属的研究(腹足纲: 骨螺科). 海洋科学, 29(8): 75-83]

Zhang S-P and Zhang F-S. 2007. Study on species of *Drupa* and *Drupella* (Gastropoda, Muricidae, Rapaninae) from China coasts. *Marine Sciences*, 31(9): 62-66 [张素萍, 张福绥, 2007. 中国近海核果螺科小核果螺属(腹足纲, 骨螺科, 红螺亚科)的分类研究. 海洋科学, 31(9): 62-66]

Zhang S-P and Zhang S-Q. 2015. A new species of *Lataxiena* Jousseaume, 1883 (Gastropoda: Muricidae) from the East and South China Seas. *Chinese Journal of Oceanology and Limnology*, 33(2): 506-509

Zhang S-P, Zhang J-L, Chen Z-Y and Xu F-S. 2016. Mollusks of the Yellow Sea and Bohai Sea. Science Press, Beijing. 98-106 [张素萍, 张均龙, 陈志云, 徐凤山, 2016. 黄渤海软体动物图志. 北京: 科学出版社. 98-106]

Zhao R-Y, Cheng J-M and Zhao D-D. 1982. Marine Mollusks Fauna of Dalian. China Ocean Press, Beijing. 51-58 [赵汝翼, 程济民, 赵大东, 1982. 大连海产软体动物志. 北京: 海洋出版社. 51-58]

英 文 摘 要

Abstract

Muricidae (Mollusca, Gastropoda) is a large and varied family of marine gastropod mollusks, commonly known as murex snails or rock snails. With about 1,600 extant species, the Muricidae represents almost 10% of the Neogastropoda. Additionally, 1,200 fossil species have been recognized. Muricids are widely distributed in all habitats over the world ranging from frigid to tropical zone, mainly in subtropical and tropical zone.

The present volume deals with the Chinese fauna of Muricidae. The materials for studying were collected in the past years mainly by the National Comprehensive Oceanographic Survey, the China-Vietnam Joint Oceanographic Survey to the Beibu Gulf, the Marine Investigation of Continental Shelf of East China Sea, the CAS Nansha Islands Investigation and other surveys along China coast. Additionally, some specimens deposited in the South China Sea Institute of Oceanology, Chinese Academy of Sciences, the Taiwan Museum, the formerly Institute of Zoology, National Academy of Peiping and the original the Fan Memorial Institute of Biology are also referred.

A total of 235 muricid species belonging to 9 subfamilies and 54 genera are introduced and described in this volume. Among them, 8 species are recorded in China for the first time. This volume is divided into two parts. Part one is a comprehensive survey, dealing with the review of research history, morphology, systematic description, geographical distribution, biology and economic value of the family. Part two is a systematic description, presents the detailed account of morphological features, biological characteristics, geographical distribution and economic values of each species of the taxa. The scientific names for a few species are discussed and revised, and keys to all the taxonomic categories are presented.

Among the 235 muricid species from China seas, most are widely distributed species in Indo-Western Pacific. Of which, 198 species are distributed in Japan waters (some distributed only in China and Japan waters); 180 species are in the Philippine seas; 47 species in Malaya; 90 species in Australia. The data shows that the fauna of Muricidae in China seas has the closest relationship with that in Japan and in the Philippine. This close relationship results from the similarities of marine ecological environments and geographic features among the three countries. The study reveals that the muricids in China seas are dominantly distributed in subtropical and tropical waters.

Muricidae Rafinesque, 1815

Key to subfamilies

1. Teleoconch whorl usually with 3 developed varices ···································· **Muricinae**
   Teleoconch with or without varices ·· 2
2. Varices angular, fin-like or wing-like ·· **Ocenebrinae**
   Varices not angular, fin-like or wing-like ··· 3
3. Shoulder with cylindric protuberance ·· **Typhinae**
   Shoulder without cylindric protuberance ··· 4
4. Spiral cords usually with developed spines or scales ································· 5
   Spiral cords with weak spines or scales ··· 6
5. Aperture small, siphonal canal usually closed, without umbilical split ·············· **Muricopsinae**
   Aperture large, siphonal canal open, with umbilical split or pseudoumbilicus ········· **Coralliophilinae**
6. Axial ribs and spiral cords developed, forming cancellated sculpture ················ **Ergalataxinae**
   Axial ribs distinct, not forming cancellated sculpture ······························ 7
7. Axial ribs not lamellar, siphonal canal short ······································· **Rapaninae**
   Axial ribs usually lamellar, siphonal canal long or moderately long ················· 8
8. Protoconch smooth, without sculpture ·· **Trophoninae**
   Protoconch with sculpture ··· **Pagodulinae**

Ⅰ. Muricinae Rafinesque, 1815

Key to genera

1. Varices without wing-like lamella or spines ··· 2
   Varices with wing-like lamella or spines ··· 4
2. Shell dorsoventrally compressed, lanceolate ··· *Aspella*
   Shell rounded, not lanceolate ·· 3
3. With pit near the suture ··· *Dermomurex*
   Without pit near the suture ··· *Phyllocoma*
4. Siphonal canal slender and long ··· 5
   Siphonal canal short to moderately long ··· 7
5. Shoulder angle with long spines ··· *Murex*
   Shoulder angle with short spines ·· 6
6. Shell globular or ovate, spire low ·· *Haustellum*
   Shell ovate or fusiform, spire high ··· *Vokesimurex*
7. Varices generally with dendritic or petaloid spines ·································· *Chicoreus*
   Varices without dendritic or petaloid spines ··· 8

8. Varices rounded, with folds or small spines ··· 9

    Varices flattened, with lamellae or pointed spines ····························· 10

9. Shell chubbiness ··· ***Chicomurex***

    Shell slender ·· ***Naquetia***

10. Varix with fin-like wing or short triangulate spines ······················ ***Siratus***

    Varix without fin-like wing or short triangulate spines ························ 11

11. Columellar lip with denticles or folds ·························· ***Pterymarchia***

    Columellar lip without denticles or folds ··························· ***Pterynotus***

1. *Murex* Linnaeus, 1758

Key to species

1. Shell surface whitish, spine with black tip ······················ ***M. ternispina***

    Shell surface not whitish, spine not with black tip ···························· 2

2. Varices with short spines ·· 3

    Varices with long or extremely long spines ································· 4

3. Body whorl with three red brown spiral bands, siphonal canal not brownish ········· ***M. concinnus***

    Body whorl without red brown spiral bands, siphonal canal brownish ············· ***M. trapa***

4. Siphonal canal with longer and more spines, bony spur in shape ················ 5

    Siphonal canal with shorter and fewer spines ································· 6

5. Shell surface without brown spiral threads, spines on siphonal canal closely spaced ············ ***M. pecten***

    Shell surface with reddish brown spiral threads, spines on siphonal canal loosely spaced ····· ***M. troscheli***

6. Axial ribs relatively weak, shoulder with a extremely long spine on shell back ················ ***M. tribulus***

    Axial ribs relatively strong, shoulder without extremely long spine on shell back ····· ***M. aduncospinosus***

2. *Vokesimurex* Petuch, 1994

Key to species

1. Varices without spines ·· ***V. hirasei***

    Varices with long or short spines ·· 2

2. With 4-5 axial ribs between each two varices ························· ***V. multiplicatus bantamensis***

    With 3-4 axial ribs between each two varices ································· 3

3. Axial ribs thin, forming small nodules or granules ··························· 4

    Axial ribs thick, usually forming larger nodules on middle part of whorl ············ 5

4. Shoulder with longer spines on body whorl ······················ ***V. sobrinus***

    Shoulder with shorter spines on body whorl ····················· ***V. rectirostris***

5. With relatively fewer spines on varices and the edge of outer lip ············· ***V. gallinago***

    With more spines on varices and the edge of outer lip ················· ***V. kiiensis***

3. *Haustellum* Schumacher, 1817

Key to species

Shell surface with dark-brown spiral threads and patches ·· ***H. haustellum***

Shell surface with orange-yellowish spiral threads or patches ································· ***H. kurodai***

4. *Chicoreus* Montfort, 1810

Keys to subgenera

1. Varices with plication or short spine ·· ***Rhizophorimurex***

   Varices with developed spines ·· 2

2. Shell broad, with low or moderately high spire ··· ***Chicoreus***

   Shell slender, with high spire ·· 3

3. Spines petaloid or ramiform in shape ·· ***Triplex***

   Spines wing-like in shape ··· ***Chicopinnatus***

1) *Chicoreus* Montfort, 1810

Keys to species

1. Body whorl with 4 varices ··· ***C. (C.) exuberans***

   Body whorl with 3 varices ·· 2

2. Shell surface usually whitish, inner lip reddish ····································· ***C. (C.) ramosus***

   Shell surface usually brownish, inner lip whitish ··································· ***C. (C.) asianus***

2) *Triplex* Perry, 1810

Key to species

1. Shell surface white or pinkish ··· ***C. (T.) cnissodus***

   Shell surface not white or pinkish ·· 2

2. Columellar lip reddish ·· 3

   Columellar lip not reddish ·· 6

3. Shell surface brownish black or brown ··· ***C. (T.) brunneus***

   Shell surface yellowish brown or yellowish white ··· 4

4. Varices with fewer spines, axial ribs fine ··· ***C. (T.) rossiteri***

   Varices with more spines, axial ribs thick and fine interval spaced ·········· 5

5. Spines ramiform ··· ***C. (T.) aculeatus***

   Spines petaloid ·· ***C. (T.) nobilis***

6. Spines slender, with bifurcate tip, ramiform or staghorn-like ······························· 7

Spines short or moderately long, not staghorn-like ·· 8

7. Two long spines on the edge of outer lip, with 3 short spines in between ··············· *C. (T.) axicornis*

One long spine on the edge of outer lip, with 4 short spines below ······················ *C. (T.) banksii*

8. Spire with developed spines ··· 9

Spire without or with weak spines ·· 10

9. Varices with developed spines, dark brown ·· *C. (T.) palmarosae*

Varices with shorter spines, purple red or light red ································· *C. (T.) saulii*

10. With a large nodule between varices on body whorl ···························· *C. (T.) torrefactus*

With a small or without nodule between varices on body whorl ································ 11

11. Axial ribs and spiral cords forms cancellate sculpture on body whorl ·············· *C. (T.) strigatus*

Body whorl without cancellate sculpture ·································· *C. (T.) microphyllus*

3) *Chicopinnatus* Houart, 1992

Chicoreus (*C.*) *orchidiflorus* (Shikama, 1973)

4) *Rhizophorimurex* Oyama, 1950

Chicoreus (*R.*) *capucinus* (Lamarck, 1822)

5. *Chicomurex* Arakawa, 1964

Key to species

1. Inner lip purple-red or purple in colour ·· *C. laciniatus*

Inner lip not purple in colour ··· 2

2. Body whorl with distinct broad spiral band ··· *C. gloriosus*

Body whorl with narrow or indistinct spiral band ·· 3

3. Spire high, with fewer spines ·· *C. lani*

Spire low conical in shape, with more spines ··· 4

4. Shell surface with densely spaced and intermittent brown spiral threads ·················· *C. superbus*

Shell surface with irregular brown patches or spots ······································ *C. elliscrossi*

6. *Naquetia* Jousseaume, 1880

Key to species

Siphonal canal broad ··· *N. triqueter*

Siphonal canal slender ··· *N. barclayi*

7. *Siratus* Jousseaume, 1880

Key to species

Varices with translucent and fin-like wing ·· *S. alabaster*

Varices with short spines, without fin-like wing ·· *S. pliciferoides*

8. *Pterymarchia* Houart, 1995

Key to species

1. Shell surface with cancellated sculpture ·· *P. martinetana*

   Shell surface without cancellated sculpture ·· 2

2. Shell relatively broad, spire with varices ·· *P. triptera*

   Shell relatively slender, spire without varices ··· 3

3. Shell surface purple brown or brown ·· *P. barclayana*

   Shell surface white ··· *P. bipinnata*

9. *Pterynotus* Swainson, 1833

Key to species

1. Shell broad, orange or brown ··· *P. loebbeckei*

   Shell slender, white, pale yellow or incarnadine ·· 2

2. Teleoconch whorl with lamellar branches ··· *P. elongatus*

   Teleoconch whorl without lamellar branches ··· 3

3. Wing-like lamellae branched, with pointed spines ······································· *P. vespertilio*

   Wing-like lamellae smooth, without spine ·· 4

4. Wing-like lamellae on the edge of outer lip, extending to terminal of siphonal canal ·········· *P. pellucidus*

   Wing-like lamellae on the edge of outer lip, not extending to terminal of siphonal canal ·················

   ·· *P. alatus*

10. *Phyllocoma* Tapparone-Canefri, 1881

Phyllocoma convoluta (Broderip, 1833)

11. *Dermomurex* Monterosato, 1890

Key to species

Shell broad, rhombus in shape ·· *D. neglecta*

Shell narrow, cylindrical in shape ·· *D. sp.*

12. *Aspella* Mörch, 1877

Aspella producta (Pease, 1861)

II. Muricopsinae Radwin & D'Attilio, 1971

Key to genera

1. The margin of outer lip with two developed trumpet-shaped or flipper-shaped spines ······*Homalocantha*

   The margin of outer lip without trumpet-shaped or flipper-shaped spine ··· 2

2. Shell surface coarse, with wrinkles or pits, siphonal canal relatively short··························*Favartia*

   Shell surface without wrinkle or pit, siphonal canal long ···*Murexsul*

13. *Murexsul* Iredale, 1915

Key to species

Teleoconch whorl with a brown spiral band··*M. zonata*

Teleoconch whorl without brown spiral band ··*M. tokubeii*

14. *Favartia* Jousseaume, 1880

Key to species

1. Shell slender, body whorl not broad ··*F. crouchi*

   Shell not slender, body whorl broad ··· 2

2. Shell surface coarse, outer lip with fin-like edge ··· 3

   Shell surface not coarse, outer lip without fin-like edge··· 4

3. Shell upper part is red color ··*F. cyclostoma*

   Shell upper part is not red color··*F. rosamiae*

4. Varices on shoulder with long spines··*F. judithae*

   Varices on shoulder without long spine ··· 5

5. Apex of shell and siphonal canal gray purple ··*F. rosea*

   Apex of shell and siphonal canal not gray purple ··· 6

6. Varices with densely spaced and petaloid spines ··*F. maculata*

   Varices without petaloid spine ··*F. kurodai*

15. *Homalocantha* Mörch, 1852

Key to species

Shell relatively broad, edge with two broad webbed spines ·································· *H. anatomica*

Shell relatively slender, edge with two long horn-shaped spines ··························· *H. zamboi*

III. Ergalataxinae Kuroda, Habe & Oyama, 1971

Key to genera

1. Shoulder with angulate or keeled protuberance·································· *Lataxiena*

   Shoulder without angulate or keeled protuberance ······························· 2

2. Shell with cancellated sculpture ·· 3

   Shell without cancellated sculpture··· 5

3. Shell with squire dent at suture line ································· *Phrygiomurex*

   Shell without squire dent at suture line ······································· 4

4. Shell small size, varices lamellar ································· *Daphnellopsis*

   Shell relatively big size, varices not lamellar ····························· *Muricodrupa*

5. Shell slender, finger-like ··· *Maculotriton*

   Shell not finger-like·· 6

6. Aperture narrow ·· *Morula*

   Aperture wide··· 7

7. Shell surface white or yellowish white, internal aperture yellow ·············· *Pascula*

   Shell surface not white or yellowish white, internal aperture not yellow ················ 8

8. Spiral cord with small spines or scale ·· 9

   Spiral cord without small spine or scale ······································ 10

9. Each teleoconch whorl with a strong rope-like cord ························· *Bedevina*

   Each teleoconch whorl without strong rope-like cord ························· *Orania*

10. Shell slender, siphonal canal with colour ·························· *Cytharomorula*

    Shell spindle-shaped, siphonal canal without colour······················ *Ergalatax*

16. *Ergalatax* Iredale, 1931

Key to species

Axial ribs thick, shoulder without spine ······································ *E. contracta*

Axial ribs thin, shoulder with spines ·· *E. tokugawai*

17. *Cytharomorula* Kuroda, 1953

Key to species

Shell with reddish brown spiral threads, middle part of whorl rounded·······························*C. vexillum*

Shell without reddish brown spiral threads, middle part of whorl angulated ············· *C. paucimaculata*

18. *Lataxiena* Jousseaume, 1883

Key to species

1. Shell surface yellow in colour, shoulder with short spines or nodules ······················ *L. fimbriata*

 Shell surface gray brown in colour, shoulder with angulate protuberances or thick ribs ···················2

2. Aperture dark brown or gray yellowish brown, inside outer lip with radial ribs ··············· *L. blosvillei*

 Aperture orange yellow, inside outer lip with dentation ·· *L. lutescena*

19. *Pascula* Dall, 1908

Key to species

1. Shell relatively slender, surface with spines··· *P. lefevriana*

 Shell relatively broad and short, surface without spine ····································2

2. Body whorl with brown patches ·································· *P. ochrostoma*

 Body whorl without brown patches ························· *P. muricata*

20. *Muricodrupa* Iredale, 1918

Key to species

Spire high, aperture inside orange yellow ································ *M. fenestrata*

Spire low, aperture inside not orange yellow································ *M. fiscella*

21. *Morula* Schumacher, 1817

Key to subgenera

Shell surface with nodules or nodular protuberances ·································· *Morula*

Shell surface with spines and thick scales ························· *Habromorula*

5) *Morula* Schumacher, 1817

Key to species

1. Aperture inside or peristoma purple ·····························2

Aperture inside or peristoma not purple ·· 4

2. Shell ovate in shape, aperture narrow ·· *M. (M.) uva*

Shell diamond in shape, aperture semicircular ··· 3

3. Shell surface with white tuberculiform protuberances ··············· *M. (M.) purpureocincta*

Shell surface with blackish brown catenulate nodules ····················· *M. (M.) funiculata*

4. Shell with orange spiral band ··· *M. (M.) echinata*

Shell without orange spiral band ··· 5

5. Shell with black and brown bead-like nodules ······························· *M. (M.) musiva*

Shell without black and brown bead-like nodule ······································· 6

6. Body whorl with a whitish spiral band ··· *M. (M.) taiwana*

Body whorl without pale spiral band ··· 7

7. Shell surface with blackish brown nodules ·· *M. (M.) granulata*

Shell surface with white tuberculiform protuberances ···························· 8

8. Aperture inner blackish brown or purple brown ······························· *M. (M.) anaxares*

Aperture inner purple or white, with brown spiral band ·················· *M. (M.) nodicostata*

6) *Habromorula* Houart, 1994

Key to species

1. Body whorl with short spines ··· 2

Body whorl with long spines ·· 4

2. Shell surface with longitudinal brown spiral bands ··························· *M. (H.) striata*

Shell surface without longitudinal brown spiral band ···························· 3

3. Shell slender, body whorl with horn-like processes or short spines ············· *M. (H.) biconica*

Shell olivary in shape, body whorl with weak processes or small spines ··········· *M. (H.) lepida*

4. Shell surface brown or yellowish brown ··· *M. (H.) spinosa*

Shell surface white or pale pink ··· *M. (H.) ambrosia*

22. *Orania* Pallary, 1990

Key to species

1. Shell surface grey brown or black brown in colour, axial ribs angulated ············ *O. livida*

Shell surface not grey brown or black brown in colour, axial ribs not angulated ············ 2

2. Shell slender, with brown granules ··· *O. gaskelli*

Shell without brown granule ·· 3

3. Suture deep and channeled ··· 4

Suture not deep and channeled ··· 5

4. Inner lip with 4 developed denticles ··· *O. fischeriana*

Inner lip with 3-4 weak plications ·· *O. adiastolos*

5. Axial ribs weak and flattened, spiral cords thin ······································· *O. ficula*

   Axial ribs prominent, spiral cords thick ·· 6

6. Shell surface brown, shoulder not angulated ·· *O. serotina*

   Shell surface yellowish brown, shoulder angulated ·································· 7

7. Axial ribs and spiral cords forming oblong nodules ······························· *O. pleurotomoides*

   Axial ribs and spiral cords not forming oblong nodules ··························· 8

8. Protoconch and siphonal canal reddish brown ······································· *O. pacifica*

   Protoconch and siphonal canal not reddish brown ·································· *O. mixta*

23. *Bedevina* Habe, 1946

Bedevina birileffi (Lischke, 1871)

24. *Maculotriton* Dall, 1904

Key to species

Shell surface with spiral bands consisted of brown patches ······················· *M. serriale*

Shell surface without spiral band consisted of brown patch ······················· *M. digitale*

25. *Phrygiomurex* Dall, 1904

Phrygiomurex sculptilis (Reeve, 1844)

26. *Daphnellopsis* Schepman, 1913

Key to species

1. Lamellar axial ribs raised, spiral cords thin ·· *D. fimbriata*

   Lamellar axial ribs the same strength as spiral cords, giving shell a cancellated appearance ··············· 2

2. Body whorl broad, sculpture coarse ··· *D. hypselos*

   Body whorl not broad, sculpture fine ··· *D. lamellosus*

Ⅳ. Typhinae Cossmann, 1903

Key to genera

1. Siphonal canal very long ·· *Monstrotyphis*

   Siphonal canal short or moderately long ·· 2

2. Varices with short and long spines ············· *Typhis*

Varices without spine ············· *Siphonochelus*

27. *Typhis* Montfort, 1810

Typhis ramosus Habe & Kosuge, 1971

28. *Monstrotyphis* Habe, 1961

Key to species

Shell slender, white or pale purple ············· *M. tosaensis*

Shell relatively broad and short, yellowish brown ············· *M. montfortii*

29. *Siphonochelus* Jousseaume, 1880

Key to species

Shoulder and base with spiral bands or threads ············· *S. japonicus*

Shoulder and base without spiral band or thread ············· *S. nipponensis*

Ⅴ. Rapaninae Gray, 1853

Key to genera

1. Shell of large size (60-170mm long) ············· *Rapana*

Shell of medium or small size (less than 60mm long) ············· 2

2. Aperture small, narrow or semilunar ············· 3

Aperture relatively large, ovate or elongate ovate ············· 4

3. Shell spherical or hemispherical in shape, spire low and small ············· *Drupa*

Shell not spherical or hemispherical in shape, spire relatively high ············· *Drupella*

4. Outer lip with brown edge ············· 5

Outer lip without brown edge ············· 6

5. Shell relatively broad, spire low ············· *Purpura*

Shell relatively slender, spire high ············· *Nassa*

6. Shell with axial ribs or nodules ············· *Thais*

Shell smooth, without sculpture ············· *Vexilla*

30. *Rapana* Schumacher, 1817

Key to species

1. Shell pyriform, suture deep, shoulder rounded ·· *R. rapiformis*
   Shell fist-like, suture not deep, shoulder angulate ·· 2
2. Shell without stripe or spot, shoulder with raised scales ·································· *R. bezoar*
   Shell with stripes or spots, shoulder without raised scale ································ *R. venosa*

31. *Purpura* Röding, 1798

Key to species

1. Shell with white threads, spiral cords thin ··· *P. persica*
   Shell with white patches, spiral cords thick ··· 2
2. Shell elongate ovate or olivary in shape, inner lip white or carnation ·············· *P. panama*
   Shell ovoid in shape, columellar lip orange ··· *P. bufo*

32. *Nassa* Röding, 1798

Nassa serta (Bruguiére, 1789)

33. *Vexilla* Swainson, 1840

Vexilla vexillum (Gmelin, 1791)

34. *Drupa* Röding, 1798

Key to species

1. Aperture narrow ·· 2
   Aperture not narrow ·· 4
2. Aperture orange yellow ·· *D. grossularia*
   Aperture not orange yellow ·· 3
3. Aperture purplish, without yellow patch on columellar and outer lip ··············· *D. morum*
   Aperture whitish, with yellow patches on columellar and outer lip ·················· *D. ricinus*
4. Shell surface cancellated, aperture internal purple ····································· *D. clathrata*
   Shell surface not cancellated, aperture internal rose colour ·························· *D. rubusidaeus*

35. *Drupella* Thiele, 1925

Key to species

1. Shell surface white in color, with horn-like protuberances ·········· ***D. cornus***

   Shell surface not white in color, with toruloid-like or nodules protuberances ·········· 2

2. Spiral cords with dense scales ·········· ***D. margariticola***

   Spiral cords without dense scale ·········· 3

3. Shell slender, aperture yellow-white or orange-red in color ·········· ***D. rugosa***

   Shell short, aperture white or yellow-white in color ·········· ***D. fragum***

36. *Thais* Röding, 1798

Key to subgenera

1. Shell surface with cancellate nodules ·········· ***Neothais***

   Shell surface without cancellate nodule ·········· 2

2. Shoulder with thick spiral cords or keels ·········· ***Indothais***

   Shoulder with strong tuberculiform or horn-like protuberances ·········· 3

3. Outer and inner lips with brown or black patches ·········· ***Thalessa***

   Outer and inner lips without brown or black patches ·········· 4

4. Shell surface with white spots or transverse streaks ·········· ***Semiricinula***

   Shell surface without white spot or transverse streak ·········· 5

5. Shell broad and short, globular or sub-globular in shape ·········· ***Mancinella***

   Shell fusiform or fist-like in shape ·········· ***Reishia***

7) *Indothais* Claremont, Vermeij, Williams & Reid, 2013

Key to species

1. Shoulder with spines ·········· ***T. (I.) sacellum***

   Shoulder without spine ·········· 2

2. Whorls more or less compressed ·········· 3

   Whorls not compressed ·········· 4

3. Penultimate whorl and body whorl dissociated ·········· ***T. (I.) lacera***

   Penultimate whorl and body whorl not dissociated ·········· ***T. (I.) gradata***

4. Aperture internal grey brown or blackish grey ·········· ***T. (I.) rufotincta***

   Aperture internal light yellow or yellow brown ·········· ***T. (I.) javanica***

8) *Thalessa* H. & A. Adams, 1853

Key to species

Aperture internal light yellow or yellowish white, shell surface with large horn-like protuberances ········
·· ***T. (T.) tuberosa***

Aperture internal greyish brown or blackish brown, shell surface with small protuberances ···············
·· ***T. (T.) virgata***

9) *Reishia* Kuroda & Habe, 1971

Key to species

1. Shell surface with massive purplish brown patches ··2
    Shell surface without massive purplish brown patches ···3
2. Surface with white and brown patches ·· ***T. (R.) luteostoma***
    Surface without white and brown patches ··· ***T. (R.) jubilaea***
3. Shell surface grey brown or pewter gray in colour, with black brown verruciform protuberances···········
    ·· ***T. (R.) clavigera***
    Shell surface not pewter gray in colour, with tuberculate or horn-like protuberances························4
4. Shell surface with developed horn-like protuberances and brown spiral bands ············ ***T. (R.) armigera***
    Shell surface with tuberculate protuberances, without spiral band···························· ***T. (R.) bronni***

10) *Mancinella* Link, 1807

Key to species

1. Aperture internal white, shell surface with short spines or horn-like protuberances ······· ***T. (M.) echinata***
    Aperture internal golden or pale yellow, shell surface with tuberculate or verruciform protuberances·····2
2. Aperture internal with radial red streaks ··· ***T. (M.) mancinella***
    Aperture internal without radial red streak ······································· ***T. (M.) echinulata***

11) *Neothais* Iredale, 1912

Thais (*N.*) *marginatra* (Blainville, 1832)

12) *Semiricinula* Martens, 1904

Key to species

1. Shell surface with strong scales and spines······································· ***T. (S.) turbinoides***
    Shell surface with weak scales and spines··2

2.   Shell slender, fusiform in shape ·· *T. (S.) muricoides*

     Shell short and broad, nearly ovate in shape ·································· *T. (S.) squamosa*

VI. Ocenebrinae Cossmann, 1903

Key to genera

1.   Shell surface without wing-like varice ··· *Nucella*

     Shell surface with wing-like varices ··· 2

2.   Body whorl with 4-7 varices ··· *Ocenebra*

     Body whorl with 3-5 varices ·· 3

3.   Varices broad or very broad, wing-like or flying wing in shape ··············· *Pteropurpura*

     Varices narrow, lamelliform in shape ··· *Ceratostoma*

37. *Ocenebra* Gray, 1847

Key to species

1.   With lamellar wing only on edge of outer lip ··································· *O. fimbriatula*

     With lamellar wing on edge of outer lip and body whorl ····························· 2

2.   Shell slender, siphonal canal elongate ··· *O. acanthophora*

     Shell plump, siphonal canal short ·· 3

3.   Shell surface with thick and thin developed spiral cords ························· *O. lumaria*

     Shell surface with thin spiral cords of different strength ························· *O. inornata*

38. *Pteropurpura* Jousseaume, 1880

Key to subgenera

  Body whorl with 3 lamellar wings ·· *Pteropurpura*

  Body whorl with 4 (occasionally 3 or 5) broad and developed aliform wings ·············· *Ocinebrellus*

13) *Pteropurpura* Jousseaume, 1880

Key to species

  Shell surface smooth, spiral cords thin ······································· *P. (P.) plorator*

  Shell surface coarse, spiral cords thick ····································· *P. (P.) stimpsoni*

14) *Ocinebrellus* Jousseaume, 1880

Pteropurpura (*O.*) *falcatus* (Sowerby, 1834)

39. *Ceratostoma* Herrmannsen, 1846

Key to species

Shell with 3 lamellar varices, lower outer lip with a developed denticle·····················*C. burnetti*

Shell with 4 lamellar varices, lower outer lip without denticle·····························*C. rorifluum*

40. *Nucella* Röding, 1798

Nucella freycinetii (Deshayes, 1839)

VII.　Trophoninae Cossmann, 1903

Key to genera

1. Shell surface with cancellate sculpture··*Scabrotrophon*

 Shell surface without cancellate sculpture··2

2. Shell surface smooth, spiral cords absent or weak ······························*Boreotrophon*

 Shell surface not smooth, spiral cords prominent ·······························*Nipponotrophon*

41. *Scabrotrophon* McLean, 1996

Key to species

Spiral cords thick, shoulder raised··*S. lani*

Spiral cords thin, shoulder not raised··*S. chunfui*

42. *Nipponotrophon* Kuroda & Habe, 1971

Key to species

Shoulder raised and sloped ···*N. gorgon*

Shoulder flattened, not sloped···*N. elegantissimus*

43. *Boreotrophon* Fischer, 1884

Boreotrophon candelabrum (Reeve, 1848)

VIII.　Pagodulinae Barco, Schiaparelli, Houart & Oliverio, 2012

44. *Pagodula* Monterosato, 1884

Pagodula kosunorum Houart & Lan, 2003

IX.　Coralliophilinae Chenu, 1859

Key to genera

1. Aperture irregular in shape, wide or narrow ·····················*Rhizochilus*
   Aperture regular in shape ·····················2
2. Shell step-like, whorls dissociated·····················*Latiaxis*
   Shell not step-like, whorls not dissociated·····················3
3. Shell tabular or irregular in shape ·····················*Magilus*
   Shell not tabular, regular in shape ·····················4
4. Spiral cords and axial ribs sparse, lamellar·····················*Emozamia*
   Spiral cords and axial ribs not lamellar ·····················5
5. Shell globular or ellipsoidal in shape·····················6
   Shell fusiform or oval in shape·····················7
6. Shell thin and fragile, surface with plications·····················*Leptoconchus*
   Shell thin but solid, surface without plication·····················*Rapa*
7. Shoulder with long spines ·····················*Babelomurex*
   Shoulder without long spine·····················8
8. Spiral cords of same strength·····················*Mipus*
   Spiral cords of different strength·····················9
9. Spiral cords weak, inner aperture purple·····················*Coralliophila*
   Spiral cords strong, inner aperture not purple·····················*Hirtomurex*

45. *Latiaxis* Swainson, 1840

Key to species

Shell large, shoulder with short spines on body whorl·····················*L. mawae*
Shell small, shoulder with long spines on body whorl·····················*L. pilsbryi*

46. *Babelomurex* Coen, 1822

Keys to species

Shell surface with circlewise arranged spines ·· 20

19. Body whorl rounded, with dense axial ribs ··· *B. kawanishii*

    Body whorl wide, with sparse axial ribs ··· *B. habui*

20. Spines semi-tubular in shape on axial ribs ··· *B. tuberosus*

    Spines not semi-tubular in shape on axial ribs ··· 21

21. With a thick spiral cord near the suture ·· *B. gemmatus*

    Without thick spiral cord near the suture ·· 22

22. Spines densely arranged on body whorl ·· 23

    Spines sparsely arranged on body whorl ··· 27

23. Spines very long ··· *B. echinatus*

    Spines moderately long ··· 24

24. Shell slender in shape ··· 25

    Shell not slender in shape ·· 26

25. Inner aperture reddish, shell surface with dense spiral cords ························· *B. takahashii*

    Inner aperture non-reddish, shell surface with sparse spiral cords ·················· *B. nakayasui*

26. Shell surface yellowish white, or light yellowish brown spines on shoulder light reddish brown or yellowish brown ··· *B. tosanus*

    Shell surface yellowish brown or saffron yellow, spines red or reddish brown ·········· *B. yumimarumai*

27. Spines very long on shoulder ·· *B. spinosus*

    Spines short or moderately long on shoulder ··· 28

28. Spiral cords strong on base of body whorl ··· *B. princeps*

    Spiral cords weak on base of body whorl ·· 29

29. Shell surface spine long, in red color ·· *B. spinaerosae*

    Shell surface spine short, not in red color ··· *B. diadema*

47. *Hirtomurex* Coen, 1922

Key to species

1. Shell slender, siphonal canal elongated ··· *H. filiaregis*

    Shell short and broad, siphonal canal short ·· 2

2. Shell surface with raised axial ribs, spiral cords thin ································· *H.* cf. *oyamai*

    Shell with weak axial ribs, spiral cords thick ··· 3

3. Spiral cords thick and with spines on shoulder ·· *H. teramachii*

    With erected and short spines on shoulder ·· *H. winckworthi*

48. *Mipus* de Gregorio, 1885

Key to species

1. Shoulder raised, with keels or flattened ridges······2
   Shoulder rounded, without keel or flattened ridges ······3
2. Shell slender ······ *M. vicdani*
   Shell not slender······ *M. gyratus*
3. Suture wide and channeled ······ *M. mamimarumai*
   Suture narrow and not channeled ······4
4. Spiral cords thin and dense of same strength, with weak or none spine······ *M. eugeniae*
   Spiral cords of different strength, with small spines ······5
5. Shell slender in shape, siphonal canal long······ *M. matsumotoi*
   Shell not slender in shape, siphonal canal short ······ *M. crebrilamellosus*

49. *Coralliophila* H. & A. Adams, 1853

Key to species

1. Inner aperture purple or pale purple ······2
   Inner aperture not purple ······9
2. Shell spherical or semi-spherical ······3
   Shell fusiform or not spherical ······7
3. Aperture very large, with a denticle on columellar lip······ *C. monodonta*
   Aperture moderately large, without denticle on columellar lip ······4
4. Spiral cords strong, scales or small spines densely covered ······5
   Spiral cords weak, with small or very weak scales······6
5. Upper part of body whorl expanded, spire very low ······ *C. squamulosa*
   Upper part of body whorl not expanded, spire high······ *C. bulbiformis*
6. Shell thick, without shoulder angle······ *C. violacea*
   Shell thin, with shoulder angle ······ *C. erosa*
7. Shell tumid, outer lip expanded anteriorly······ *C. radula*
   Shell slender, outer lip not expanded anteriorly ······8
8. Whorls without raised shoulder angle······ *C. costularis*
   Whorls with raised shoulder angles ······ *C. fearnleyi*
9. Outer and inner lips expanded, venter discoid ······ *C. fimbriata*
   Outer and inner lip not expanded, venter not discoid ······10
10. Shell surface with cancellated or reticular sculpture ······11
    Shell surface without cancellated or reticular sculpture ······13
11. Shell surface purple red ······ *C. curta*

Shell surface white or grayish white ··· 12

12. Spiral cords of same strength, with cancellated sculpture ······························ *C. clathrata*

Spiral cords of different strength, with reticular sculpture ························· *C. squamosissima*

13. Shell with pointed ends, near diamond ··· *C. solutistoma*

Shell fusiform or near oval ··· 14

14. Outer lip expanded posteriorly ··· 15

Outer lip not expanded posteriorly ··· 16

15. Spire high ·· *C. rubrococcinea*

Spire low ·· *C. caroleae*

16. Shoulder raised and angulated ·· *C. jeffreysi*

Shoulder rounded and not angulated ·· 17

17. Shell surface with dense thick spiral cords ·· *C. inflata*

Shell surface with dense fine spiral cords ·· 18

18. Shell surface golden yellow or yellowish brown in color ····························· *C. amirantium*

Shell surface white in color ·· 19

19. Shell surface white, suture deep ··· *C. nanhaiensis*

Shell surface yellowish white, suture shallow ··· *C. hotei*

50. *Emozamia* Iredale, 1929

Emozamia licinus (Hedley & Petterd, 1906)

51. *Rhizochilus* Steenstrup, 1850

Rhizochilus antipathum Steenstrup, 1850

52. *Rapa* Bruguiére, 1792

Key to species

1. Spiral cords weak or smooth ··· *R. bulbiformis*

Spiral cords prominent or relatively thick ··· 2

2. Spire low shell surface yellowish white ··· *R. rapa*

Spire relatively high, shell surface usually pale yellow ································· *R. incurva*

53. *Magilus* Montfort, 1810

Magilus antiquus Montfort, 1810

54. *Leptoconchus* Ruppell, 1834

Key to species

1. Siphonal canal elongated, beaked in shape ·································· *L. lamarckii*

   Siphonal canal not elongated ··· 2

2. Shell almost spherical, spire low ··· *L. striatus*

   Shell oval, spire relatively high ··· *L. ellipticus*

中 名 索 引

（按汉语拼音排序）

C

彩斑结螺 161

糙饵螺属 268

糙核果螺 167, 168

草莓结螺 22, 154, 156, 157

蟾蜍荔枝螺 209

蟾蜍紫螺 11, 23, 31, 206, 208, 209

迟奥兰螺 22, 173, 180

虫瘿花仙螺 356

虫瘿珊瑚螺 29, 30, 355, 356

虫瘿珊瑚螺属 355

刍秣螺属 253, 254

刍秣螺亚科 5, 7, 8, 38, 39, 115, 253

川西花仙螺 312

川西塔肩棘螺 27, 282, 311, 312

窗格芭蕉螺 20, 37, 104, 107, 108

窗格骨螺 107

窗格核果螺 24, 214, 215, 217, 218

窗结螺 151

春福糙饵螺 26, 30, 31, 268, 269

春福骨螺 269

唇珊瑚螺 28, 31, 330, 336, 338

刺骨螺属 123

刺骨螺亚科 7, 8, 38, 39, 122, 123

刺管骨螺 195

刺核果螺 24, 213, 219, 220

刺肋肩棘螺 28, 323, 325, 326

刺荔枝螺 25, 244, 247

刺面黄口螺 21, 147, 148, 149

刺猬结螺 22, 31, 154, 161

刺猬塔肩棘螺 27, 283, 314

丛枝骨螺 193

粗布蜂巢螺 21, 30, 126, 129, 130

粗糙核果螺 223

粗棘骨螺 66

粗棘螺 18, 30, 64, 65, 66

粗肋结螺 138

粗皮珊瑚螺 331

长百褶骨螺 100

长刺骨螺 18, 37, 41, 43, 44, 47

长楯骨螺 20, 31, 121, 122

长棘花仙螺 301

长棘塔肩棘螺 27, 282, 301

D

大肚珊瑚螺 334

大犁芭蕉螺 112

大犁翼螺 20, 37, 110, 112

大千手螺 64

单齿栖珊瑚螺 337

单管畸形管骨螺 23, 194, 195, 196

单翼芭蕉螺 254

单翼刍秣螺 25, 30, 254, 255

淡红荔枝螺 24, 31, 228, 232

淡色结螺 186

德川爱尔螺 21, 137, 139, 140

德米刺骨螺 20, 30, 123, 124, 125

德米骨螺 125

雕刻刍秣螺 25, 254, 258

钓鱼台骨螺 56, 57

东方棘螺 67, 68

短小珊瑚螺 28, 331, 345, 346

钝角口螺 17, 25, 30, 263, 265, 266

楯骨螺属 40, 120, 121

多角荔枝螺 24, 234, 236, 237

E

饵骨螺亚科 5, 7, 8, 9, 38, 39, 268

F

方格核果螺 151

方格螺 21, 151, 152

纺锤结螺 182

纺锤珊瑚螺 28, 330, 339, 340

菲氏珊瑚螺 28, 331, 341

Z

学 名 索 引

C

《中国动物志》已出版书目

《中国动物志》

兽纲　第六卷　啮齿目（下）　仓鼠科　罗泽珣等　2000，514 页，140 图，4 图版。

兽纲　第八卷　食肉目　高耀亭等　1987，377 页，66 图，10 图版。

兽纲　第九卷　鲸目　食肉目　海豹总科　海牛目　周开亚　2004，326 页，117 图，8 图版。

鸟纲　第一卷　第一部　中国鸟纲绪论　第二部　潜鸟目　鹳形目　郑作新等　1997，199 页，39 图，4 图版。

鸟纲　第二卷　雁形目　郑作新等　1979，143 页，65 图，10 图版。

鸟纲　第四卷　鸡形目　郑作新等　1978，203 页，53 图，10 图版。

鸟纲　第五卷　鹤形目　鸻形目　鸥形目　王岐山、马鸣、高育仁　2006，644 页，263 图，4 图版。

鸟纲　第六卷　鸽形目　鹦形目　鹃形目　鸮形目　郑作新、冼耀华、关贯勋　1991，240 页，64 图，5 图版。

鸟纲　第七卷　夜鹰目　雨燕目　咬鹃目　佛法僧目　鴷形目　谭耀匡、关贯勋　2003，241 页，36 图，4 图版。

鸟纲　第八卷　雀形目　阔嘴鸟科　和平鸟科　郑宝赉等　1985，333 页，103 图，8 图版。

鸟纲　第九卷　雀形目　太平鸟科　岩鹨科　陈服官等　1998，284 页，143 图，4 图版。

鸟纲　第十卷　雀形目　鹟科(一)　鸫亚科　郑作新、龙泽虞、卢汰春　1995，239 页，67 图，4 图版。

鸟纲　第十一卷　雀形目　鹟科(二)　画眉亚科　郑作新、龙泽虞、郑宝赉　1987，307 页，110 图，8 图版。

鸟纲　第十二卷　雀形目　鹟科(三)　莺亚科　鹟亚科　郑作新、卢汰春、杨岚、雷富民等　2010，439 页，121 图，4 图版。

鸟纲　第十三卷　雀形目　山雀科　绣眼鸟科　李桂垣、郑宝赉、刘光佐　1982，170 页，68 图，4 图版。

鸟纲　第十四卷　雀形目　文鸟科　雀科　傅桐生、宋榆钧、高玮等　1998，322 页，115 图，8 图版。

爬行纲　第一卷　总论　龟鳖目　鳄形目　张孟闻等　1998，208 页，44 图，4 图版。

爬行纲　第二卷　有鳞目　蜥蜴亚目　赵尔宓、赵肯堂、周开亚等　1999，394 页，54 图，8 图版。

爬行纲　第三卷　有鳞目　蛇亚目　赵尔宓等　1998，522 页，100 图，12 图版。

两栖纲　上卷　总论　蚓螈目　有尾目　费梁、胡淑琴、叶昌媛、黄永昭等　2006，471 页，120 图，16 图版。

两栖纲　中卷　无尾目　费梁、胡淑琴、叶昌媛、黄永昭等　2009，957 页，549 图，16 图版。

两栖纲　下卷　无尾目　蛙科　费梁、胡淑琴、叶昌媛、黄永昭等　2009，888 页，337 图，16 图版。

硬骨鱼纲　鲽形目　李思忠、王惠民　1995，433 页，170 图。

硬骨鱼纲　鲇形目　褚新洛、郑葆珊、戴定远等　1999，230 页，124 图。

硬骨鱼纲　鲤形目(中)　陈宜瑜等　1998，531 页，257 图。

硬骨鱼纲　鲤形目(下)　乐佩绮等　2000，661 页，340 图。

硬骨鱼纲　鲟形目　海鲢目　鲱形目　鼠鱚目　张世义　2001，209 页，88 图。

硬骨鱼纲　灯笼鱼目　鲸口鱼目　骨舌鱼目　陈素芝　2002，349 页，135 图。

硬骨鱼纲　鲀形目　海蛾鱼目　喉盘鱼目　鮟鱇目　苏锦祥、李春生　2002，495 页，194 图。

硬骨鱼纲　鲉形目　金鑫波　2006，739 页，287 图。

硬骨鱼纲　鲈形目(四)　刘静等　2016，312 页，142 图，15 图版。

硬骨鱼纲　鲈形目(五)　虾虎鱼亚目　伍汉霖、钟俊生等　2008，951 页，575 图，32 图版。

硬骨鱼纲　鳗鲡目　背棘鱼目　张春光等　2010，453 页，225 图，3 图版。

硬骨鱼纲　银汉鱼目　鳉形目　颌针鱼目　蛇鳚目　鳕形目　李思忠、张春光等　2011，946 页，345 图。

圆口纲　软骨鱼纲　朱元鼎、孟庆闻等　2001，552 页，247 图。

昆虫纲　第一卷　蚤目　柳支英等　1986，1334 页，1948 图。

昆虫纲　第二卷　鞘翅目　铁甲科　陈世骧等　1986，653 页，327 图，15 图版。

昆虫纲　第三卷　鳞翅目　圆钩蛾科　钩蛾科　朱弘复、王林瑶　1991，269 页，204 图，10 图版。

昆虫纲　第四卷　直翅目　蝗总科　癞蝗科　瘤锥蝗科　锥头蝗科　夏凯龄等　1994，340 页，168 图。

昆虫纲　第五卷　鳞翅目　蚕蛾科　大蚕蛾科　网蛾科　朱弘复、王林瑶　1996，302 页，234 图，18 图版。

昆虫纲　第六卷　双翅目　丽蝇科　范滋德等　1997，707 页，229 图。

昆虫纲　第七卷　鳞翅目　祝蛾科　武春生　1997，306 页，74 图，38 图版。

昆虫纲　第八卷　双翅目　蚊科(上)　陆宝麟等　1997，593 页，285 图。

昆虫纲　第九卷　双翅目　蚊科(下)　陆宝麟等　1997，126 页，57 图。

昆虫纲　第十卷　直翅目　蝗总科　斑翅蝗科　网翅蝗科　郑哲民、夏凯龄　1998，610 页，323 图。

昆虫纲　第十一卷　鳞翅目　天蛾科　朱弘复、王林瑶　1997，410 页，325 图，8 图版。

昆虫纲　第十二卷　直翅目　蚱总科　梁络球、郑哲民　1998，278 页，166 图。

昆虫纲　第十三卷　半翅目　姬蝽科　任树芝　1998，251 页，508 图，12 图版。

昆虫纲　第十四卷　同翅目　纩蚜科　瘿绵蚜科　张广学、乔格侠、钟铁森、张万玉　1999，380 页，121 图，17+8 图版。

昆虫纲　第十五卷　鳞翅目　尺蛾科　花尺蛾亚科　薛大勇、朱弘复　1999，1090 页，1197 图，25 图版。

昆虫纲　第十六卷　鳞翅目　夜蛾科　陈一心　1999，1596 页，701 图，68 图版。

昆虫纲　第十七卷　等翅目　黄复生等　2000，961 页，564 图。

昆虫纲　第十八卷　膜翅目　茧蜂科(一)　何俊华、陈学新、马云　2000，757 页，1783 图。

昆虫纲　第十九卷　鳞翅目　灯蛾科　方承莱　2000，589 页，338 图，20 图版。

昆虫纲 第二十卷 膜翅目 准蜂科 蜜蜂科 吴燕如 2000，442 页，218 图，9 图版。

昆虫纲 第二十一卷 鞘翅目 天牛科 花天牛亚科 蒋书楠、陈力 2001，296 页，17 图，18 图版。

昆虫纲 第二十二卷 同翅目 蚧总科 粉蚧科 绒蚧科 蜡蚧科 链蚧科 盘蚧科 壶蚧科 仁蚧科 王子清 2001，611 页，188 图。

昆虫纲 第二十三卷 双翅目 寄蝇科(一) 赵建铭、梁恩义、史永善、周士秀 2001，305 页，183 图，11 图版。

昆虫纲 第二十四卷 半翅目 毛唇花蝽科 细角花蝽科 花蝽科 卜文俊、郑乐怡 2001，267 页，362 图。

昆虫纲 第二十五卷 鳞翅目 凤蝶科 凤蝶亚科 锯凤蝶亚科 绢蝶亚科 武春生 2001，367 页，163 图，8 图版。

昆虫纲 第二十六卷 双翅目 蝇科(二) 棘蝇亚科(一) 马忠余、薛万琦、冯炎 2002，421 页，614 图。

昆虫纲 第二十七卷 鳞翅目 卷蛾科 刘友樵、李广武 2002，601 页，16 图，136+2 图版。

昆虫纲 第二十八卷 同翅目 角蝉总科 犁胸蝉科 角蝉科 袁锋、周尧 2002，590 页，295 图，4 图版。

昆虫纲 第二十九卷 膜翅目 螯蜂科 何俊华、许再福 2002，464 页，397 图。

昆虫纲 第三十卷 鳞翅目 毒蛾科 赵仲苓 2003，484 页，270 图，10 图版。

昆虫纲 第三十一卷 鳞翅目 舟蛾科 武春生、方承莱 2003，952 页，530 图，8 图版。

昆虫纲 第三十二卷 直翅目 蝗总科 槌角蝗科 剑角蝗科 印象初、夏凯龄 2003，280 页，144 图。

昆虫纲 第三十三卷 半翅目 盲蝽科 盲蝽亚科 郑乐怡、吕楠、刘国卿、许兵红 2004，797 页，228 图，8 图版。

昆虫纲 第三十四卷 双翅目 舞虻总科 舞虻科 螳舞虻亚科 驼舞虻亚科 杨定、杨集昆 2004，334 页，474 图，1 图版。

昆虫纲 第三十五卷 革翅目 陈一心、马文珍 2004，420 页，199 图，8 图版。

昆虫纲 第三十六卷 鳞翅目 波纹蛾科 赵仲苓 2004，291 页，153 图，5 图版。

昆虫纲 第三十七卷 膜翅目 茧蜂科(二) 陈学新、何俊华、马云 2004，581 页，1183 图，103 图版。

昆虫纲 第三十八卷 鳞翅目 蝙蝠蛾科 蛱蛾科 朱弘复、王林瑶、韩红香 2004，291 页，179 图，8 图版。

昆虫纲 第三十九卷 脉翅目 草蛉科 杨星科、杨集昆、李文柱 2005，398 页，240 图，4 图版。

昆虫纲 第四十卷 鞘翅目 肖叶甲科 肖叶甲亚科 谭娟杰、王书永、周红章 2005，415 页，95 图，8 图版。

昆虫纲 第四十一卷 同翅目 斑蚜科 乔格侠、张广学、钟铁森 2005，476 页，226 图，8 图版。

昆虫纲 第四十二卷 膜翅目 金小蜂科 黄大卫、肖晖 2005，388 页，432 图，5 图版。

昆虫纲 第四十三卷 直翅目 蝗总科 斑腿蝗科 李鸿昌、夏凯龄 2006，736 页，325 图。

昆虫纲 第四十四卷 膜翅目 切叶蜂科 吴燕如 2006，474 页，180 图，4 图版。

无脊椎动物　第三十二卷　多孔虫纲　罩笼虫目　稀孔虫纲　稀孔虫目　谭智源、宿星慧　2003，295页，193图，25图版。

无脊椎动物　第三十三卷　多毛纲(二)　沙蚕目　孙瑞平、杨德渐　2004，520页，267图，1图版。

无脊椎动物　第三十四卷　腹足纲　鹑螺总科　张素萍、马绣同　2004，243页，123图，5图版。

无脊椎动物　第三十五卷　蛛形纲　蜘蛛目　肖蛸科　朱明生、宋大祥、张俊霞　2003，402页，174图，5彩色图版，11黑白图版。

无脊椎动物　第三十六卷　甲壳动物亚门　十足目　匙指虾科　梁象秋　2004，375页，156图。

无脊椎动物　第三十七卷　软体动物门　腹足纲　巴蜗牛科　陈德牛、张国庆　2004，482页，409图，8图版。

无脊椎动物　第三十八卷　毛颚动物门　箭虫纲　萧贻昌　2004，201页，89图。

无脊椎动物　第三十九卷　蛛形纲　蜘蛛目　平腹蛛科　宋大祥、朱明生、张锋　2004，362页，175图。

无脊椎动物　第四十卷　棘皮动物门　蛇尾纲　廖玉麟　2004，505页，244图，6图版。

无脊椎动物　第四十一卷　甲壳动物亚门　端足目　钩虾亚目(一)　任先秋　2006，588页，194图。

无脊椎动物　第四十二卷　甲壳动物亚门　蔓足下纲　围胸总目　刘瑞玉、任先秋　2007，632页，239图。

无脊椎动物　第四十三卷　甲壳动物亚门　端足目　钩虾亚目(二)　任先秋　2012，651页，197图。

无脊椎动物　第四十四卷　甲壳动物亚门　十足目　长臂虾总科　李新正、刘瑞玉、梁象秋等　2007，381页，157图。

无脊椎动物　第四十五卷　纤毛门　寡毛纲　缘毛目　沈韫芬、顾曼如　2016，502页，164图，2图版。

无脊椎动物　第四十六卷　星虫动物门　螠虫动物门　周红、李凤鲁、王玮　2007，206页，95图。

无脊椎动物　第四十七卷　蛛形纲　蜱螨亚纲　植绥螨科　吴伟南、欧剑峰、黄静玲　2009，511页，287图，9图版。

无脊椎动物　第四十八卷　软体动物门　双壳纲　满月蛤总科　心蛤总科　厚壳蛤总科　鸟蛤总科　徐凤山　2012，239页，133图。

无脊椎动物　第四十九卷　甲壳动物亚门　十足目　梭子蟹科　杨思谅、陈惠莲、戴爱云　2012，417页，138图，14图版。

无脊椎动物　第五十卷　缓步动物门　杨潼　2015，279页，131图，5图版。

无脊椎动物　第五十一卷　线虫纲　杆形目　圆线亚目(二)　张路平、孔繁瑶　2014，316页，97图，19图版。

无脊椎动物　第五十二卷　扁形动物门　吸虫纲　复殖目（三）　邱兆祉等　2018，746页，401图。

无脊椎动物　第五十三卷　蛛形纲　蜘蛛目　跳蛛科　彭贤锦　2020，612页，392图。

无脊椎动物　第五十四卷　环节动物门　多毛纲(三)　缨鳃虫目　孙瑞平、杨德渐　2014，493页，239图，2图版。

无脊椎动物　第五十五卷　软体动物门　腹足纲　芋螺科　李凤兰、林民玉　2016，288页，168图，4图版。

无脊椎动物 第五十六卷 软体动物门 腹足纲 凤螺总科、玉螺总科 张素萍 2016，318 页，138 图，10 图版。

无脊椎动物 第五十七卷 软体动物门 双壳纲 樱蛤科 双带蛤科 徐凤山、张均龙 2017，236 页，50 图，15 图版。

无脊椎动物 第五十八卷 软体动物门 腹足纲 艾纳螺总科 吴岷 2018，300 页，63 图，6 图版。

无脊椎动物 第五十九卷 蛛形纲 蜘蛛目 漏斗蛛科 暗蛛科 朱明生、王新平、张志升 2017，727 页，384 图，5 图版。

无脊椎动物 第六十二卷 软体动物门 腹足纲 骨螺科 张素萍 2022，428 页，250 图。

《中国经济动物志》

兽类 寿振黄等 1962，554 页，153 图，72 图版。

鸟类 郑作新等 1963，694 页，10 图，64 图版。

鸟类(第二版) 郑作新等 1993，619 页，64 图版。

海产鱼类 成庆泰等 1962，174 页，25 图，32 图版。

淡水鱼类 伍献文等 1963，159 页，122 图，30 图版。

淡水鱼类寄生甲壳动物 匡溥人、钱金会 1991，203 页，110 图。

环节(多毛纲) 棘皮 原索动物 吴宝铃等 1963，141 页，65 图，16 图版。

海产软体动物 张玺、齐钟彦 1962，246 页，148 图。

淡水软体动物 刘月英等 1979，134 页，110 图。

陆生软体动物 陈德牛、高家祥 1987，186 页，224 图。

寄生蠕虫 吴淑卿、尹文真、沈守训 1960，368 页，158 图。

《中国经济昆虫志》

第一册 鞘翅目 天牛科 陈世骧等 1959，120 页，21 图，40 图版。

第二册 半翅目 蝽科 杨惟义 1962，138 页，11 图，10 图版。

第三册 鳞翅目 夜蛾科(一) 朱弘复、陈一心 1963，172 页，22 图，10 图版。

第四册 鞘翅目 拟步行虫科 赵养昌 1963，63 页，27 图，7 图版。

第五册 鞘翅目 瓢虫科 刘崇乐 1963，101 页，27 图，11 图版。

第六册 鳞翅目 夜蛾科(二) 朱弘复等 1964，183 页，11 图版。

第七册 鳞翅目 夜蛾科(三) 朱弘复、方承莱、王林瑶 1963，120 页，28 图，31 图版。

第八册 等翅目 白蚁 蔡邦华、陈宁生，1964，141 页，79 图，8 图版。

第九册 膜翅目 蜜蜂总科 吴燕如 1965，83 页，40 图，7 图版。

第十册 同翅目 叶蝉科 葛钟麟 1966，170 页，150 图。

第十一册 鳞翅目 卷蛾科(一) 刘友樵、白九维 1977，93 页，23 图，24 图版。

第十二册 鳞翅目 毒蛾科 赵仲苓 1978，121 页，45 图，18 图版。

第十三册 双翅目 蠓科 李铁生 1978，124 页，104 图。

第十四册 鞘翅目 瓢虫科(二) 庞雄飞、毛金龙 1979，170 页，164 图，16 图版。

Serial Faunal Monographs Already Published

FAUNA SINICA

Mammalia vol. 6 Rodentia III: Cricetidae. Luo Zexun *et al.*, 2000. 514 pp., 140 figs., 4 pls.

Mammalia vol. 8 Carnivora. Gao Yaoting *et al.*, 1987. 377 pp., 44 figs., 10 pls.

Mammalia vol. 9 Cetacea, Carnivora: Phocoidea, Sirenia. Zhou Kaiya, 2004. 326 pp., 117 figs., 8 pls.

Aves vol. 1 part 1. Introductory Account of the Class Aves in China; part 2. Account of Orders listed in this Volume. Zheng Zuoxin (Cheng Tsohsin) *et al.*, 1997. 199 pp., 39 figs., 4 pls.

Aves vol. 2 Anseriformes. Zheng Zuoxin (Cheng Tsohsin) *et al.*, 1979. 143 pp., 65 figs., 10 pls.

Aves vol. 4 Galliformes. Zheng Zuoxin (Cheng Tsohsin) *et al.*, 1978. 203 pp., 53 figs., 10 pls.

Aves vol. 5 Gruiformes, Charadriiformes, Lariformes. Wang Qishan, Ma Ming and Gao Yuren, 2006. 644 pp., 263 figs., 4 pls.

Aves vol. 6 Columbiformes, Psittaciformes, Cuculiformes, Strigiformes. Zheng Zuoxin (Cheng Tsohsin), Xian Yaohua and Guan Guanxun, 1991. 240 pp., 64 figs., 5 pls.

Aves vol. 7 Caprimulgiformes, Apodiformes, Trogoniformes, Coraciiformes, Piciformes. Tan Yaokuang and Guan Guanxun, 2003. 241 pp., 36 figs., 4 pls.

Aves vol. 8 Passeriformes: Eurylaimidae-Irenidae. Zheng Baolai *et al.*, 1985. 333 pp., 103 figs., 8 pls.

Aves vol. 9 Passeriformes: Bombycillidae, Prunellidae. Chen Fuguan *et al.*, 1998. 284 pp., 143 figs., 4 pls.

Aves vol. 10 Passeriformes: Muscicapidae I: Turdinae. Zheng Zuoxin (Cheng Tsohsin), Long Zeyu and Lu Taichun, 1995. 239 pp., 67 figs., 4 pls.

Aves vol. 11 Passeriformes: Muscicapidae II: Timaliinae. Zheng Zuoxin (Cheng Tsohsin), Long Zeyu and Zheng Baolai, 1987. 307 pp., 110 figs., 8 pls.

Aves vol. 12 Passeriformes: Muscicapidae III Sylviinae Muscicapinae. Zheng Zuoxin, Lu Taichun, Yang Lan and Lei Fumin *et al.*, 2010. 439 pp., 121 figs., 4 pls.

Aves vol. 13 Passeriformes: Paridae, Zosteropidae. Li Guiyuan, Zheng Baolai and Liu Guangzuo, 1982. 170 pp., 68 figs., 4 pls.

Aves vol. 14 Passeriformes: Ploceidae and Fringillidae. Fu Tongsheng, Song Yujun and Gao Wei *et al.*, 1998. 322 pp., 115 figs., 8 pls.

Reptilia vol. 1 General Accounts of Reptilia. Testudoformes and Crocodiliformes. Zhang Mengwen *et al.*, 1998. 208 pp., 44 figs., 4 pls.

Reptilia vol. 2 Squamata: Lacertilia. Zhao Ermi, Zhao Kentang and Zhou Kaiya *et al.*, 1999. 394 pp., 54 figs., 8 pls.

Reptilia vol. 3 Squamata: Serpentes. Zhao Ermi *et al.*, 1998. 522 pp., 100 figs., 12 pls.

Amphibia vol. 1 General accounts of Amphibia, Gymnophiona, Urodela. Fei Liang, Hu Shuqin, Ye Changyuan and Huang Yongzhao *et al.*, 2006. 471 pp., 120 figs., 16 pls.

Amphibia vol. 2 Anura. Fei Liang, Hu Shuqin, Ye Changyuan and Huang Yongzhao *et al.*, 2009. 957 pp., 549 figs., 16 pls.

Amphibia vol. 3 Anura: Ranidae. Fei Liang, Hu Shuqin, Ye Changyuan and Huang Yongzhao *et al.*, 2009. 888 pp., 337 figs., 16 pls.

Osteichthyes: Pleuronectiformes. Li Sizhong and Wang Huimin, 1995. 433 pp., 170 figs.

Osteichthyes: Siluriformes. Chu Xinluo, Zheng Baoshan and Dai Dingyuan *et al.*, 1999. 230 pp., 124 figs.

Osteichthyes: Cypriniformes II. Chen Yiyu *et al.*, 1998. 531 pp., 257 figs.

Osteichthyes: Cypriniformes III. Yue Peiqi *et al.*, 2000. 661 pp., 340 figs.

Osteichthyes: Acipenseriformes, Elopiformes, Clupeiformes, Gonorhynchiformes. Zhang Shiyi, 2001. 209 pp., 88 figs.

Osteichthyes: Myctophiformes, Cetomimiformes, Osteoglossiformes. Chen Suzhi, 2002. 349 pp., 135 figs.

Osteichthyes: Tetraodontiformes, Pegasiformes, Gobiesociformes, Lophiiformes. Su Jinxiang and Li Chunsheng, 2002. 495 pp., 194 figs.

Ostichthyes: Scorpaeniformes. Jin Xinbo, 2006. 739 pp., 287 figs.

Ostichthyes: Perciformes IV. Liu Jing *et al.*, 2016. 312 pp., 143 figs., 15 pls.

Ostichthyes: Perciformes V: Gobioidei. Wu Hanlin and Zhong Junsheng *et al.*, 2008. 951 pp., 575 figs., 32 pls.

Ostichthyes: Anguilliformes Notacanthiformes. Zhang Chunguang *et al.*, 2010. 453 pp., 225 figs., 3 pls.

Ostichthyes: Atheriniformes, Cyprinodontiformes, Beloniformes, Ophidiiformes, Gadiformes. Li Sizhong and Zhang Chunguang *et al.*, 2011. 946 pp., 345 figs.

Cyclostomata and Chondrichthyes. Zhu Yuanding and Meng Qingwen *et al.*, 2001. 552 pp., 247 figs.

Insecta vol. 1 Siphonaptera. Liu Zhiying *et al.*, 1986. 1334 pp., 1948 figs.

Insecta vol. 2 Coleoptera: Hispidae. Chen Sicien *et al.*, 1986. 653 pp., 327 figs., 15 pls.

Insecta vol. 3 Lepidoptera: Cyclidiidae, Drepanidae. Chu Hungfu and Wang Linyao, 1991. 269 pp., 204 figs., 10 pls.

Insecta vol. 4 Orthoptera: Acrioidea: Pamphagidae, Chrotogonidae, Pyrgomorphidae. Xia Kailing *et al.*, 1994. 340 pp., 168 figs.

Insecta vol. 5 Lepidoptera: Bombycidae, Saturniidae, Thyrididae. Zhu Hongfu and Wang Linyao, 1996. 302 pp., 234 figs., 18 pls.

Insecta vol. 6 Diptera: Calliphoridae. Fan Zide *et al.*, 1997. 707 pp., 229 figs.

Insecta vol. 7 Lepidoptera: Lecithoceridae. Wu Chunsheng, 1997. 306 pp., 74 figs., 38 pls.

Insecta vol. 8 Diptera: Culicidae I. Lu Baolin *et al.*, 1997. 593 pp., 285 pls.

Insecta vol. 9 Diptera: Culicidae II. Lu Baolin *et al.*, 1997. 126 pp., 57 pls.

Insecta vol. 10 Orthoptera: Oedipodidae, Arcypteridae III. Zheng Zhemin and Xia Kailing, 1998. 610 pp.,

323 figs.

Insecta vol. 11 Lepidoptera: Sphingidae. Zhu Hongfu and Wang Linyao, 1997. 410 pp., 325 figs., 8 pls.

Insecta vol. 12 Orthoptera: Tetrigoidea. Liang Geqiu and Zheng Zhemin, 1998. 278 pp., 166 figs.

Insecta vol. 13 Hemiptera: Nabidae. Ren Shuzhi, 1998. 251 pp., 508 figs., 12 pls.

Insecta vol. 14 Homoptera: Mindaridae, Pemphigidae. Zhang Guangxue, Qiao Gexia, Zhong Tiesen and Zhang Wanfang, 1999. 380 pp., 121 figs., 17+8 pls.

Insecta vol. 15 Lepidoptera: Geometridae: Larentiinae. Xue Dayong and Zhu Hongfu (Chu Hungfu), 1999. 1090 pp., 1197 figs., 25 pls.

Insecta vol. 16 Lepidoptera: Noctuidae. Chen Yixin, 1999. 1596 pp., 701 figs., 68 pls.

Insecta vol. 17 Isoptera. Huang Fusheng *et al.*, 2000. 961 pp., 564 figs.

Insecta vol. 18 Hymenoptera: Braconidae I. He Junhua, Chen Xuexin and Ma Yun, 2000. 757 pp., 1783 figs.

Insecta vol. 19 Lepidoptera: Arctiidae. Fang Chenglai, 2000. 589 pp., 338 figs., 20 pls.

Insecta vol. 20 Hymenoptera: Melittidae and Apidae. Wu Yanru, 2000. 442 pp., 218 figs., 9 pls.

Insecta vol. 21 Coleoptera: Cerambycidae: Lepturinae. Jiang Shunan and Chen Li, 2001. 296 pp., 17 figs., 18 pls.

Insecta vol. 22 Homoptera: Coccoidea: Pseudococcidae, Eriococcidae, Asterolecaniidae, Coccidae, Lecanodiaspididae, Cerococcidae, Aclerdidae. Wang Tzeching, 2001. 611 pp., 188 figs.

Insecta vol. 23 Diptera: Tachinidae I. Chao Cheiming, Liang Enyi, Shi Yongshan and Zhou Shixiu, 2001. 305 pp., 183 figs., 11 pls.

Insecta vol. 24 Hemiptera: Lasiochilidae, Lyctocoridae, Anthocoridae. Bu Wenjun and Zheng Leyi (Cheng Loyi), 2001. 267 pp., 362 figs.

Insecta vol. 25 Lepidoptera: Papilionidae: Papilioninae, Zerynthiinae, Parnassiinae. Wu Chunsheng, 2001. 367 pp., 163 figs., 8 pls.

Insecta vol. 26 Diptera: Muscidae II: Phaoniinae I. Ma Zhongyu, Xue Wanqi and Feng Yan, 2002. 421 pp., 614 figs.

Insecta vol. 27 Lepidoptera: Tortricidae. Liu Youqiao and Li Guangwu, 2002. 601 pp., 16 figs., 2+136 pls.

Insecta vol. 28 Homoptera: Membracoidea: Aetalionidae and Membracidae. Yuan Feng and Chou Io, 2002. 590 pp., 295 figs., 4 pls.

Insecta vol. 29 Hymenoptera: Dyrinidae. He Junhua and Xu Zaifu, 2002. 464 pp., 397 figs.

Insecta vol. 30 Lepidoptera: Lymantriidae. Zhao Zhongling (Chao Chungling), 2003. 484 pp., 270 figs., 10 pls.

Insecta vol. 31 Lepidoptera: Notodontidae. Wu Chunsheng and Fang Chenglai, 2003. 952 pp., 530 figs., 8 pls.

Insecta vol. 32 Orthoptera: Acridoidea: Gomphoceridae, Acrididae. Yin Xiangchu, Xia Kailing *et al.*, 2003. 280 pp., 144 figs.

Insecta vol. 33 Hemiptera: Miridae, Mirinae. Zheng Leyi, Lü Nan, Liu Guoqing and Xu Binghong, 2004. 797 pp., 228 figs., 8 pls.

Insecta vol. 34 Diptera: Empididae, Hemerodromiinae and Hybotinae. Yang Ding and Yang Chikun, 2004.

334 pp., 474 figs., 1 pls.

Insecta vol. 35 Dermaptera. Chen Yixin and Ma Wenzhen, 2004. 420 pp., 199 figs., 8 pls.

Insecta vol. 36 Lepidoptera: Thyatiridae. Zhao Zhongling, 2004. 291 pp., 153 figs., 5 pls.

Insecta vol. 37 Hymenoptera: Braconidae II. Chen Xuexin, He Junhua and Ma Yun, 2004. 518 pp., 1183 figs., 103 pls.

Insecta vol. 38 Lepidoptera: Hepialidae, Epiplemidae. Zhu Hongfu, Wang Linyao and Han Hongxiang, 2004. 291 pp., 179 figs., 8 pls.

Insecta vol. 39 Neuroptera: Chrysopidae. Yang Xingke, Yang Jikun and Li Wenzhu, 2005. 398 pp., 240 figs., 4 pls.

Insecta vol. 40 Coleoptera: Eumolpidae: Eumolpinae. Tan Juanjie, Wang Shuyong and Zhou Hongzhang, 2005. 415 pp., 95 figs., 8 pls.

Insecta vol. 41 Diptera: Muscidae I. Fan Zide *et al.*, 2005. 476 pp., 226 figs., 8 pls.

Insecta vol. 42 Hymenoptera: Pteromalidae. Huang Dawei and Xiao Hui, 2005. 388 pp., 432 figs., 5 pls.

Insecta vol. 43 Orthoptera: Acridoidea: Catantopidae. Li Hongchang and Xia Kailing, 2006. 736pp., 325 figs.

Insecta vol. 44 Hymenoptera: Megachilidae. Wu Yanru, 2006. 474 pp., 180 figs., 4 pls.

Insecta vol. 45 Diptera: Homoptera: Delphacidae. Ding Jinhua, 2006. 776 pp., 351 figs., 20 pls.

Insecta vol. 46 Hymenoptera: Braconidae: Agathidinae. Chen Jiahua and Yang Jianquan, 2006. 301 pp., 81 figs., 32 pls.

Insecta vol. 47 Lepidoptera: Lasiocampidae. Liu Youqiao and Wu Chunsheng, 2006. 385 pp., 248 figs., 8 pls.

Insecta Saiphonaptera(2 volumes). Wu Houyong *et al.*, 2007. 2174 pp., 2475 figs.

Insecta vol. 49 Diptera: Muscidae. Fan Zide *et al.*, 2008. 1186 pp., 276 figs., 4 pls.

Insecta vol. 50 Diptera: Syrphidae. Huang Chunmei and Cheng Xinyue, 2012. 852 pp., 418 figs., 8 pls.

Insecta vol. 51 Megaloptera. Yang Ding and Liu Xingyue, 2010. 457 pp., 176 figs., 14 pls.

Insecta vol. 52 Lepidoptera: Pieridae. Wu Chunsheng, 2010. 416 pp., 174 figs., 16 pls.

Insecta vol. 53 Diptera Dolichopodidae(2 volumes). Yang Ding *et al.*, 2011. 1912 pp., 1017 figs., 7 pls.

Insecta vol. 54 Lepidoptera: Geometridae: Geometrinae. Han Hongxiang and Xue Dayong, 2011. 787 pp., 929 figs., 20 pls.

Insecta vol. 55 Lepidoptera: Hesperiidae. Yuan Feng, Yuan Xiangqun and Xue Guoxi, 2015. 754 pp., 280 figs., 15 pls.

Insecta vol. 56 Hymenoptera: Proctotrupoidea(I). He Junhua and Xu Zaifu, 2015. 1078 pp., 485 figs.

Insecta vol. 57 Orthoptera: Tettigoniidae: Phaneropterinae. Kang Le *et al.*, 2013. 574 pp., 291 figs., 31 pls.

Insecta vol. 58 Plecoptera: Nemouroides. Yang Ding, Li Weihai and Zhu Fang, 2014. 518 pp., 294 figs., 12 pls.

Insecta vol. 59 Diptera: Tabanidae. Xu Rongman and Sun Yi, 2013. 870 pp., 495 figs., 17 pls.

Insecta vol. 60 Hemiptera: Hormaphididae, Phloeomyzidae. Qiao Gexia, Jiang Liyun, Chen Jing, Zhang Guangxue and Zhong Tiesen, 2017. 414 pp., 137 figs., 8 pls.

Insecta vol. 61 Coleoptera: Chrysomelidae: Chrysomelinae. Yang Xingke, Ge Siqin, Wang Shuyong, Li Wenzhu and Cui Junzhi, 2014. 641 pp., 378 figs., 8 pls.

Insecta vol. 62 Hemiptera: Miridae(II): Orthotylinae. Liu Guoqing and Zheng Leyi, 2014. 297 pp., 134 figs., 13 pls.

Insecta vol. 63 Coleoptera: Tenebrionidae(I). Ren Guodong *et al.*, 2016. 534 pp., 248 figs., 49 pls.

Insecta vol. 64 Chalcidoidea : Pteromalidae(II): Pteromalinae. Xiao Hui *et al.*, 2019. 495 pp., 186 figs., 12 pls.

Insecta vol. 65 Diptera: Rhagionidae and Athericidae. Yang Ding, Dong Hui and Zhang Kuiyan. 2016. 476 pp., 222 figs., 7 pls.

Insecta vol. 67 Hemiptera: Cicadellidae (II): Cicadellinae. Yang Maofa, Meng Zehong and Li Zizhong. 2017. 637pp., 312 figs., 27 pls.

Insecta vol. 68 Neuroptera: Myrmeleontoidea. Wang Xinli, Zhan Qingbin and Wang Aiqin. 2018. 285 pp., 2 figs., 38 pls.

Insecta vol. 69 Thysanoptera (2 volumes). Feng Jinian *et al.,* 2021. 984 pp., 420 figs.

Insecta vol. 70 Hemiptera: Caliscelidae, Issidae. Zhang Yalin, Che Yanli, Meng Rui and Wang Yinglun. 2020. 655 pp., 224 figs., 43 pls.

Insecta vol. 72 Hemiptera: Cicadellidae (IV): Evacanthinae. Li Zizhong, Li Yujian and Xing Jichun. 2020. 547 pp., 303 figs., 14 pls.

Invertebrata vol. 1 Crustacea: Freshwater Cladocera. Chiang Siehchih and Du Nanshang, 1979. 297 pp.,192 figs.

Invertebrata vol. 2 Crustacea: Freshwater Copepoda. Shen Jiarui *et al.*, 1979. 450 pp., 255 figs.

Invertebrata vol. 3 Trematoda: Digenea I. Chen Xintao *et al.*, 1985. 697 pp., 469 figs., 12 pls.

Invertebrata vol. 4 Cephalopode. Dong Zhengzhi, 1988. 201 pp., 124 figs., 4 pls.

Invertebrata vol. 5 Hirudinea: Euhirudinea and Branchiobdellidea. Yang Tong, 1996. 259 pp., 141 figs.

Invertebrata vol. 6 Holothuroidea. Liao Yulin, 1997. 334 pp., 170 figs., 2 pls.

Invertebrata vol. 7 Gastropoda: Mesogastropoda: Cypraeacea. Ma Xiutong, 1997. 283 pp., 96 figs., 12 pls.

Invertebrata vol. 8 Arachnida: Araneae: Thomisidae and Philodromidae. Song Daxiang and Zhu Mingsheng, 1997. 259 pp., 154 figs.

Invertebrata vol. 9 Polychaeta: Phyllodocimorpha. Wu Baoling, Wu Qiquan, Qiu Jianwen and Lu Hua, 1997. 323pp., 180 figs.

Invertebrata vol. 10 Arachnida: Araneae: Araneidae. Yin Changmin *et al.*, 1997. 460 pp., 292 figs.

Invertebrata vol. 11 Gastropoda: Opisthobranchia: Cephalaspidea. Lin Guangyu, 1997. 246 pp., 35 figs., 28 pls.

Invertebrata vol. 12 Bivalvia: Mytiloida. Wang Zhenrui, 1997. 268 pp., 126 figs., 4 pls.

Invertebrata vol. 13 Arachnida: Araneae: Theridiidae. Zhu Mingsheng, 1998. 436 pp., 233 figs., 1 pl.

Invertebrata vol. 14 Sacodina: Acantharia and Spumellaria. Tan Zhiyuan, 1998. 315 pp., 273 figs., 25 pls.

Invertebrata vol. 15 Myxosporea. Chen Chihleu and Ma Chenglun, 1998. 805 pp., 30 figs., 180 pls.

Invertebrata vol. 16 Anthozoa: Actiniaria, Ceriantharis and Zoanthidea. Pei Zunan, 1998. 286 pp., 149 figs., 22 pls.

Invertebrata vol. 17 Crustacea: Decapoda: Parathelphusidae and Potamidae. Dai Aiyun, 1999. 501 pp., 238 figs., 31 pls.

Invertebrata vol. 18 Protura. Yin Wenying, 1999. 510 pp., 275 figs., 8 pls.

Invertebrata vol. 19 Gastropoda: Pulmonata: Stylommatophora: Clausiliidae. Chen Deniu and Zhang Guoqing, 1999. 210 pp., 128 figs., 5 pls.

Invertebrata vol. 20 Bivalvia: Protobranchia and Anomalodesmata. Xu Fengshan, 1999. 244 pp., 156 figs.

Invertebrata vol. 21 Crustacea: Mysidacea. Liu Ruiyu (J. Y. Liu) and Wang Shaowu, 2000. 326 pp., 110 figs.

Invertebrata vol. 22 Monogenea. Wu Baohua, Lang Suo and Wang Weijun, 2000. 756 pp., 598 figs., 2 pls.

Invertebrata vol. 23 Anthozoa: Scleractinia: Hermatypic coral. Zou Renlin, 2001. 289 pp., 9 figs., 47+8 pls.

Invertebrata vol. 24 Bivalvia: Veneridae. Zhuang Qiqian, 2001. 278 pp., 145 figs.

Invertebrata vol. 25 Nematoda: Rhabditida: Strongylata I. Wu Shuqing *et al.*, 2001. 489 pp., 201 figs.

Invertebrata vol. 26 Foraminiferea: Agglutinated Foraminifera. Zheng Shouyi and Fu Zhaoxian, 2001. 788 pp., 130 figs., 122 pls.

Invertebrata vol. 27 Hydrozoa and Scyphomedusae. Gao Shangwu, Hong Hueshin and Zhang Shimei, 2002. 275 pp., 136 figs.

Invertebrata vol. 28 Crustacea: Amphipoda: Hyperiidae. Chen Qingchao and Shi Changtai, 2002. 249 pp., 178 figs.

Invertebrata vol. 29 Gastropoda: Archaeogastropoda: Trochacea. Dong Zhengzhi, 2002. 210 pp., 176 figs., 2 pls.

Invertebrata vol. 30 Crustacea: Brachyura: Marine primitive crabs. Chen Huilian and Sun Haibao, 2002. 597 pp., 237 figs., 16 pls.

Invertebrata vol. 31 Bivalvia: Pteriina. Wang Zhenrui, 2002. 374 pp., 152 figs., 7 pls.

Invertebrata vol. 32 Polycystinea: Nasellaria; Phaeodarea: Phaeodaria. Tan Zhiyuan and Su Xinghui, 2003. 295 pp., 193 figs., 25 pls.

Invertebrata vol. 33 Annelida: Polychaeta II Nereidida. Sun Ruiping and Yang Derjian, 2004. 520 pp., 267 figs., 193 pls.

Invertebrata vol. 34 Mollusca: Gastropoda Tonnacea, Zhang Suping and Ma Xiutong, 2004. 243 pp., 123 figs., 1 pl.

Invertebrata vol. 35 Arachnida: Araneae: Tetragnathidae. Zhu Mingsheng, Song Daxiang and Zhang Junxia, 2003. 402 pp., 174 figs., 5+11 pls.

Invertebrata vol. 36 Crustacea: Decapoda, Atyidae. Liang Xiangqiu, 2004. 375 pp., 156 figs.

Invertebrata vol. 37 Mollusca: Gastropoda: Stylommatophora: Bradybaenidae. Chen Deniu and Zhang Guoqing, 2004. 482 pp., 409 figs., 8 pls.

Invertebrata vol. 38 Chaetognatha: Sagittoidea. Xiao Yichang, 2004. 201 pp., 89 figs.

Invertebrata vol. 39 Arachnida: Araneae: Gnaphosidae. Song Daxiang, Zhu Mingsheng and Zhang Feng, 2004. 362 pp., 175 figs.

Invertebrata vol. 40 Echinodermata: Ophiuroidea. Liao Yulin, 2004. 505 pp., 244 figs., 6 pls.

Invertebrata vol. 41 Crustacea: Amphipoda: Gammaridea I. Ren Xianqiu, 2006. 588 pp., 194 figs.

Invertebrata vol. 42 Crustacea: Cirripedia: Thoracica. Liu Ruiyu and Ren Xianqiu, 2007. 632 pp., 239 figs.

Invertebrata vol. 43 Crustacea: Amphipoda: Gammaridea II. Ren Xianqiu, 2012. 651 pp., 197 figs.

Invertebrata vol. 44 Crustacea: Decapoda: Palaemonoidea. Li Xinzheng, Liu Ruiyu, Liang Xingqiu and Chen Guoxiao, 2007. 381 pp., 157 figs.

Invertebrata vol. 45 Ciliophora: Oligohymenophorea: Peritrichida. Shen Yunfen and Gu Manru, 2016. 502 pp., 164 figs., 2 pls.

Invertebrata vol. 46 Sipuncula, Echiura. Zhou Hong, Li Fenglu and Wang Wei, 2007. 206 pp., 95 figs.

Invertebrata vol. 47 Arachnida: Acari: Phytoseiidae. Wu weinan, Ou Jianfeng and Huang Jingling. 2009. 511 pp., 287 figs., 9 pls.

Invertebrata vol. 48 Mollusca: Bivalvia: Lucinacea, Carditacea, Crassatellacea and Cardiacea. Xu Fengshan. 2012. 239 pp., 133 figs.

Invertebrata vol. 49 Crustacea: Decapoda: Portunidae. Yang Siliang, Chen Huilian and Dai Aiyun. 2012. 417 pp., 138 figs., 14 pls.

Invertebrata vol. 50 Tardigrada. Yang Tong. 2015. 279 pp., 131 figs., 5 pls.

Invertebrata vol. 51 Nematoda: Rhabditida: Strongylata (II). Zhang Luping and Kong Fanyao. 2014. 316 pp., 97 figs., 19 pls.

Invertebrata vol. 52 Platyhelminthes: Trematoda: Dgenea (III). Qiu Zhaozhi *et al.*. 2018. 746 pp., 401 figs.

Invertebrata vol. 53 Arachnida: Araneae: Salticidae. Peng Xianjin.2020. 612pp., 392 figs.

Invertebrata vol. 54 Annelida: Polychaeta (III): Sabellida. Sun Ruiping and Yang Dejian. 2014. 493 pp., 239 figs., 2 pls.

Invertebrata vol. 55 Mollusca: Gastropoda: Conidae. Li Fenglan and Lin Minyu. 2016. 288 pp., 168 figs., 4 pls.

Invertebrata vol. 56 Mollusca: Gastropoda: Strombacea and Naticacea. Zhang Suping. 2016. 318 pp., 138 figs., 10 pls.

Invertebrata vol. 57 Mollusca: Bivalvia: Tellinidae and Semelidae. Xu Fengshan and Zhang Junlong. 2017. 236 pp., 50 figs., 15 pls.

Invertebrata vol. 58 Mollusca: Gastropoda: Enoidea. Wu Min. 2018. 300 pp., 63 figs., 6 pls.

Invertebrata vol. 59 Arachnida: Araneae: Agelenidae and Amaurobiidae. Zhu Mingsheng, Wang Xinping and Zhang Zhisheng. 2017. 727 pp., 384 figs., 5 pls.

Invertebrata vol. 62 Mollusca: Gastropoda: Muricidae. Zhang Suping. 2022. 428 pp., 250 figs.

ECONOMIC FAUNA OF CHINA

Mammals. Shou Zhenhuang *et al.*, 1962. 554 pp., 153 figs., 72 pls.

Aves. Cheng Tsohsin *et al.*, 1963. 694 pp., 10 figs., 64 pls.

Marine fishes. Chen Qingtai *et al.*, 1962. 174 pp., 25 figs., 32 pls.

Freshwater fishes. Wu Xianwen *et al.*, 1963. 159 pp., 122 figs., 30 pls.

Parasitic Crustacea of Freshwater Fishes. Kuang Puren and Qian Jinhui, 1991. 203 pp., 110 figs.

Annelida. Echinodermata. Prorochordata. Wu Baoling *et al.*, 1963. 141 pp., 65 figs., 16 pls.

Marine mollusca. Zhang Xi and Qi Zhougyan, 1962. 246 pp., 148 figs.

Freshwater molluscs. Liu Yueyin *et al.*, 1979.134 pp., 110 figs.

Terrestrial molluscs. Chen Deniu and Gao Jiaxiang, 1987. 186 pp., 224 figs.

Parasitic worms. Wu Shuqing, Yin Wenzhen and Shen Shouxun, 1960. 368 pp., 158 figs.

Economic birds of China (Second edition). Cheng Tsohsin, 1993. 619 pp., 64 pls.

ECONOMIC INSECT FAUNA OF CHINA

Fasc. 1 Coleoptera: Cerambycidae. Chen Sicien *et al.*, 1959. 120 pp., 21 figs., 40 pls.

Fasc. 2 Hemiptera: Pentatomidae. Yang Weiyi, 1962. 138 pp., 11 figs., 10 pls.

Fasc. 3 Lepidoptera: Noctuidae I. Chu Hongfu and Chen Yixin, 1963. 172 pp., 22 figs., 10 pls.

Fasc. 4 Coleoptera: Tenebrionidae. Zhao Yangchang, 1963. 63 pp., 27 figs., 7 pls.

Fasc. 5 Coleoptera: Coccinellidae. Liu Chongle, 1963. 101 pp., 27 figs., 11pls.

Fasc. 6 Lepidoptera: Noctuidae II. Chu Hongfu *et al.*, 1964. 183 pp., 11 pls.

Fasc. 7 Lepidoptera: Noctuidae III. Chu Hongfu, Fang Chenglai and Wang Lingyao, 1963. 120 pp., 28 figs., 31 pls.

Fasc. 8 Isoptera: Termitidae. Cai Bonghua and Chen Ningsheng, 1964. 141 pp., 79 figs., 8 pls.

Fasc. 9 Hymenoptera: Apoidea. Wu Yanru, 1965. 83 pp., 40 figs., 7 pls.

Fasc. 10 Homoptera: Cicadellidae. Ge Zhongling, 1966. 170 pp., 150 figs.

Fasc. 11 Lepidoptera: Tortricidae I. Liu Youqiao and Bai Jiuwei, 1977. 93 pp., 23 figs., 24 pls.

Fasc. 12 Lepidoptera: Lymantriidae I. Chao Chungling, 1978. 121 pp., 45 figs., 18 pls.

Fasc. 13 Diptera: Ceratopogonidae. Li Tiesheng, 1978. 124 pp., 104 figs.

Fasc. 14 Coleoptera: Coccinellidae II. Pang Xiongfei and Mao Jinlong, 1979. 170 pp., 164 figs., 16 pls.

Fasc. 15 Acarina: Lxodoidea. Teng Kuofan, 1978. 174 pp., 707 figs.

Fasc. 16 Lepidoptera: Notodontidae. Cai Rongquan, 1979. 166 pp., 126 figs., 19 pls.

Fasc. 17 Acarina: Camasina. Pan Zungwen and Teng Kuofan, 1980. 155 pp., 168 figs.

Fasc. 18 Coleoptera: Chrysomeloidea I. Tang Juanjie *et al.*, 1980. 213 pp., 194 figs., 18 pls.

Fasc. 19 Coleoptera: Cerambycidae II. Pu Fuji, 1980. 146 pp., 42 figs., 12 pls.

Fasc. 20 Coleoptera: Curculionidae I. Chao Yungchang and Chen Yuanqing, 1980. 184 pp., 73 figs., 14 pls.

Fasc. 21 Lepidoptera: Pyralidae. Wang Pingyuan, 1980. 229 pp., 40 figs., 32 pls.

Fasc. 22 Lepidoptera: Sphingidae. Zhu Hongfu and Wang Lingyao, 1980. 84 pp., 17 figs., 34 pls.

Fasc. 23 Acariformes: Tetranychoidea. Wang Huifu, 1981. 150 pp., 121 figs., 4 pls.

Fasc. 24 Homoptera: Pseudococcidae. Wang Tzeching, 1982. 119 pp., 75 figs.

Fasc. 25 Homoptera: Aphidinea I. Zhang Guangxue and Zhong Tiesen, 1983. 387 pp., 207 figs., 32 pls.

Fasc. 26 Diptera: Tabanidae. Wang Zunming, 1983. 128 pp., 243 figs., 8 pls.

Fasc. 27 Homoptera: Delphacidae. Kuoh Changlin et al., 1983. 166 pp., 132 figs., 13 pls.

Fasc. 28 Coleoptera: Larvae of Scarabaeoidae. Zhang Zhili, 1984. 107 pp., 17. figs., 21 pls.

Fasc. 29 Coleoptera: Scolytidae. Yin Huifen, Huang Fusheng and Li Zhaoling, 1984. 205 pp., 132 figs., 19 pls.

Fasc. 30 Hymenoptera: Vespoidea. Li Tiesheng, 1985. 159pp., 21 figs., 12pls.

Fasc. 31 Hemiptera I. Zhang Shimei, 1985. 242 pp., 196 figs., 59 pls.

Fasc. 32 Lepidoptera: Noctuidae IV. Chen Yixin, 1985. 167 pp., 61 figs., 15 pls.

Fasc. 33 Lepidoptera: Arctiidae. Fang Chenglai, 1985. 100 pp., 69 figs., 10 pls.

Fasc. 34 Hymenoptera: Chalcidoidea I. Liao Dingxi et al., 1987. 241 pp., 113 figs., 24 pls.

Fasc. 35 Coleoptera: Cerambycidae III. Chiang Shunan. Pu Fuji and Hua Lizhong, 1985. 189 pp., 2 figs., 13 pls.

Fasc. 36 Homoptera: Fulgoroidea. Chou Io et al., 1985. 152 pp., 125 figs., 2 pls.

Fasc. 37 Diptera: Anthomyiidae. Fan Zide et al., 1988. 396 pp., 1215 figs., 10 pls.

Fasc. 38 Diptera: Ceratopogonidae II. Lee Tiesheng, 1988. 127 pp., 107 figs.

Fasc. 39 Acari: Ixodidae. Teng Kuofan and Jiang Zaijie, 1991. 359 pp., 354 figs.

Fasc. 40 Acari: Dermanyssoideae, Teng Kuofan et al., 1993. 391 pp., 318 figs.

Fasc. 41 Hymenoptera: Pteromalidae I. Huang Dawei, 1993. 196 pp., 252 figs.

Fasc. 42 Lepidoptera: Lymantriidae II. Chao Chungling, 1994. 165 pp., 103 figs., 10 pls.

Fasc. 43 Homoptera: Coccidea. Wang Tzeching, 1994. 302 pp., 107 figs.

Fasc. 44 Acari: Eriophyoidea I. Kuang Haiyuan, 1995. 198 pp., 163 figs., 7 pls.

Fasc. 45 Diptera: Tabanidae II. Wang Zunming, 1994. 196 pp., 182 figs., 8 pls.

Fasc. 46 Coleoptera: Cetoniidae, Trichiidae, Valgidae. Ma Wenzhen, 1995. 210 pp., 171 figs., 5 pls.

Fasc. 47 Hymenoptera: Formicidae I. Tang Jub, 1995. 134 pp., 135 figs.

Fasc. 48 Ephemeroptera. You Dashou et al., 1995. 152 pp., 154 figs.

Fasc. 49 Trichoptera I: Hydroptilidae, Stenopsychidae, Hydropsychidae, Leptoceridae. Tian Lixin et al., 1996. 195 pp., 271 figs., 2 pls.

Fasc. 50 Hemiptera II: Zhang Shimei et al., 1995. 169 pp., 46 figs., 24 pls.

Fasc. 51 Hymenoptera: Ichneumonidae. He Junhua, Chen Xuexin and Ma Yun, 1996. 697 pp., 434 figs.

Fasc. 52 Hymenoptera: Sphecidae. Wu Yanru and Zhou Qin, 1996. 197 pp., 167 figs., 14 pls.

Fasc. 53 Acari: Phytoseiidae. Wu Weinan et al., 1997. 223 pp., 169 figs., 3 pls.

Fasc. 54 Coleoptera: Chrysomeloidea II. Yu Peiyu et al., 1996. 324 pp., 203 figs., 12 pls.

Fasc. 55 Thysanoptera. Han Yunfa, 1997. 513 pp., 220 figs., 4 pls.

(Q-4841.01)

ISBN 978-7-03-071797-9

定价:458.00 元